智能制造系列教材

智能制造概论

INTRODUCTION TO
INTELLIGENT MANUFACTURING

李培根　高亮　编著

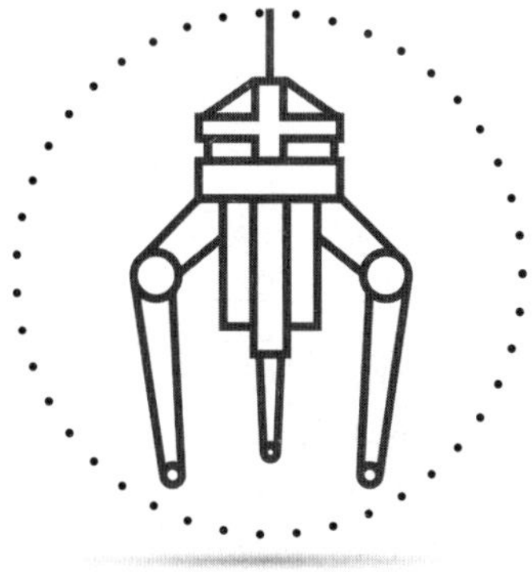

清華大學出版社
北京

图书在版编目(CIP)数据

智能制造概论/李培根，高亮编著. —北京：清华大学出版社，2021.4(2025.1 重印)
智能制造系列教材
ISBN 978-7-302-57907-6

Ⅰ. ①智… Ⅱ. ①李… ②高… Ⅲ. ①智能制造系统－高等学校－教材 Ⅳ. ①TH166

中国版本图书馆 CIP 数据核字(2021)第 060939 号

责任编辑：刘 杨 冯 昕
封面设计：李召霞
责任校对：赵丽敏
责任印制：杨 艳

出版发行：清华大学出版社
网 址：https://www.tup.com.cn，https://www.wqxuetang.com
地 址：北京清华大学学研大厦 A 座　**邮 编**：100084
社 总 机：010-83470000　**邮 购**：010-62786544
投稿与读者服务：010-62776969，c-service@tup.tsinghua.edu.cn
质量反馈：010-62772015，zhiliang@tup.tsinghua.edu.cn
印 装 者：三河市天利华印刷装订有限公司
经 销：全国新华书店
开 本：185mm×260mm　**印 张**：24.25　**字 数**：586 千字
版 次：2021 年 5 月第 1 版　**印 次**：2025 年 1 月第 14 次印刷
定 价：69.00 元

产品编号：088883-02

智能制造系列教材编审委员会

丛书序1

FOREWORD

多年前人们就感叹，人类已进入互联网时代；近些年人们又惊叹，社会步入物联网时代。牛津大学教授舍恩伯格(Viktor Mayer-Schönberger)心目中大数据时代最大的转变，就是放弃对因果关系的渴求，转而关注相关关系。人工智能则像一个幽灵徘徊在各个领域，兴奋、疑惑、不安等情绪分别蔓延在不同的业界人士中间。今天，5G的出现使得作为整个社会神经系统的互联网和物联网更加敏捷，使得宛如社会血液的数据更富有生命力，自然也使得人工智能未来能在某些局部领域扮演超级脑力的作用。于是，人们惊呼数字经济的来临，憧憬智慧城市、智慧社会的到来，人们还想象着虚拟世界与现实世界、数字世界与物理世界的融合。这真是一个令人咋舌的时代!

但如果真以为未来经济就"数字"了，以为传统工业就"夕阳"了，那可以说我们就真正迷失在"数字"里了。人类的生命及其社会活动更多地依赖物质需求，除非未来人类生命形态真的变成"数字生命"了，不用说维系生命的食物之类的物质，就连"互联""数据""智能"等这些满足人类高级需求的功能也得依赖物理装备。所以，人类最基本的活动便是把物质变成有用的东西——制造!无论是互联网、物联网、大数据、人工智能，还是数字经济、数字社会，都应该落脚在制造上，而且制造是其应用的最大领域。

前些年，我国把智能制造作为制造强国战略的主攻方向，即便从世界上看，也是有先见之明的。在强国战略的推动下，少数推行智能制造的企业取得了明显效益，更多企业对智能制造的需求日盛。在这样的背景下，很多学校成立了智能制造等新专业(其中有教育部的推动作用)。尽管一窝蜂地开办智能制造专业未必是一个好现象，但智能制造的相关教材对于高等院校与制造关联的专业(如机械、材料、能源动力、工业工程、计算机、控制、管理……)都是刚性需求，只是侧重点不一。

教育部高等学校机械类专业教学指导委员会(以下简称"教指委")不失时机地发起编著这套智能制造系列教材。在教指委的推动和清华大学出版社的组织下，系列教材编委会认真思考，在2020年新型冠状病毒感染疫情正盛之时即视频讨论，其后教材的编写和出版工作有序进行。

编写本系列教材的目的是为智能制造专业以及与制造相关的专业提供有关智能制造的学习教材，当然教材也可以作为企业相关的工程师和管理人员学习和培训之用。系列教材包括主干教材和模块单元教材，可满足智能制造相关专业的基础课和专业课的需求。

主干教材，即《智能制造概论》《智能制造装备基础》《工业互联网基础》《数据技术基础》《制造智能技术基础》，可以使学生或工程师对智能制造有基本的认识。其中，《智能制造概论》教材给读者一个智能制造的概貌，不仅概述智能制造系统的构成，而且还详细介绍智能制造的理念、意识和思维，有利于读者领悟智能制造的真谛。其他几本教材分别论及智能制造系统的“躯干”“神经”“血液”“大脑”。对于智能制造专业的学生而言，应该尽可能必修主干课程。如此配置的主干课程教材应该是本系列教材的特点之一。

本系列教材的特点之二是配合“微课程”设计了模块单元教材。智能制造的知识体系极为庞杂，几乎所有的数字-智能技术和制造领域的新技术都和智能制造有关。不仅涉及人工智能、大数据、物联网、5G、VR/AR、机器人、增材制造(3D 打印)等热门技术，而且像区块链、边缘计算、知识工程、数字孪生等前沿技术都有相应的模块单元介绍。本系列教材中的模块单元差不多成了智能制造的知识百科。学校可以基于模块单元教材开出微课程(1 学分)，供学生选修。

本系列教材的特点之三是模块单元教材可以根据各所学校或者专业的需要拼合成不同的课程教材，列举如下。

#课程例 1——“智能产品开发”(3 学分)，内容选自模块：

- 优化设计
- 智能工艺设计
- 绿色设计
- 可重用设计
- 多领域物理建模
- 知识工程
- 群体智能
- 工业互联网平台

#课程例 2——“服务制造”(3 学分)，内容选自模块：

- 传感与测量技术
- 工业物联网
- 移动通信
- 大数据基础
- 工业互联网平台
- 智能运维与健康管理

#课程例 3——“智能车间与工厂”(3 学分)，内容选自模块：

- 智能工艺设计
- 智能装配工艺
- 传感与测量技术
- 智能数控
- 工业机器人
- 协作机器人
- 智能调度
- 制造执行系统(MES)
- 制造质量控制

总之，模块单元教材可以组成诸多可能的课程教材，还有如“机器人及智能制造应用”“大批量定制生产”等。

此外，编委会还强调应突出知识的节点及其关联，这也是此系列教材的特点。关联不仅体现在某一课程的知识节点之间，也表现在不同课程的知识节点之间。这对于读者掌握知识要点且从整体联系上把握智能制造无疑是非常重要的。

本系列教材的编著者多为中青年教授，教材内容体现了他们对前沿技术的敏感和在一线的研发实践的经验。无论在与部分作者交流讨论的过程中，还是通过对部分文稿的浏览，笔者都感受到他们较好的理论功底和工程能力。感谢他们对这套系列教材的贡献。

衷心感谢机械类专业教指委和清华大学出版社对此系列教材编写工作的组织和指导。感谢庄红权先生和张秋玲女士，他们卓越的组织能力、在教材出版方面的经验、对智能制造的敏锐性是这套系列教材得以顺利出版的最重要因素。

希望本系列教材在推进智能制造的过程中能够发挥“系列”的作用！

2021 年 1 月

丛书序2

FOREWORD

制造业是立国之本，是打造国家竞争能力和竞争优势的主要支撑，历来受到各国政府的高度重视。而新一代人工智能与先进制造深度融合形成的智能制造技术，正在成为新一轮工业革命的核心驱动力。为抢占国际竞争的制高点，在全球产业链和价值链中占据有利位置，世界各国纷纷将智能制造的发展上升为国家战略，全球新一轮工业升级和竞争就此拉开序幕。

近年来，美国、德国、日本等制造强国纷纷提出新的国家制造业发展计划。无论是美国的"工业互联网"、德国的"工业 4.0"，还是日本的"智能制造系统"，都是根据各自国情为本国工业制定的系统性规划。作为世界制造大国，我国也把智能制造作为推进制造强国战略的主攻方向，并于 2015 年发布了《中国制造 2025》。《中国制造 2025》是我国全面推进建设制造强国的引领性文件，也是我国实施制造强国战略的第一个十年的行动纲领。推进建设制造强国，加快发展先进制造业，促进产业迈向全球价值链中高端，培育若干世界级先进制造业集群，已经成为全国上下的广泛共识。可以预见，随着智能制造在全球范围内的孕育兴起，全球产业分工格局将受到新的洗礼和重塑，中国制造业也将迎来千载难逢的历史性机遇。

无论是开拓智能制造领域的科技创新，还是推动智能制造产业的持续发展，都需要高素质人才作为保障，创新人才是支撑智能制造技术发展的第一资源。高等工程教育如何在这场技术变革乃至工业革命中履行新的使命和担当，为我国制造企业转型升级培养一大批高素质专门人才，是摆在我们面前的一项重大任务和课题。我们高兴地看到，我国智能制造工程人才培养日益受到高度重视，各高校都纷纷把智能制造工程教育作为制造工程乃至机械工程教育创新发展的突破口，全面更新教育教学观念，深化知识体系和教学内容改革，推动教学方法创新，我国智能制造工程教育正在步入一个新的发展时期。

当今世界正处于以数字化、网络化、智能化为主要特征的第四次工业革命的起点，正面临百年未有之大变局。工程教育需要适应科技、产业和社会快速发展的步伐，需要有新的思维、理解和变革。新一代智能技术的发展和全球产业分工合作的新变化，必将影响几乎所有学科领域的研究工作、技术解决方案和模式创新。人工智能与学科专业的深度融合、跨学科网络以及合作模式的扁平化，甚至可能会消除某些工程领域学科专业的划分。科学、技术、经济和社会文化的深度交融，使人们可以充分使用便捷的软件、工具、设备和系统，彻底改变或颠覆设计、制造、销售、服务和消费方式。因此，工程教育特别是机械工程教育应当更加具有前瞻性、创新性、开放性和多样性，应当更加注重与世界、社会和产业的联系，为服务我国新的"两步走"宏伟愿景作出更大贡献，为实现联合国可持续发展目标发挥关键性引领作用。

需要指出的是，关于智能制造工程人才培养模式和知识体系，社会和学界存在多种看法，许多高校都在进行积极探索，最终的共识将会在改革实践中逐步形成。我们认为，智能制造的主体是制造，赋能是靠智能，要借助数字化、网络化和智能化的力量，通过制造这一载体把物质转化成具有特定形态的产品（或服务），关键在于智能技术与制造技术的深度融合。正如李培根院士在本系列教材总序中所强调的，对于智能制造而言，“无论是互联网、物联网、大数据、人工智能，还是数字经济、数字社会，都应该落脚在制造上”。

经过前期大量的准备工作，经李培根院士倡议，教育部高等学校机械类专业教学指导委员会（以下简称“教指委”）课程建设与师资培训工作组联合清华大学出版社，策划和组织了这套面向智能制造工程教育及其他相关领域人才培养的本科教材。由李培根院士和雒建斌院士、部分机械类专业教指委委员及主干教材主编，组成了智能制造系列教材编审委员会，协同推进系列教材的编写。

考虑到智能制造技术的特点、学科专业特色以及不同类别高校的培养需求，本套教材开创性地构建了一个“柔性”培养框架：在顶层架构上，采用“主干教材＋模块单元教材”的方式，既强调了智能制造工程人才必须掌握的核心内容（以主干教材的形式呈现），又给不同高校最大程度的灵活选用空间（不同模块教材可以组合）；在内容安排上，注重培养学生有关智能制造的理念、能力和思维方式，不局限于技术细节的讲述和理论知识的推导；在出版形式上，采用“纸质内容＋数字内容”的方式，“数字内容”通过纸质图书中列出的二维码予以链接，扩充和强化纸质图书中的内容，给读者提供更多的知识和选择。同时，在机械类专业教指委课程建设与师资培训工作组的指导下，本系列书编审委员会开展了新工科研究与实践项目的具体实施，梳理了智能制造方向的知识体系和课程设计，作为规划设计整套系列教材的基础。

本系列教材凝聚了李培根院士、雒建斌院士以及所有作者的心血和智慧，是我国智能制造工程本科教育知识体系的一次系统梳理和全面总结，我谨代表教育部机械类专业教指委向他们致以崇高的敬意！

2021 年 3 月

前言

PREFACE

智能制造成为中国制造强国方略的主攻方向，自然受到制造业、学界以及政府的广泛关注。企业的工程技术和管理人员都希望了解智能制造的相关知识。一些学校甚至增设了智能制造工程专业，只要有工科，即使未设智能制造专业，也一定会开设智能制造的相关课程。

智能制造本身是跨专业的，所涉及的知识几乎与所有的工科专业有关；智能制造是跨行业的，其核心技术不仅覆盖所有的制造行业，即便在某些非制造行业也能适用。因此，智能制造的知识面很宽，所涉及的知识点又很专。对于一个欲详细了解智能制造相关知识的人而言，往往觉得无可适从。

不管是教师、学生乃至工程师，欲全面地掌握智能制造相关的知识基本上是不可能的。但欲了解智能制造相关的单元知识，其书籍、资料颇丰，如大数据、人工智能、虚拟现实（包括增强现实等）、模拟与仿真、增材制造、物联网、工业互联网、传感技术、计算机视觉……。因此，要了解智能制造的相关单元技术并不难。

编写智能制造的教材甚难，其中智能制造概论或导论之类的教材尤难。其难在于，既要使读者认识智能制造的概貌，又不能以偏概全；既要让读者初通智能制造的相关技术和知识，又不能让技术和知识淹没了智能制造的本质与内涵；欲让读者对智能制造在企业的各环节或流程（设计、加工、供应……）的子系统有所认识，又不至于让子系统遮蔽整体联系；欲使读者对某些行业智能制造的特点略知一二，又不能对未见诸教材的行业之智能制造了无概念。君不见，行业大类有离散和流程制造之分，仅流程一类又有石油、化工、制药、冶金、纺织……。即使在流程一类的不同行业中其特点迥异，欲使读者对不同类型行业的智能制造特点形成概念，何其难哉！载体如产品、装备、工具……，五花八门，成千上万；环节如设计、加工、生产计划、供应、销售……，千差万别！数字-智能技术如何应用在迥异的行业、五花八门的载体和千差万别的环节？有何共同的规律？

的确，对于智能制造的学习者而言，智能制造概论或导论教材尤为重要，因为它是智能制造入门的向导。令人欣喜的是，中国工程院周济院士编著的《智能制造导论》新近出版。书中不仅介绍了智能制造相关的单元技术，且含有离散和流程制造业的诸多案例，还创造性地提出了智能制造的三个范式，是一本难得的好教材。笔者希望本书既呈现给学生或刚接触智能制造的工程师们以智能制造的概貌，而又不能让读者犹如摸象盲人之“无明众生”；它在让读者关注智能制造的关键技术的同时，更需要让读者明白智能制造的内涵与真谛；在让读者了解智能制造分系统及其实现方式的同时，还应该让读者明白数字-智能技术在不同系统中应用的共性规律；需要让读者了解典型行业的智能制造应用情况，更需要凝练适合于不同行业的一些理念和意识。相信本书能够在若干方面与《智能制造导论》互补。

对于智能制造的实践者而言，智能产品创新需要什么样的思维？数字-智能技术用于企业各环节、各分系统的基本思想是什么？智能制造进程的推进需要总体把握什么？即便是从事智能制造的基层工程师，如何从整体联系中更清晰地认识自己所从事的工作之作用和意义？一名优秀的智能制造相关的工程师最重要的潜质是什么？恐怕是融会贯通在他工作中的某些意识和思维，这种意识和思维使他能够不假思索地走在智能制造的正确方向。优秀恰恰是使其形成习惯的那些意识和思维！

企业高层的管理及技术人员，更需要站在更高的层次上俯视和体验智能制造。置身于智能制造中的高层人士恐怕需要有两个我：一个在数字世界中醒着看制造，另一个在制造的物理世界中冥想其孪生的比特世界。虽然大学生和初学者不可能很快达到这种境界，但至少要明白什么样的境界是他应该向往的。

鉴于上述考虑，本书不仅概要地介绍智能制造相关的技术，更着重智能制造所需的意识和思维方式的提炼(如第 11～17 章所示)，以弥补一般同类教材或书籍之未尽。这也应该算是本书的最大特色。

本书在主要章节中均列举了“节点”和“问题”。通过节点和节点之间的关联，读者更容易系统地掌握相关知识，且有助于读者在实践中形成联想和创新的能力；“问题”也能使读者更深刻地领悟相关知识，并能进一步思考和延伸阅读。

文中收集的大量资料和案例，有助于读者对问题的理解，并可作为企业智能制造实践中的参考。书中自然融入了作者自己学习智能制造理论和诸多企业智能制造实践后形成的感悟，如第 2 章中关于智能制造的内涵，主要表现在对不确定性问题、非固定模式问题、非结构化问题及其整体联系问题的处理；拓扑优化设计、车间智能优化调度问题等；第 13 章中关于企业数字生态空间的广度和深度；第 14 章中数据流动与数据驱动的区别、软件定义的含义、对不同视角(生产工艺、功能、特定目标、客户)的整体联系的总结、十六字精要等，均体现了作者自己的见解。

本书第 18 章也特别值得一读。真正代表未来智能制造水平的一些前沿技术，如数字员工(数字工程师)、商业智能、云化机器人、人机共融等，均是下一代智能制造发展的方向。所有欲了解智能制造发展趋势的读者对这一章定当极有兴趣。

本书可作为智能制造专业必修课之主干教材，亦可用作智能制造相关专业的辅修教材。本书也适合于企业的工程技术及管理人员使用，甚至对于关注智能制造的行政官员，这也是一本通俗易懂且易获得要领的参考书。

李培根构思了全书的结构和大纲，书中第 2 篇、第 18 章以及 2.3 节和 2.4 节由高亮教授所撰写，其余为李培根所作。

感谢张秋玲编审对智能制造系列教材的发起和推动，感谢清华大学出版社为此系列教材出版所作的重大贡献，感谢刘杨编辑为本书的出版所付出的努力。

鉴于作者对智能制造的理解和认识的局限，书中错误在所难免，敬请读者批评指正。

2020 年 11 月

目录

CONTENTS

第1篇　智能制造基础

第2篇 智能制造核心技术

第1篇

智能制造基础

第1章

智能制造发展历程简介

1.1 从自动化到智能化

大概从中学开始，人们就接受一个概念：人和动物最根本的区别在于使用工具。英国伟大的动物学家珍妮·古道尔(Jane Goodall)发现，黑猩猩可以选择和加工工具，如去掉树枝的树叶，以树枝作为工具，伸进白蚁穴中捕捉白蚁[1]。和人类制造的工具相较，那种工具当然是最简单、最原始的，但这一现象足以颠覆人们关于人与动物根本区别的认知。

如果一定要从使用和制造工具的角度区别人和动物，恐怕需要对工具进行限定。黑猩猩制作的工具，即树枝，虽然去掉了树叶，但其实质和形态还是自然界本已存在的东西。想想原始人制作的弓箭，其形态不是自然本来存在的。因此，弓箭是"超自然存在""超世界存在"的东西。人类的文明史，从某一角度看，就是一部不断探究"超自然存在""超世界存在"的历史。人不断地通过创造"超自然存在"的工具(技术)去改善其生存问题。农业文明开始后最简单的农具、中国古代的冶炼技术(如春秋失蜡铸造法)、汉代纺织机械、毕昇活字印刷、公元8世纪左右波斯的风车、14世纪意大利的机械钟和齿轮、18世纪的蒸汽机，及至现代的汽车、计算机……这些"超自然存在"的工具或技术越来越复杂，功能越来越强大。

敖德嘉·加塞特言，"称作'技术'的最基本的事实只是起于如下奇怪的、戏剧般的、形而上学的事件：两种完全不同的实在——人和世界——以这样一种方式共存，即二者之一(人)要在另一者(恰恰是'世界')中建立'超世界'的存在。如何实现这一点的问题——类似于工程师的问题——正是'人的生存'的主题。"[2]有一点需要注意的是，"我们开发技术以满足我们预想的需求，而不是为了满足自然所规定的一套普适需求。用法国哲学家加斯东·巴歇拉尔的话说，就是：征服多余的比征服必需的能给予我们更大的精神刺激，因为人类是欲望的产物而不是需求的产物。"[3]这里可以看出，人和动物在制作工具方面的最根本区别在于：动物没有对"超自然存在""超世界存在"工具的欲求，而人对其的欲求和创造力则是无止境的。

人类对工具的欲求淋漓尽致地表现在对自动化的追求上。看看纺织技术的演进，从纺坠、纺车、水力大纺车逐步进化到珍妮织机，而后的无锭纺纱、无梭织布、无纺织布等皆是对纺织自动化技术无止境的追求。人们总是希望其使用的工具尽可能少甚至没有人工干预，这样的工具其实就是自动化的机器或装置，如东汉张衡发明的一种观察地震的自动检测仪器(候风地动仪)、瓦特改良的蒸汽机中的离心式调速器(当负载或蒸汽量供给发生变化时,离心式调速器能够自动调节进气阀的开度,从而控制蒸汽机转速)、20世纪上半叶开始发展起来的自动生产线,包括当代最精密的用于微电子生产的自动化装备等。

伴随着人们对自动化机器或装置的追求,从20世纪40年代开始,自动控制理论发展迅速。20世纪30年代左右,美国开始采用PID调节器。其后,从维纳滤波到卡尔曼滤波,从经典控制理论到现代控制理论,最优控制理论,随机控制……不一而足。但后来人们发现,这些理论的实际应用局限性很大,并不如当初人们所期望的那样。

长期以来,有形的自动化机器或装置的主要作用是替代人的体力。难道人的脑力不能被部分取代?难道人类不能以人造系统减轻人的脑力活动乃至扩展人的智能?人类对"超自然存在"工具的欲求显然不会止于自动化机器与装置。自动化的发展势必指向:不仅减轻和替代人的体力,还要减轻人的脑力活动乃至扩展人的智能;不仅要有形的机器或装置,还需要某种无形的东西。

计算机及其软件的出现便是必然的。今天软件已经成为各个领域无形的工具。办公软件大大提高办公的效率,设计软件大大提升设计的效率和质量,管理软件提升管理水平……企业蓦然发现,数字化是企业发展的基本途径。

企业中自然存在大量的信息交流。传统的信息交流,除了口头外,便是以纸张为载体的各种文字、图表等,其传递也依靠人。20世纪最伟大的发明——互联网,为人类信息交流带来革命性的变化。今天几乎所有的企业都离不开互联网,协同设计、供应链管理、客户管理、生产调度……企业的各种活动中,互联网似乎无处不在。近些年来,随着电子信息技术的发展,网络技术与移动通信技术融合而形成移动互联网。移动互联网的发展进一步地使网络渗透到工业及人们的生活,它改变了上网的空间和时间的局限性。企业中,设备的监控及运维、物流控制、用户体验等都是移动互联网发挥作用的极佳场所。网络宛如企业的数字神经系统。

数字化、网络化大大减轻了人的脑力活动的强度,但人类当然不会满足于"减轻",而希望"替代"某些脑力活动。企业的自动化程度越来越高,生产线和生产设备内部的信息流量增加;市场的个性化需求越来越强烈,产品所包含的设计信息和工艺信息量猛增;对市场的快速响应导致制造过程和管理工作的信息量也必然剧增……诸多因素使企业的关注点转向了提高制造系统对于爆炸性增长的信息处理能力、效率及规模上。这就不仅需要自动化、数字化、网络化技术,还需要智能化技术。

中国国务院在2017年发布了《新一代人工智能发展规划》,其中指出:"人工智能成为经济发展的新引擎。人工智能作为新一轮产业变革的核心驱动力,将进一步释放历次科技革命和产业变革积蓄的巨大能量,并创造新的强大引擎,重构生产、分配、交换、消费等经济活动各环节,形成从宏观到微观各领域的智能化新需求,催生新技术、新产品、新产业、新业态、新模式,引发经济结构重大变革,深刻改变人类生产生活方式和思维模式,实现社会生产力的整体跃升。"[4]

未来,智能化工厂将不只是人们的欲求和梦想!至于未来的"超自然存在"工具将以怎样的新形式存在?人和工具的关系如何?谁是制造的主体?甚至人何以存在?我们今天还难以想象!

1.2 学术概念的提出

一般认为，最早提出智能制造概念的当属美国纽约大学的怀特教授(P. K. Wright)和卡内基梅隆大学的布恩教授(D. A. Bourne)，他们在1988年出版了《制造智能》(*Manufacturing Intelligence*)一书[5]。书中阐述了若干制造智能技术，如集成知识工程、制造软件系统、机器人视觉、机器控制，对技工的技能和专家知识进行建模，使智能机器人在没有人工干预的情况下进行小批量生产，等等。安德鲁·库夏克(Andrew Kusiak)于1990年出版了《智能制造系统》(*Intelligent Manufacturing System*)一书[6]，且有中译本[7]。主要内容包括：柔性制造系统，基于知识的系统，机器学习，零件和机构设计，工艺设计，基于知识系统的设备选择、机床布局、生产调度等。库夏克还在20世纪90年代初期创刊《智能制造杂志》(*Journal of Intelligent Manufacturing*)。早期关于智能制造的著述多见于智能技术在制造中的局部问题的应用。如加拿大学者董左民(Zuomin Dong)教授编辑出版的 *Artificial Intelligence in Optimal Design and Manufacturing*[8]，主要介绍人工智能技术在设计和制造中的应用。文献[9]的研究把切削速度、进给、切削力和加工时间作 为人工神经网络(ANN)的输入，用于刀具磨损的估计。类似的文献在智能制造相关的杂志中比较多见，而关于企业智能制造系统的研究相对较少。

近些年，Smart Manufacturing(SM)受到关注。美国还成立了一个智能制造领导力联盟 (SMLC)，他们定义SM为：“通过高级智能系统的深度应用，从而实现新产品快速制造，产品需求的动态响应，生产和供应链网络的实时优化。”[10]一些学者认为SM是较智能制造(IM)更高级的发展阶段。如Yao、Zhou、Zhang和Boër等认为，早期的IM中用到的智能技术主要基于符号逻辑(symbolic)，处理结构化的、中心化的问题，如基于知识的系统(KBS)；而SM则是建立在大数据技术以及相关的智能技术基础上，能够处理非结构化的、分布式的问题[11]。本书的中文术语不再对IM和SM进行区别，只是认为它们均属于智能制造的不同阶段或不同层次。

直到今天，关于智能制造的学术概念仍然在发展中，学者和企业的专家们都在不断探索。如2019年5月于北京举行的第七届智能制造国际会议上，中国机械工程学会荣誉理事长周济院士介绍了新一代智能制造，提出面向新一代智能制造的人-信息-物理系统(HCPS)的新概念，相应的文章在《工程》期刊上发表[12]。

1.3 智能制造的国际合作计划

日本于1989年正式提出“智能制造系统”国际合作计划(以下简称“IMS计划”)，是当时全球制造领域内规模最大的一项国际合作研究计划。由时任东京大学工程系主任吉川裕行(Iiroyuki Yoshikawa)提出，获得日本通产省的支持。计划的进展起初并不顺利，西方政界对于IMS的设想显得态度冷淡。1990年日本通产省、美国商务部和欧委会在比利时布鲁塞尔进行了会晤，此后，经过长达两年的协商谈判，才最终同意开展试点行动。1993—1994年间，IMS在日本、美国、欧洲、加拿大和澳大利亚五个区域开展试点项目，73家公司和60多所大学及研究机构参与。1995年，IMS计划进入正式实施阶段，为期10年，后又继续延期，但影响力日渐减弱。2010年，日本退出IMS计划。这一计划目前仍在运转，仍然参与的国家(或地区)包括美国、瑞士、韩国、墨西哥和欧盟[13,14]。

中国科协智能制造学会联合体(由中国机械工程学会、中国仪器仪表学会、中国自动化学会、中国人工智能学会等13家成员学会组成，以下简称"联合体")于2017年12月发起筹备国际智能制造联盟，中国机械工程学会荣誉理事长周济院士任主席。2019年5月8日，国际智能制造联盟启动会在北京召开。联盟旨在促进更大范围内的智能制造国际交流，共同建立开放协同的创新生态，增加更多跨国界、跨领域、跨行业的合作，进而推动全球制造业的数字化网络化智能化。截至目前，澳大利亚、比利时、中国、丹麦、法国、德国、以色列、日本、瑞典、英国、美国等16个国家和地区的60家机构同意作为国际智能制造联盟的发起单位和参与国际智能制造联盟筹备委员会的工作。

1.4 世界主要国家的智能制造发展战略与实践

21世纪以来，世界上主要国家都非常重视制造业发展战略。2012年，美国提出"先进制造业国家战略计划"，提出中小企业、劳动力、伙伴关系、联邦投资以及研发投资等五大发展目标和具体实施建议；2019年提出未来工业发展规划，将人工智能、先进的制造业技术、量子信息科学和5G技术列为"推动美国繁荣和保护国家安全"的4项关键技术；另外，美国通用电气(GE)公司于2012年提出"工业互联网"[15]计划，其基本思想是"打破智慧与机器的边界"(pushing the boundaries of minds and machines)，旨在通过提高机器设备的利用率并降低成本，取得经济的效益，引发新的革命。GE为此投入巨额资金，并进行了有益的实践。其后，GE又联合了IBM、思科(Cisco)、英特尔(Intel)、AT&T等，成立了世界上推广工业互联网的最大组织工业互联网联盟(IIC)，以期打破技术壁垒。目前，该联盟的成员已经超过200个。

在2013年4月的汉诺威工业博览会上，德国政府宣布启动"工业4.0(Industry 4.0)"国家级战略规划，意图在新一轮工业革命中抢占先机，奠定德国工业在国际上的领先地位。工业4.0在国际上，尤其在中国，引起极大关注。2014年11月李克强总理访问德国期间，中德双方发表了《中德合作行动纲要：共塑创新》，宣布两国将开展工业4.0合作。一般的理解，工业1.0对应蒸汽机时代，工业2.0对应电气化时代，工业3.0对应信息化时代，工业4.0则是利用信息化、智能化技术促进产业变革的时代，也就是对应智能化时代，如图1-1所示[16]。

"工业4.0"的基本思想是数字和物理世界的融合，主要特征是互联。利用信息物理系统(CPS，有人亦称"赛博物理系统")的理念，把企业的各种信息与自动化设备等整合在一起，打造智能工厂。智能工厂中，通过数据的无缝对接实现设备与设备、设备与人、设备与工厂、各工厂之间的连接，实时监测分散在各地的生产系统，使其实行分布自治的控制。工业4.0需要很多前沿技术的支撑，如物联网、大数据、增强现实、增材制造、仿真、云计算、人工智能等，见图1-2[17]。德国于2019年又提出"国家工业战略2030"，明确提出在某些领域德国需要拥有国家及欧洲范围的旗舰企业。

2014年日本发布制造业白皮书，提出重点发展机器人、下一代清洁能源汽车、再生医疗以及3D打印技术；2018年版制造业白皮书中指出在生产一线的数字化方面，应充分利用

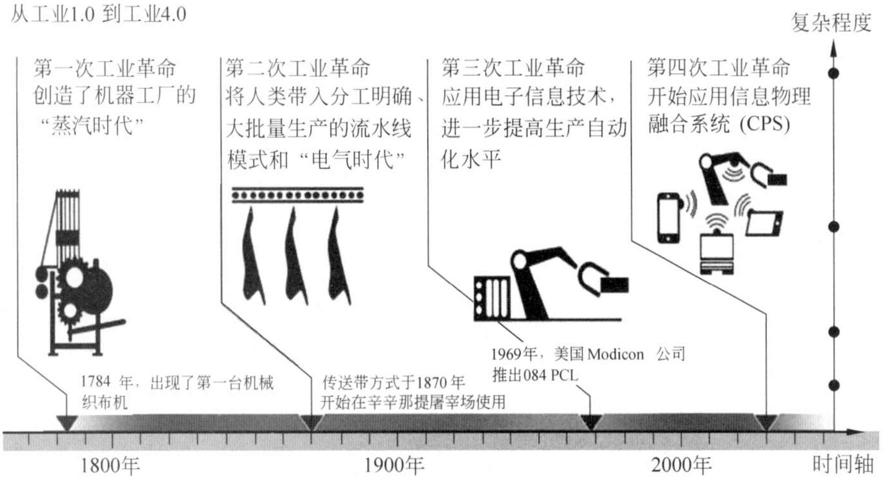

图 1-1 工业 4.0 概念图[16]

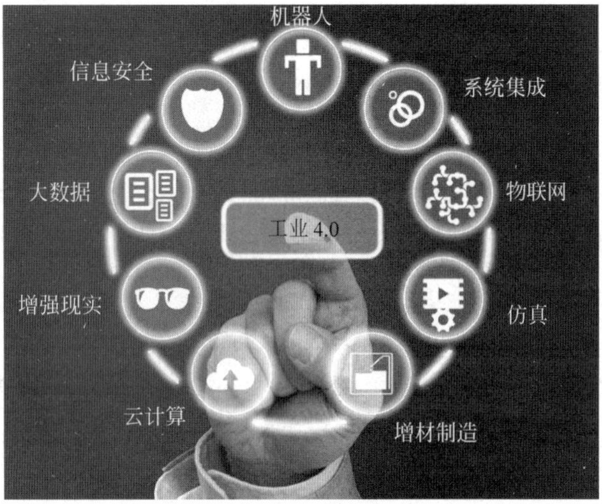

图 1-2 工业 4.0 所需要的主要前沿技术[17]

人工智能的发展成果，加快技术传承和节省劳动力；2016 年 1 月日本政府发布《第五期科学技术基本计划》，首次提出“社会 5.0”概念[18]。在少子老龄化负面影响正在凸显的日本，为实现人人都能快乐生活，系统化及系统之间联合协调的举措不能只限于制造业领域，还须扩展至其他各个领域，将其与建设经济增长、健康长寿的社会乃至社会变革联系在一起。

上述的战略计划并未冠以“智能制造”，但实际上都包含智能制造的内容。

我国为实现制造强国的战略目标，在 2015 年由国务院发布了《中国制造 2025》战略规划，智能制造成为其主攻方向。紧接着，工业和信息化部、财政部发布《智能制造发展规划(2016—2020 年)》[19]，近几年，一批企业推动智能制造，产生了很好的效果。一些企业的应用示范项目各有侧重，如数字化工厂/智能工厂(包括离散制造和流程制造)，智能装备(产品)，以个性化定制、网络协同开发、电子商务为代表的智能制造新业态新模式，以物流管理、能源管理智慧化为方向的智能化管理，以在线监测、远程诊断与云服务为代表的智能服务，如此等等。

值得注意的是，在中国明确提智能制造只是近几年的事情，但与智能制造紧密相关的数字化、网络化工作的探索于 20 世纪 80 年代末期便已开始。在当时"863"计划中的 CIMS（计算机集成制造系统）主题（后改名为制造业信息化）和机器人主题的引导下，一批大学、研究院所和企业共同致力于机器人和企业数字化应用软件（如 CAD（计算机辅助设计）、CAPP（计算机辅助工艺规划）、PDM/PLM（产品数据管理/产品生命周期管理）、ERP（企业资源计划）、MES（制造执行系统）、SCM（供应链管理）、CRM（客户关系管理）……）的研发及应用，为企业的数字化和网络化发展奠定了坚实的基础。某种意义上，数字化、网络化是智能制造的必要条件，也可视为智能制造的早期阶段。也正因如此，今天中国的一批制造企业能够开始尝试智能制造。

参考文献

[1] 珍妮·古道尔. 我与黑猩猩在一起的三十年[M]. 邓晓明，卢晓，译. 北京：中国广播电视出版社，1990.

[2] 敖德嘉·加塞特. 关于技术的思考[M]. 高源厚，译. //吴国盛. 技术哲学经典读本. 上海：上海交通大学出版社，2008.

[3] 乔治·巴萨拉. 技术发展简史[M]. 周光发，译. 上海：复旦大学出版社，2000.

[4] 国务院. 新一代人工智能发展规划[R]. 2017-07-8.

[5] WRIGHT P K，BOURNE D A. Manufacturing intelligence[M]. Reading：Addison-Wesley，1988.

[6] KUSIAK A. Intelligent manufacturing systems[M]. Englewood Cliffs，NJ：Prentice Hall，1990.

[7] 安德鲁·库夏克. 智能制造系统[M]. 杨静宇，陆际联，译. 北京：清华大学出版社，1993.

[8] DONG Z M. Artificial intelligence in optimal design and manufacturing[M]. Englewood Cliffs，NJ：Prentice Hall，1994.

[9] VENKATESH K，ZHOU M，CAUDILL R J. Design of artificial neural networks for tool wear monitoring[J]. Journal of Intelligent Manufacturing，1997，8(3)：215.

[10] SMLC. Implementing 21st century smart manufacturing[R]. Workshop Summary Report，2011-7-24.

[11] YAO X，ZHOU J，ZHANG J，BOËR C R. From intelligent manufacturing to smart manufacturing for Industry 4.0 driven by next generation artificial intelligence and further on[C]. 2017 5th International Conference on Enterprise Systems.

[12] 周济，李培根，周艳红，等. 走向新一代智能制造[J]. 工程，2018，4(1)：28-47.

[13] CORNING G P. Japan's intelligent manufacturing systems initiative and the politics of international technology collaboration[R]. The University of Texas，1997.

[14] 唐任仲. 智能制造系统国际合作研究计划[J]. 制造技术与机床，1996(9)：45-47.

[15] GE. 工业互联网：突破智慧和机器的界限[R]. 工业和信息化部国际经济技术合作中心，译，2011.

[16] 周济. 智能制造——"中国制造 2025"的主攻方向[C]//国家制造强国建设战略咨询委员会 & 中国工程院战略咨询中心. 智能制造. 北京：电子工业出版社，2016：13.

[17] 新全球化智库产业与金融研究院. 我们正在经历第四次工业革命，2018-08-07.

[18] 薛亮. 日本第五期科学技术基本计划推动实现超智能社会"社会 5.0"[J]. 华东科技，2017(2)：46-49.

[19] 工业和信息化部、财政部. 智能制造发展规划(2016—2020 年)[R]. 2017-12.

第2章

智能制造的基本概念和架构

2.1 定义

制造是把原材料变成适用的产品。需要特别注意的是,这里制造的含义不限于加工和生产。对于一个制造企业而言,其制造活动包含一切"把原材料变成适用的产品"的相关活动,如产品研发、工艺设计、设备运维、采购、销售……

对智能制造最通俗的理解莫过于"把智能技术用于制造中"。然而什么是智能?什么是人工智能?尽管从人工智能概念的提出到现在已经过了半个多世纪,但是关于人工智能的定义却依然存在争议。一般认为,目前人工智能的研究方向主要集中在自然语言处理、机器学习、计算机视觉、自动推理、知识表示和机器人学等六大方向上。但显然人们并不认为,企业实施智能制造就一定要应用上述所有技术。

关于智能制造的定义有很多。

美国 Wright 和 Bourne 在其《制造智能》(智能制造研究领域的首本专著)中将智能制造定义为"通过集成知识工程、制造软件系统、机器人视觉和机器人控制来对制造技工们的技能与专家知识进行建模,以使智能机器能够在没有人工干预的情况下进行小批量生产"[1]。今天能够用于制造活动的智能技术不只是上述定义中所列举的,此外智能制造显然不局限于小批量生产。但人们没有任何理由因为此定义的局限性而轻视其意义,在当时(20 世纪 80 年代)相关技术发展尚不成熟的时期提出智能制造的概念无疑是富有远见和开创性的工作。

路甬祥曾对智能制造给出定义:"一种由智能机器和人类专家共同组成的人机一体化智能系统,它在制造过程中能进行智能活动,诸如分析、推理、判断、构思和决策等。通过人与智能机器的合作共事,去扩大、延伸和部分地取代人类专家在制造过程中的脑力劳动。它把制造自动化的概念更新、扩展到柔性化、智能化和高度集成化。"[2] 其中强调的人机一体化,乃深刻洞见。

在中国《智能制造科技发展"十二五"专项规划》中,定义智能制造是"面向产品全生命周期,实现泛在感知条件下的信息化制造,是在现代传感技术、网络技术、自动化技术、拟人化智能技术等先进技术的基础上,通过智能化的感知、人机交互、决策和执行技术,实现设计过程智能化、制造过程智能化和制造装备智能化等"。此说中实现设计过程、制造过程和制造装备的智能化，只是智能制造的现象。或者说，智能化设计、装备等只是制造的手段，而非目标。

工信部在2016年发布的《智能制造发展规划(2016—2020年)》中对智能制造明确定义：“智能制造是基于新一代信息通信技术与先进制造技术深度融合，贯穿于设计、生产、管理、服务等制造活动的各个环节，具有自感知、自学习、自决策、自执行、自适应等功能的新型生产方式。”[3]此定义无疑吸取了多位学者和专家的智慧，点明了智能制造的技术基础、应用的环节，揭示了其功能表象，但未能触及智能制造的本质和内涵。

第1章提到在美国、欧盟、韩国等受到重视的SM，可以看成是智能制造发展的更高级阶段。SM是近些年一些前沿技术迅猛发展的结果，如物联网、大数据、VR(虚拟现实)/AR(增强现实)、智能传感、云技术、新一代人工智能等。美国国家标准技术局认为，SM是完全集成的协同制造系统，能够实时响应企业、供应链和客户中需求及条件的变化[4]。这一定义颇为简单，并未直接点出所涉及的技术及系统具体的功能，却更清晰地揭示了智能制造的目标。

本书不妨给出智能制造及系统的极简定义，之所以如此，恰恰因为智能制造还在发展中。简单的定义可能包罗更广的功能和技术要素，不管是已有的，还是未来的。简单的定义可能含义更深，不管是表象的，还是内在的；不管是显性的，还是隐性的。

【定义】 智能制造：把机器智能融合于制造的各种活动中，以满足企业相应的目标。

定义中的关键词：机器智能、融合、制造活动、目标。

机器智能包括计算、感知、识别、存储、记忆、呈现、仿真、学习、推理……，既包括传统智能技术(如传感、基于知识的系统KBS等)，也包括新一代人工智能技术(如基于大数据的深度学习)。一般来说，人工智能分为计算智能、感知智能和认知智能3个阶段。第一阶段为计算智能，即快速计算和记忆存储能力。第二阶段为感知智能，即视觉、听觉、触觉等感知能力。第三阶段为认知智能，即能理解、会思考。认知智能是目前机器与人差距最大的领域，让机器学会推理和决策异常艰难。

虽然机器智能是人开发的，但很多单元智能(如计算、记忆……)的强度远超人的能力。将机器智能融合于各种制造活动，实现智能制造，通常有如下好处[5]：

(1) 智能机器的计算智能高于人类，在一些有固定数学优化模型、需要大量计算但无须进行知识推理的地方，比如设计结果的工程分析、高级计划排产、模式识别等，与人根据经验来判断相比，机器能更快地给出更优的方案。因此，智能优化技术有助于提高设计与生产效率、降低成本，并提高能源利用率。

(2) 智能机器对制造工况的主动感知和自动控制能力高于人类。以数控加工过程为例，“机床/工件/刀具”系统的振动、温度变化对产品质量有重要影响，需要自适应调整工艺参数，但人类显然难以及时感知和分析这些变化。因此，应用智能传感与控制技术，实现“感知—分析—决策—执行”的闭环控制，能显著提高制造质量。同样，一个企业的制造过程中，存在很多动态的、变化的环境，制造系统中的某些要素(设备、检测机构、物料输送和存储系统等)必须能动态地、自动地响应系统变化，这也依赖于制造系统的自主智能决策。

(3) 制造企业拥有的产品全生命周期数据可能是海量的，工业互联网和大数据分析等技术的发展为企业带来更快的响应速度、更高的效率和更深远的洞察力。这是传统凭借人的经验和直觉判断的方法所无可比拟的。

机器智能是人类智慧的凝结、延伸和扩展，总体上并未超越人类的智慧，但某些单元智能强度远超人的能力。

企业的制造活动包括研发、设计、加工、装配、设备运维、采购、销售、财务……；融合意味着并非完全颠覆以前的制造方式，通过融入机器智能，进一步提高制造的效能。定义中指出了智能制造的目的是满足企业相应的目标。虽未指明具体目标，但读者容易明白，提高效率、降低成本、绿色等均隐含其中。

【定义】　智能制造系统：把机器智能融入包括人和资源形成的系统中，使制造活动能动态地适应需求和制造环境的变化，从而满足系统的优化目标。

除了智能制造中的关键词外，这里的关键词还有系统、人、资源、需求、环境变化、动态适应、优化目标。资源包括原材料、能源、设备、工具、数据……；需求可以是外部的(不仅考虑客户的，而且还应考虑社会的)，也可以是企业内部的；环境包括设备工作环境、车间环境、市场环境……。此定义中，系统是一个相对的概念，如图 2-1 所示。即系统可以是一个加工单元或生产线，一个车间，一个企业，一个由企业及其供应商和客户组成的企业生态系统；动态适应意味着对环境变化(如温度变化、刀具磨损、市场波动……)能够实时响应；优化目标涉及企业运营的目标，如效率、成本、节能降耗等。至于系统所需的各种手段均隐含其中。

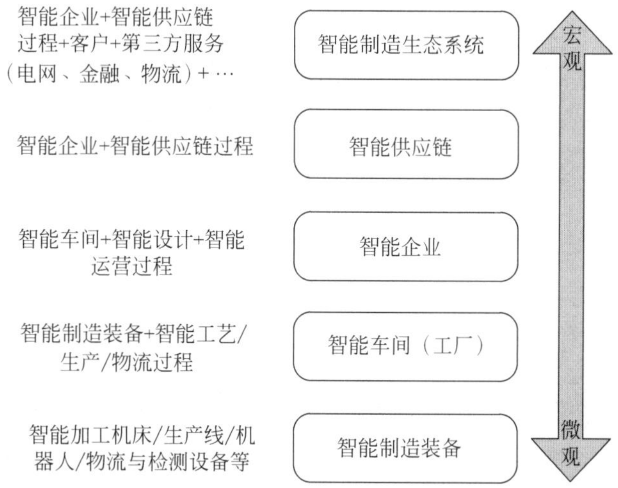

图 2-1　智能制造系统的层次

特别需要注意的是，上述定义隐含：智能制造系统并非要求机器智能完全取代人，即使未来高度智能化的制造系统也需要人机共生。

韩国学者 Kang 等[6]指出，智能制造(SM)不能仅仅着眼于增效降本的经济性指标，还应该能够持久地对社会创造新的价值。缺乏对人和社会问题的考虑可能会引发一些问题。不能把智能制造仅仅简单地视为 IT 前沿技术的应用，它应该是基于面向人和社会“可持续发展”哲学的、能够导致持续增长的制造发动机。

节点及关联
制造活动：设计，工艺，加工，设备运维、购销，财务……

机器智能：物联网，智能传感，大数据，人工智能……
智能制造特征：融合，动态适应，需求，环境，优化。
融合：人，制造活动，机器智能，社会，可持续发展。

2.2 内涵

引言中概述了从自动化到数字化、网络化进而到智能化发展的必然。自动化技术经过百余年的发展，相对而言已经很成熟了。稍加观察和略为抽象地思索一下自动化技术适合解决的问题。

适合于自动化技术解决的问题基本是确定性的。所有的自动线、自动机器，其工艺流程是确定的，运动轨迹是确定的，控制对象的目标是确定的。当然，机器实际的运动可能存在误差，反映在制造物品的质量上也存在误差，也就是说，不确定性并非完全不存在。但就一个自动系统的设计考虑而言，系统的输入输出工作方式、路径、目标等都是确定的，只需要保证产生的误差在允许的范围内即可。

经典的自动化技术面对的基本是结构化的问题。能够用经典的控制理论描述的问题，是结构化的，如自动调节问题、PID（比例积分微分）控制等。电子和计算机技术的发展加速了程序控制、逻辑控制在自动化系统中的应用，其针对的问题也是结构化的。在现代的控制系统中，某些场合人们用基于知识的系统，类似于 IF-THEN，本身就是一种结构，处理的问题还是结构化的。

传统自动化技术处理的问题均有其固定的模式，像自动加工、流水生产、物料自动输送……

传统自动化技术针对的问题相对而言是局部的，很少有企业系统层面的问题，如供应链问题、客户关系、战略应对……

让我们再观察和思考一下企业的现实问题。企业里存在大量的不确定性问题，譬如说，任何企业都必须关注的质量问题。对于一些预先就知道的、确定性的、可能引发质量缺陷的问题，可通过设置相应的工序及自动化手段去解决，这是传统自动化技术所能及的。有很多影响质量的随机因素，如温度、振动等，虽然预先知道这些因素将影响质量，但只是定性的概念，无法事前设定控制量。这就需要实时地监测制造过程中相关因素的变化，且根据变化施加相应的控制，如调节环境温度，或者自动补偿加工误差。这就是初步的智能控制。这类引发质量问题的随机因素虽然有不确定性，但却是显性的，容易为人们所意识到。更有一类不确定性因素是隐性的，是工程师和管理人员甚至难以意识到的。例如，一个先进的、复杂的发动机系统，影响其性能的关联及组合因素到底有多少？影响到何种程度？又如，某种新的工艺，可能存在的、非显性地影响工艺性能的参数有哪些？影响程度如何？对于工程师而言，这些可能是不确定的。其实，其中某些因素及其关联影响有确定性的一面，只是人们对其客观规律还缺乏认识，导致主观的不确定性。另外，还有一些原本确定的问题，因为未能数字化而导致人对其认识的不确定性。如企业中各种活动、过程的安排，本来就是确定性的，但因为涉及的人太多，且发生时间各异，若无特殊手段，于人的认识而言纷乱如麻。此亦即人的主观不确定性或认识不确定性。为何把主观不确定性也视为制造系统的不确定性？因为制造系统中本来就应该包括相关的人。还有一类隐性的影响因素本身就是不确定的。例如，精密制造过程中原材料性能的细微不一致性、能源的不稳定性、突发环境因素（如突发的外部振动）等导致质量的不稳定，车间中人员岗位的临时改变而引发的质量问题，某一时期某些员工因特别的社会重大活动（如足球世界杯）而致的作息时间改变引发的质量问题，重大公共卫生安全发生后对企业的具体影响程度，这些与企业供应链、所处地区位置、人流、企业人员受感染等各种特殊性（各个企业都不一样）有关。目前，人们对此类问题只能有抽象、定性的认识，很难根据具体影响程度进行相对精细的应对。对诸如此类的问题，经典的自动控制技术自然被束之高阁，即使带有一定智能特征的现代控制技术也无能为力。

注意：显性的和隐性的不确定性因素！

企业中有大量的问题是非结构化的。当人们想尽可能提升质量时，发现影响质量问题因素的构建就是困难的；重大公共卫生安全发生后，对企业的具体影响程度，很难有定量的分析，更何况应对……这些都是因为环境及问题本身就是非结构化的。企业中有大量的信息并非常规的数值数据或存储在数据库中的可用二维表结构进行逻辑表达的结构化数据，如全文文本、图像、声音、超媒体等信息，此即非结构化数据。这些非结构化数据都是企业有用的信息，如研发人员的报告、收集的外部资料（文本、图像等）……，传统的自动化技术未能有效利用这些信息，只能止步于此。

如何利用非结构化的数据从而做出正确的判断和决策？

企业中的很多问题是非固定模式的。如今很多企业为了更好地满足客户需求，实施个性化定制。不同类型的企业实施个性化定制的方式肯定不一样。即使对同一个企业而言，对不同的产品、不同类型的客户，可能也需要不同的模式。数据的收集、处理，数据驱动个性化设计和生产的方式都不尽相同。又如工厂或车间的节能，不同类型的企业节能的途径可能不一样。即使同类产品的企业，其设备不一样，地区环境不一样，厂房结构不一样，都会导致节能模式的不同。从事传统自动控制的技术工作者自然不会问津这类非固定模式的问题。

我们的祖先有一个很好的文化传统，即注重整体联系。中国古代的物质观，金木水火土，相生相克。此一说虽然并不科学，但其注重整体联系的思想却有合理成分。中国传统医学把人视为一个整体，如经络说，实际上强调人体的整体联系。虽然从科学的角度而言，其说有局限性，但从某些实践（如针灸）的有效性依然可见其思想的合理成分。

企业是一个大系统，其中有很多分系统、子系统，有各种各样的活动（设计、加工、装配……），各种各样的资源（原材料、工具、零部件、设备、人力……），供应商，客户……大系统中如此多的因素，相互关联和影响吗？肯定影响——凭想象和感觉。对大系统的整体效能的具体影响程度如何？高级管理人员和工程师们未必清楚。即使是一个设备系统，其部件、子系统、运行参数、环境等诸多要素之间的相互影响，同样人们只能定性地知道某些影响，难以全部清晰地认识其影响程度。总之，我们对企业大系统及其分系统的整体联系的认识是很有限的，之所以如此，不仅在于系统之大而复杂，还在于系统充满前述的不确定性、非结构化、非固定模式的问题。更清晰地认识整体联系有助于进一步提升企业的整体效能。

并不是说以前人们就意识不到整体联系、不确定性等问题的存在，只是苦于缺乏工具而脑力所不及。人类从来不会停止追求"超自然存在"工具的步伐。基于更清晰认识乃至更精细地驾驭整体联系、不确定性、非结构化、非固定模式等问题的欲求，人类终于创造出合适的工具，即物联网、大数据分析、人工智能（尤其是新一代的）等。正是有了这些工具和手段，就不能继续让整体联系、不确定性等问题困扰我们，制造领域自不例外。至此，我们可以更深刻地理解智能制造的内涵：智能制造的本质和真谛是利用物联网、大数据、人工智能等先进技术认识制造系统的整体联系并控制和驾驭系统中的不确定性、非结构化和非固定模式问题以达到更高的目标。

节点及关联

自动化技术：确定性，结构化，固定模式，局部。

机器智能：整体联系，不确定性，非结构化，非固定模式，系统优化。

问题：

(1) 制造活动与机器智能有何关联？

(2) 机器智能的特点与优势是什么？

(3) 智能制造的本质内涵是什么？

(4) 智能制造的目标是什么？

(5) 智能制造与传统自动化制造的区别是什么？

2.3 支撑系统

支撑系统的核心作用是保障制造系统高效稳定地运行。智能制造的主要支撑系统包括网络通信、数据管理、信息安全等。

2.3.1 工业互联网

工业互联网是链接工业全系统、全产业链、全价值链，支撑工业智能化发展的关键信息基础设施，是新一代信息技术与制造业深度融合所形成的新兴业态和应用模式，是互联网从消费领域向生产领域、从虚拟经济向实体经济延伸拓展的核心载体，是智能制造的重要支撑技术和系统。

"工业互联网"最早由美国通用电气公司于 2012 年提出，随后美国 5 家行业龙头企业（AT&T、思科、通用电气、IBM 和英特尔）联手组建了工业互联网联盟（IIC），对其进行推广和应用。工业互联网的核心是通过工业互联网平台把原料、设备、生产线、工厂、工程师、供应商、产品和客户等工业全要素紧密地连接和融合起来，形成跨设备、跨系统、跨企业、跨区域、跨行业的互联互通，从而提高整体效率。它可以帮助制造业拉长产业链，推动整个制造过程和服务体系的智能化。还有利于推动制造业融通发展，实现制造业和服务业之间的紧密交互和跨越发展，使工业经济各种要素和资源实现高效共享。

作为工业智能化发展的重要基础设施，工业互联网的本质就是使得工业能形成基于全面互联的数据驱动智能，在这个过程中，工业互联网能构建出面向工业智能化发展的三大优化闭环[7]：

(1) 面向机器设备/产线运行优化的闭环，核心是通过对设备/产线运行数据、生产环节数据的实时感知和边缘计算，实现机器设备/产线的动态优化调整，构建智能机器和柔性产线。

(2) 面向生产运营优化的闭环，核心是通过对信息系统数据、制造执行系统数据、控制系统数据的集成融合处理和大数据建模分析，实现生产运营的动态优化调整，形成各种场景下的智能生产模式。

(3) 面向企业协同、用户交互与产品服务优化的闭环，核心是通过对供应链数据、用户需求数据、产品服务数据的综合集成与分析，实现企业资源组织和商业活动的创新，形成网络化协同、个性化定制、服务化延伸等新模式。

工业互联网对现代工业的生产系统和商业系统均产生了重大变革性影响。基于工业视角：工业互联网实现了工业体系的模式变革和各个层级的运行优化，如实时监测、精准控制、数据集成、运营优化、供应链协同、个性定制、需求匹配、服务增值等；基于互联网视角：工业互联网实现了从营销、服务、设计环节的互联网新模式新业态带动生产组织和制造模式的智能化变革，如精准营销、个性化定制、智能服务、众包众创、协同设计、协同制造、柔性制造等[8]。

2.3.2　5G技术

智能制造具有自我感知、自我预测、智能匹配和自主决策等功能。为实现这些功能，制造过程中的数据通信面临严峻挑战，包括设备高连接密度、低功耗，通信质量的高可靠性、超低延迟、高传输速率等。5G作为一种先进通信技术，具有更低的延迟、更高的传输速率以及无处不在的连接等特点，可有效应对上述挑战。

5G技术使得无线技术应用于现场设备实时控制、远程维护及操控、工业高清图像处理等工业应用新领域成为可能，同时也为未来柔性产线、柔性车间奠定了基础。由于具有媲美光纤的传输速率、万物互联的泛在连接特性和接近工业总线的实时能力，5G技术正逐步向智能制造渗透，开启工业领域无线发展的未来。伴随智能制造的发展，5G技术将广泛深入地应用于智能制造的各个领域。5G+智能制造的总体架构主要包括4个层面：数据层、网络层、平台层和应用层，如图2-2所示。

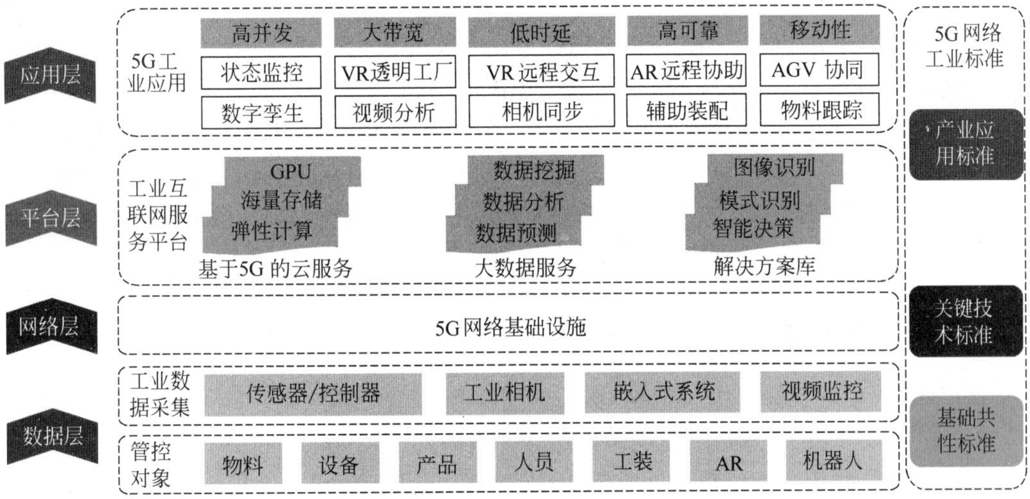

图2-2　5G+智能制造的总体架构[9]

1. 数据层

数据层依托传感器、视频系统、嵌入式系统等组成的数据采集网络，对产品制造过程的各种数据信息进行实时采集，包括生产使用的设备状态、人员信息、车间工况、工艺信息、质量信息等，并利用5G通信技术将数据实时上传到云端平台，从而形成一套高效的数据实时采集系统。通过云计算、边缘计算等技术，对数据进行实时高效处理，从而获取数据分析结果，并通过数据层进行实时反馈，一方面指导整个生产过程，另一方面也为智能制造的生产优化决策和闭环调控提供基础。

数据层实现了制造全流程数据的完备采集，为制造资源的优化提供了海量多源异构的数据，是实时分析、科学决策的起点，也是建设智能制造工业互联网平台的基础。

2. 网络层

网络层的作用是给平台层和应用层提供更好的通信服务。作为企业的网络资源，大规模连接、低时延通信的5G网络可以将工厂内海量的生产信息进行互联，提升生产数据采集的及时性，为生产优化、能耗管理、订单跟踪等提供网络支撑。

网络层采用的5G技术可以在极短的时间内完成信息上报，确保信息的及时性，从而确保生产管理者能够形成信息反馈，对生产环境进行精准调控，有效提高生产效率。网络层还可以实现远程生产设备全生命周期工作状态的实时监控，使生产设备的维护突破工厂边界，实现跨工厂、跨区域的远程故障诊断和维护。

3. 平台层

基于5G技术的平台层，为生产过程中的分析和决策提供智能化支持，是实现智能制造的重要核心之一。

在平台层中主要包括以GPU为代表的高性能计算设备，以边缘计算、云计算为代表的新一代计算技术，以及以云存储为代表的高性能存储平台。平台层通过关联分析、深度学习、智能决策、知识推理等人工智能方法，实现制造数据的挖掘、分析和预测，从而为智能制造的决策和调控提供依据。

4. 应用层

应用层主要承担5G背景下智能制造技术的转化和应用工作，包括各类典型产品、生产与行业的解决方案等。基于5G网络的大规模连接、大带宽、低时延、高可靠等优势，研发一系列生产与行业应用，从而满足企业数字化和智能化的需求。应用场景包括状态监测、数字孪生、虚拟工厂、人机交互、人机协同、信息跟踪与追溯等。与此同时，随着5G技术的进一步深入，依托数据与用户需求，应用层还可以为用户提供精准化、个性化的定制应用，从而使得整个生产等更加贴合用户的实际需求。

2.3.3 数据库

数据库是“按照数据结构来组织、存储和管理数据的仓库”，是一个长期存储在计算机内、有组织、可共享、统一管理大量数据的集合。数据库将数据以一定方式存储在一起，用户可以通过接口对数据库中的数据进行新增、查询、更新、删除、共享等操作。在智能制造中，数据库技术是数据分析、处理的重要保障，也是智能制造的重要支撑系统之一。

在数据库的发展历史上，数据库先后经历了层次数据库、网状数据库和关系数据库等各个阶段的发展。数据库技术在各个方面的快速发展，特别是关系型数据库已经成为目前数据库产品中最重要的一员。20 世纪 80 年代以来，几乎所有的数据库厂商新出的数据库产品都支持关系型数据库，即使一些非关系型数据库产品也几乎都有支持关系型数据库的接口。这主要是因为关系型数据库可以比较好地解决管理和存储关系型数据的问题。随着云计算的发展和大数据时代的到来，关系型数据库越来越无法满足制造业的需要，这主要是由于越来越多的半关系型和非关系型数据需要用数据库进行存储管理，与此同时，分布式技术等新技术的出现也对数据库技术提出了新的要求，于是越来越多的非关系型数据库受到制造业的关注。这类数据库与传统的关系型数据库在设计和数据结构上有很大的不同，它们更强调数据库数据的高并发读写和存储大数据，这类数据库一般被称为 NoSQL(Not only SQL)数据库[10,11]。

关系型数据库，是指采用了关系模型来组织数据的数据库，以行和列的形式存储数据，以便于用户理解。关系型数据库这一系列的行和列被称为表，一组表组成了数据库。关系模型可以简单理解为二维表格模型，而一个关系型数据库就是由二维表及其之间的关系组成的一个数据组织。关系型数据库具有易理解、易操作、易维护的特点。在制造业中，它是构建管理信息系统，存储及处理关系数据不可缺少的核心技术，如 ERP(企业资源计划)、MIS(管理信息系统)、EAM(企业资产管理系统)等均采用关系型数据库进行数据处理。

NoSQL 数据库泛指非关系型的数据库。随着大数据时代的到来，数据形式呈现出多样化特点，传统的关系型数据库出现了很多难以克服的问题，而 NoSQL 数据库的产生就是为了解决大规模数据集合多重数据种类带来的挑战，尤其是大数据应用难题。与传统的关系型数据库相比，NoSQL 数据库具有易扩展、高性能、高可用、高灵活的特点，更容易满足追求速度和可扩展性、业务多变的应用场景，更适合处理生产过程中所产生的非结构化数据，如图片、文本等。

2.3.4 信息安全

信息安全是目前包括制造业在内的各个行业所面临的重大挑战之一。新兴技术，尤其是大数据技术，在给制造业带来巨大效益的同时，也让企业面临着巨大的信息安全风险。一方面，由于工业控制系统的协议多采用明文形式，工业环境多采用通用操作系统且更新不及时，从业人员的网络安全意识不强，再加上工业数据的来源多样，具有不同的格式和标准，使其存在诸多可以被利用的漏洞。另一方面，在工业应用环境中，对数据安全有着更高的要求，任何信息安全事件的发生都有可能威胁企业信息安全、工业生产运行安全甚至国家安全等。因此，良好的信息安全技术是企业长期安全稳定发展的重要基础和前提。

信息安全是跨多领域与学科的综合性问题，需要结合法律法规、行业特点、工业技术等多维度进行研究。目前常用的信息安全技术体系可以分为信息接入安全、信息平台安全、信息应用安全等 3 个层次。其中，信息接入安全为工业现场数据的采集、传输、转换流程提供安全保障机制；信息平台安全为工业数据存储、计算提供安全保障基础；信息应用安全为上层应用的接入、数据访问等提供强力的安全管控[12]。

1. 信息接入安全

信息接入安全必须保障工业边缘设备实时数据采集、远程状态监控、系统数据抽取等从外部系统获取工业数据，并进行匿名化、清洗、转换、传输以进入工业大数据平台的完整数据传输链的安全。数据采集端支持采集模块的注册及安全认证机制，保障数据采集应用的合规性以及采集数据的准确性；边缘计算模块支持统一模块管理下发及签名校验机制，保障数据预处理应用的合法性和可靠性；数据传输通路支持通道加密，保障传输过程中的机密性和完整性。

2. 信息平台安全

信息平台安全是对工业数据资源的存储、访问、运算等功能的安全保障，包括数据的存储安全、计算安全、平台管理安全以及基础设施安全。平台存储安全支持数据多备份设置与恢复机制，并采用数据访问控制机制防止数据的越权访问；计算安全支持计算发起方的身份认证和访问控制机制，确保只有合法的用户或应用程序才能发起数据处理请求；平台管理安全包括平台组件的安全配置、资源安全调度、补丁管理、安全审计等，确保整个平台组件及运行状态的安全可控，同时还应强化平台的数据隔离和访问公职机制，实现数据“可用不可见”；平台软硬件基础设施安全包括基础网络安全、虚拟化安全等，从而保障整个数据平台的安全运行。

3. 信息应用安全

信息应用会对存储于工业大数据平台的海量数据进行查询、分析、计算、导出等操作，因此在信息平台提供数据服务的同时，其安全风险也随之被暴露，攻击者可利用各类已知或未知漏洞发起攻击，达到破坏系统或者获取数据信息的目的，因此需要对数据应用安全进行严格管控。信息应用安全主要覆盖了以下几个方面：首先，支持应用访问签名机制，确保只有授权的应用才能提交数据访问请求，支持应用数据按需访问，避免数据访问范围的扩大化。其次，支持对应用和访问者行为的实时监控，实时拦截应用中包含的攻击行为，包括数据访问范围和频率、数据库语句合法性等。最后，建立完整的应用流程管理机制，包括应用的提交、执行、状态监控、结果审计等，确保每个应用的审批、控制与追责有效结合，避免高权限人员的恶意操纵或误操作行为；同时，构建完备的应用测试环境及测试规范，确保只有符合安全策略的应用可以审批执行。

2.4 功能系统

广义的产品制造主要包含设计、制造、供销、服务等环节。因此，智能制造的主要功能系统包括智能设计、制造过程控制优化、智能供应链、智能服务等，如图 2-3 所示。

2.4.1 智能设计

智能设计是指将智能优化方法应用到产品设计中，利用计算机模拟人的思维活动进行辅助决策，以建立支持产品设计的智能设计系统。从而使计算机能够更多、更好地承担设计过程中各种复杂任务，成为设计人员的重要辅助工具。制造领域常见的智能设计包括以下几种。

1. 衍生式设计

衍生式设计(generative design)是指建立在数字化制造条件下的、基于协议与规则的、

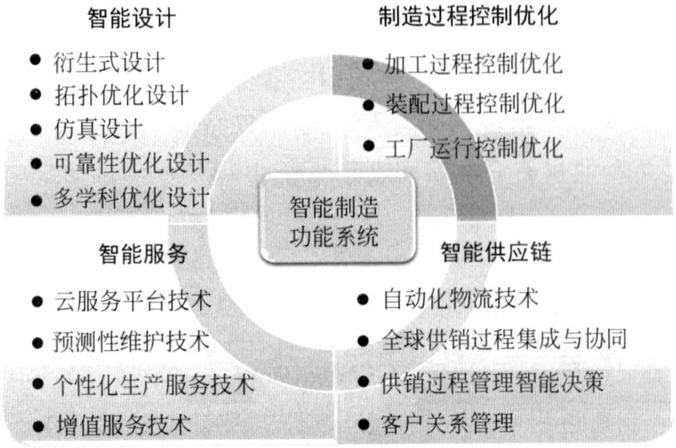

图 2-3 智能制造功能示意图

用户深度参与产品生成过程的设计方法。衍生式设计由设计师给出一个大致的设计空间(包含结构、体积、形态元素),计算机通过数据的计算可以高效地生成大量的设计方案,然后基于用户的限定筛选出符合设计要求且高质量的方案。衍生式设计不但能够在方案数量上有优势,而且还能产生很多有创新的设计,构造设计师难以想象的复杂形态,激发设计师的灵感。衍生设计模型要满足以下两个条件[13-15]:

(1) 每个模型必须包含可以被设计评估的度量标准,由于计算机没有评判设计好坏的直觉,设计师要向计算机明确什么设计是好的,什么设计是不好的;

(2) 计算机需要有能够改变控制变量的算法,并且能够从变量中得到反馈,发掘所有的设计可能性。

2. 拓扑优化设计

拓扑优化设计(topology optimization design)以设计域内的孔洞有无、数量和位置等拓扑信息为研究对象,其基本思想是利用有限元技术、数值计算和优化算法,在给定的设计空间内,寻求满足各种约束条件(如应力、位移、频率和重量等),使目标函数(刚度、重量等)达到最优的孔洞连通形式或材料布局,即最优结构拓扑。

3. 仿真设计

当所研究的系统造价昂贵、实验的危险性大或需要很长的时间才能了解系统参数变化所引起的后果时,仿真是一种特别有效的研究手段。仿真设计(simulation design)是通过使用计算机仿真软件辅助设计的方法。仿真软件的种类很多,在工程领域有机构动力学分析、控制力学分析、结构分析、热分析、加工仿真等仿真软件系统。

4. 可靠性优化设计

可靠性优化设计(RBDO)是指在保证产品安全性能的前提下,借助优化技术实现结构造价或产品某些性能如刚度、强度等的最优设计。RBDO 将可靠性分析理论和确定性优化设计相结合,考虑载荷、材料特性、制造误差等不确定性因素的不确定性对确定性约束的影响,确保所有约束都处于安全区域。其中不确定性分析通常假设不确定性参数服从某种特定的概率分布。

5. 多学科优化设计

多学科优化设计(MDO)是解决大规模复杂工程系统设计过程中多个学科耦合和权衡问题的一种新的设计方法。它充分探索和利用工程系统中相互作用的协同机制,考虑各个学科之间的相互作用,从整个系统的角度优化设计复杂的工程系统。美国航天局对MDO的定义是:MDO是一种通过充分探索和利用系统中相互作用的协同机制来设计复杂系统和子系统的方法论[16]。

2.4.2 制造过程控制优化

制造过程包括加工过程、装配过程、工厂运行等部分。制造过程控制优化是指将大数据与人工智能技术融入制造过程中,使制造过程实现自感知、自决策、自执行,主要包括加工过程控制优化、装配过程控制优化、工厂运行控制优化等。

1. 加工过程控制优化

制造装备是加工过程的基础。智能制造装备是指通过融入传感、人工智能等技术,使得装备能对本体和加工过程进行自感知,对与装备、加工状态、工件和环境有关的信息进行自分析,根据零件的设计要求与实时动态信息进行自决策,依据决策指令进行自执行,实现加工过程的"感知—分析—决策—执行与反馈"的大闭环,保证产品的高效、高品质及安全可靠加工,如图2-4所示。

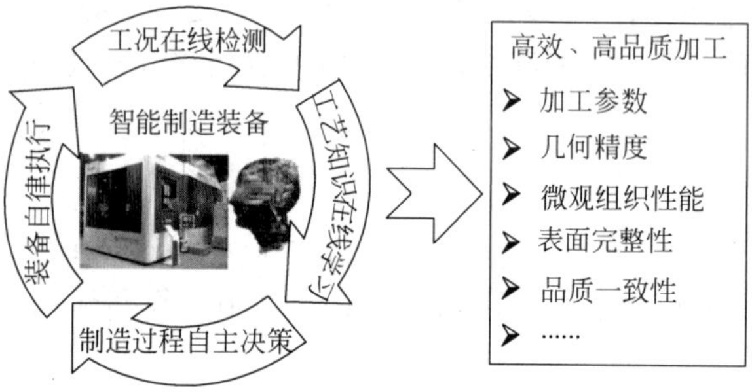

图2-4 加工过程控制优化

加工过程控制优化包括工况在线检测、工艺知识在线学习、制造过程自主决策与装备自律执行等关键功能。

1) 工况在线检测

在线检测零件加工过程中的切削力、夹持力,切削区的温度,刀具热变形、磨损、主轴振动等一系列物理量,以及刀具—工件—夹具之间热力行为产生的应力应变,为工艺知识在线学习与制造过程自主决策提供支撑。

2) 工艺知识在线学习

分析加工工况、界面耦合行为与加工质量/效率之间的映射关系,建立描述工况、耦合行为和加工质量/效率映射关系的知识模板,通过工艺知识的自主学习理论,实现基于模板的知识积累和工艺模型的自适应进化,为制造过程自主决策提供支撑。

3）制造过程自主决策

将工艺知识融入装备控制系统决策单元，根据在线检测识别加工状态，由工艺知识对参数进行在线优化并驱动生成制造过程控制决策指令。

4）装备自律执行

智能装备的控制系统能根据专家系统的决策指令对主轴转速及进给速度等工艺参数进行实时调控，使装备工作在最佳状态。

2. 装配过程控制优化

装配过程控制优化是指通过大数据、人工智能等方法，结合智能机器人、人机协同等新兴技术，实现装配过程的自动化与智能化，从而提升装配系统运作效率，为企业创造新的价值[17]。

装配过程控制优化的主要核心技术包括智能装配规划系统、装配机器人、人机协同技术等。

1）智能装配规划系统

该系统是智能规划等理论方法和技术与装配规划问题相结合产生的一项综合技术，不仅能够提供一系列符合要求的装配工艺，同时能够按照可装配性、可维护性、可用的装配资源以及整个装配成本的高低要求，对装配方案的优劣进行分析。智能装配规划通过产品的CAD模型，利用计算机、AR/VR等技术，创建虚拟环境，以便对产品的装配过程进行模拟与分析，在产品的研制过程中及时对装配方案进行快速评价，预估方案的装配性能，及早发现潜在的装配序列冲突与缺陷，并将这些装配信息反馈给设计人员，从而及时修改，不断优化产品装配过程。

2）装配机器人

装配机器人是实现智能装配的重要保障，是实现柔性自动化装配系统的核心设备，由机器人操作机、控制器、末端执行器和传感系统组成。常用的装配机器人主要有可编程通用装配机械手(PUMA)和平面双关节型机器人(SCARA)两种类型。与一般工业机器人相比，装配机器人具有精度高、柔顺性好、工作范围小、能与其他系统配套使用等特点，可以有效降低人工装配造成的不确定性影响，有助于提升产品一致性，大幅提高装配效率。

3）人机协同技术

装配过程中，存在大量复杂的装配工艺，智能机器人无法独立完成，需要通过人机协同技术，在操作员的远程遥控或协同交互下完成。人机协同技术关注于通过人机交互实现人类智慧与人工智能的结合，是混合智能以及人脑机理揭示相关研究的高级应用，也是智能装配发展的必然趋势。此外，人机协同的过程，也是机器模仿和学习人类装配的过程，通过使用人类智慧形成的数据训练机器实现既定的目标，从而有效地提高装配的智能化程度。除此之外，人机协同技术还可以避免装配人员直接暴露在危险性较高的生产环境(如辐射、高温高湿等)。

3. 工厂运行控制优化

工厂运行控制优化是指利用智能传感、大数据、人工智能等技术，实现工厂运行过程的自动化和智能化，基本目标是实现生产资源的最优配置、生产任务的实时调度、生产过程的精细管理等。其主要功能架构包括智能设备层、智能传感层、智能执行层、智能决策层，如图2-5所示。智能设备层主要包括各种类型的智能制造和辅助装备，如智能机床、智能机器人、AGV/RGV、自动检测设备等；智能传感层主要实现工厂各种运行数据的采集和指令的下达，包括工厂内有线/无线网络、各种采集传感器及系统、智能产线分布式控制系统等；智能执行层主要包括三维虚拟车间建模与仿真、智能工艺规划、智能调度、制造执行系统等功能和模块；智能决策层主要包括大数据分析、人工智能方法等决策分析平台。

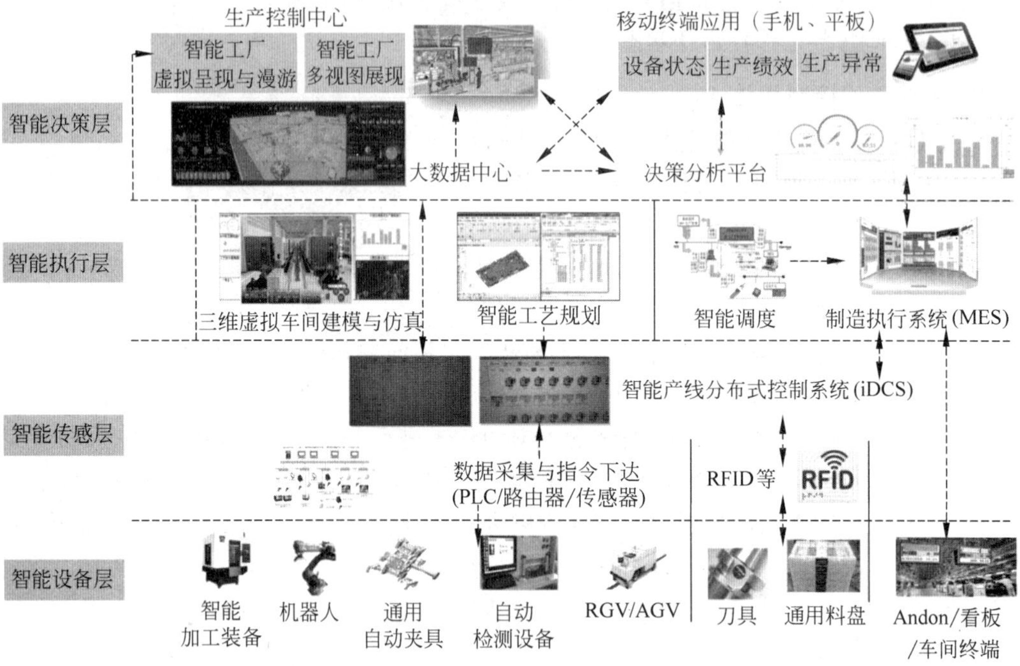

图 2-5　工厂运行控制优化

工厂运行控制优化的主要关键技术包括制造系统的适应性技术、智能动态调度技术等。

1）制造系统的适应性技术

制造企业面临的环境越来越复杂，比如产品品种与批量的多样性、设计结果频繁变更、需求波动大、供应链合作伙伴经常变化等，这些因素会对制造成本和效率造成很不利的影响。智能工厂必须具备通过快速的结构调整和资源重组，以及柔性工艺、混流生产规划与控制、动态计划与调度等途径来主动适应这种变化的能力，因此，适应性是制造工厂智能特征的重要体现。

2）智能动态调度技术

车间调度作为智能生产的核心之一，是对将要进入加工的零件在工艺、资源与环境约束下进行调度优化，是生产准备和具体实施的纽带。然而，实际车间生产过程是一个永恒的动态过程，不断会发生各类动态事件，如订单数量/优先级变化、工艺变化、资源变化(如机器维护/故障)等。动态事件的发生会导致生产过程不同程度的瘫痪，极大地影响生产效率。因此，如何对车间动态事件进行快速准确处理，保证调度计划的平稳执行，是提升生产效率的关键。

车间动态调度是指在动态事件发生时，充分考虑已有调度计划以及系统当前的资源与环境状态，及时优化并给出合理的新调度计划，以保证生产的高效运行。动态调度在静态调度已有特性(如非线性、多目标、多约束、解空间复杂等)的基础上增加了动态随机性、不确定性等，导致建模和优化更为困难，是典型的 NP-hard 问题。当前，主要动态调度方法有两种，即重调度和逆调度。重调度是根据动态事件修改已有调度计划；逆调度是通过调整可控参数和资源来处理动态事件。两者均是以已有调度计划为基础，重调度修改计划不修改参数，逆调度修改参数不修改计划，各有优缺点。

2.4.3　智能供应链

智能供应链是指通过泛在感知、系统集成、互联互通、信息融合等信息技术手段，将工业大数据分析和人工智能技术应用于产品的供销环节，实现科学的决策，提升运作效率，并为企业创造新价值。与传统的供应链不同，数字化制造背景下的智能供应链更加强调信息的感知、交互与反馈，从而实现资源的最优配比。其主要功能包括自动化物流、全球供销过程集成与协同、供销过程管理智能决策、客户关系管理等，如图 2-6 所示。

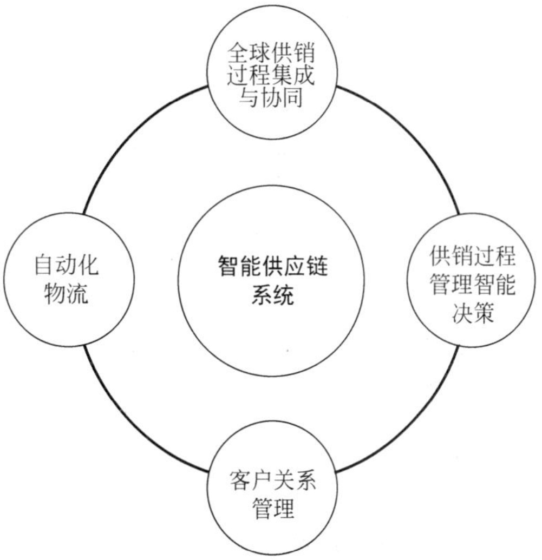

图 2-6　智能供应链系统功能

1. 自动化物流技术

自动化、可视化的物流技术以物联网广泛应用为基础，利用先进的信息采集、信息传递、信息处理和信息管理技术，通过信息集成技术基础和物流业务的集成，建立物流信息化系统，配置自动化、柔性化和网络化的物流设施和设备，比如立体仓库、AGV（自动导引小车）、可实时定位的运输车辆等，并采用 RFID（射频识别技术）等物联网技术，实现物品流动的定位、跟踪、控制，实现物流全过程优化以及资源优化，完成运输、仓储、配送、包装、装卸等多项物流活动，确保各项物流活动高效运行。

2. 全球供销过程集成与协同

通过工业互联网、大数据等技术，推动整个供销过程中客户、供销商直接全面的互联互通。利用智能工具监控整个供销过程，从而通过持续改进，有效地对供销资源进行监督和配置。建立全球协同的供销网络，优化资源配比，建立供销集成式的共享平台，最大化降低供销成本，实现客户和供销商的双赢。

3. 供销过程管理智能决策

在供销过程中，通过大数据分析等技术，帮助用户和供销商更好地分析潜在的风险和制约因素，从而对供销方案进行有效的筛选和评估，从各种备选供销方案中选择最合适的方案。并依托人工智能技术，通过历史案例学习，实现供销方案的自动化制定和决策，从而提高决策响应速度，降低人工干预程度。

4. 客户关系管理

客户关系管理（CRM）是指以客户为核心，企业和客户之间在品牌推广、销售产品或提供服务等场景下所产生的各种关系的处理过程，其最终目标就是吸引新客户关注并转化为企业付费用户、提高老客户留存率并帮助介绍新用户，以此来增加企业的市场份额及利润，增强企业竞争力。

2.4.4 智能服务

智能服务包括以用户为中心的产品全生命周期的各种服务。服务智能化将大大促进个性化定制等生产方式的发展，延伸发展服务型制造业和生产型服务业，促进生产模式和产业形态的深度变革。通过持续改进，建立高效、安全的智能服务系统，实现服务和产品的实时、有效、智能化互动，为企业创造新价值。智能服务关键技术包括云服务平台技术、预测性维护技术、个性化生产服务技术以及增值服务技术。

1. 云服务平台技术

云服务平台技术是实现智能服务的重要保障，是实现用户与制造商信息交互的核心技术。云服务平台具有多通道的并行接入能力，可以通过传感器等对产品的制造过程，装备的运行状态，用户的使用习惯、需求信息等数据进行采集和处理。一方面，通过用户需求分析，引导制造商生产满足用户需求的个性化产品；另一方面，通过对装备运行状态、用户使用习惯进行分析，从而为用户提供有效的增值服务，进而提升产品附加值和企业收益。

2. 预测性维护技术

预测性维护是以产品状态为依据而提供的维护或者保养建议，从而避免产品失效而造成的不良后果，同时还可以有效提升产品附加价值。传统的预测性维护针对的是制造中的生产设备，但是广义的预测性维护针对的是产品相关的全部生产因素。在产品使用过程中，针对主要部位进行定期(或连续)的状态监测，从而确认产品所处的运行状态。预测性维护是智能制造未来的发展趋势，依据产品的状态发展趋势和可能的故障模式，制定预测性维修计划，确定产品应该维修的时间、内容、方式和必需的技术和物资支持等。预测性维修集状态监测、故障诊断、故障(状态)预测、维修决策支持和维修活动于一体，是一种新兴的维护方式。

3. 个性化生产服务技术

个性化生产服务是智能制造的未来发展方向之一。通过将个性化的服务融入产品，提升产品附加值，可以为企业创造新的价值。个性化生产服务通过云服务平台收集客户个性化需求，按照顾客需求进行生产，以满足顾客的个性化需求。由于消费者的个性化需求差异性大，加上消费者的需求量又少，因此企业实行定制化生产必须在管理、供应、生产和配送各个环节上，都适应这种多品种、小批量、多式样和多规格产品的生产和销售变化。

4. 增值服务技术

增值服务技术主要体现在产品销售后，以服务应用软件为创新载体，通过大数据分析、人工智能等新兴技术，结合最新的5G通信手段，自动生成产品运行与应用状态报告，并推送至用户端，从而为用户提供在线监测、故障预测与诊断、健康状态评估等增值服务。与此同时，利用云服务平台收集用户在产品使用过程中的行为信息等数据，针对不同客户的习惯提供个性化的升级服务，从而有效地增加产品附加值，为企业创造新的价值。

参考文献

[1] WRIGHT P K,BOURNE D A. Manufacturing intelligence[M]. Reading: Addison-Wesley,1988.

[2] 路甬祥. 从制造到创造[R]. 中国创新论坛之装备制造业振兴专家论坛, 2009.

[3] 工业和信息化部、财政部. 智能制造发展规划(2016—2020年)[R],2017-12.

[4] National Institute of Standard and Technology. Smart manufacturing operations planning and control[R/OL]. [2015-12-20]. http://www.nist.gov/el/msid/syseng/upload/FY2014_SMOPAC_ProgramPlan.pdf.

[5] 国家制造强国建设战略咨询委员会,中国工程院战略咨询中心. 智能制造[M]. 北京: 电子工业出版社,2016.

[6] KANG H S, LEE J Y, et al. Smart manufacturing: past research, present findings, and future directions[J]. Int. J. of Precision Engineering and Manufacturing-Green Technology,2016,3(1): 111-128.

[7] 中国信通院. 工业互联网最新发展[R/OL]. [2020-07-28]. https://www.sohu.com/a/239032565_100021346.

[8] 付宇涵, 马冬妍, 催佳星. 工业互联网平台推动下中国制造业企业两化融合发展模式探究[J]. 科技导报, 2020, 38(8): 87-98.

[9] 中国信息通信研究院华东分院. 5G+智能制造白皮书(2019版)[R]. 2019-09.

[10] GEORGE S. NoSQL-NOT ONLY SQL[J]. International Journal of Enterprise Computing and Business Systems ISSN, 2013.

[11] 王珊, 萨师煊. 数据库系统概论[M]. 5版. 北京: 高等教育出版社, 2014.

[12] 中国信息通信研究院. 工业大数据白皮书(2017版)[R]. 2017-02.

[13] MAEDA J. Design by numbers[M]. Cambridge: MIT Press, 2001.

[14] SIVAM K. A practical generative design method[J]. Computer-Aided Design,2011(43): 88-100.

[15] WU J, QIAN X P, WANG M Y. Advances in generative design[J]. Computer-Aided Design, 2019(116): 102733.

[16] MARTINS J R R A,LAMBE A B. Multidisciplinary design optimization: A survey of architectures[J]. AIAA Journal. 2013, 51(9): 2049-2075.

[17] 曹鹏彬, 曹立峰. 智能装配规划技术及其求解方法[C]. 低碳经济下高技术制造产业与智能制造发展论坛,2010.

第3章

现代制造的基本理念

最近几十年出现了一些关于制造模式的概念，如精益生产、柔性制造、敏捷制造、集成制造、绿色制造、并行工程、大批量定制、虚拟制造、网络化制造……。有人做过不完全统计，有30余种之多。智能制造既然融合了人类智慧与机器智能，其技术当然能够适用于各种制造模式。换言之，智能制造也应该融合各种制造模式的理念。尽管各种模式的理念均有其特点，但未必是制造真正核心的、基本的理念。这里仅介绍核心的、基本的理念。

3.1 可持续发展

1987年，挪威首相布伦特兰夫人在她任主席的联合国世界环境与发展委员会的报告《我们共同的未来》[1]中，把可持续发展定义为“既满足当代人的需要，又不对后代人满足其需要的能力构成危害的发展”。1991年，由世界自然保护同盟、联合国环境规划署和世界野生生物基金会发表的《保护地球——可持续生存战略》，将可持续发展定义为“在不超出支持它的生态系统的承载能力的情况下改善人类的生活质量”[2]。很容易看出，可持续发展的理念之要在于：环境保护；人的生存；发展。

可持续发展显然是一个社会综合问题，它需要政府、教育、科技、工业、法律、社会等各方面组织和人士的共同努力。对于与人民生活和社会发展紧密相关的制造业，在可持续发展中的作用自然举足轻重。

3.1.1 绿色制造

关于和制造相关的可持续发展，J. G. Spath认为：“可持续发展就是转向更清洁、更有效的技术——尽可能接近‘零排放’或‘密封式’，工艺方法——尽可能减少能源和其他自然资源的消耗。”[3]这就是人们常说的绿色制造(green manufacturing)。

绿色制造也称为环境意识制造(environmentally conscious manufacturing)、面向环境的制造(manufacturing for environment)等。它要求在产品的制造、使用到报废整个过程中不产生环境污染或环境污染最小化，符合环境保护要求。对于一个制造企业而言，要做到这一点，需要从产品的全生命周期去考虑。其源头当然是设计。

既然设计是企业中前端的活动，绿色设计就成为真正保证“绿色”的最重要环节。绿色首先是产品的绿色。产品使用时无污染、排放最低，这是最起码的要求。另外，产品在生产和运行中如何使能耗尽可能低？产品在报废回收过程中如何拆解？如何使某些可能产生污染的物质不至于泄漏？某些贵重的物质易于回收(如某些电子产品)吗？某些零件能否再利用？如此等等，都是产品设计人员需要考虑的重要因素。

华为从2013年开始在手机产品中使用生物基塑料。生物基塑料在环保方面具有传统塑料无法比拟的优势，其原料从植物中获取，不需要消耗生产传统塑料使用的不可再生资源——石油，因此可以在很大程度上既减少对环境的污染和破坏，又保护地球不可再生资源。2018年华为继续扩展生物基材料的应用，除了在手机产品上使用外，在HUAWEI WATCH GT手表底座中也首次使用了生物基材料。所有的生物基塑料中的蓖麻油含量均超过30%，其二氧化碳排放量减少约62.6%。2018年，华为总共使用的生物基塑料相比于传统石油基塑料约减少了612t二氧化碳排放[9]。

产品的加工工艺也应该在设计环节有所考虑，因为产品不同的结构会导致不同的工艺，不同工艺的难易程度不一样，所消耗的能量及成本都不一样。设计领域有面向制造的设计(DFM)的概念，即考虑制造工艺的设计。也就是说，设计人员必须考虑，在保证产品功能和质量要求的前提下，什么样的产品结构所需要的加工成本最低、能耗最低。

考虑产品的耗材、耗能问题，不能仅凭设计人员的感觉。虽然定性的考虑也有意义，但真正精细的设计需要利用现代设计手段。图3-1是卫星推进舱主承力结构的拓扑优化设计。卫星推进舱的主承力结构是卫星推进过程中最重要的支撑结构，为使主承力结构尽可能地减轻自重及改善力学性能，需要进行结构优化设计。例如，通过对主承力结构进行拓扑优化、仿真分析而完成设计，然后3D打印成形。优化结果的材料使用量仅为设计空间的20%，最大位移为0.22mm，最大应力为38MPa，远低于材料的许用应力。优化结果具有完整几何信息，可直接与商用CAD、CAE软件集成，并易于3D打印成形，形成设计—制造的闭环。该例中，不仅节约了材料，更重要的是降低了能量消耗。

如何在产品的加工生产过程中更好地监测和控制污染的排放，这是企业实施绿色制造的基本问题。其中，智能技术(包括数字化、网络化技术)的应用必不可少。九江石化[5]与浙江中控合作，实现了生产状态可视化、装置操作系统化、管理控制一体化、应急指挥实时化等，推动了生产运行管理的变革性提升。他们还通过一张图，将生产区和生活区的监测系统全部串联起来，让污染物无所遁形。它将生产区异常气味监控系统、废水特征污染物过程监控系统、固废管理与监测系统以及生活区大气质量监测系统、现有生产区外排污水及大气主要污染物监控系统等“一网打尽”。仅仅通过这张环保地图，就可以对厂区范围内的环境管理实现可视化，直观显示各装置排污点的实时和历史监测数据。经过对污染物排放数据的统计与分析，可全面排查环境风险和管理中的薄弱环节；通过分布在各生产装置的环保在线分析仪，实施预警监控。依托智能工厂建立环保大数据，集成厂内、厂外所有环保监测数据，在环境污染超标溯源分析方面初步实现了智能化应用，为公司的污染防治提供了决策支持，将环保管理由事后管理向事前控制转变。不难想见：绘制这张环保地图其实需要传感、物联网、大数据、智能分析等多种智能化技术。

关于绿色制造，节能问题很容易被忽略。前面阐述了产品运行的节能问题，但加工制造过程中的节能与制造企业更直接相关。一个车间、工厂的节能问题，不仅间接地影响排放，而且直接影响成本，因此对制造企业意义重大。

三菱福山制作所是三菱电机集团的节能模范工厂，通过活用生产数据以及能耗数据，达到最大化提高生产效率和削减能源成本的效果。通过生产现场的能耗使用量及生产信息的

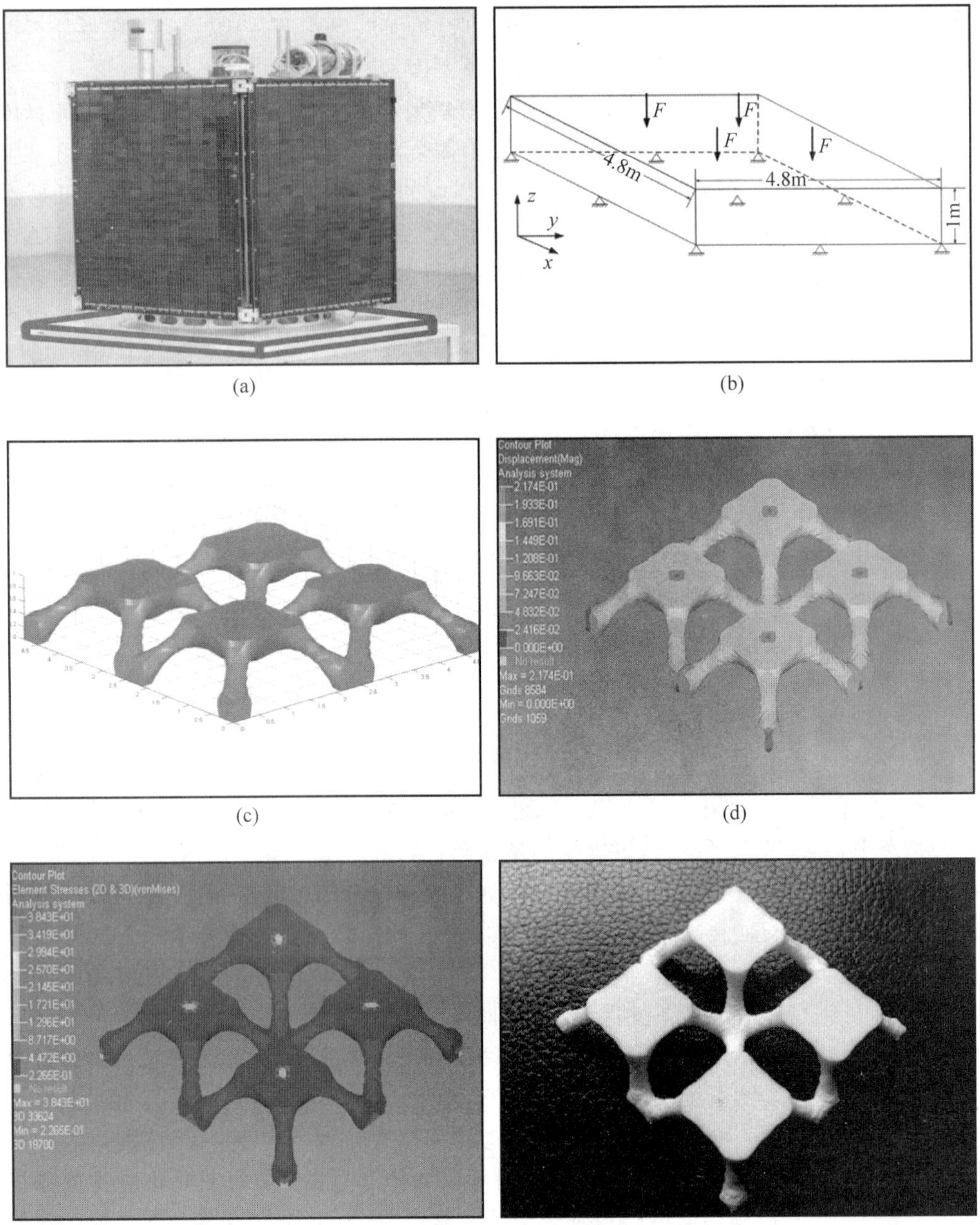

图 3-1　卫星推进舱主承力结构的拓扑优化设计[4]

(a) 某卫星结构；(b) 设计空间；(c) 最优拓扑；(d) 应变云图；(e) 应力云图；(f) 3D 打印缩比件

图 3-1(彩图)

可视化管理，提高生产效率及保证品质；通过设备的电流监视，实现预防保全；通过品质数据的反馈，提高生产效率及保证品质，提高生产效率；通过组装作业内容的可视化管理，防止人为失误[6]。在低压断路器生产线上，三菱运用其 e-F@ctory 解决方案，每个设备的生产关联信息及能源使用信息都被实时地采集起来，以便找出哪个工序有能源浪费的问题。此外，通过对采集到的数据进行分析，在设备出现问题前能够提前预警，如某设备正常生产时电流为 266mA，当检测到电流达到了 300mA 时，系统会报警，但并不会停线，这样能够提前解决问题。如果产线上某个设备坏了，可以通过收集的数据精确地找到故障设备以及故障原因。此外，最终的能耗还能折算到生产的每台断路器。通过图 3-2 中测量、收集、发现问题——分析、改善的过程，实现持续的改进，并不断优化设备的运行。

华为非常重视降低能耗[9]。未来通信网络的重要关注点之一就是能量效率，核心是用更少的能量传递更多的信息，以及在能量系统中通过信息技术来降低能耗。5G 时代伊始，网络的大容量、高速率会引起能耗增加。业界担心海量联接的 5G，能耗可能是 4G 的 2 倍以上。为避免过高的能耗，华为采取了若干措施。在芯片设计上，华为采用更高集成度的芯片工艺，不断提升单板集

图 3-2(彩图)

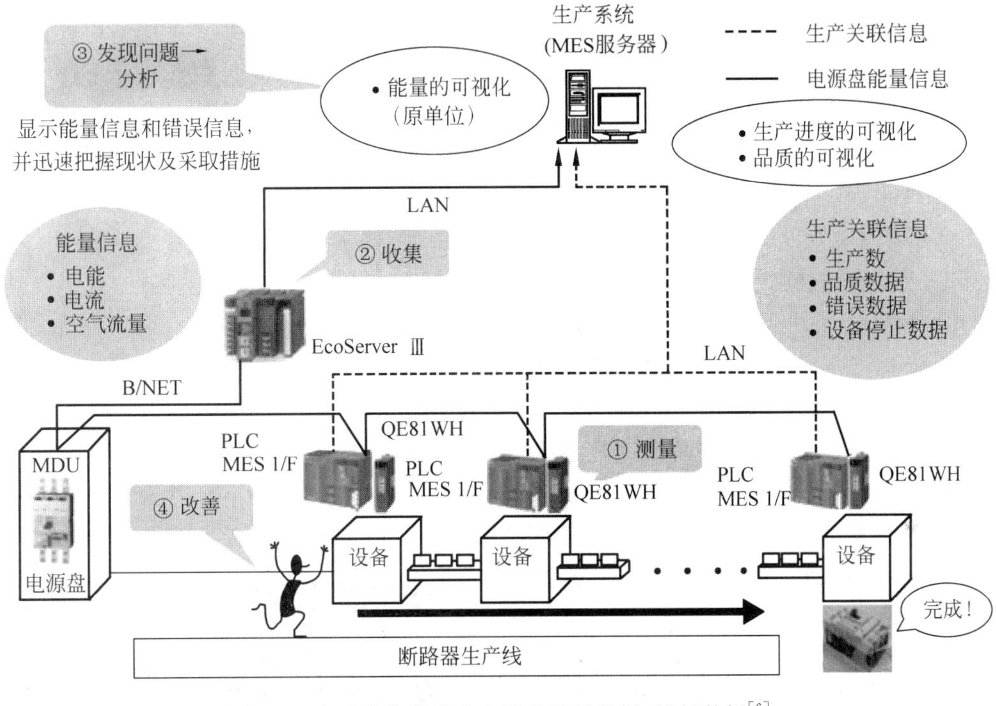

图 3-2　实时收集管理生产设备运转状况、能耗数据[6]

成度，大幅减少在板器件数量，降低模块的功耗。不仅是在芯片工艺层面，在系统软件和专业服务上，通过 AI(人工智能)技术实现网络协同节能，在确保 KPI(内核编程接口)稳定的基础上，典型无线网络设备省电 10%～15%。另外，在硬件上采用更先进的工艺，如采用更科学的仿生散热技术，散热效率大幅提升，功耗也随之降低。所以，采取“软硬结合”的解决方案，华为整体上实现单站能耗比业界平均水平低 20%。

从上面的例子可以看到，绿色制造的实施离不开智能制造技术支撑，智能制造的理念应该覆盖绿色制造的思想。

节点及关联

绿色设计 & 制造：减少排放、污染，减少材料消耗，节能。

数字技术：CAD，CAE，拓扑优化，传感检测，数据溯源，大数据分析……

3.1.2 面向人和社会

制造企业实施绿色制造，不能仅仅着眼于污染、排放、耗能等问题。一个富有社会责任感的企业还应该面向人和社会。正如2.1节中提到的，智能制造(SM)应该是基于面向人和社会"可持续发展"哲学的、能够导致持续增长的制造发动机。

在2019年达沃斯世界经济论坛上，论坛创始人兼执行主席克劳斯·施瓦布说[7]："在第四次全球化浪潮中，我们应以人为本，实现包容性、可持续发展。第四次工业革命的技术发展将打破现有国际格局，地缘政治经济秩序将迎来新调整，这意味着全球将步入一个充满变数的新时代。"日本前首相安倍晋三在论坛发表演讲时提到日本"5.0社会"[8]，"5.0社会"提出的目标就是创造超智能化、以人为中心的社会。安倍强调，应该为基于信任的数据自由流通(DFFT)服务。毫无疑问，所有这些都是非个人数据。受惠于第四次工业革命以及社会5.0(Society 5.0)的将会是我们每一个人。这不是一个巨大的资本密集型产业。社会5.0中，连接并推动所有一切的不是资本，而是数据。贫富差距会逐渐缩小。在撒哈拉沙漠以南地区也能提供医疗服务、从小学到职业教育的教育。曾一度辍学的少女也能走出当地村落，拥有无限潜力，看到广阔的地平线。我们的任务，已经十分明确，就是要让数据来消除贫富差距。人工智能、物联网还有机器人，由数据来推动的社会5.0将为城市带来崭新的面貌。

日本的社会5.0的确值得我们关注。这里谈到的基本是社会问题，但显而易见的是，解决这些问题需要数字化、网络化和智能化技术的帮助。

让我们回到现实中具体的例子。不少人大概知道，谷歌做了很多大事，如AlphaGo、智能机器人、无人驾驶汽车……均是引领世界科技潮流的事情。但谷歌同时也做了一些颇有意义的小事，不妨看看谷歌防抖勺(liftware spoon)，见图3-3。这个小玩意为帕金森综合征患者以及特发性震颤患者带来福音。它内含振动模块，能抵消掉患者手部的震颤。其防抖性能在5cm的抖动范围内，能够帮助病人减少70%的抖动对勺子的影响。它还可以通过连接到手机，以某种类似机器学习的方式不断提升其稳定性、精度等。可见这是一个小小的智能化产品，从这个小产品中我们是否能够看到企业文化中体现出的人文关怀？制造业理应关注人和社会。社会中存在很多生活障碍而需要特别关怀的人，从事制造业尤其是智能制造工作的人不能对此视而不见。

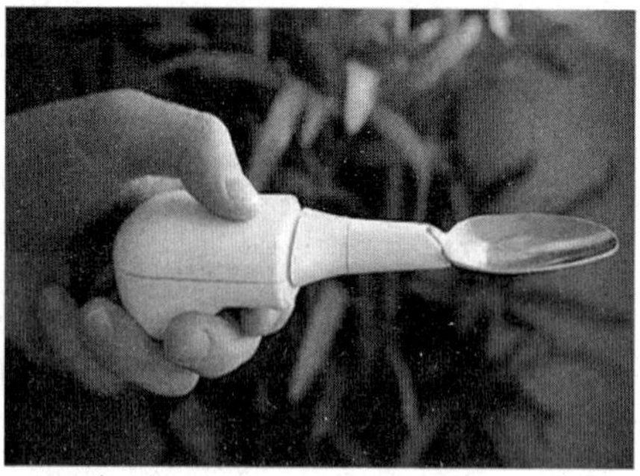

图3-3 谷歌防抖勺

再看看华为把可持续发展、把面向人和社会作为企业理念的例子。

华为把公司的业务直接放到可持续发展的视域，用它们的技术大力促进全球的节能减排[9]。预计到2025年，ICT(信息与通信技术)产业平均每联接的碳排放量将降低80%，ICT产业带来的全球节能和减排量，将远超其自身的运行能耗和碳排放量，ICT将成为全球绿化的重要使能技术。华为的技术、产品、解决方案，持续追求更加节能、环保。比如，5G Power解决方案支持太阳能供电接入，配置华为开发的高效太阳能模块，大大提升了光能转化率，实现节能环保。另外，利用高集成芯片和高效功放以及5G节能"关断"技术，使得5G

设备实现15%的功耗下降。

同样，华为也关注世界上存在生存障碍的特殊人群，也致力于用它们的技术去改善那些特殊人群的生存条件。不让他们受限于先天因素，让特殊人群不再特殊。例如，华为与欧洲聋哑人协会等组织联合推出的StorySign智能手机应用，已支持英语、法语、德语、意大利语、西班牙语等10种语言翻译为手语；通过含有AI和AR技术的手机系统，聋哑儿童只需要对着喜爱的绘本扫一下，可爱的卡通人物就会跃然于屏幕上，用手语将绘本文字活灵活现地翻译出来。华为已帮助约3.4万听障儿童，让听障儿童也享受到阅读的快乐。用技术进步的力量释放他们的潜能。

华为还建立了自己的可持续发展管理体系框架。

华为投资控股有限公司2019年可持续发展报告

2020年新春之际，新冠病毒肆虐中国大地。2月14日，海尔COSMOPlat携手华住会、中国工业设计协会等16家生态合作伙伴共建“企业复工生态链群”，针对企业疫情防控和复工复产需求，可定制人员返程安心住、全员防疫智能管理、复工实操指南等十大全场景解决方案，全流程保障企业安全复工、产能提升。COSMOPlat打造的“企业复工生态链群”，可跨行业、跨领域打通全产业链，从原材料的供应到解决生产控制、细分部件质量等各类问题，同时能涉及企业的整个运转生态，包含衣、食、住、行、康、养、衣、教及金融保险、招聘培训等各环节的全流程协同，快速高效赋能，为企业疫情防控管理和复工复产提供保障[10]。这里同样需要大数据、物联网和某些智能分析技术。

面向人，当然也需要面向企业自己的员工。这一点尚未引起多数企业的重视。企业要有与员工共生的意识。如何创建一个学习生态系统来支持高速成长的个体——在他们的角色变得陈旧之前让他们接触新的、富有挑战性的机会[11]，也就是说让员工更好地成长。在这方面，潍柴动力股份有限公司的工作很有创见。它们每年拿出1000万元专项资金奖励一线职工进行现场改善(创新)，搭建工匠创新工作室36个，每年员工改善项目6.6万项，直接经济效益约3.2亿元，以员工名字命名现场改善151项。图3-4是车间现场改善的例子。有更多普通员工参与的智能制造难道不更好吗?

图3-4 以员工名字命名现场改善项目

3.2 以客户为中心

以客户为中心，已成为广大制造企业的核心理念。以客户为中心的理念，既是企业赢得市场的需要，同时也是企业面向人和社会的表现。

3.2.1 顾客主义和商业长期主义

商家大概都知道顾客的重要性,都会以自己的方式去争取顾客或客户,但通常并非顾客主义理念所致。

在工业时代相对稳定的环境中,人们判断行业的结构和利润率(外部)、评估企业自身的资源和能力(内部),再将内外部因素进行结合,得出战略选择的空间。但这有两个重要的前提:行业的边界相对清晰,资源能力相对可靠。在今天的数字化环境下,这些前提都不成立了:物联网(IoT)、云服务、大数据、移动设备等打破了许多行业的藩篱。如美团做打车的业务,滴滴做起外卖,两家公司为了争夺本地生活人口而相互渗透核心业务……。尤其是与互联网紧密联系的公司之边界在哪里?行业,变得"抓不住"了。同时,企业自身的资源和能力也变得越来越不"可靠"。一方面,资源和能力在不同企业之间的流动变得越来越频繁,依靠资源和能力在企业间的不可流动或难以复制来获得竞争优势的传统理论,受到了极大挑战。例如,开源模式和共享经济的出现,代表了资源和能力从所有观到使用观的转变,如2014年特斯拉免费开放了所有的知识产权,以推动清洁能源汽车的发展。另一方面,曾经的核心竞争力可能逐步成为路径依赖,阻碍企业的创新和发展,导致今天的优势被明天的趋势所取代。故资源能力,也变得"抓不住"了[12]。人们茫然,在这个如云的时代里,只在此山中,云深不知处。

在数字和云的飘忽不定中,人们蓦然发现,白云生处有人家!顾客原来可以成为相对而言能"抓得住"的一个群体。技术的发展赋予了企业更先进的理解和服务顾客的手段。过去,企业必须通过昂贵的用户调研等方式去了解客户的需求,且由于种种偏差,结果未必令人满意。今天,企业和顾客之间的触点越来越丰富:用户论坛、社交网络、网页浏览记录、智能硬件交互等。这些触点留下了顾客的蛛丝马迹,帮助企业更好地把握客户的需求,提高产品的定制化水平。企业间的合作又可以进一步放大数据的可用性。例如,优步获得的行车记录不仅可以用于优化派单算法,还可以提供给保险公司,基于个人的驾驶习惯进行个性化的车险定制。最终,企业对顾客的洞察会越来越精准。

顾客主义的逻辑还不仅仅是了解和满足顾客已有的需求,能否创造和引领顾客潜在的需求?能给顾客带来想象吗?这个问题考察的是企业对顾客潜在需求的预见和影响能力。乔布斯似乎从来不在乎已知的消费者需求,他考虑的是消费者将来想要什么。《乔布斯传》最后一章中引用亨利·福特的话:"如果我最初问消费者他们想要什么,他们应该是会告诉我,'要一匹更快的马!'"人们不知道想要什么,直到你把它摆在他们面前[13]。当年,乔布斯决定做智能手机,有人提出是否进行一下市场调查。乔布斯说,不用,因为人们根本不知道有此需求。这说明洞察消费者需求的方式不只有一种,还可以依靠直觉和预判,也就是给顾客带来超乎想象、令人尖叫的产品和体验。这要求企业具有非同一般的远见、与顾客群体的深度共鸣以及对顾客巨大的影响力。这就是顾客主义的至高境界。

日本服装企业优衣库取得成功的很重要原因之一便是不断给顾客带去超乎想象的体验[14]。优衣库的总裁柳井正说:"作为专业人士,你必须基于顾客所反映的问题和需求,充分发挥想象力和创造力,以超出顾客期待的水准将顾客的需求变为现实。只有这样,你才能创造出顾客真正需要的附加价值。"优衣库始终坚持"服适人生"的理念,坚持以消费者体验为中心,坚持将艺术、科技等元素融入产品和服务之中的商业长期主义。

很多企业追求短期利益。商业长期主义，顾名思义，是以公司的长期发展为其终极目标，绝不肯做出一些为短期的利益而牺牲长期发展机会的商业行为。长期主义也是一种价值观的表现。有人认为，亚马逊的成功密码是长期主义的胜利[15]。应该讲，长期主义也是和以顾客为中心联系在一起的。亚马逊创始人贝索斯曾说："以顾客为中心并不能保证你不受竞争影响。但如果从客户需求出发进行创新，你将能保持领先。"

值得注意的是：无论是顾客主义还是商业长期主义，数字化、网络化、智能化技术是奉行其理念的最好手段。

基于这些技术，开发者可以想象顾客的潜在需求，最终创造需求，从而给顾客或客户带来惊喜。恰恰是这类技术的快速发展，客户自己往往很难意识到潜在的需求。一旦企业创造出需求，会迅速吸引大批客户。

苹果手机的发展就可以说明这一点。第一代 iPhone 于 2007 年发布，2008 年 7 月 11 日，苹果公司推出 iPhone 3G。自此，智能手机的发展开启了新的时代。不要误以为，苹果的成功主要是保持住了顾客对美学不断变化的理解（尽管乔布斯是一个完美主义者，从事苹果产品相关的工作人员还有音乐家、诗人以及艺术家等），更重要的是他们不断把一些先进的信息通信技术用到手机上，如多点触控屏幕、谷歌地图、iPhone 应用程序商店、指纹扫描仪——指纹解锁、移动网络、虚拟助手、加速度计和传感器、无线耳机（不需耳机插孔）……这些技术应用于手机之前，人们并没有关于相关功能的需求甚至想象。正是这些先进技术的应用不断为人们带来惊喜，iPhone 也极大地改变了人们的生活。所以，企业应该致力于利用新技术开发超乎人们想象力的产品。智能制造的首要任务恐怕是把数字化、智能化技术用于产品，使其具有超乎客户想象力的功能。

另外，要抓住客户，即使产品本身并不一定体现多少新技术（如某些形式上创新的产品，如服装），但新产品的开发过程需要新技术的支撑。如何收集、分析某些群体的相关信息（往往是非结构化的），做出正确的决策，需要数字化、网络化、智能化手段。

总之，商业长期主义表现在产品上，无论是产品内在功能还是形式，数字化、智能化等前沿技术的应用不可或缺。

3.2.2　以客户为中心的产品开发

以客户为中心的制造理念，首先应反映在产品开发上。现代产品开发的理念强调设计-制造-使用一体化考虑，如图 3-5 所示。

3.1.1 节中提到，在设计的早期阶段就要充分考虑制造和产品运行过程中的问题。不能说传统的产品开发方式中设计者完全没考虑，但其考虑是建立在自己的以传统方式（书本、经验、调查研究等）获取的认知基础之上。传统的产品开发模式是串行的，即概念设计、设计（包括初步设计和详细设计）、生产、销售、产品运行和报废；现代产品开发模式是并行的，即设计者在其设计过程中可以及时充分地获取产品生命周期其他环节的现场数据和专家（人或智能工具）知识，其中最重要的是使用现场的数据和使用者（客户）的经验、需求和想法，见图 3-6。要做到及时全面地获取相关信息，传统方式完全无能为力。因为获得现场数据需要传感、物联网；获得的数据需要大数据分析手段；专家给的知识或信息可能是非结构化的数据，需要相应的智能分析手段；为了更好地呈现某些初步设计或想法，可利用虚拟现实（VR）、增强现实（AR）和混合现实（MR）技术，也便于不同环节的专家之间的交流协

图 3-5　设计-制造-使用一体化考虑(引自：Detlev Reicheneder，AutoDesk)

同；如此等等。简单地说，需要工业 4.0 的方式。可见：设计-制造-使用一体化考虑需要物联网、大数据、智能分析、VR、AR……

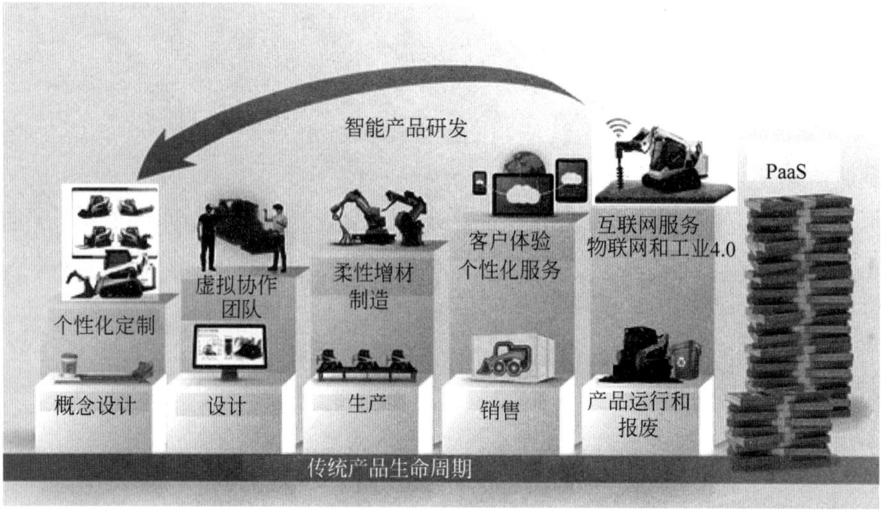

图 3-6　智能产品开发与传统产品开发(引自：Detlev Reicheneder，AutoDesk)

李培根.面向人和社会——实现企业价值增长

3.2.3　大规模个性化定制

早期的制造业是手工作坊式的。这种模式中，产品的设计者和制造者可能是同一人，即使是不同的人，因为工作场所在一起，也可以随时交流。若需要其产品满足客户的某些特定要求，并非难事，因为手工作坊式具有足够的柔性。18 世纪 60 年代，瓦特改进蒸汽机，手工工场开始向工厂发展。及至 19 世纪 20 年代，电力、电机和内燃机等技术相继出现，人们突然发现可以更大规模地生产更多的产品。20 世纪初，亨利·福特和斯隆创立大批量生产方式。大批量生产方式的出现是一次真正的革命，这种方式分工更细，效率更高，成本自然更低。它创造需求，迅速地让全社会(包括很多普通人)受惠于工业的进步。当然，大批量生产方式因为柔性的欠缺而牺牲了个性化的需求。第二次世界大战后，高新技术，特别是电子技术的飞速发展，使大批量生产方式发展到极致。新技术的发展永远不会扼杀人类的欲望，因为人类是欲望的产物而不是需求的产物。随着先进制造、计算机、网络、人工智能等技术的发展，客户需求多样化和个性化的欲望催生了新的制造模式——大规模定制（MC）。早在1970年，美国未来学家阿尔文·托夫（Alvin Toffler）在*Future Shock*一书中提出了一种全新的生产方式的设想：以类似于标准化和大规模生产的成本和时间，提供客户特定需求的产品和服务。1987年，斯坦·戴维斯（Start Davis）在*Future Perfect*[16]一书中首次将这种生产方式称为Mass Customization，即大规模定制。1993年，B.约瑟夫·派恩（B. Joseph Pine II）在《大规模定制：企业竞争的新前沿》[17]一书中写道，大规模定制的核心是产品品种的多样化和定制化急剧增加，而不相应增加成本。

随着大数据、互联网平台等技术的发展，企业更容易与用户深度交互、广泛征集需求。在生产端，柔性自动化、智能调度排产、传感互联、大数据等技术的成熟应用，使企业在保持规模生产的同时针对客户个性化需求而进行敏捷柔性的生产。图3-7展示了大规模生产模式和个性化定制模式的区别。

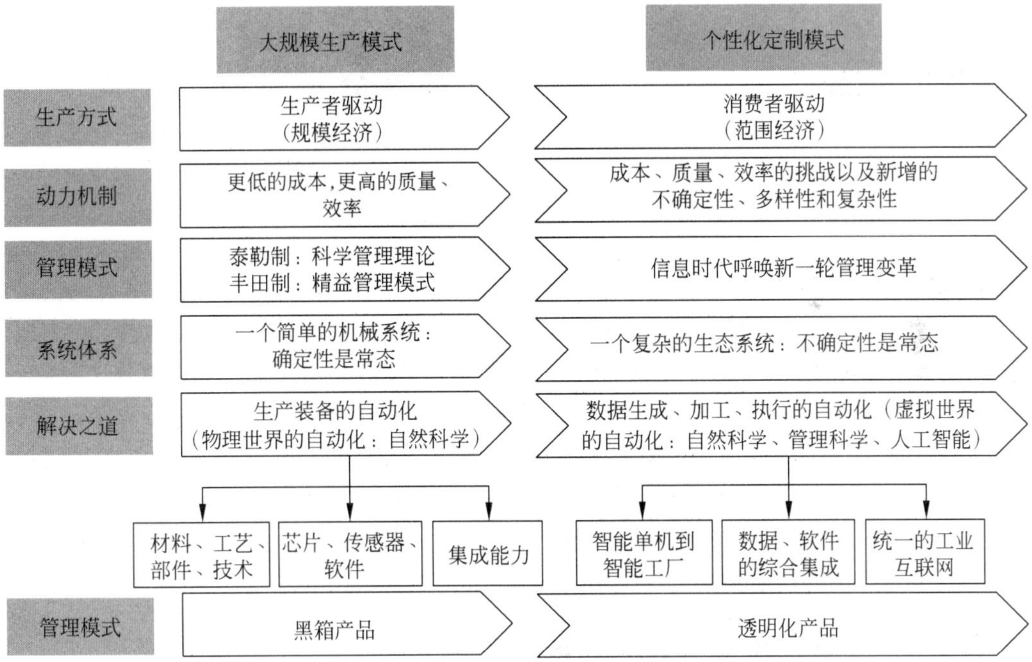

图3-7　大规模生产与个性化定制对比[18]

未来，个性化定制将成为常态，尤其在消费类产品行业。当前，服装、家居、家电等领域已开启个性化定制。在时尚行业，早在《2015中国时尚消费人群调查报告》显示，80后、90后人群中90.3%的人对定制消费感兴趣。在家具行业，定制家具制造业增长明显快于传统成品家具制造业。近3年，5家成品家具上市公司的营收增速分别为9%、8%、25%，而同期8家定制家具企业营收增速分别为27%、26%、32%。未来随着互联网技术和制造技术的发展成熟，柔性大规模个性化生产线将逐步普及，按需生产、大规模个性化定制将成为常态[18]。

宝马公司已经实行汽车的定制化规模生产。客户可以根据自己的需求,从外观到内饰,从驾驶动态到舒适功能,通过网络选择自己喜欢的配置。宝马工厂则根据客户的个人订单进行生产。毛衣和西服的定制化生产中,毛衣数控编织机与毛衣设计 CAD/CAM 系统集成之后,通过电子商务直接承接来自客户的定制要求并进行生产。这种模式可实现零库存,因而能大大降低运营成本、提高盈利水平。另外,因为能够快速适应市场需求变化而赢得更多客户,从而提高竞争力。红领(现酷特)集团建立的个性化西服数据系统能满足超过百万亿种设计组合(见图 3-8),个性化设计需求覆盖率达到了 99.9%,客户自主决定工艺、价格、服务方式。用工业化的流程生产个性化产品,7 天便可交货。成本只比批量制造高 10%,但回报至少是 2 倍以上。目前,平均每分钟定制服装几十单,仅纽约市场每天定制产品已达 400 多套件[19]。

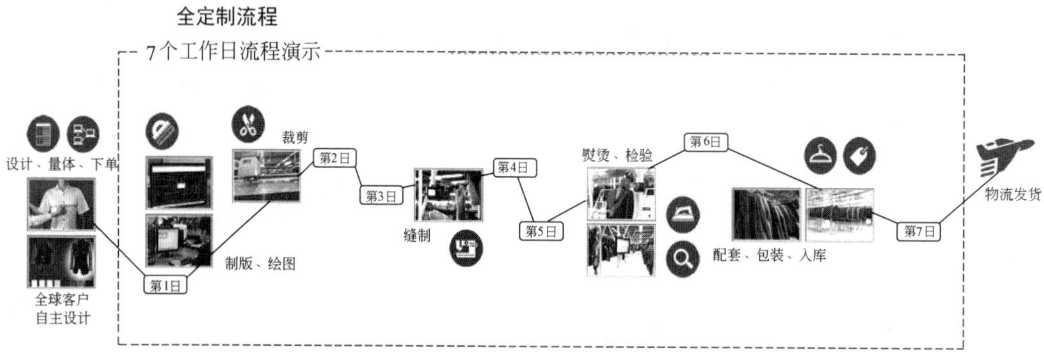

图 3-8　红领西服定制流程[19]

海尔. 工业大规模定制白皮书,2017

要实施定制生产,需要整个企业大系统的协同,没有数字化、网络化技术的支撑也不可能做到。红领的定制化制造系统主要由 ERP(企业资源计划)、SCM(供应链管理)、APS(先进计划排程系统)、MES(制造执行系统)等系统及智能设备系统组成。每位员工都是从互联网云端获取数据,按客户要求操作,确保来自全球订单的数据零时差、零失误率准确传递,通过数据和互联网技术实现客户个性化需求与规模化生产制造的无缝对接[19]。

上述案例告诉我们,以客户为中心的大批量定制生产模式,为传统制造企业开辟了极为广阔的新的发展空间。

3.2.4　预测性维护与服务制造

数字化、网络化、智能化技术的发展深刻变革制造业的生产模式和产业形态。除了从大规模流水线生产转向定制化规模生产外,另一个重要的转向是从生产型制造向服务型制造的转变。

服务型制造也是一种基于客户端考虑的制造模式。有人把定制化生产也归于服务型制造。如宝马除了为客户提供定制外,还提供全生命周期的精致服务。宝马慕尼黑总部周边,形成了完善的服务链,不但为喜爱宝马的车迷们提供完善的定制和试车服务,更配备了住宿、购物等服务,极大地带动了服务业消费。本书中介绍的服务型制造主要集中在预测性维护(predictive maintenance)。

对于传统的设备制造商而言，设备卖出投入运行后，一般不需要负责其运行维护。高端产品，特别是高端装备价值昂贵、技术密集，客户自己难以承担设备的运维。出现问题后，由制造商或第三方派人解决。这种方式显然不理想。由于传感、物联网、大数据及人工智能技术的发展，人们发现通过远程监控、运行诊断从而提供必要的设备维护服务成为可能。为此，在装备的设计制造阶段必须考虑在装备上安装小型传感器、嵌入式软件和通信装置，以获得运维所需要的数据及相应的分析处理。一些高端装备的制造商也正在推行由卖产品转向卖产品服务的商业模式。

通用电气(GE)在服务型制造方面做出了开创引领的工作。GE在航空发动机叶片上安装很多传感器，发动机运行过程中，传感器获取的大量数据被实时地发回监测中心，通过对发动机状态的实时监控，提供及时的检查、维护和维修服务。以此为基础，GE发展了“健康保障系统”。同时，大数据的获取还能极大地改进设计、仿真、控制等过程。如图3-9所示，从1991年到2009年，GE开展“按小时支付”商业服务模式，飞机发动机业务年收入从69亿美元增长到187亿美元，服务业的收入比例则从1994年的不足40%增长到2000年的60%以上[19]。

我国轨道交通装备制造业中也开始推行服务型制造的理念。它们开发了机车车载安全防护系统(6A系统)，针对列车运行涉及安全的重要事项、重点部件和部位，提高机车防范安全事故的能力。6A系统具备制动监测、防火监控、高压绝缘检测、列车供电监测、走行部监测、视频监控6项监控功能，以及综合诊断功能、数据存储功能、音视频显示功能等。6A系统中的中央处理平台对各子系统进行数据集中、信息共享，并通过数据库进行综合分析。各子系统必须遵照统一的6A系统通信协议及其定义的帧格式和数据编码，与中央处理平台通信。其远程监视与诊断系统(CMD)为了使装备在任何时候被定位、被掌控，能对它的历史、现状和为了实现其目标状态的后备措施知晓。以全息化列车状态感知和动态数字化运行环境为基础，以信息智能处理与交互为支撑，通过传感网、物联网、互联网的手段检测机车及其车载设备的状态，以及机车的运行环境，通过车载传感网络、控制网络的互连互通，实现车载跨系统之间的数据融合，依托无线、有线通信网络，建立起“车对地”“地对车”“地对地”的轨道交通车辆运行监控闭环系统，使与轨道交通车辆安全运行、质量监测有关的关键装备处于监控之中。采用多重神经网络、数据挖掘、故障树、马尔可夫模型等数学方法，对轨道交通车辆远程诊断及安全预警功能进行整合、提升，实现远程诊断和安全预警，最终构建具有自检测、自诊断、自决策能力的智能化列车系统[20]。

可见，服务型制造及其预测性维护的基本思想很简单，但其实现却殊为不易：

图3-9 GE的飞机发动机业务[19]

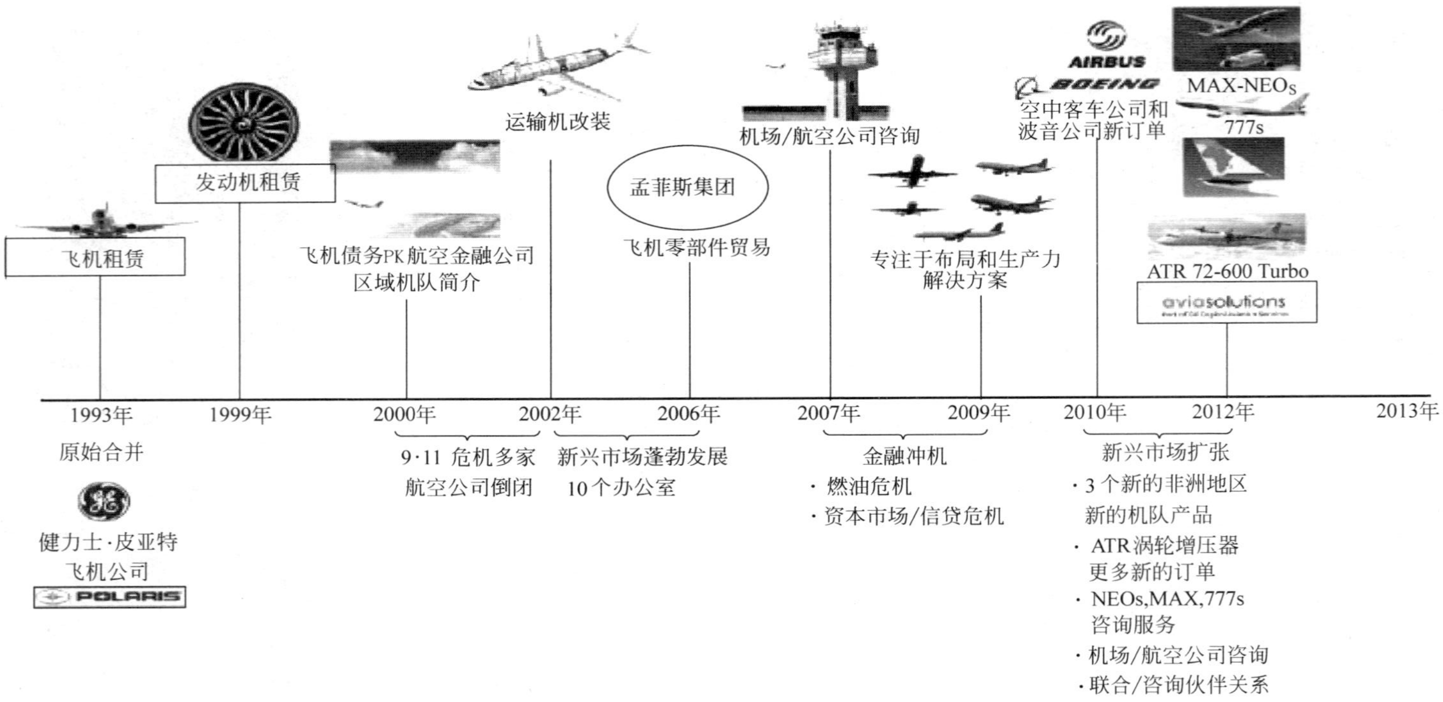
飞机租赁
发动机租赁
飞机债务PK航空金融公司
区域机队简介
运输机改装
孟菲斯集团
飞机零部件贸易
机场/航空公司咨询
专注于布局和生产力
解决方案
AIRBUS
BOEING
空中客车公司和
波音公司新订单
MAX-NEOs
777s
ATR 72-600 Turbo
aviasolutions
1993年
1999年
2000年
2002年
2006年
2007年
2009年
2010年
2012年
2013年
原始合并
健力士·皮亚特
飞机公司
POLARIS
9·11 危机多家
航空公司倒闭
新兴市场蓬勃发展
10个办公室
金融冲机
· 燃油危机
· 资本市场/信贷危机
新兴市场扩张
· 3个新的非洲地区
新的机队产品
· ATR涡轮增压器
更多新的订单
· NEOs,MAX,777s
咨询服务
· 机场/航空公司咨询
· 联合/咨询伙伴关系

图 3-9 （续）

节点及关联

服务型制造及其预测性维护

支撑技术：传感网，物联网，互联网，大数据，AI。

方法：神经网络，数据挖掘，故障树，马尔可夫模型……

3.3　精益生产

说到制造的核心理念，不能不提及精益生产。

精益生产(LP)的概念是由美国麻省理工学院(MIT)组织世界上 17 个国家的专家、学者，以汽车工业这一开创大批量生产方式和准时化生产(JIT)的典型工业为例，总结并理论化而成的。历时 5 年时间，耗资 500 万美元。精益生产方式源于丰田生产方式，其优越性不仅体现在生产制造系统，同样也体现在产品开发、协作配套、营销网络以及经营管理等各个方面。1950 年，日本的丰田英二考察了位于美国底特律的福特公司的轿车厂。当时这个厂每个月能生产 9000 辆轿车，远比日本先进。但丰田考察后认为还有改进的可能。丰田英二和他的伙伴大野耐一进行了一系列的探索和实验，经过 30 多年的努力，终于形成了完整的丰田生产方式，使日本的汽车工业超过了美国[21]。

精益生产包含的要素很多，主要包括：追求零库存，强调拉式生产，保持生产中的物流平衡。对于每一道工序来说，保证对后一工序供应的准时化，或者说其生产由后一道工序拉动(传统为推式)；追求快速反应(开发出了单元生产、固定变动生产等布局及生产编程方法)；强调把企业的内部活动和外部的市场(顾客)需求和谐地统一于企业的发展目标；强调人本主义，把员工的智慧和创造力视为企业的宝贵财富和未来发展的原动力。

精益生产的终极目标为“零浪费”[21]，具体表现在 PICQMDS 7 个方面，目标细述为：

(1) P(products，多品种混流生产)——“零”转产工时浪费，即将加工工序的品种切换与装配线的转产时间浪费降为“零”或接近为“零”；

(2) I(inventory，消减库存)——“零”库存，即消除中间库存，尽可能将产品库存降为零；

(3) C(cost，全面成本控制)——“零”浪费，即消除多余制造、搬运、等待的浪费，实现零浪费；

(4) Q(quality，高品质)——“零”不良，即不能只在检查位检出，而应该在产生的源头消除它；

(5) M(maintenance，提高运转率)——“零”故障，即消除机械设备的故障停机，实现零故障；

(6) D(delivery，快速反应、短交期)——“零”停滞，即最大限度地压缩提前期(lead time)，消除中间停滞；

(7) S(safety，安全第一)——“零”灾害。

从这些目标看，企业需要在方方面面做到精益求精。就技术角度而言，自动化、柔性化、智能机器人、数字化、网络化等技术有助于目标的实现。如柔性制造系统能大大减少转产工时浪费；AGV(自动导引小车)或移动机器人有助于消除中间库存；传感、物联网及相应的故障诊断系统可以大大减少故障停机……

精益目标的实现需要：自动化、柔性化、智能机器人、数字化、网络化等技术。

其实，精益生产并非一个固定的生产方法或模式，它主要是一种企业经营管理理念，其实现方法依不同的企业而不同，因技术进步而不断发展。

精益生产的精髓：持续改善，全员参与。

丰田的持续改善6步骤是：发现改善机会；分析现有方法；产生新的创意；制定实施计划；实施计划；评价新方法[22]。

美国学者和企业抓住了日本丰田生产方式的最重要的关键词：改善(kaizen)，英文即continuous improvement。如GE公司之所以实施工业互联网项目，恐怕在于它们能充分认识到"改善"一点点的意义。某种意义上工业互联网项目的初衷与精益生产思想是一致的，或者换言之，精益生产总是能在新技术诞生后焕发青春。

GE公司认为，工业互联网效率增长1%，将产生巨大影响[23]。例如，在商用航空领域，每节省1%的燃料意味着一年中能节省300亿美元支出。同样，若全球燃气电厂运行效率提升1%，将节省660亿美元能耗支出。此外，工业互联网能提高医疗保健流程效率，有益于该行业的发展。医疗保健行业效率每增长一个百分点，将节省630亿美元。世界铁路网交通运输效率若提高一个百分点，将节省270亿美元能源支出。图3-10是直观的显示。这些都还只是工业互联网潜力的冰山一角。正是基于这种认识，GE敢于投入巨资开展工业互联网项目。

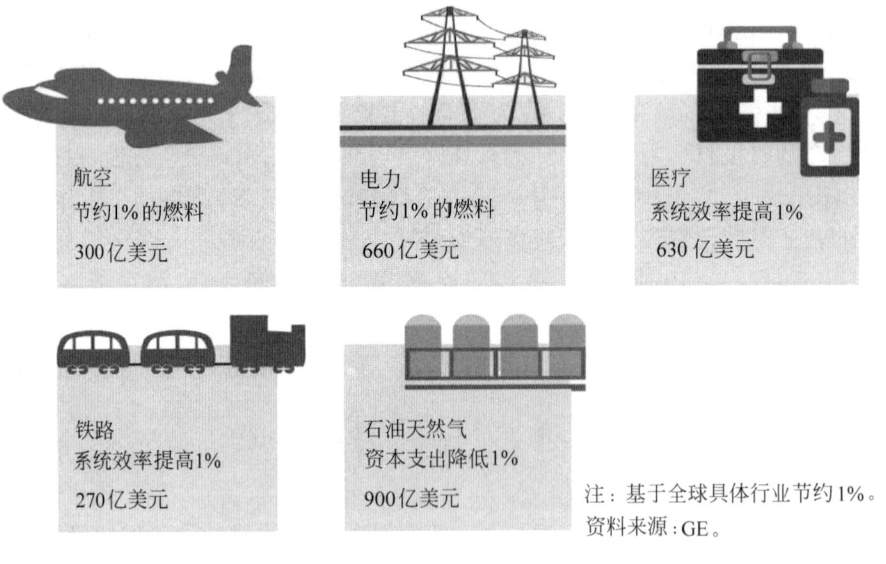

图3-10 1%的效率提升在任何行业都威力巨大[23]

利用智能制造的手段，改善一点点！

节点及关联

可持续发展→环境，绿色，人，社会，节能

客户为中心→顾客主义，商业长期主义，大规模定制，服务型制造

精益制造→终极目标，持续改善，JIT，拉式生产

技术支撑： 物联网，工业互联网，大数据，AI，智能控制，智能感知，AR，机器人，柔性自动化……

问题：

(1) 主要理念：可持续发展、客户为中心、精益制造包含哪些主要内容？

(2) 主要理念之间的相互联系是什么？

(3) 主要理念与机器智能的联系是什么？

(4) 反映在产品上的商业长期主义有何表现？

(5) "改善一点点"的意义是什么？

参考文献

[1] 世界环境与发展委员会. 我们共同的未来[M]. 王之佳，等译. 长春：吉林人民出版社，1997.

[2] 世界自然保护同盟，联合国环境规划署，世界野生生物基金会. 保护地球——可持续生存战略[M]. 国家环境保护局外事办公室，译. 北京：中国环境科学出版社，1992.

[3] "科普中国"科学百科词条. 可持续发展，百度-百科. http://baike. baidu. com/item/可持续发展/360491? fr=aladdin.

[4] LI H，GAO L，XIAO M，et al. Topological shape optimization design of continuum structures via an effective level set method[J]. Cogent Engineering，2016(3)：1250430.

[5] 唐安中，汪光华. 九江石化：智造铸就绿色工厂[N]. 中国化工报，2018-11-23.

[6] 郑倩. 探访三菱电机节能模范工厂——福山制作所[C]. e-works，2018-1-5.

[7] 2019年世界经济论坛年会(实录)[EB/OL]. [2019-01-26]. http://www. sohu. com/a/291689251_120060349.

[8] 安倍晋三. 在世界经济论坛年会上的演讲[R]. 达沃斯，2019-1-23.

[9] 华为. 2018年可持续发展报告[R]. https://www. huawei. com/cn/about-huawei/sustainability/sustainability-report.

[10] 海尔COSMOPlat构建企业复工生态链群[EB/OL]. [2020-2-18]. 人民网.

[11] 惠特妮·约翰逊(Whitney Johnson). 你的企业需要学习生态系统[J]. 哈佛商业评论，2019-09-10.

[12] 陈春花，廖建文. 顾客主义：数字化时代的战略逻辑[J]. 哈佛商业评论，2019-01-02.

[13] 沃尔特·艾萨克森. 史蒂夫·乔布斯传[M]. 管延圻，等译. 北京：中信出版社，2011.

[14] 优衣库：一切以顾客体验为中心数据和技术都要服务于人[J]. 哈佛商业评论，2019-01-25.

[15] 丹尼尔·麦金. 亚马逊的成功密码：长期主义的胜利[J]. 哈佛商业评论，2015-05-04.

[16] DAVIS S M. Future perfect[M]. New York：Addison-Wesley，1987.

[17] B. 约瑟夫·派恩. 大规模定制——企业竞争的新前沿[M]. 操云甫，译. 北京：中国人民大学出版社，2000.

[18] 秋月.浅谈个性化定制[EB/OL]. https://zhuanlan. zhihu. com/p/60016510.

[19] 国家制造强国建设战略咨询委员会,中国工程院战略咨询中心.智能制造[M].北京:电子工业出版社,2016.

[20] 制造强国战略研究项目组.制造强国战略研究:智能制造专题卷[M].北京:电子工业出版社,2015.

[21] “科普中国”,精益生产,百度-百科. https://baike. baidu. com/item/精益生产/2040173? fr=aladdin.

[22] 加藤功(ISAO K),斯莫利(SMALLEY A.).丰田持续改善法:改善的六个步骤[M].李晓宇,译.北京:人民邮电出版社,2012.

[23] GE.工业互联网:突破智慧和机器的界限[R].工业和信息化部国际经济技术合作中心,译,2011.

第2篇

智能制造核心技术

大数据、工业机器人以及工业互联网等新兴技术是推动现代制造业智能化升级的核心动力。这些技术使得生产过程更加清晰、生产调控更加精确、生产模式更加智能，从而提高产品制造全生命周期的信息化网络化智能化水平，满足现代制造业的生产需要和发展需求。本篇将重点围绕数据获取与处理、数字孪生、建模与仿真、工业机器人、智能控制与调度以及工业互联网等核心技术进行梳理和阐述，分析各个核心技术在智能制造中的作用。

第4章

数据获取与处理

数据分析是智能制造的核心技术之一，数据的获取与处理可以为准确、高速、可靠的数据分析提供保障。本节将围绕数据的来源进行阐述，梳理数据获取、处理等关键技术。

4.1 数据的来源、特点与类型

数据是制造业提高核心能力、整合产业链的核心手段，也是实现从要素驱动向创新驱动转型的有力手段。数据所带来的核心价值在于可以真实地反映和描述生产制造过程，这为制造过程的分析和优化提供了全新的手段与方法。因此，数据驱动(第14章中将详细论及)也可以说是实现智能制造的关键步骤。

传统的分析和优化过程基于模型，而数据分析可以弥补模型精度的不足。

制造业数据泛指在工业领域中，围绕典型智能制造模式，从客户需求到销售、订单、计划、研发、设计、工艺、制造、采购、供应、库存、发货和交付、售后服务、运维、报废或回收再制造等整个产品全生命周期各个环节所产生的各类数据及相关技术和应用的总称[1]。

1. 数据的来源

制造业数据的来源主要包括3个方面：企业内部信息系统，物联网信息，企业外部信息。企业内部信息系统是指企业运营管理相关的业务数据，包括企业资源计划(ERP)、产品生命周期管理(PLM)、供应链管理(SCM)、客户关系管理(CRM)和能源管理系统(EMS)等。这些系统中包含企业生产、研发、物流、客户服务等数据，存在于企业或者产业链内部。物联网信息包含制造过程中的数据，主要是指工业生产过程中装备、物料及产品加工过程的工况状态参数、环境参数等生产情况数据，通过制造执行系统(MES)实时传递。企业外部信息则是指产品售出之后的使用、运营情况的数据，同时还包括大量客户名单、供应商名单、外部的互联网等数据。其中产品运营数据亦可来自物联网系统。

2. 数据的特点

随着传感器的普及，以及数据采集、存储技术的飞速发展，制造业数据同样呈现出了大数据的基本特性(如图4-1所示)，已经具备了典型的“4V”特征，即规模性(volume)、多样性(variety)、高速性(velocity)和价值密度低(value)[1]。

(1) 规模性：指制造业数据体量比较大，大量机器设备的高频数据和互联网数据持续涌入，大型工业企业的数据集将达到PB级甚至EB级别。以半导体制造为例，单片晶圆质

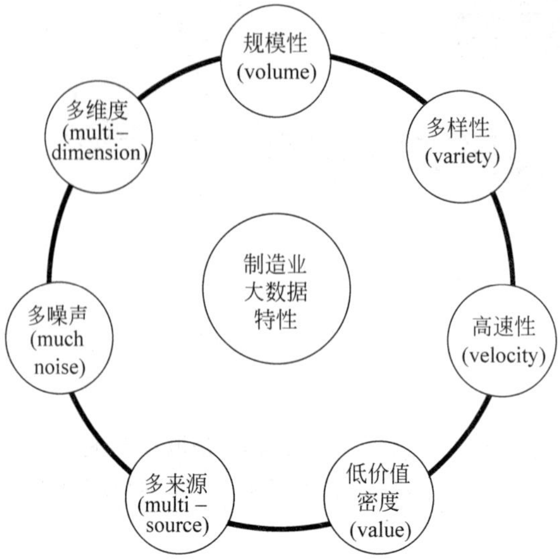

图 4-1　制造业大数据特性

量检测时，每个站点能生成几 MB 数据。一台快速自动检测设备每年就可以收集到将近 2TB 的数据。

(2) 多样性：指数据类型多样和来源广泛。制造业数据分布广泛，数据来源于机器设备、工业产品、管理系统、互联网等各个环节，并且结构复杂，既有结构化和半结构化的传感数据，也有非结构化数据。例如，生产中涉及的产品 BOM 结构表、工艺文档、数控程序、三维模型、设备运行参数等制造数据往往来自不同的系统，具有完全不同的数据结构。

(3) 高速性：指生产过程中对数据的获取和处理实时性要求高，生产现场级要求时限时间分析达到毫秒(ms)级，从而为智能制造提供决策依据。

(4) 价值密度低：指在制造业的海量数据中，存在着大量重复的无价值的数据，包含大量有用信息的数据所占比重极低，导致整个制造业数据的价值密度低，想要从海量数据中挖掘有用的信息也就更加困难。

制造业数据除了具备传统的大数据“4V”共性特点以外，还兼具了体现制造业特点的“3M”特性，即多来源(multi-source)、多维度(multi-dimension)、多噪声(much noise)[3]。

(1) 多来源：指制造业数据来源广泛。数据覆盖了整个产品全生命周期各个环节。同样以晶圆生产为例，晶圆制造车间的产品订单信息、产品工艺信息、制造过程信息、制造设备信息分别来源于排产与派工系统、产品数据管理系统、制造执行系统和制造数据采集系统、数据采集与监控系统和良率管理系统等。

(2) 多维度：指同一个体具有多个维度的特征属性，不同属性直接存在复杂的关联或者耦合关系，并共同影响当前个体状态。以 CNC 机床为例，其状态数据包含电压、电流、主轴功率、切削速度、主轴温度等多个属性。

(3) 多噪声：指在数据的采集、存储、处理过程中，由于传感器老化、人为因素等原因，数据中存在缺失、空白、重复、干扰等影响因素，导致数据呈现出高噪声的特性。

3. 数据的类型

制造业数据类型繁多，根据不同的分类标准，数据的类型也不尽相同。

从数据来源看，制造业数据可以分为研发数据域（研发设计数据、开发测试数据等）、生产数据域（控制信息、工况状态、工艺参数、系统日志等）、运维数据域（物流数据、产品运行状态数据、产品售后服务数据等）、管理数据域（系统设备资产信息、客户与产品信息、产品供应链数据、业务统计数据等）、外部数据域（与其他主体共享的数据等）。

从数据形式看，制造业数据可以分为结构化数据、半结构化数据和非结构化数据。结构化数据是由二维表结构来逻辑表达和实现的数据，严格地遵循数据格式与长度规范，主要通过关系型数据库进行存储和管理，企业的 ERP、财务系统都属于典型的结构化数据。半结构化数据并不符合关系型数据库或其他数据表的形式关联起来的数据模型结构，但包含相关标记，用来分隔语义元素以及对记录和字段进行分层。例如，不同工人的个人信息就是典型的半结构化数据。非结构化数据是数据结构不规则或不完整，没有预定义的数据模型，不方便用数据库二维逻辑表来表现的数据，包括所有格式的办公文档、文本、图片、XML、HTML、各类报表、图像和音频、视频信息等。

从数据处理的角度看，制造业数据可以分为原始数据与衍生数据。原始数据是指来自上游系统的，没有做过任何加工的数据；衍生数据是指通过对原始数据进行加工处理后产生的数据。衍生数据包括各种数据集市、汇总层、数据分析和挖掘结果等。虽然会从原始数据中产生大量衍生数据，但还是会保留一份未作任何修改的原始数据，一旦衍生数据发生问题，可以随时从原始数据重新计算。

延伸阅读：

李杰. 工业大数据：工业 4.0 时代的工业转型与价值创造[M]. 北京：机械工业出版社，2015.

节点及关联

数据来源：内部信息，物联网信息、外部信息。

数据特点："4V+3M"特征。4V：规模性、多样性、高速性、低价值密度；3M：多来源、多维度、多噪声。

4.2　数据获取技术

数据的采集是获得有效数据的重要途径，同时也是工业大数据分析和应用的基础。数据采集与治理的目标是从企业内部和外部等数据源获取各种类型的数据，并围绕数据的使用，建立数据标准规范和管理机制流程，保证数据质量，提高数据管控水平。在智能制造中，数据分析往往需要更精细化的数据，因此对数据采集能力有着较高的要求。例如，高速旋转设备的故障诊断需要分析高达每秒千次采样的数据，要求无损全时采集数据。通过故障容错和高可用架构，即使在部分网络、机器故障的情况下，仍能保证数据的完整性，杜绝数据丢失。同时还需要在数据采集过程中自动进行数据实时处理，例如校验数据类型和格式，异常数据分类隔离、提取和告警等。

常用的数据获取技术以传感器为主，结合 RFID（射频识别技术）、条码扫描器、生产和监测设备、PDA（个人数字助手）、人机交互、智能终端等手段实现生产过程中的信息获取，并通过互联网或现场总线等技术实现原始数据的实时准确传输。

传感器属于一种被动检测装置,可以将检测到的信息按照一定规律变化成电信号或者其他形式的信息输出,从而满足信息传输、处理、存储和控制等需求,主要包括光电、热敏、气敏、力敏、磁敏、声敏、湿敏等不同类别的传感器。例如,在制糖过程中,需要把糖浆浓缩到一定的过饱和度,从而析出糖晶体,最终将其变成糖膏,其中的关键在于控制熬制过程中母液的过饱和度。影响过饱和度的四大因素包括真空度、空气压力、母液浓度以及蒸煮温度。通过真空度传感器、空气压力传感器等一系列传感器即可采集上述数据,从而实现熬制过程中母液过饱和度的监控[4]。

RFID 是一种自动识别技术,通过无线射频方式进行非接触双向数据通信,利用无线射频方式对记录媒体(电子标签或射频卡)进行读写,从而达到识别目标和数据交换的目的。RFID 技术具有适用性广、稳定性强、安全性高、使用成本低等特点,在产品的生产和流通过程中有着广泛的应用。物流仓储是 RFID 技术最有潜力的应用领域之一,UPS、DHL、FedEx 等国际物流巨头都在利用 RFID 技术实现物流过程中的货物追踪、信息自动采集、仓储管理应用、港口应用、邮政包裹、快递等。

条形扫描器也被称为条码扫描枪/阅读器,是用于读取条码所包含信息的设备。由光源发出的光线经过光学系统照射到条码符号上面,并反射到扫码枪等光学仪器上,通过光电转换,经译码器解释为计算机可以直接接受的数字信号。条码技术具有准确性高、速度快、标识制作成本低等优点,因此在智能制造中有着广泛的应用前景。例如在汽车生产过程中,通过条码技术可以记录汽车生产全过程的自然情况,从而实现了整车档案数据全面记录,为汽车的销售、维护以及信息追溯提供了依据。

节点及关联

数据获取技术:传感器、射频识别、条形码扫描、生产和监测设备……

4.3 数据处理技术

数据处理是智能制造的关键技术之一,其目的是从大量的、杂乱无章、难以理解的数据中抽取并推导出对于某些特定的人们来说是有价值、有意义的数据[5]。常见的数据处理流程主要包括数据清洗、数据融合、数据分析以及数据存储[6],如图 4-2 所示。

数据处理是为了更好地利用数据。

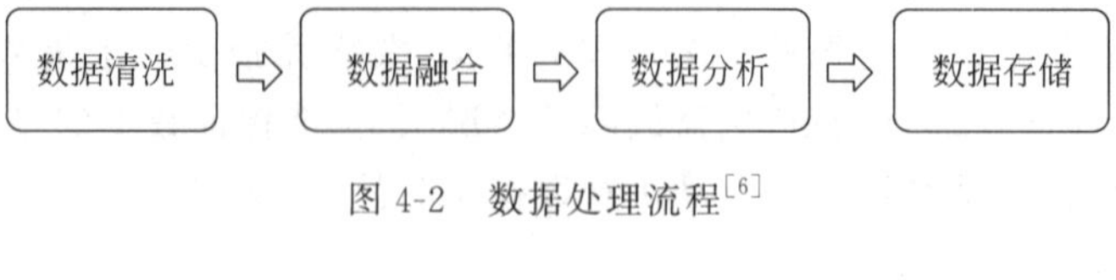

图 4-2 数据处理流程[6]

1. 数据清洗

数据清洗也称为数据预处理,是指对所收集数据进行分析前的审核、筛选等必要的处理，并对存在问题的数据进行处理，从而将原始的低质量数据转化为方便分析的高质量数据，确保数据的完整性、一致性、唯一性和合理性。考虑到制造业数据具有的高噪声特性，原始数据往往难以直接用于分析，无法为智能制造提供决策依据。因此，数据清洗是实现智能制造、智能分析的重要环节之一。

数据清洗主要包含 3 部分内容：数据清理、数据变换以及数据归约。

(1) 数据清理：指通过人工或者某些特定的规则对数据中存在的缺失值、噪声、异常值等影响数据质量的因素进行筛选，并通过一系列方法对数据进行修补，从而提高数据质量。缺失值是指在数据采集过程中因为人为失误、传感器异常等原因造成的某一段数据丢失或不完整。常用的处理缺失值的方法包括人工填补、均值填补、回归填补、热平台填补、期望最大化填补、聚类填补以及回归填补等。热平台填补是一种数据填补的方法，是在样本总体中找到与缺失值最相似的变量进行填充，可以保持数据类型，且变量值与填充前可能很接近。但只能利用已有信息，无法覆盖样本总体未采集到或未反应的信息。近年来，随着人工智能方法的兴起，基于人工智能算法的缺失值处理方法逐渐受到关注，例如利用人工神经网络、贝叶斯网络对缺失的部分进行预测等。噪声是指数据在收集、传输过程中受到环境、设备等因素的干扰，产生了某种波动。常用的去噪方法包括平滑去噪、回归去噪、滤波去噪等。异常值是指样本中的个别值，其数据明显偏离其余的观测值。然而，在数据预处理时，异常值是否需要处理需要视情况而定，因为有一些异常值真的是因为生产过程中出现了异常导致的，这些数据往往包含更多有用的信息。常用的异常值检测方法有人工界定、3σ 原则、箱型图分析、格拉布斯检验法等。

(2) 数据变换：指通过平滑聚集、数据概化、规范化等方式将数据转换成适用于数据挖掘的形式。制造业数据种类繁多，来源多样，来自不同系统、不同类别的数据往往具备不同的表达形式，通过数据变换可以将所有的数据统一成标准化、规范化、适合数据挖掘的表达形式。

(3) 数据归约：指在尽可能保持数据原貌的前提下，最大限度地精简数据量。制造业数据具有海量特性，大大增加了数据分析和存储的成本。通过数据归约可以有效地降低数据体量，减少运算和存储成本，同时提高数据分析效率。常见的数据归约方法包括特征归约（特征重组或者删除不相关特征）、样本归约（从样本中筛选出具有代表性的样本子集）、特征值归约（通过特征值离散化简化数据描述）等。

2. 数据融合

数据融合是指将各种传感器在空间和时间上的互补与冗余信息依据某种优化准则或算法组合，来产生对观测对象的一致性解释和描述。其目标是基于各传感器检测信息分解人工观测信息，通过对信息的优化组合来导出更多的有效信息。制造业数据存在多源特性，同一观测对象在不同传感器、不同系统下，存在着多种观测数据。通过数据融合可以有效地形成各个维度之间的互补，从而获得更有价值的信息。常用的数据融合方法可以分为数据层融合、特征层融合以及决策层融合。这里需要明确，数据归约是针对单一维度进行的数据约简，而数据融合则是针对不同维度之间的数据进行的。

3. 数据分析

1) 基本概念

数据分析是指用适当的统计分析方法对收集来的大量数据进行分析，将它们加以汇总和理解并消化，以求最大化地开发数据的功能，发挥数据的作用。数据分析是为了提取有用信息和形成结论而对数据加以详细研究和概括总结的过程，是智能制造中的重要环节之一。与其他领域的数据分析不同，制造业数据分析需要融合生产过程中的机理模型，以"数据驱动＋机理驱动"的双驱动模式进行数据分析，从而建立高精度、高可靠性的模型来真正解决实际的工业问题。

2）分类

现有的数据分析技术依据分析目的可以分为探索性数据分析和定性数据分析，根据实时性可以划分为离线数据分析和在线数据分析。

探索性数据分析是指通过作图、造表、用各种形式的方程拟合，计算某些特征量等手段探索规律性的可能形式，从而寻找和揭示隐含在数据中的规律。定性数据分析则是在探索性分析的基础上提出一类或几类可能的模型，然后通过进一步的分析从中挑选一定的模型。

离线数据分析用于计算复杂度较高、时效性要求较低的应用场景，分析结果具有一定的滞后性。而在线数据分析则是直接对数据进行在线处理，实时性相对较高，并且能够随时根据数据变化修改分析结果。

3）常用方法

常见的数据分析方法包括列表法、作图法、时间序列分析、聚类分析、回归分析等。

（1）列表法：将数据按一定规律用列表方式表达出来，是记录和处理最常用的方法。表格的设计要求对应关系清楚，简单明了，有利于发现相关量之间的相关关系；此外还要求在标题栏中注明各个量的名称、符号、数量级和单位等。根据需要还可以列出除原始数据以外的计算栏目和统计栏目等。

（2）作图法：可以醒目地表达各个数据之间的变化关系。从图线上可以简便求出需要的某些结果，还可以把某些复杂的函数关系通过一定的变换用图形表示出来。

（3）时间序列分析：可以用来描述某一对象随着时间发展而变化的规律，并根据有限长度的观察数据，建立能够比较精确地反映序列中所包含的动态依存关系的数学模型，并借以对系统的未来进行预报。例如，通过对数控机床电压的时间序列数据进行分析，可以实现机床的运行状态预测，从而实现预防性维护。常用的时间序列分析方法有平滑法、趋势拟合法、AR 模型、MA 模型、ARMA 模型以及 ARIMA 模型等[7]。

（4）聚类分析：指将物理或抽象对象的集合分组为由类似的对象组成的多个类的分析过程，其目标是在相似的基础上收集数据来分类。聚类分析在产品的全生命周期有着广泛的应用，例如，通过聚类分析可以提高各个零部件之间的一致性，从而提高产品的稳定性。常见的聚类分析方法包括基于划分的聚类方法（如 K-means、K-medoids）、基于层次的聚类方法（如 DIANA）以及基于密度的聚类方法（如谱聚类、DBSAN）等[8]。

（5）回归分析：指通过定量分析确定两种或两种以上变量之间的相互依赖关系。回归分析按照涉及的变量的多少，分为一元回归分析和多元回归分析；按照因变量的多少，可分为简单回归分析和多重回归分析；按照自变量和因变量之间的关系类型，可分为线性回归分析和非线性回归分析。常用的回归分析方法主要包括线性回归、逻辑回归、多项式回归、逐步回归、岭回归以及 Lasso 回归等[9]。

近年来，随着人工智能的飞速发展，除了上述方法外，以深度学习为代表的神经网络[10]以及以支持向量机为代表的统计学习[11]开始逐渐受到关注。

4. 数据存储

数据存储是指将数据以某种格式记录在计算机内部或外部存储介质上进行保存，其存储对象包括数据流在加工过程中产生的临时文件或加工过程中需要查找的信息。在数据存储中，数据流反映了系统中流动的数据，表现出动态数据的特征；数据存储反映系统中静止的数据，表现出静态数据的特征。制造业数据具有体量大、关联复杂、时效要求高等特点，对数据存储技术提出了很高的要求。数据存储管理系统可以分为单机式存储和分布式存储两类。单机式数据存储较为传统，一般采用关系数据库与本地文件系统结合的存储方式，无法为大规模数据提供高效存储和快速计算的支持。分布式数据存储工作节点多，能够提供大量的存储空间，同时能够于互联网技术结合，数据请求及处理速度较快，近来受到越来越多的关注。

在制造业中，数据处理通常基于常用的数据分析和机器学习技术。

延伸阅读：

HAYKIN S. 神经网络与机器学习[M]. 北京：机械工业出版社，2011.

TAN P N. 数据挖掘导论：完整版[M]. 北京：人民邮电出版社，2011.

工业大数据平台是制造业数据处理的主要载体，也是未来推动制造业大数据深度应用，提升产业发展的重要基石。以GE、IBM为首的国际知名企业都已在工业大数据平台上取得了不错的应用效果。目前我国部分企业已经具备自主研制的工业大数据平台，在工业大数据平台的工业大数据采集、工业大数据存储管理、工业大数据分析关键支撑技术上也已经有所突破。

延伸阅读：

GE Predix 平台：https://www.ge.com/digital/iiot-platform.

IBM Watson 平台：https://www.ibm.com/watson.

节点及关联

数据清洗：数据清理，数据变换以及数据归约。

数据融合：数据层融合，特征层融合，决策层融合……

数据分析：提取有用信息，对数据概括总结的过程。

数据分析技术：列表法，作图法，时间序列分析，聚类分析，回归分析，深度学习，支持向量机……

4.4 数据获取与处理在智能制造中的应用

1. 数据引领酷特集团收获高端定制红利

近年来，酷特集团开始收获定制化带来的“红利”，定制业务年均销售收入、利润增长均超过150%，而这其中的70%来自美国，由C2M(用户直连制造)模式带来的个性化定制服装在欧美市场获得巨大成功。

10多年来，酷特投入数亿元，将原本传统的流水线升级为信息化的定制工厂，通过整合大数据平台等最新技术，实现了M端（制造端）的信息化改造，解决了传统高端定制中生产线灵活度低和转换成本高的难题，如图4-3所示。C2M模式砍去了不必要的经销环节，让C（消费者）享受到“造物”的乐趣，直接参与服装的制作过程。为了实现这一目的，酷特把“智能化的需求数据采集、研发设计、计划排产、制版”以及“数据驱动的生产执行体系、物流和客服体系”等技术融入大批量定制，在一条流水线上制造出灵活多变的个性化产品。目前已形成数万种设计元素、数亿种设计组合，能满足各种体型的定制，包括驼背、凸肚等特殊体型。面料、花色、纽扣，以及关于衣服上大大小小的100多个细节，都可以由订购者在手机App上自行定制专业量体方法，采集人体18个部位22个尺寸数据，三维激光量体仪1s内采集完成。计划研发便携式体型数据采集新仪器和方法，打破量体受限于地域距离的限制。这些个性化需求将统一传输到后台数据库中，形成数字模型，由计算机完成打版，随后分解成一道道独立工序，通过控制面板及时下达给流水线上的工人[12]。

传统模式下，定制的成本居高不下，质量无法保证，交期在1个月以上，实现不了量产，价格昂贵。酷特通过数据将消费者和生产者、设计者等直接连通，个性化定制的服装1件起定制，将传统服装定制生产周期缩短至7个工作日内。实现了量产，性价比最优，过去只有少数人穿得起的“高大上”的贵族定制，通过酷特模式变成了更多人能享受的高级定制。

2. 海尔空调噪声大数据智能分析

海尔胶州空调互联工厂部署有国内唯一的分贝检测设备，当空调测试分贝大于标准分贝时，系统判断为不合格。但此设备无法识别空调运行中的异声，如摩擦声、共振声、口哨声等。此外，每天快节拍、高强度的空调装配流水线工作导致检测工人听取噪声时间过长，易产生疲劳和误判，偶尔有不合格品流到下线，影响产线整体检验的可靠性。因此，急需找到新式噪声识别方法，解决企业当前痛点。

针对该问题，海尔通过整合平台上的软件及硬件资源，与美林数据共同开发了空调噪声智能检测系统，有效地解决了无法准确、可靠识别异声的痛点。解决方案包括非结构化音频数据实时采集与存储、分析建模与智能识别、结果输出与可视化展现三大部分。通过对生产线大量的历史检测音频采集，结合先进的人工智能算法，实现空调噪声的智能检测，并将检验结果实时反馈至企业的工业互联网平台，支持产线质量问题在线统计与分析。该技术有效地提高了检测准确率和可靠性，降低了检测成本，促进了生产的智能化程度。

3. Hirotec利用数据预防意外停机

Hirotec是一家市值超过16亿美元，公司遍布全球23个地区的汽车部件和工具制造商。非计划停机维修一直是Hirotec公司面临的重大难题，每秒钟的非计划停机维修都会造成高达361美元的经济损失。因此，Hirotec公司迫切地希望减少停机时间，以避免不必要的损失。

为了实现这一目标，Hirotec在其工厂车间使用了基于物联网和云的技术，通过传感器的部署与数据的采集，实现了设备运行状态的实时监控，并利用机器学习方法帮助预测和预防系统故障。在运行其物联网平台的三个试点并审查数据后，Hirotec能够将系统的人工检查时间缩短100%。

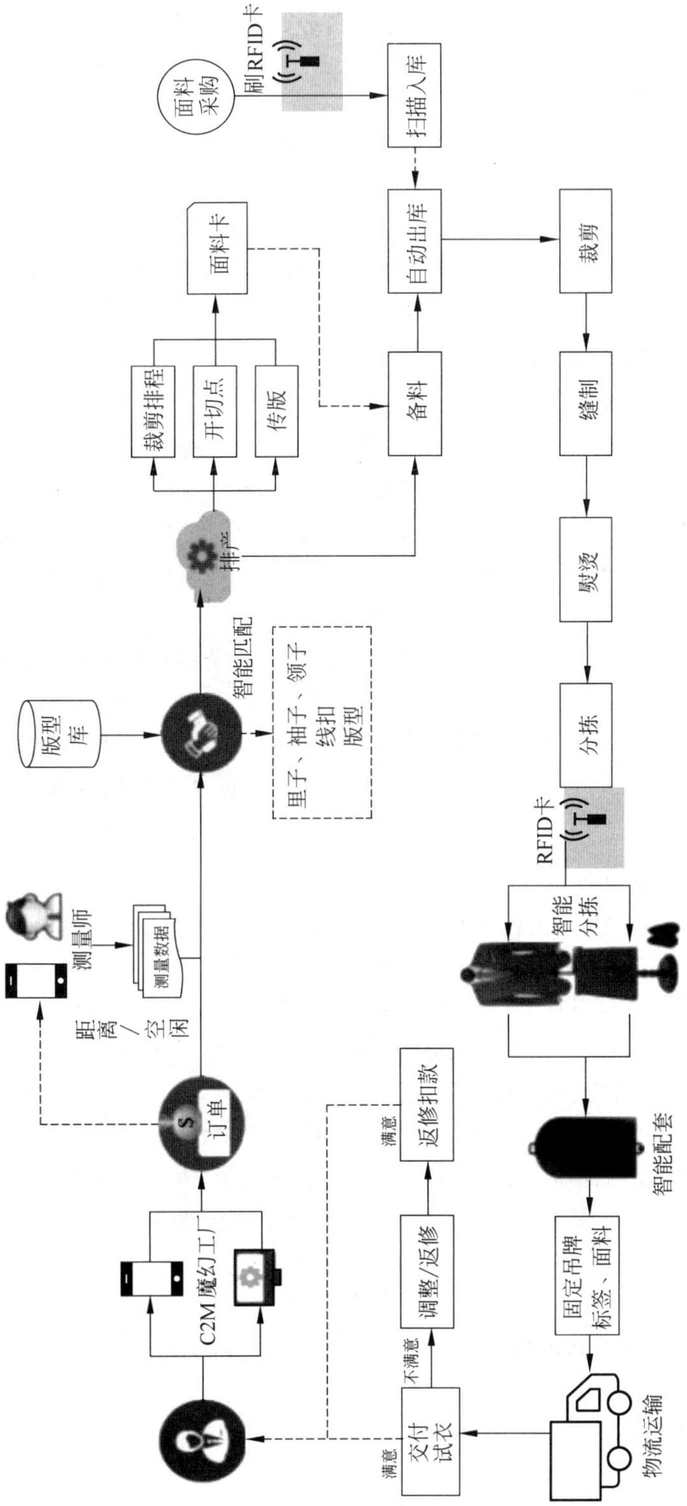

图 4-3　酷特 C2M 模式[13]

4.5 数据获取与处理的发展趋势

1. 数据来自数字孪生

在智能制造中，数据起到了至关重要的作用。数据对于整个生产全生命周期的覆盖程度、数据的质量以及分析结果的好坏会直接影响最终的生产效率以及产品价值。目前现有的数据获取与处理都是基于现实中的真实数据进行的。随着数字孪生(digital twin)技术的发展，通过构建虚拟生产环境，进而获取虚拟数据可以为数据的分析与利用提供更加广阔的思路和途径。通过虚构环境的模拟可以有效地提高数据的覆盖程度，并对数据的分析结果进行有效验证，从而更好地反馈实际生产。

2. 5G 技术加速实时通信

5G，即第五代移动通信技术，也就是用于无线的、可移动设备上的第五代通信技术。根据国际电信联盟(ITU)发布的 5G 标准草案，5G 链接密度将达到 100 万台/km^2 设备，这也就意味着在 5G 时代，大量的物品可以通过 5G 网络接入，从而构建真的万物互联。与此同时，5G 技术具有超高的传输速率以及超低的传输延迟。在实际使用环境下，5G 技术能够达到 1.8Gbps 的下载速率，理论延迟最大不超过 4ms。

作为新一代移动通信技术，5G 技术切合了传统制造企业智能制造转型对无线网络的应用需求，能满足工业环境下设备互联和远程交互应用需求。在物联网、工业自动化控制、物流追踪、工业 AR、机器人等工业应用领域，5G 技术起着支撑作用，同时给数据的传输、存储以及在线分析提供了全新的途径，让以前受限于通信速度和带宽的大规模数据分析技术有了用武之地。

3. 数据安全越发重要

数据在给制造业带来巨大利益的同时，其自身的安全也让企业面临着巨大的风险。数据中所包含的敏感信息和关键参数，如果遭到泄露，会直接给企业造成巨大的损失。同时，通过恶意篡改数据，影响正常生产从而造成重大损失，甚至危及人员生命安全的案例也时有发生。数据的安全漏洞主要是由于工业控制系统的协议多采用明文形式、工业环境多采用通用操作系统且不及时更新、从业人员的网络安全意识不强，再加上工业数据的来源多样，具有不同的格式和标准所导致。所以，在工业应用环境中，对数据安全有着更高的要求，任何信息安全事件的发生都有可能威胁工业生产运行安全、人员生命安全甚至国家安全等。因此，研究制造业数据的安全管理，加强对数据的安全保护变得尤为重要[14]。

节点及关联

未来发展趋势：更广的采集范围，更快的通信保障，更加安全的分析环境。

问题：

(1) 数据在制造系统中是如何流通的？

(2) 数据对于制造业的核心价值是什么？

(3) 有了数据是不是意味着有了全部信息？如果不够，还需要补充什么？

参考文献

[1] 王建民. 工业大数据技术[J]. 电信网技术，2016(8)：1-5.

[2] 邬贺铨. 大数据时代的机遇与挑战[J]. 求是，2013，4(3)：47-49.

[3] 张洁，高亮，秦威，等. 大数据驱动的智能车间运行分析与决策方法体系[J]. 计算机集成制造系统，2016，22(5)：1220-1228.

[4] 黄耘，闭圻彪，颜冰幸，等. 物联网技术在制糖生产应用的初探[J]. 广西糖业，2018(5)：39-42.

[5] 何文韬，邵诚. 工业大数据分析技术的发展及其面临的挑战[J]. 信息与控制，2018(4)：18-30.

[6] 张洁，汪俊亮，吕佑龙，等. 大数据驱动的智能制造[J]. 中国机械工程，2019，30(2)：127-133,158.

[7] 韩敏，任伟杰，李柏松，等. 混沌时间序列分析与预测研究综述[J]. 信息与控制，2020，49(1)：24-35.

[8] 章永来，周耀鉴. 聚类算法综述[J]. 计算机应用，2019，39(7)：1869-1882.

[9] 何志昆，刘光斌，赵曦晶，等. 高斯过程回归方法综述[J]. 控制与决策，2013，28(8)：1121-1129,1137.

[10] GOODFELLOW I，BENGIO Y，COURVILLE A，et al. Deep learning[M]. Cambridge：MIT Press，2016.

[11] 李航. 统计学习方法[M]. 北京：清华大学出版社，2012.

[12] 李杰. 工业大数据：工业 4.0 时代的工业转型与价值创造[M]. 北京：机械工业出版社，2015.

[13] 数字化转型中的大数据治理构架[OL]. (2016) https://myslide.cn/slides/298? vertical=1.

[14] 陈志涛，杨小东，朱义勇. MES 系统下工业大数据安全机制的研究[J]. 智能计算机与应用 2017(6)：167-169.

第5章

数字孪生

5.1 数字孪生的概念与发展

当前，以物联网、大数据、人工智能等新技术为代表的数字浪潮席卷全球，物理世界和与之对应的数字世界正形成两大体系平行发展、相互作用。数字世界为了服务物理世界而存在，物理世界因为数字世界而变得高效有序。在这种背景下，数字孪生（又称为数字双胞胎、数字化双胞胎等）技术应运而生。

数字孪生是以数字化方式创建物理实体的虚拟模型，借助数据模拟物理实体在现实环境中的行为，通过虚实交互反馈、数据融合分析、决策迭代优化等手段，为物理实体增加或扩展新的能力。作为一种充分利用的模型、数据、智能并集成多学科的技术，数字孪生面向产品全生命周期过程，发挥连接物理世界和数字世界的桥梁和纽带作用，提供更加实时、高效、智能的服务。全球最具权威的IT研究与顾问咨询公司Gartner在2019年十大战略科技发展趋势中将数字孪生作为重要技术之一，其对数字孪生的描述为：数字孪生是现实世界实体或系统的数字化体现[1]。

数字孪生最早的概念模型（图5-1）由当时的PLM咨询顾问Michael Grieves博士（现任美国佛罗里达理工学院先进制造首席科学家）于2002年10月在美国制造工程协会管理论坛上提出。数字孪生这一名词最早出现在美国空军实验室2009年提出的“机身数字孪生（airframe digital twin）”概念中。2010年，NASA（美国国家航空航天局）在《建模、仿真、信息技术和处理》和《材料、结构、机械系统和制造》两份技术路线图中直接使用了“数字孪生”这一名称[2,3]。2011年Michael Grieves博士在其新书《虚拟完美》（*Virtually Perfect: Driving Innovative and Lean Products through Product Lifecycle Management*）中引用了NASA先进材料和制造领域首席技术专家John Vickers（现任马歇尔中心材料与工艺实验室副主任和NASA国家先进制造中心主任）所建议的数字孪生这一名词，作为其信息镜像模型（图5-1）的别名[4]。2013年，美国空军将数字孪生和数字线程作为游戏规则改变者列入其《全球科技愿景》。

关于数字孪生的定义很多。北京航空航天大学的陶飞在*Nature*杂志的评述中认为，数字孪生作为实现虚实之间双向映射、动态交互、实时连接的关键途径，可将物理实体和系统的属性、结构、状态、性能、功能和行为映射到虚拟世界，形成高保真的动态多维/多尺度/

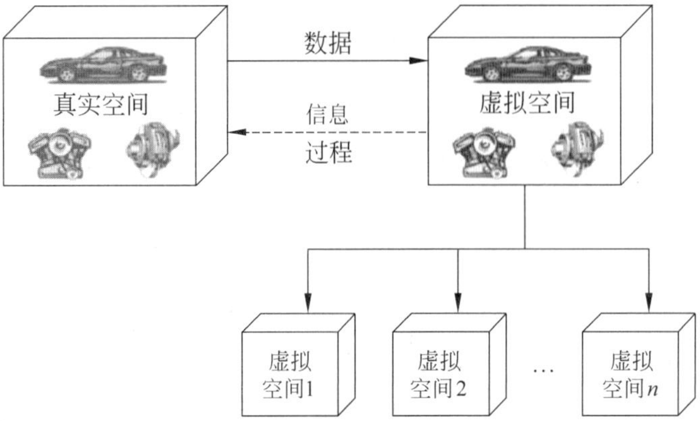

图 5-1　数字孪生最初概念模型及其术语名词的前身——PLM 的概念化理想[12]

多物理量模型，为观察物理世界、认识物理世界、理解物理世界、控制物理世界、改造物理世界提供了一种有效手段[5]。CIMdata 推荐的定义是[6]："数字孪生（即数字克隆）是基于物理实体的系统描述，可以实现对跨越整个系统生命周期可信来源的数据、模型和信息进行创建、管理和应用。"此定义简单，但若没有真正理解其中的关键词（系统描述，生命周期，可信来源，模型），则可能产生误解。

节点及关联

数字孪生的概念：基于物理实体的系统描述，实现对跨越整个系统生命周期可信来源的数据、模型和信息进行创建、管理和应用。

问题：

（1）数字孪生在智能制造中有何意义？

（2）数字孪生如何连接物理世界和数字世界？

5.2　数字孪生的模型

一项新兴技术或一个新概念的出现，术语定义是后续一切工作的基础。在给出数字孪生的文字定义并取得共识后，需要进一步开发基于自然语言定义的数字孪生的概念模型，进而制定数字孪生的术语表或术语体系。然后，需要根据概念模型和应用需求，开发数字孪生体的参考架构及其应用框架和成熟度模型，用来指导数字孪生具体应用系统的设计、开发和实施。这个过程也是数字孪生标准体系中底层基础标准（术语、架构、框架、成熟度等）的制定过程（图 5-2）。

1. 数字孪生的概念模型

基于数字孪生的文字定义，图 5-3 给出了数字孪生的五维概念模型。

数字孪生五维概念模型首先是一个通用的参考架构，能适用不同领域的不同应用对象。

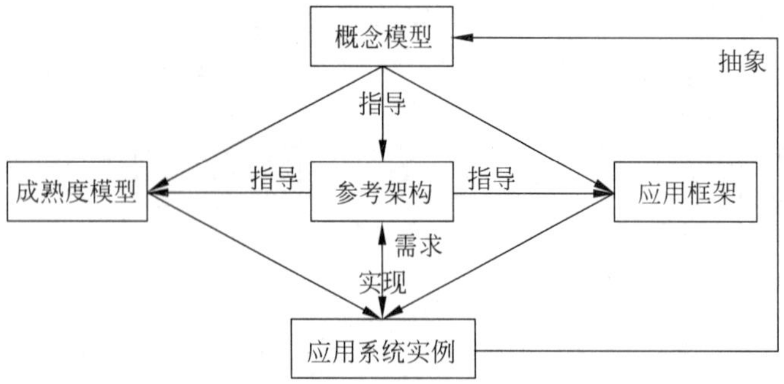

图 5-2 概念模型、参考架构、应用框架、成熟度模型之间的关系

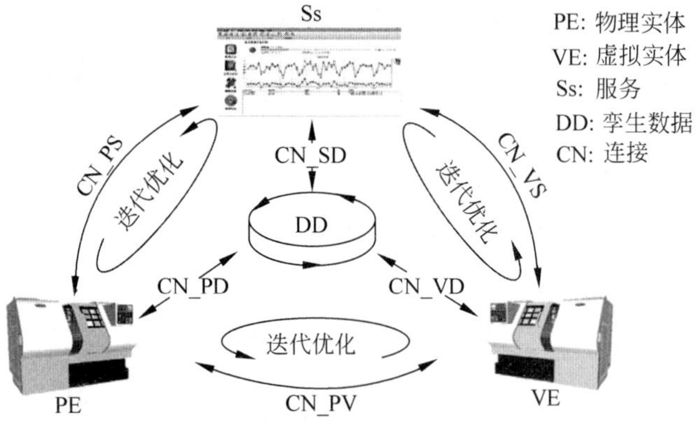

图 5-3 数字孪生五维概念模型[7]

其次，它的五维结构能与物联网、大数据、人工智能等新信息技术集成与融合，满足信息物理系统集成、信息物理数据融合、虚实双向连接与交互等需求。最后，孪生数据(DD)集成融合了信息数据与物理数据，满足信息空间与物理空间的一致性与同步性需求，能提供更加准确、全面的全要素/全流程/全业务数据支持。服务(Ss)对数字孪生应用过程中面向不同领域、不同层次用户、不同业务所需的各类数据、模型、算法、仿真、结果等进行服务化封装，并以应用软件或移动端 App 的形式提供给用户，实现对服务的便捷与按需使用。连接(CN)实现物理实体、虚拟实体、服务及数据之间的普适工业互联，从而支持虚实实时互联与融合。虚拟实体(VE)从多维度、多空间尺度及多时间尺度对物理实体进行刻画和描述。

2. 数字孪生的系统架构

基于数字孪生的概念模型(图 5-3)，并参考 GB/T 33474—2016 和 ISO/IEC 30141：2018 两个物联网参考架构标准以及 ISO 23247(面向制造的数字孪生系统框架)标准草案，图 5-4 给出了数字孪生系统的通用参考架构[8-11]。一个典型的数字孪生系统包括用户域、数字孪生体、测量与控制实体、现实物理域和跨域功能实体共 5 个层次。

第 1 层(最上层)是使用数字孪生体的用户域，包括人、人机接口、应用软件，以及其他相关数字孪生体。第 2 层是与物理实体目标对象对应的数字孪生体。它是反映物理对象某一视角特征的数字模型，并提供建模管理、仿真服务和孪生共智 3 类功能。第 3 层是处于测量控制域、连接数字孪生体和物理实体的测量与控制实体，实现物理对象的状态感知和控制功

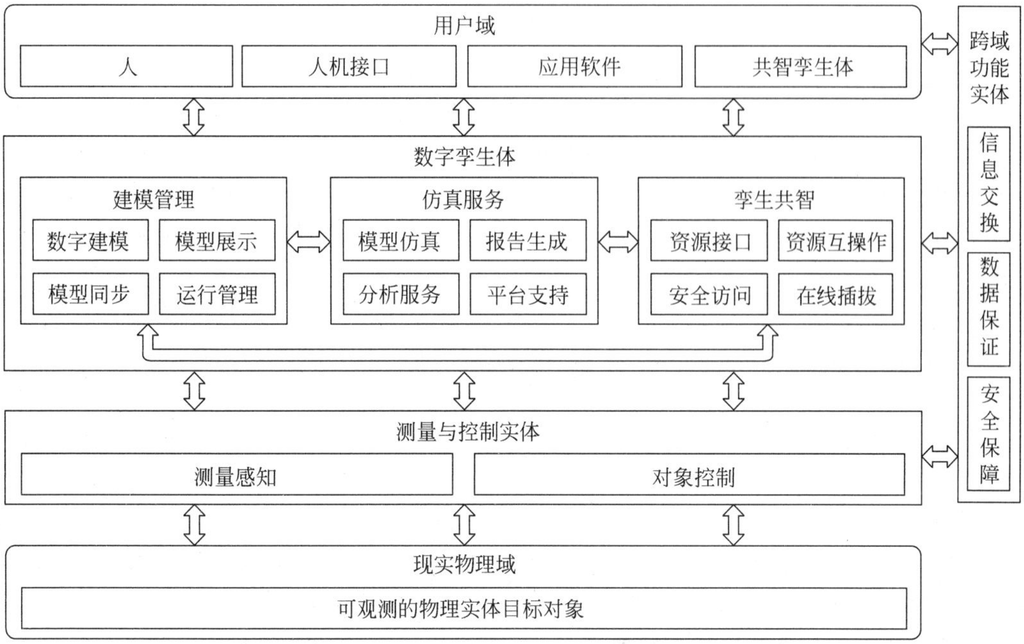

图 5-4　数字孪生系统的通用参考架构[12]

能。第 4 层是与数字孪生对应的物理实体目标对象所处的现实物理域，测量与控制实体和现实物理域之间有测量数据流和控制信息流的传递。第 5 层是跨域功能实体。测量与控制实体、数字孪生以及用户域之间的数据流和信息流动传递，需要信息交换、数据保证、安全保障等跨域功能实体的支持。

3. 数字孪生的成熟度模型

数字孪生不仅仅是物理世界的镜像，也要接收物理世界实时信息，更要反过来实时驱动物理世界，而且进化为物理世界的先知、先觉甚至超体。这个演变过程称为成熟度进化，即数字孪生的生长发育将经历数化、互动、先知、先觉和共智等几个过程(图 5-5)。

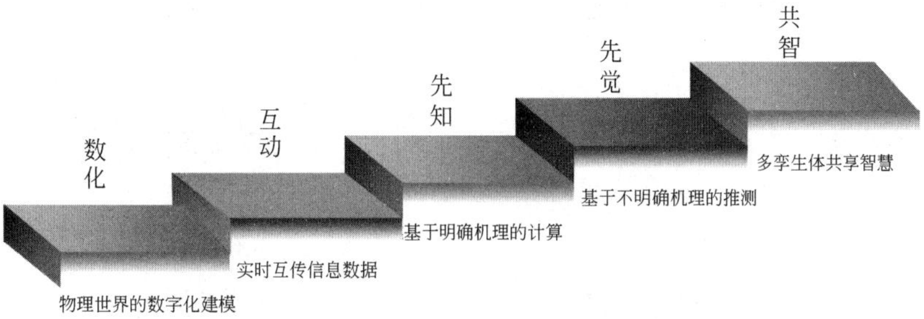

图 5-5　数字孪生成熟度模型[12]

1）数化

“数化”是对物理世界数字化的过程。这个过程需要将物理对象表达为计算机和网络所能识别的数字模型。建模技术是数字化的核心技术之一，例如测绘扫描、几何建模、网格建模、系统建模、流程建模、组织建模等技术。物联网是“数化”的另一项核心技术，将物理世界本身的状态变为可以被计算机和网络所能感知、识别和分析。

2）互动

“互动”主要是指数字对象及其物理对象之间的实时动态互动。物联网是实现虚实之间互动的核心技术。数字世界的责任之一是预测和优化，同时根据优化结果干预物理世界，所以需要将指令传递到物理世界。物理世界的新状态需要实时传导到数字世界，作为数字世界的新初始值和新边界条件。另外，这种互动包括数字对象之间的互动，依靠数字线程来实现。

3）先知

“先知”是指利用仿真技术对物理世界的动态预测。这需要数字对象不仅表达物理世界的几何形状，更需要在数字模型中融入物理规律和机理。仿真技术不仅建立物理对象的数字化模型，还要根据当前状态，通过物理学规律和机理来计算、分析和预测物理对象的未来状态。

4）先觉

如果说“先知”是依据物理对象的确定规律和完整机理来预测数字孪生的未来，那“先觉”就是依据不完整的信息和不明确的机理，通过工业大数据和机器学习技术来预感未来。如果要求数字孪生越来越智能和智慧，就不应局限于人类对物理世界的确定性知识，因为人类本身就不是完全依赖确定性知识而领悟世界的。

5）共智

“共智”是通过云计算技术实现不同数字孪生之间的智慧交换和共享，其隐含的前提是单个数字孪生内部各构件的智慧首先是共享的。所谓“单个”数字孪生体是人为定义的范围，多个数字孪生单体可以通过“共智”形成更大和更高层次的数字孪生体，这个数量和层次可以是无限的。

节点及关联

数字孪生五维模型：物理实体、虚拟实体、服务、孪生数据、各组成部分间的连接。

数字孪生生长发育：数化，互动，先知，先觉，共智。

问题：

（1）数字孪生五维结构如何与物联网、大数据、人工智能等新信息技术集成与融合？

（2）数字孪生不同生长发育阶段的特点是什么？

5.3 数字孪生的关键技术

从数字孪生概念模型（图 5-3）和数字孪生系统（图 5-4）可以看出：建模、仿真和基于数据融合的数字线程是数字孪生的三项核心技术。

1. 建模

数字化建模技术起源于 20 世纪 50 年代，建模的目的是将我们对物理世界或问题的理解进行简化和模型化。数字孪生的目的或本质是通过数字化和模型化，消除各种物理实体、特别是复杂系统的不确定性。所以建立物理实体的数字化模型或信息建模技术是创建数字孪生、实现数字孪生的源头和核心技术，也是“数化”阶段的核心。

数字孪生的模型发展分为4个阶段，这种划分代表了工业界对数字孪生模型发展的普遍认识，如图5-6所示。

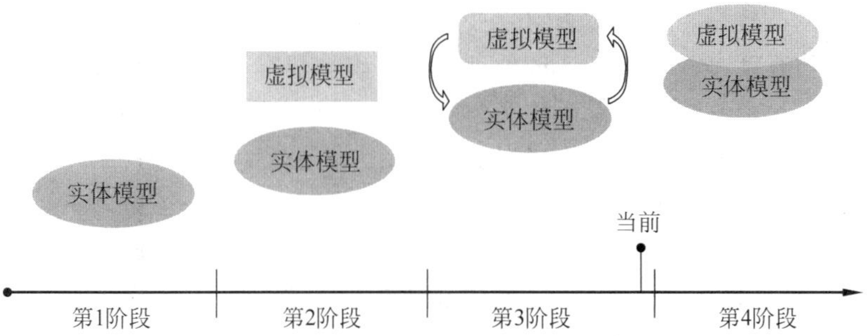

图5-6 数字孪生模型建立的4个阶段[14]

第1阶段是实体模型阶段，没有虚拟模型与之对应。NASA在太空飞船飞行过程中，会在地面构建太空飞船的双胞胎实体模型。这套实体模型曾在拯救Apollo 13的过程中起到了关键作用。

第2阶段是实体模型有其对应的部分实现的虚拟模型，但它们之间不存在数据通信。其实这个阶段不能称为数字孪生的阶段，一般准确的说法是实物的数字模型。还有就是虽然有虚拟模型，但这个虚拟模型可能反映的是来源于它的所有实体，例如设计成果二维/三维模型，同样使用数字形式表达了实体模型，但两者之间并不是个体对应的。

第3阶段是在实体模型生命周期里，存在与之对应的虚拟模型，但虚拟模型是部分实现的，这个就像是实体模型的影子，也可称为数字影子模型，在虚拟模型和实体模型间可以进行有限的双向数据通信，即实体状态数据采集和虚拟模型信息反馈。当前数字孪生的建模技术能够较好地满足这个阶段的要求。

第4阶段是完整数字孪生阶段，即实体模型和虚拟模型完全一一对应。虚拟模型完整表达了实体模型，并且两者之间实现了融合，实现了虚拟模型和实体模型间自我认知和自我处置，相互之间的状态能够实时保真的保持同步。

值得注意的是，有时候可以先有虚拟模型，再有实体模型，这也是数字孪生技术应用的高级阶段。

一个物理实体不是仅对应一个数字孪生体，可能需要多个从不同侧面或视角描述的数字孪生体。人们很容易认为一个物理实体对应一个数字孪生体。如果只是几何的，这种说法尚能成立。恰恰因为人们需要认识实体所处的不同阶段、不同环境中的不同物理过程，一个数字孪生体显然难以描述。如一台机床在加工时的振动变形情况、热变形情况、刀具与工件相互作用的情况……这些情况自然需要不同的数字孪生体进行描述。

不同的建模者从某一个特定视角描述一个物理实体的数字孪生模型似乎应该是一样的，但实际上可能有很大差异。前述一个物理实体可能对应多个数字孪生体，但从某个特定视角的数字孪生体似乎应该是唯一的，实则不然。差异不仅是模型的表达形式，更重要的是孪生数据的粒度。如在所谓的智能机床中，通常人们通过传感器实时获得加工尺寸、切削力、振动、关键部位的温度等方面的数据，以此反映加工质量和机床运行状态。不同的建模者对数据的取舍肯定不一样。一般而言，细粒度数据有利于人们更深刻地认识物理实体及其运行过程。

2. 仿真

从技术角度看，建模和仿真是一对伴生体：如果说建模是模型化我们对物理世界或问题的理解，那么仿真就是验证和确认这种理解的正确性和有效性。所以，数字化模型的仿真技术是创建和运行数字孪生体、保证数字孪生体与对应物理实体实现有效闭环的核心技术。

仿真是将包含了确定性规律和完整机理的模型转化成软件的方式来模拟物理世界的一种技术。只要模型正确，并拥有了完整的输入信息和环境数据，就可以基本正确地反映物理世界的特性和参数。

仿真兴起于工业领域，作为必不可少的重要技术，已经被世界上众多企业广泛应用到工业各个领域中，是推动工业技术快速发展的核心技术，是工业 3.0 时代最重要的技术之一，在产品优化和创新活动中扮演不可或缺的角色。近年来，随着工业 4.0、智能制造等新一轮工业革命的兴起，新技术与传统制造的结合催生了大量新型应用，工程仿真软件也开始与这些先进技术结合，在研发设计、生产制造、试验运维等各环节发挥更重要的作用。

随着仿真技术的发展，这种技术被越来越多的领域所采纳，逐渐发展出更多类型的仿真技术和软件。按照这样的发展态势，物理世界(含人类社会)可以像电影《黑客帝国》那样，被事无巨细地仿真和模拟。

针对数字孪生紧密相关的工业制造场景，梳理其中所涉及的仿真技术如下(图 5-7)。

(1) 产品仿真：系统仿真、多体仿真、物理场仿真、虚拟实验等；

(2) 制造仿真：工艺仿真、装配仿真、数控加工仿真等；

(3) 生产仿真：离散制造工厂仿真、流程制造仿真等。

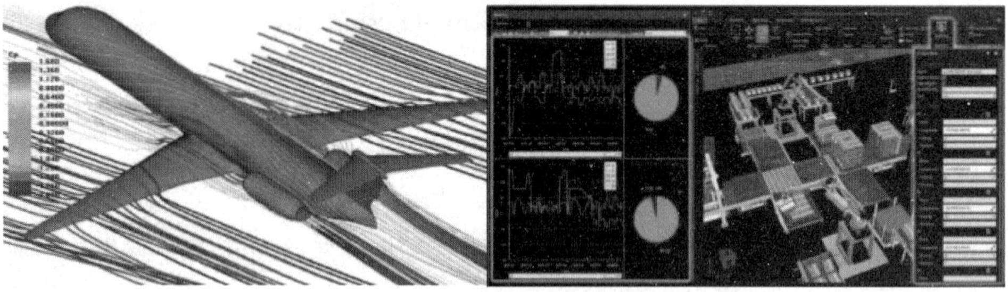

(a)　　　　　　(b)

图 5-7　制造场景下的仿真示例[12]

(a) 飞机气动仿真；(b) 工厂仿真

数字孪生是仿真应用的新巅峰。在数字孪生的成熟度的每个阶段，仿真都扮演着不可或缺的角色："数化"的核心技术——建模总是和仿真联系在一起，或是仿真的一部分；"互动"是半实物仿真中司空见惯的场景；"先知"的核心技术本色就是仿真；很多学者将"先觉"中的核心技术——工业大数据视为一种新的仿真范式；"共智"需要通过不同孪生体之间的多种学科耦合仿真才能让思想碰撞，才能产生智慧的火花。数字孪生也因为仿真在不同成熟度阶段中无处不在而成为智能化和智慧化的源泉与核心。

3. 数字线程

一个与数字孪生紧密联系在一起的概念是数字线程(digital thread)。数字孪生应用的前提是各个环节的模型及大量的数据,那么类似于产品的设计、制造、运维等各方面的数据,如何产生、交换和流转?如何在一些相对独立的系统之间实现数据的无缝流动?如何在正确的时间把正确的信息用正确的方式连接到正确的地方?连接的过程如何可追溯?连接的效果还要可评估。这些正是数字主线要解决的问题。CIMdata 推荐的定义:"数字线程指一种信息交互的框架,能够打通原来多个竖井式的业务视角,连通设备全生命周期数据(也就是其数字孪生模型)的互联数据流和集成视图"[6]。数字线程通过强大的端到端的互联系统模型和基于模型的系统工程流程来支撑和支持,图 5-8 是其示意图。

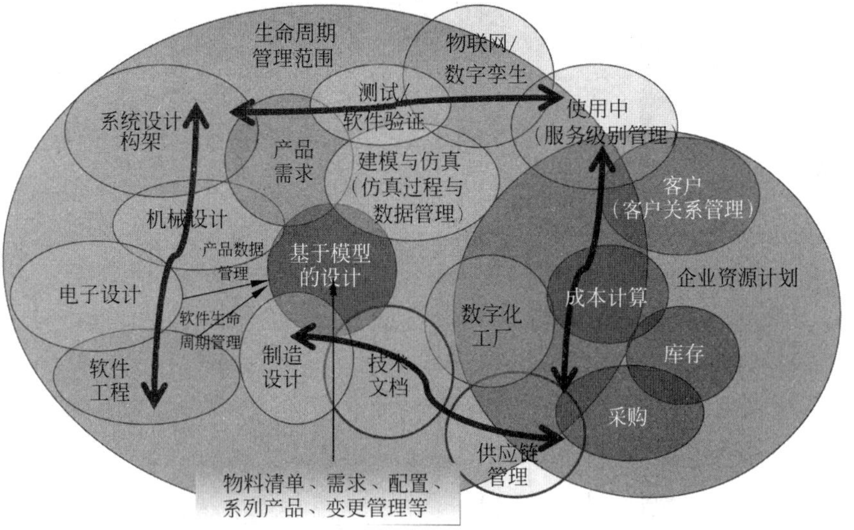

图 5-8 数字线程示意图[12]

数字线程是与某个或某类物理实体对应的若干数字孪生体之间的沟通桥梁,这些数字孪生体反映了该物理实体不同侧面的模型视图。数字线程和数字孪生体之间的关系如图 5-9 所示。

从图 5-9 可以看出,能够实现多视图模型数据融合的机制或引擎是数字线程技术的核心。因此,数字孪生的概念模型(图 5-3)中,将数字线程表示为模型数据融合引擎和一系列数字孪生体的结合。数字孪生环境下(即图 5-3 数字孪生域内),实现数字线程有如下需求[12]:

(1) 能区分类型和实例;

(2) 支持需求及其分配、追踪、验证和确认;

(3) 支持系统跨时间尺度各模型视图间的实际状态纪实、关联和追踪;

(4) 支持系统跨时间尺度各模型间的关联以及其时间尺度模型视图的关联;

(5) 记录各种属性及其随时间和不同的视图的变化;

(6) 记录作用于系统以及由系统完成的过程或动作;

(7) 记录使能系统的用途和属性;

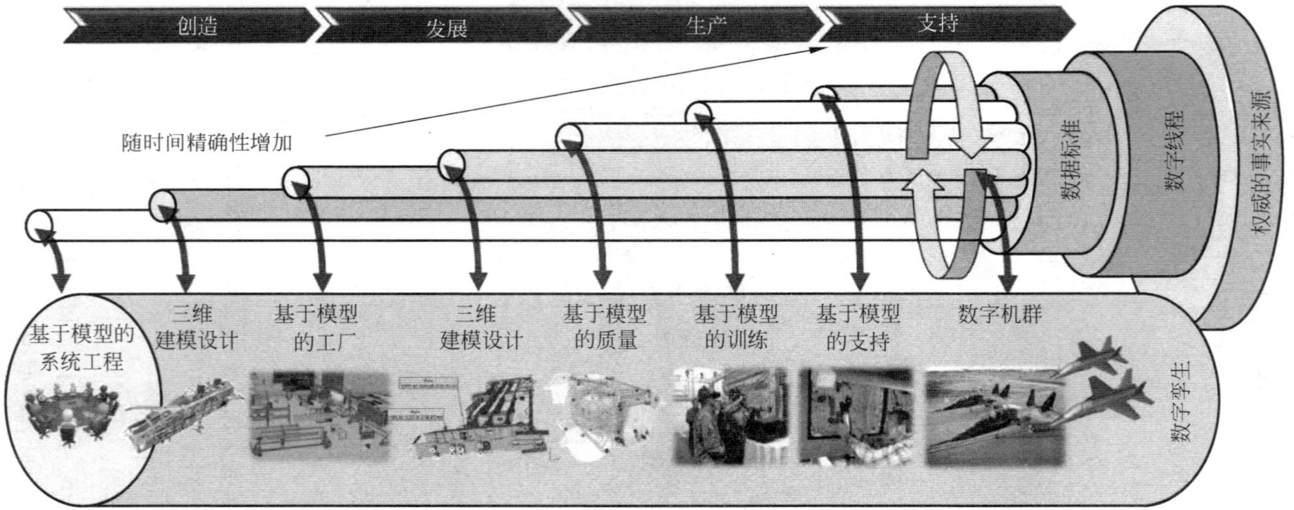

图 5-9 数字线程与数字孪生体的关系[12]

(8) 记录与系统及其使能系统相关的文档和信息。

数字线程必须在全生命周期中使用某种"共同语言"才能交互。例如，在概念设计阶段，就有必要由产品工程师与制造工程师共同创建能够共享的动态数字模型。据此模型生成加工制造和质量检验等生产过程所需要的可视化工艺、数控程序、验收规范等，不断优化产品和过程，并保持实时同步更新。数字线程能有效地评估系统在其生命周期中的当前和未来能力，在产品开发之前，通过仿真的方法及早发现系统性能缺陷，优化产品的可操作性、可制造性、质量控制，以及在整个生命周期中应用模型实现可预测维护。

节点及关联

数字孪生关键技术： 建模，仿真，数字线程……

问题：

(1) 数字孪生模型发展4个阶段的关联是什么？

(2) 建模与仿真有何相互联系？

(3) 数字线程如何在数字孪生体之间实现信息流动？

5.4 数字孪生在智能制造中的应用

在制造业的研发设计领域，数字化已经取得了长足进展。近年来，CAD/CAE/CAM/MBSE等数字化技术的普遍应用表明，研发设计过程在很多方面已经离不开数字化。从产生的价值来看，在研发设计领域使用数字孪生技术，能够提高产品性能，缩短研发周期，为企业带来丰厚的回报。数字孪生驱动的生产制造，能控制机床等生产设备的自动运行，实现高精度的数控加工和精准装配；根据加工结果和装配结果，提前给出修改建议，实现自适应、自组织的动态响应；提前预估出故障发生的位置和时间进行维护，提高流程制造的安全性和可靠性，实现智能控制。下面列举几个数字孪生在智能制造中的典型应用案例。

1. 数字孪生设计物料堆放场

在电厂、钢铁厂、矿场都有物料堆放场。传统上，设计这些堆放场时，设计需求是人为规划的。堆放场建设运行后，却常常发现当时的设计无法满足现场需求。这种差距有时会非常大，造成巨大浪费。

为了应对这一挑战，在设计新的物料堆放场时，ABB公司使用了数字孪生技术。从设计需求开始，设计人员就利用物联网获得的历史运行数据进行大数据分析，对需求进行优化。在设计过程中，ABB借助CAD/CAE/VR等技术开发了物料堆放场的数字孪生(图5-10)。该数字孪生实时反映了物料传输、存储、混合、质量等随环境变化的参数。针对该物料场的设计并不是一次完成的，而是经过多次优化才定型的。在优化阶段，在数字孪生中对物理场进行虚拟运行。通过运行反映出的动态变化，提前获得运行后可能会出现的问题，然后自动改进设计。通过多次迭代优化，形成最终的设计方案。

运行过程证明，通过数字孪生设计的新方案可以更好地满足现场需求。而且结合物联网，设计阶段的数字孪生体会在运行阶段继续使用，不断优化物料场的运行。

图 5-10 ABB 利用数字孪生设计物料堆放场[12]

2. 数字孪生机床

机床是制造业中的重要设备。随着客户对产品质量要求的提高，机床也面临着提高加工精度、减少次品率、降低能耗等严苛的要求。

在欧盟领导的欧洲研究和创新计划项目中，研究人员开发了机床的数字孪生体，以优化和控制机床的加工过程(图 5-11)。除了常规的基于模型的仿真和评估之外，研究人员使用开发的工具监控机床加工过程，并进行直接控制。采用基于模型的评估，结合监视数据，改进制造过程的性能。通过控制部件的优化来维护操作、提高能源效率、修改工艺参数，从而提高生产率，确保机床重要部件在下次维修之前都保持良好状态。

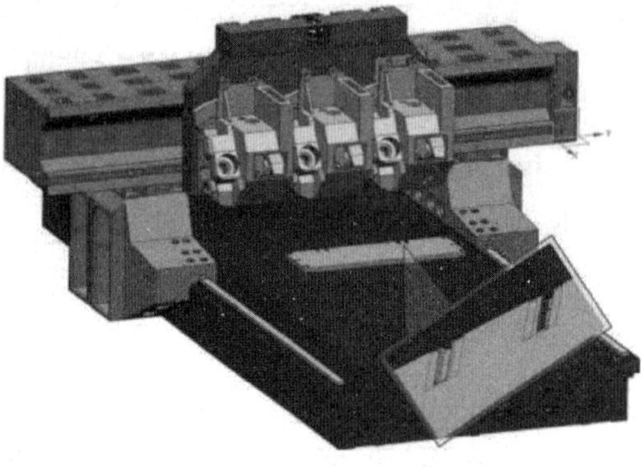

图 5-11 数字孪生机床[13]

在建立机床的数字孪生体时，利用 CAD 和 CAE 技术建立了机床动力学模型(图 5-12)、加工过程模拟模型、能源效率模型和关键部件寿命模型。这些模型能够计算材料去除率和毛边的厚度变化以及预测刀具破坏的情况。除了优化刀具加工过程中的切削力外，还可以模拟刀具的稳定性，允许对加工过程进行优化。此外，模型还预测了表面粗糙度和热误差。机床数字孪生体能把这些模型和测量数据实时连接起来，为控制机床的操作提供辅助决策。机床的监控系统部署在本地系统中，同时将数据上传至云端的数据管理平台，在云平台上管理并运行这些数据。

3. 数字孪生在水泵运行中的应用

水泵在工业中的应用非常普遍。由于运行中来流条件的改变，水泵有可能发生气蚀现

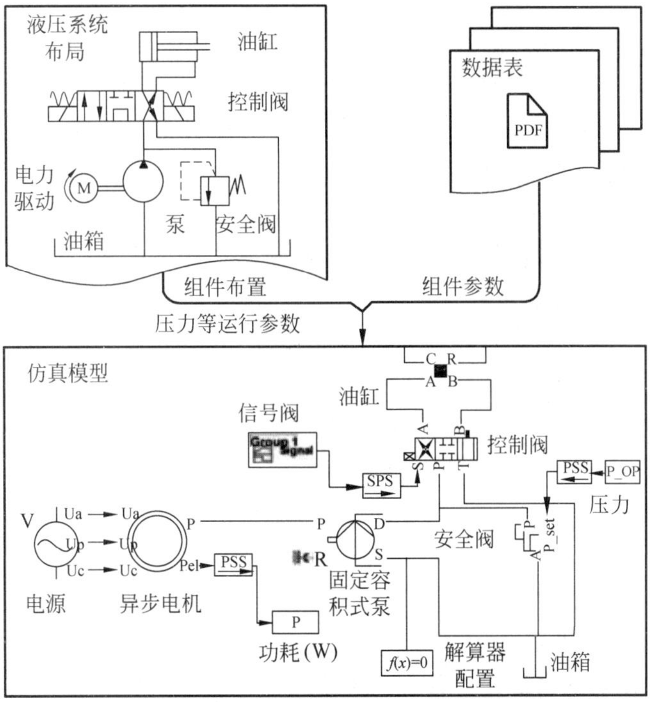

图 5-12 数字孪生机床的液压控制系统[13]

象，气蚀会导致水泵叶片损坏，从而过早报废。为应对这一挑战，PTC 公司和 ANSYS 公司建立了水泵的数字孪生体(图 5-13)，展示了数字孪生如何处理仪表化设备资产所生成的传感器数据，并利用仿真来预测故障和诊断低效率问题，使操作人员能立即采取行动，纠正问题并优化资产性能。

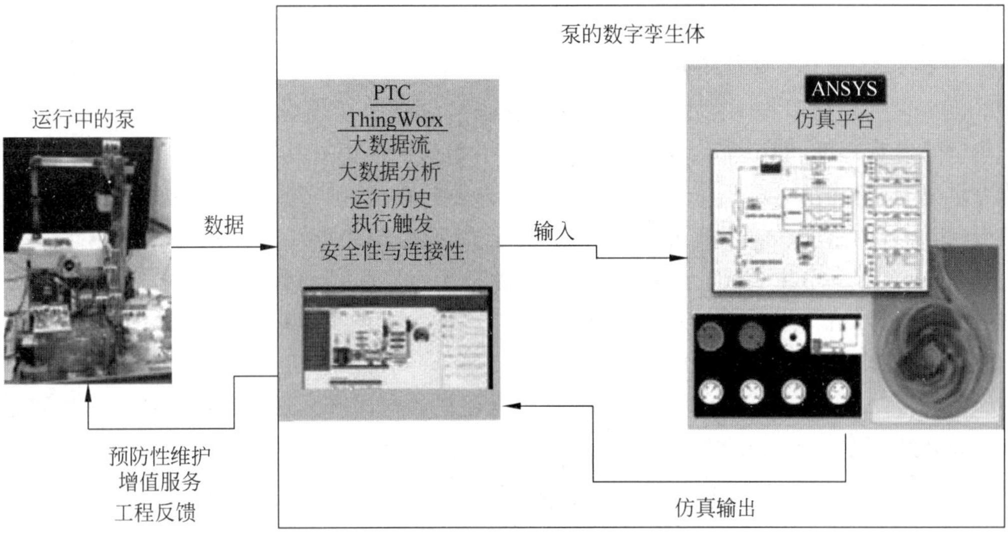

图 5-13 基于数字孪生的服务模式[14]

泵的入口和出口处配备压力传感器,泵和轴承箱上配备测量振动的加速计,排出侧配备流量计。制动器控制排出阀,进口侧的阀门通过手动控制。传感器和制动器被连接到数据采集设备,该设备能以 20kHz 的频率对数据进行采样,并将数据馈送至惠普公司 IoT EL20 边缘计算系统。PTC ThingWorx 平台创建了一个可将设备和传感器连接到物联网的生态系统,该系统能充分释放物联网数据蕴藏的巨大价值。ThingWorx 可作为传感器与数字模型(包括泵的仿真模型)之间的网关。ThingWorx 的机器学习层可在 EL20 系统上运行,负责监控传感器和其他设备,能自动学习泵运行时的正常状态模式,鉴别异常运行状态,并生成有洞察力的信息和预测结果。

此外,ThingWorx 平台还可用来创建 Web 应用程序,以显示传感器和控制数据以及分析结果。例如,该应用程序显示了入口和出口压力,并预测了轴承寿命。增强现实前段将传感器数据和分析结果以及部件列表、维修说明和其他基于部件的信息叠加到泵的图像上,用户可通过智能手机、平板电脑或 VR 眼镜查看。

节点及关联

数字孪生的应用:数字孪生设计物料堆放场,数字孪生机床,数字孪生在水泵运行中的应用……

数字孪生技术优势:提高产品性能,缩短研发周期,为企业带来丰厚的回报。

5.5 数字孪生的发展趋势

结合当前数字孪生的发展现状,未来数字孪生将向拟实化、全生命周期化和集成化 3 个方向发展。

1. 拟实化——多物理建模

数字孪生是物理实体在虚拟空间的真实反映,它在工业领域应用的成功程度取决于数字孪生的逼真程度,即拟实化程度。产品的每个物理特性都有其特定的模型,包括计算流体动力学模型、结构动力学模型、热力学模型、应力分析模型、疲劳损伤模型以及材料状态演化模型(如材料的刚度、强度、疲劳强度演化等)。如何将这些基于不同物理属性的模型关联在一起,是建立数字孪生、继而充分发挥数字孪生模拟、诊断、预测和控制作用的关键。基于多物理集成模型的仿真结果能够更加精确地反映和镜像物理实体在现实环境中的真实状态和行为,使得在虚拟环境中产品的功能和性能并最终替代物理样机成为可能,同时还能够解决基于传统方法预测产品健康状况和剩余寿命所存在的时序和几何尺度等问题。多物理建模将是提高数字孪生拟实化程度、充分发挥数字孪生作用的重要技术手段。

2. 全生命周期化——从产品设计和服务阶段向产品制造阶段延伸

基于物联网、工业互联网、移动互联等新一代信息与通信技术,实时采集和处理生产现场产生的过程数据(仪器设备运行数据、生产物流数据、生产进度数据、生产人员数据等),并将这些过程数据与生产线数字孪生进行关联映射和匹配,能够在线实现对产品制造过程的精细化管控(生产执行进度管控、产品技术状态管控、生产现场物流管控以及产品质量管控等);同时结合智能云平台以及动态贝叶斯、神经网络等数据挖掘和机器学习算法,实现对生产线、制造单元、生产进度、物流、质量的实时动态优化与调整。

3. 集成化——与其他技术融合

数字线程作为数字孪生的使能技术,用于实现数字孪生全生命周期各阶段模型和关键数据的双向交互,是实现单一产品数据源和产品全生命周期各阶段高效协同的基础。美国国防部将数字线程作为数字制造最重要的基础技术,工业互联网联盟也将数字线程作为其需要着重解决的关键性技术。当前,产品设计、工艺设计、制造、检验、使用等各个环节之间仍然存在断点,并未完全实现数字量的连续流动;MBD技术(即将产品的所有相关设计定义、工艺描述、属性和管理等信息都附着在产品三维模型中的数字化定义方法)的出现虽然加强和规范了基于产品三维模型的制造信息描述,但仍主要停留在产品设计阶段和工艺设计阶段,需要向产品制造/装配、检验、使用等阶段延伸;而且现阶段的数字量流动是单向的,需要数字线程技术实现双向流动。因此,融合数字线程和数字孪生是未来的发展趋势。

本书后续章节(如第4篇)中还有关于数字孪生的进一步说明与介绍。

参考文献

[1] Gartner survey reveals digital twins are entering mainstream use[EB/OL]. (2019-02-20)[2020-04-13]. https://www. gartner. com/en/newsroom/press-releases/2019-02-20-gartner-survey-reveals-digital-twins-are-entering-mai.

[2] SHAFTO M, CONROY M, DOYLE R, et al. Technology area 11: Modeling, simulation, information technology and processing roadmap[R]. NASA Office of Chief Technologist, 2010.

[3] PIASCIK R, VICKERS J, LOWRY D, et al. Technology area 12: Materials, structures, mechanical systems, and manufacturing road map[R]. NASA Office of Chief Technologist, 2010.

[4] GRIEVES M. Virtually perfect: driving innovative and lean products through product lifecycle management[M]. Cocoa Beach: Space Coast Press, 2011.

[5] TAO F,QI Q. Make more digital twins[J]. Nature,2019(573): 490-491.

[6] BILELLO P. PLM现状-今天的市场与主流趋势[R]. 2019PLM市场与产业发展论坛. 北京,2018-4-9.

[7] TAO F, LIU W , ZHANG M , et al. Five-dimension digital twin model and its ten applications[J]. Jisuanji Jicheng Zhizao Xitong/Computer Integrated Manufacturing Systems, CIMS, 2019, 25(1): 1-18.

[8] 全国信息技术标准化技术委员会. 物联网参考体系结构: GB/T 33474—2016[S]. 北京: 中国标准出版社, 2017: 11.

[9] Information technology-Internet of Things Reference Architecture: ISO/IEC 30141: 2018[S/OL]. [2020-04-13]. https://www. iso. org/standard/65695. html.

[10] Digital Twin manufacturing framework-Part 1: Overview and general principles: ISO/CD 23247-1[S/OL]. [2020-04-13]. https://www. iso. org/standard/75066. html.

[11] Digital Twin manufacturing framework-Part 2: Reference architecture: ISO/CD 23247-2[S/OL]. [2020-04-13]. https://www. iso. org/standard/78743. html.

[12] 数字孪生体实验室，安世亚太. 数字孪生体技术白皮书(2019)[R/OL]. (2019-12-27)[2020-04-19]. https://download.csdn.net/download/BIT202/12233860.

[13] ARMENDIA M, GHASSEMPOURI M, OZTURK E, PEYSSON F. Twin-control: a digital twin approach to improve machine tools lifecycle[M/OL]. Cham Springer, 2019[2020-04-13]. https://doi.org/10.1007/978-3-030-02203-7.

[14] MACDONALD C. 为泵建立数字孪生体[J/OL]. ANSYS ADVANTAGE, 2017, 11(1): 8-10[2020-04-13]. https://www.ansys.com/zh-CN/About-ANSYS/advantage-magazine/Volume-XI-Issue-1-2017/creating-a-digital-twin-for-a-pump.

第6章

建模与仿真技术

经过近60年的发展历程，建模与仿真技术已逐渐成为人类认识世界、改造世界，并进行科学研究、生产制造等活动的一种重要的科学化、技术化手段。

建模与仿真技术在当今高度信息化、集成化、网络化、智能化的时代，已被广泛应用于各行各业，包括智能制造、金融分析、气象预测、军事模拟、车间调度、能源管理等方面[1]。在智能制造全球化和“中国制造2025”的大背景下，对建模与仿真技术的需求也更为迫切，促进了建模与仿真技术的快速发展。

随着制造业从数字化制造、数字化网络化制造过渡到数字化网络化智能化制造的历史进程，建模与仿真技术也经历了不断的技术升级与演变，既保留了数字化制造的特点，也发展并结合了信息化和物联网时代的新元素。

6.1 建模与仿真技术的定义

建模与仿真技术从严格意义上说，是两个技术的复合名词，即建模技术与仿真技术。建模是仿真的基础，建模是为了能够进行仿真[2,3]。仿真是建模的延续，是进行研究和分析对象的技术手段。

广义上说，建模技术是结合物理、化学、生物等基础学科知识，并利用计算机技术，结合数学的几何、逻辑与符号化语言，针对研究对象进行的一种行为表达与模拟，所建立的模型应该能够反映研究对象的特点和行为表现。一般而言，对于一些不感兴趣、不重要的成分，在建模过程中可以忽略，以简化模型。

具体到智能制造中，建模技术是指针对制造中的载体（如数控加工机床、机器人等）、制造过程（如加工过程中的力、热、液等问题）和被加工对象（如被制造的汽车、飞机、零部件），甚至是智能车间、智能调度过程中一切需要研究的对象（实体对象或非实体化的生产过程等问题），应用机械、物理、力学、计算机和数学等学科知识，对研究对象的一种近似表达。

仿真技术是在建模完成后，结合计算机图形学等计算机科学手段，对模型进行图像化、数值化、程序化等的表达。借助仿真，可以看到被建模对象的虚拟形态，例如看到数控机床的加工过程，看到机器人的运动路径，甚至可以对加工过程中的热与力等看不见的物理过程进行虚拟再现。因此，仿真技术还让模型的分析过程变得可量化和可控化，即依托建模与仿真技术，可以得到可视化与可量化的模型，利用量化的模型数据，进行分析，进行虚拟加载和虚拟模型调控，对认识和改造智能制造中的研究对象是一种极为有效的科学手段。

6.2 建模与仿真技术的特点

先了解建模与仿真技术的必要性，有助于更好地理解其特点和功能。产生建模与仿真技术这一需求的原因可分为两类，即根本性原因和非根本性原因。

根本性原因一——针对实际被研究对象、被研究的过程进行实物研究，成本较高。例如，飞机高空高速飞行试验等，进行一次实物试验花费和代价都很大，不利于研究本身。

根本性原因二——实际被研究对象、被研究过程往往极其复杂，表现出非线性、强耦合性和不确定性等特点。由于需要研究的目标往往比较单一，或目标比较明确，因此会在建模中忽略一些次要因素或不感兴趣的因素。但也正因为这种忽略次要因素的建模过程，对建模人员的要求极高，考验建模人员对实际物理、化学过程的认知深度，关乎研究结果的可信度。

非根本性原因——建模与仿真技术的可视化、可量化、可对照、可控性等特点，都极有利于科学研究的发展。例如，在智能制造中采用建模与仿真技术对智能车间进行调度优化和产线布置等。

综上，从需求本身出发，建模与仿真技术表现出以下特点：

(1) 虚拟化。虚拟化是建模与仿真技术的最本质特点，利用建模与仿真技术可得到被研究对象的虚拟镜像。例如，对机器人进行运动学建模，可得到用齐次变换矩阵描述的机器人实体模型。这种齐次变换矩阵可刻画出机器人的运动形式，即可以说它是机器人运动过程的虚拟化。

(2) 数值化。数值化是建模与仿真技术的必要特点，是仿真、计算、优化的前提。仍以上述机器人运动学建模为例，这种代表机器人运动学特征的齐次变换矩阵本身就是一种数值的刻画形式。利用该数值化的矩阵，代入机器人的具体关节角度和 DH 参数(Denavit-Hartenberg parameters)，可得到机器人在笛卡儿空间中的正运动学坐标，也可以根据笛卡儿空间的坐标求解关节空间下逆运动学的关节角度。正是有了这种数值化特点，才可以方便地开展一切计算类的研究活动。

(3) 可视化。可视化是建模与仿真技术的直观特点，是建模与仿真技术人机交互与友好性的体现。在智能制造中，可视化几乎是一切建模与仿真技术所共有的特点和属性。可视化可以帮助科研人员直观分析被研究对象的动态行为，也可以帮助车间技术人员快速掌握加工过程或加工对象的实时状态。例如，基于 MATLAB 软件的机器人仿真工具箱，可将用运动学的齐次变换矩阵所描述的虚拟化机器人可视化，实现对实体机器人的等效虚拟和可视化再现。

(4) 可控化。可控化是建模与仿真技术通往终极目标的必要手段。建模与仿真技术的目的是对被研究对象进行分析和优化。只有在建模与仿真技术中做到可控化，才可以进行科学化的对照实验、优化实验等。例如，基于智能优化算法对机器人动力学激励轨迹进行优化，以使回归矩阵的条件数最优。

建模与仿真技术的特点随着制造业的发展而不断更新。

另外，随着制造业的转型升级，从传统制造到数字制造，从数字制造到数字化网络化制造，再到数字化网络化智能化制造，建模与仿真技术又表现出一些新的特点：

(1) 集成化。智能制造发展的初级阶段，即数字制造，制造对象或制造主体(机床或机器人等)主要表现出单元化的制造特点；到了智能制造发展的第2阶段，即数字化网络化制造，制造对象或制造主体又表现出在互联网下的多边互联特点；再到数字化网络化智能化的第3阶段，依托5G、物联网、云计算、云存储等技术，实现各制造对象或制造主体之间的互联互通，人-机-物的有机融合，建模与仿真技术也从原来的单一化过渡到多机协同的集成化模式。例如，在智能制造中，通过对数控机床、工业机器人、传送带、物流无人车、工件和工具的联合建模与仿真，可实现对智能工厂的模拟。

(2) 模块化。模块化似乎是与集成化相悖的一个概念和特点，但其实不然。数字化制造过程中，由于加工对象单一，加工过程单一，建模与仿真技术也表现出模型与实体对象的一一对应的特点。但到了智能制造发展的第3阶段，由于加工过程更为复杂，加工对象更多，各个对象之间还有紧密的联系，建模与仿真技术也变得更复杂，更有必要在复杂的条件下构建模块化的建模单元与仿真单元，以便不同人员跨地区、跨学科、跨专业、跨时段地进行协同建模与仿真开发。

(3) 层次化。HLA(高级体系结构)是智能制造中的一个代表性的开放式、面向对象的技术架构体系。在HLA架构体系下，智能车间、智能工厂、智能仓储、智能化嵌入式系统、智能化加工单元等作为智能制造网络化体系结构的下端级，云平台、云存储作为上端级，边缘计算、云计算作为沟通中间的连接驱动和计算资源。针对复杂网络体系下的智能制造，需要更加层次化的建模与仿真，有利于模型的管理、重用、优化升级与快速部署。

(4) 网络化。5G是智能制造时代的高速信息通道，智能制造与5G技术的结合，更有利于将人-机-物进行有机融合，各加工制造单元互联互通，模型交互与模型共享，仿真数据共享。

(5) 跨学科化。智能制造生产活动中，表现出了多学科和跨学科的特点。建模与仿真技术在集成式发展的过程中，也表现出集机械、电磁、化学、流体等多学科知识，表现出多专家系统模式。典型的如CAM软件，既能够进行机械的三维实体建模，又能对模型进行有限元分析、流体分析与磁场分析等。

(6) 虚实结合化。虚实结合化是智能制造中建模与仿真技术的重要特点，也是前沿方向。典型的如VR(虚拟现实)、MR(混合现实)、AR(增强现实)等技术，其共同特征都是能让人参与虚拟化的建模与仿真技术，与实体对象进行交互，增强仿真过程中的真实体验。以VR技术为例，机器人操作用户带上VR眼镜，就能通过建模仿真平台身临其境地走进智能工厂。

(7) 计算高速化。随着计算机技术和网络技术的快速发展，能够对制造活动中的对象进行越来越真实的建模与刻画，仿真过程也越来越丰富。虽然模型的计算复杂度大幅提升，但依托于高速计算机、大型服务器、高速总线技术、网络化技术和并行计算模式，建模与仿真也表现出计算高速化的特点。计算高速化的建模仿真，是虚拟化模型与实体制造加工过程进行实时协作的关键技术。高性能计算(HPC)利用并行处理和互联技术将多个计算节点连接起来，从而高效、可靠、快速运行高级应用程序。基于HPC环境的并行分布仿真是提高大规模仿真的运行速度的重要方法[34]。

(8) 人工智能化。传统的建模仿真主要是3类，即基于物理分析的机理模型、基于实验过程的经验推导模型、基于统计信息的统计模型。智能制造是一个高度复杂和强耦合的体系，传统的模型在一些要求较高的条件下，往往并不能满足需求。而借助人工智能技术，如人工神经网络、核方法、深度学习、强化学习、迁移学习等对非线性强耦合的加工过程和加工对象进行建模，能够得到传统建模方法达不到的精准效果。

(9) 数据驱动化。工业大数据是数字-智能时代工业的一个伴生名词，指智能制造活动中，加工实体(数控机床、工业机器人等)、加工过程(切削力与切削热等)等一切参与智能制造活动的对象所产生的数据资源。工业大数据背后往往隐藏着巨大的制造活动奥秘，而这些奥秘是传统建模与仿真凭借机理推导、单一数据实验和统计难以发现的。基于工业大数据和机器学习技术，能够为复杂制造对象与过程进行建模，并伴随数据量的逐渐累积，所建立的模型与仿真也更加贴合实际。

6.3 建模与仿真技术的技术体系/关键技术

1. 建模/仿真支撑环境

建模/仿真的支撑环境是进行建模与仿真的基础性问题。在计算机、网络、软件(管理软件、应用软件和通信软件)、数据库、图形图像可视化的基础上构建建模/仿真支撑环境。建模/仿真支撑环境是建模和进行仿真实验的硬软件环境，它的体系结构应根据仿真任务的需求和规模从资源、通信、应用 3 个方面来设计。建模/仿真支撑环境可划分为建模开发环境和仿真运行环境，两者有共享的资源。研究开发环境主要用于建模、仿真系统设计、仿真软件开发等，没有严格的时间管理要求，但要保证事件发生的前后顺序；而仿真运行环境用于仿真系统运行，必须有严格的时间管理，保证实时性。一般情况下，仿真系统运行时调用的资源是固定的、静态的，要实现调用动态资源则建模仿真环境体系结构更复杂。在智能制造的背景下，建模/仿真技术的支撑环境也越来越复杂，从单计算机平台，过渡到多机协同建模与仿真平台，从个人电脑迁移到云端进行建模与仿真。然而，每一次建模与仿真技术的革新，往往伴随支撑环境底层技术的突破。

以锻造操作机设计与仿真支撑平台为例。锻造操作机设计与仿真平台的 4 层体系结构将数据、服务与应用分离开来，便于各种应用软件包括商用建模、仿真软件的集成，保证了整个系统的灵活性和开放性[35]。

(1) 系统支撑层：包括基础支撑环境和基础平台/运行支撑服务。基础支撑环境包括异构分布的计算机硬件环境、操作系统、网络与通信协议以及数据库/模型库/知识库，其中数据库/模型库/知识库用来存储与应用无关的数据、模型和知识。基础平台/运行支撑服务主要负责同基础支撑环境进行数据信息交换，为应用服务层提供各种基本的应用编程接口，同时整合了高层体系结构的运行支撑服务。

(2) 服务层：由大量面向锻造操作机的基于产品设计、仿真分析、性能评估的软件构成。根据功能需求划分为产品设计建模、协同仿真、力学分析、性能评价与优化、工艺规划、虚拟演示与操作等模块，其中产品设计建模子系统和协同仿真子系统是整个平台的核心。

(3) 系统应用层：主要集成了锻造操作机一体化平台运行中涉及的大量信息的管理功能，包括产品信息管理、数据库管理、模型库管理、知识库管理以及用户管理，为建模、仿真运行及仿真后处理等提供统一的数据存储维护机制。

(4) 界面层：根据不同的需求可以分为基于客户端的个人工作空间界面和基于Web的应用系统界面。界面层可以为不同领域的工程师提供不同的工作空间视图，注册各自的软件工具，并可以根据需要定制个性化的用户界面，从而保证不同的工作人员可以在异构的环境中协同工作。

2. 先进分布仿真

从单元化制造到集成化网络化制造，也呈现出分布式建模与仿真的新模式。基于仿真的设计、基于仿真的制造涉及多个专业、多个单位，它们可能分布在不同地区，应将分布在各处的仿真系统、模型、计算机、设备，通过网络构成分布联网仿真系统。仿真运行时，仿真系统中的模型之间、计算机之间、仿真系统之间有大量数据和信息传送与交互。

尽管先进分布仿真技术已广泛应用于民用的交通管制、灾难救助、医学研究、娱乐等领域，而且均取得了显著效果，但作为先进仿真技术产生与发展的最主要推动因素的军用仿真领域，始终是先进仿真技术的最主要应用领域[36]。

现代国防系统是武器装备、各种过程、人员和组织的高度集成的复杂组合。近年来，由于信息技术(包括信息处理、网络、数据库、软件、可视化显示)的发展，促使建模与仿真技术可以在新系统、新产品生产创造之前在计算机上进行需求确定、设计、运行。美国国防部于1998年正式提出基于仿真采办的概念[37]。

基于仿真采办的两大关键是协同环境和分布产品描述。

(1) 协同环境是由互操作的工具和数据库、权威的信息资源，以及产品/过程模型支持的各领域专家可协同工作的环境；

(2) 分布产品描述是数字化产品信息的分布集合，通过Web技术互联，对用户呈现单一的逻辑上统一的产品描述，包括产品数据、产品模型、过程模型等。

许多型号产品的研制采用基于仿真的采办的模式，建模与仿真贯穿于产品的全生命周期，典型的例子有美国联合攻击战斗机(JSF)和美国陆军的未来作战系统(FCS)。

JSF是美国国防部确定的海军、空军下一代攻击机武器系统，JSF全生命周期均采用建模与仿真技术，由政府部门和工业部门共同建立协同环境和分布产品描述解决国防经费负担与军队现代化实际需要之间的矛盾。其中，协同环境由两部分组成：①攻击作战协同环境——用于任务有效性分析、可支持性分析、成本分析、工程与制造分析。②工程和制造协同环境——用于武器系统、子系统、部件的需求分析、概念论证、性能评估、设计、制造[36]。

3. 仿真资源库

仿真资源库是仿真技术的依赖性技术，包括数据库、模型库、工具软件库等。仿真系统的开发和运行要用到大量数据和模型，例如飞行器动力学模型和气动数据、全球导航台数据、综合自然环境模型和数据、产品性能的模型和数据、人的行为模型和数据、仿真结果数据等。此外，仿真资源库越丰富，能开展的仿真活动也更为多样。例如，ROS机器人仿真环境集成了机器人运动学、动力学、机器视觉、运动规划等仿真资源，甚至也包括实体硬件的接口定义和协议，能使仿真与实体互联，仿真结果迅速迁移到具体的控制对象中进行复现。在智能制造中，人是一项关键的因素，将人纳入建模与仿真环境进行协同仿真，是对建模与仿真平台的又一大挑战。因此，建模与仿真技术不但需要有丰富的图形图像仿真资源库、数值计算与数值优化资源库，也要包含语料资源库、音频资源库，甚至是触觉资源库与多专家系统知识库。

4. 图形图像综合显示技术

图形图像综合显示技术一直都是建模与仿真技术的关键核心技术，也是最根本的一项技术，是计算机图形学、数据处理等基础技术的综合应用。智能制造对建模与仿真的图形图像综合显示技术提出了更多新的要求，即不但能在单机上进行二维和三维图形显示，更需要满足嵌入式系统仿真过程中的快速在线实时三维显示。这种综合显示技术不再是单一加工对象或加工主体的图形图像化显示，更提出了新的要求，即融合人和加工环境等的仿真显示技术。

数控加工仿真是利用计算机图形学的成果，采用动态图的真实感形式，模拟数控加工全过程。通过数控加工仿真软件，能判别加工路径是否合理，检测刀具的碰撞、干涉，优化加工参数，减低材料消耗和生产成本，最大限度地发挥数控设备的利用率，如图 6-1 所示。一个完整的数控加工仿真过程包括：

（1）NC 代码的翻译及检查；

（2）毛坯干涉及零件图形的输入和显示；

（3）刀具的定义及图形显示；

（4）刀具运动及毛坯切屑的动态图形显示；

（5）刀具碰撞及干涉检查；

（6）仿真结果报告，包括具体干涉位置及干涉量[38]。

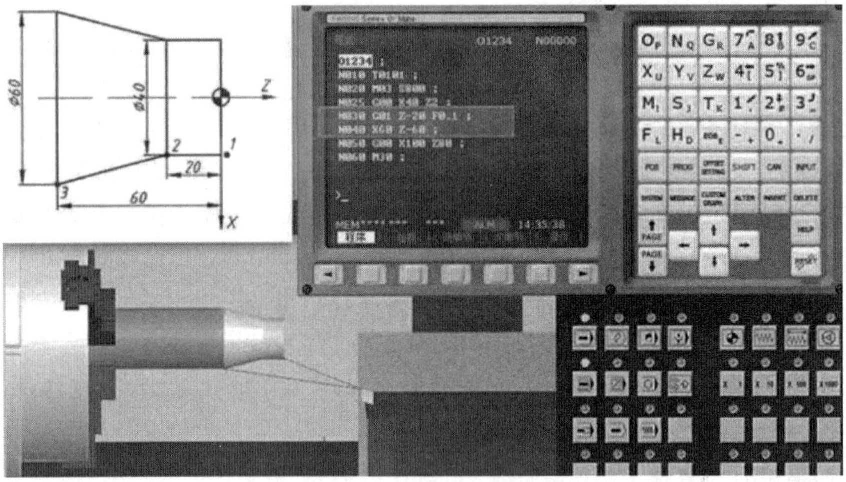

图 6-1 模拟数控加工全过程[8,9]

6.4 建模与仿真技术在智能制造中的典型应用案例

1. 建模与仿真技术在工业机器人中的应用

作为智能制造中的典型应用范例，建模和仿真技术对于机器人的理论研究、设计开发、数据分析、快速产线部署、程序编制、运动规划等都极为重要，更是实现智能制造中加工工艺优化、加工质量与产品性能提升、无人化工厂的关键核心技术。

机器人的建模包括运动学建模、动力学建模、力与环境的物理交互建模等，建模是控制和仿真的基础。典型的运动学建模仿真平台有 MATLAB[10]、Gazebo[11]、V-REP[12]等。其中，MATLAB 可为机器人进行理论计算研究（如图 6-2 所示）。基于其强大的矩阵运算工具箱，研究人员能灵活、方便地进行运动学和动力学建模等。另外，基于 Simulink 工具箱，还可进行与机器人运动控制相关的实验设计和分析。

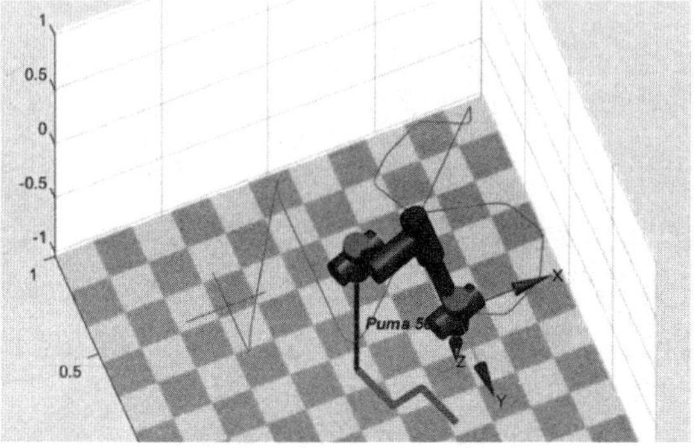

图 6-2　MATLAB 机器人运动仿真[10]

Gazebo 是一款 3D 动态模拟器，能够在复杂的室内和室外环境中准确、有效地模拟机器人群。Gazebo 可提供高保真度的物理模拟和一整套的传感器模型，还能提供用户和程序非常友好的交互方式。基于 Gazebo 动态模拟器，可以对机器人算法进行测试，设计机器人和现实场景进行回归测试。一般情况下，Gazebo 会运行在 Ubuntu 操作系统上的 ROS（机器人操作系统）环境中进行集成使用，如图 6-3 所示。

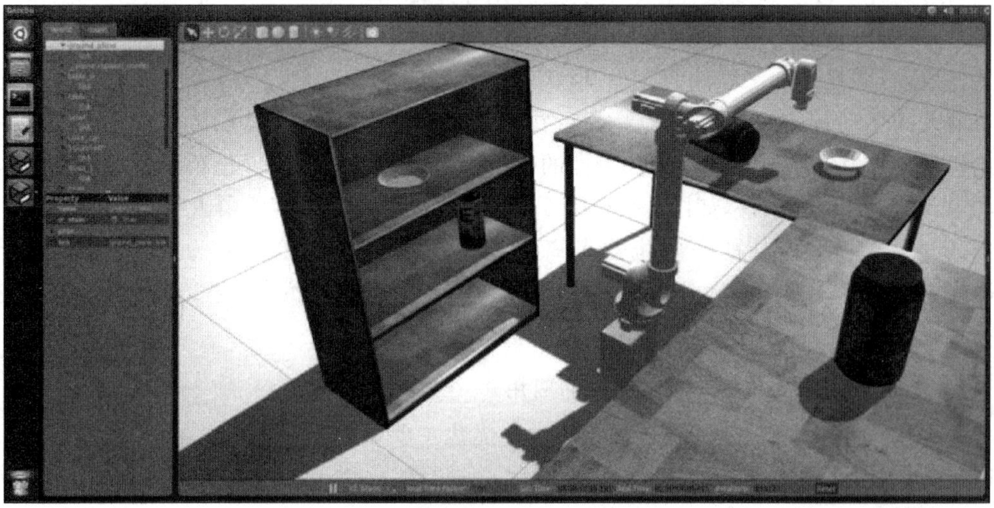

图 6-3　ROS 系统下的机械臂运动规划[11]

V-REP（virtual robot experiment platform）是一款灵活、可拓展的通用机器人仿真器，可以支持多种控制方式和编程方式，被誉为机器人仿真器里的"瑞士军刀"，如图 6-4 所示。V-REP 支持多种跨平台（Windows、MacOS、Linux）方式，支持 6 种编程方法（嵌入式脚本、插件、附加组件、ROS节点、远程客户端应用编程接口、自定义的解决方案）和7种编程语言（C/C++、Python、Java、Lua、Matlab、Octave和Urbi），满足超过400种不同的应用编程接口函数、100项ROS服务、30个发布类型、25个ROS订户类型，可拓展4个物理引擎（ODE、Bullet、Vortex、Newton），拥有完整的运动学解算器（对于任何机构的逆运动学和正运动学）。

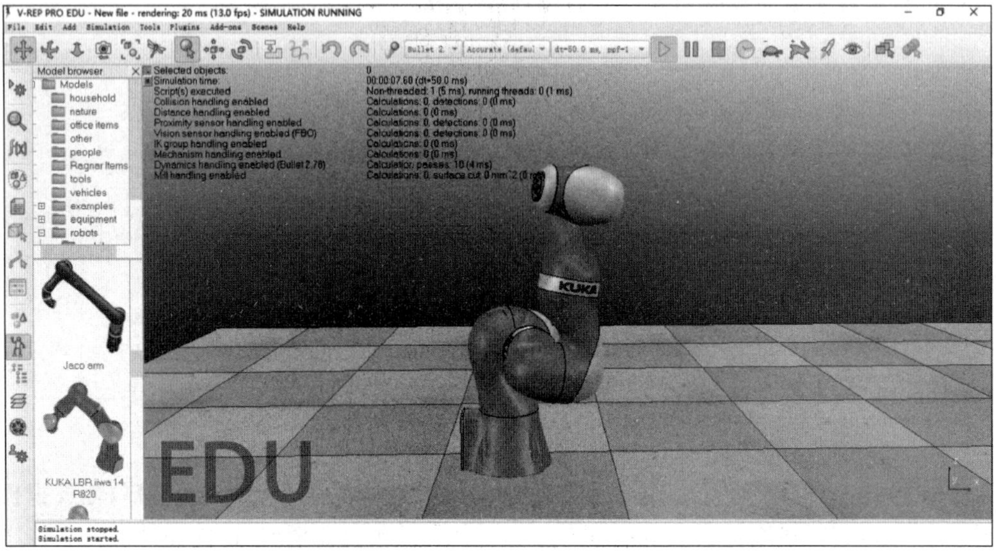

图 6-4 V-REP机器人运动仿真[12]

离线编程是实现智能制造中机器人编制复杂曲线曲面轨迹和模拟现场应用环境的一种常用仿真编程手段。离线编程能够为集成应用和终端用户在智能制造活动中进行工作单元的设计，节省大量的时间和成本[13]。离线编程利用计算机图形学建立机器人及其工作环境的几何模型，并根据加工零件的大小、形状、材料，同时配合软件操作者的一些操作，自动生成机器人的运动轨迹，即控制指令。然后在软件中仿真与调整轨迹，最后生成机器人程序传输给机器人控制系统。我国具有代表性的机器人离线编程仿真软件包括华数机器人有限公司的InteRobot仿真软件（如图6-5和图6-6所示）、北京华航唯实机器人科技股份有限公司的Robot Art等。国外的一些机器人离线编程仿真软件包括ABB机器人有限公司的RobotStudio、西门子有限公司的ROBCAD等。基于离线编程仿真过程，可以优化智能制造过程中机器人的打磨工艺规划、焊接路径和产线布局等。

2. 建模与仿真技术在汽车设计中的应用

在现代汽车设计过程中，汽车性能的设计优化主要是利用建模与仿真技术对汽车性能进行预测评估后，根据仿真结果对整车设计参数进行优化[16]。仿真技术使所设计的车型能在不制造出样车、不进行实车试验的情况下，完成对新车型性能的预测和整车设计参数的优化。与传统的汽车性能优化过程相比，仿真技术的应用缩短了新车型的设计周期，节约了新车型的设计经费，并改进了新车型的性能、质量和成本，这是一种适应人们对新车型要求不断提高的最有效的方法。为此，各大汽车公司在进行新车型开发时，都广泛地应用了建模与仿真技术。

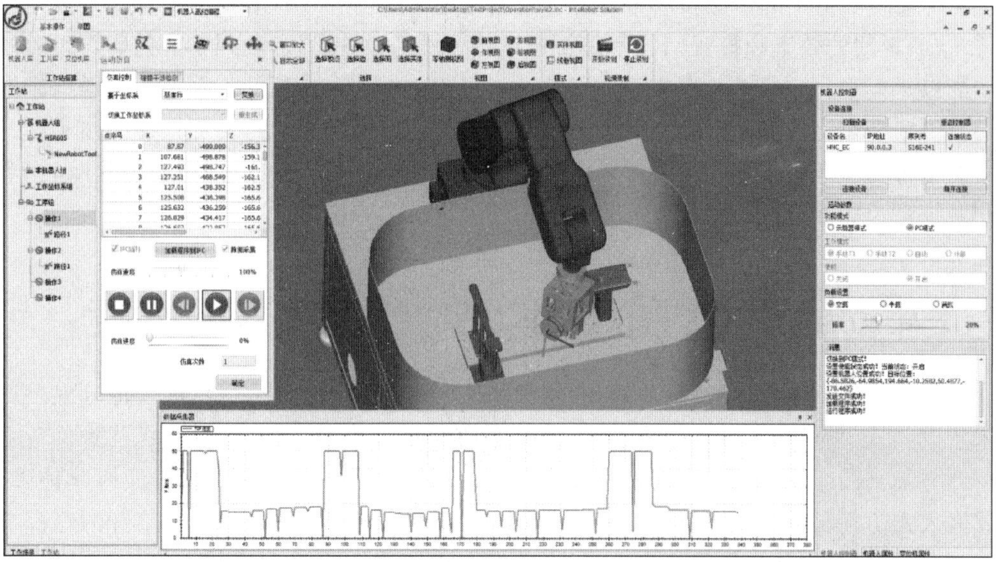

图 6-5 InteRobot 仿真软件进行机器人打磨过程离线编程[14]

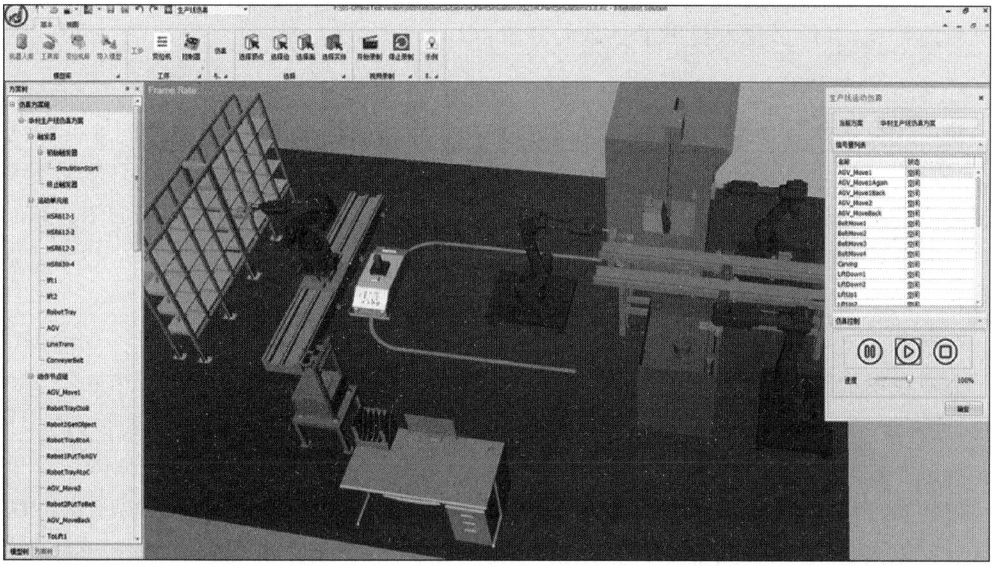

图 6-6 InteRobot 仿真软件的产线布局与规划[15]

3. 建模与仿真技术在制造车间设计中的应用

一般可以把车间的设计过程分为两个主要阶段：初步设计阶段和详细设计阶段[17]。初步设计阶段的任务是研究用户的需求，然后由此确定初步设计方案。详细设计阶段的主要任务是在初步设计的基础上，提出对车间各个组成单元的详尽而完整的描述，使设计结果能够达到进行实验和投产决策的程度，具体来说即确定设备、刀具、夹具、托盘、物料处理系统、车间布局等。而仿真技术则主要用于方案的评价和选择。在初步设计阶段，可以在仿真程序中包含经济效益分析算法，运行根据初步设计方案所建立的仿真模型，对以下信息进行评价：新车间中生产的产品类型和数量能否满足用户要求，产品的质量和精度是否能够满足要求，新车间的效率和投资回收率是否合理。在详细设计阶段，使用仿真技术可以对候选方案的以下问题做出评价：在制造主要零件时，车间中主要加工设备是否能够得到充分的利用？负载是否比较平衡？物料处理系统是否能够和车间的柔性程度相适应？新车间的整体布局是否能够满足生产调度的要求？是否具有一定的可重构能力？在发生故障时，车间生产系统是否能够维持一定程度的生产能力？

6.5 建模与仿真技术的发展趋势

智能制造从单元化，过渡到集成化，再到网络化智能化，建模与仿真技术也呈现出新的技术特点和技术应用[18]。总的来说，伴随智能制造发展的脚步，建模与仿真技术将会更加紧密地与5G、云计算、大数据、人工智能相结合。建模与仿真技术正呈现出实时化仿真、分布式嵌入式仿真、云端建模与仿真、多端建模与仿真和模型资源共享、虚实结合的建模与仿真、人与加工过程参与建模与仿真互动、大数据驱动的混合建模、人工智能和群体智能优化技术结合的建模与仿真等趋势。

随着制造业的发展，建模与仿真技术将发挥更加重要的作用。与此同时，由于智能制造系统新的特点，对仿真技术提出了更高的要求。

1. 新一代数字模型

新一代数字模型是将传统的建模仿真技术与新一代的信息技术，如物理信息系统、物联网、大数据、云计算、VR/AR、人工智能等技术相结合，根据特定的需求而构建伴随被建模的物理实体全生命周期、可持续演化且高度可信的数字化模型。新一代数字模型不仅可以进行离线的分析与预测，还能在线地与物理系统进行实时互动。新一代数字模型技术将成为支持新一代智能制造的关键技术之一。

数字孪生是一种典型的新一代数字模型技术，是传统虚拟样机技术的延伸和发展。西门子公司提出的数字孪生解决方案包括产品数字孪生、生产工艺流程数字孪生和设备数字孪生，这三者结合将形成基于模型的虚拟企业和基于自动化技术的现实企业镜像，从而帮助企业在实际投入生产之前即能在虚拟环境中仿真、优化和测试[19]。VR/AR/MR技术也是新一代数字模型技术的重要内容。通过VR可以增加虚拟模型的沉浸感，而AR及MR技术可以实现人、信息系统和物理系统的融合仿真。AR可将计算机生成的虚拟景象叠加到现实景物上，实现人与虚拟物体的实时交互[20]。制造过程是一个人、信息、机器、环境高度融合的系统。仿真技术除了建立产品模型以及制造所需要的资源、设备、环境等模型外，还可以建立人员的模型。通过人员模型与设备及环境模型的交互式仿真，实现更真实可信的仿真过程。

2. 面向制造全生命周期的模型工程

数字模型的建立与管理是制造企业实现制造系统数字化的重要基础。由于制造过程的复杂性，制造生命周期的数字模型拥有一些新的特点。

（1）模型的组成更复杂。模型的组成元素越来越多，元素之间的关系更加复杂。

（2）模型的生命周期更长。智能制造系统中的模型将参与产品的整个生命周期。由于模型元素之间关系的复杂性，模型的演化过程将会非常复杂且呈现高度不确定性。

(3) 模型具有高度异构性。大量的模型是由不同的机构采用不同的平台、结构、开发语言和数据库来构建的。

(4) 模型的可信度极难评估。由于对模型的依赖性增强,模型的可信度问题也变得越来越重要。由于模型的复杂度增加,评估模型的可信度变得更加困难。

(5) 模型的可重用性。为了提高模型开发的效率与质量,模型重用的作用和价值变得更加重要。

综上所述,迫切需要一种面向复杂制造过程全生命周期的模型理论和方法。

3. 云环境下的智能仿真技术

随着云计算技术的发展,在制造领域应用云平台技术也逐渐成为一种趋势。在云平台上进行相关制造活动是制造企业进行升级和转型的重要手段。如何在云环境下,通过仿真支持制造全生命周期的协同优化,成为仿真技术面临的新挑战。基于云的仿真技术与智能制造的结合将成为制造系统仿真发展的必然趋势。

4. 面向大数据的仿真技术

由于制造系统的复杂化,在制造的全生命周期内会产生大量的数据。大数据的出现给仿真技术带来了新的机遇,同时仿真技术对制造大数据的获取、处理、管理和使用也将发挥重要作用[21]。一方面,大数据可以为仿真建模提供新的途径和方法。由于制造系统的高度复杂性,导致采用传统方法对复杂系统建模非常困难。而利用系统运行产生的大量数据样本,通过机器学习的方式可以建立逼近真实系统的"近似模型"。大数据对于仿真分析方法也将产生重要影响,仿真将从对因果关系的分析转向对关联关系的分析,同时大数据为仿真分析也将提供新的资源和手段。另一方面,制造大数据也将成为建模仿真的重要研究对象,借助仿真技术挖掘并发挥大数据在制造各环节中的价值。此外,仿真技术还可用于大数据的筛选和预处理,大数据存储策略、迁移策略以及传输策略的优化等方面。建模与仿真和大数据将相互促进、相互补充,两者的结合将有力地促进智能制造的发展。

节点及关联

建模与仿真技术的特点:虚拟化、数值化、可视化、可控化、集成化、模块化、层次化、网络化、跨学科化、虚实结合化、计算高速化、人工智能化、数据驱动化。

建模与仿真技术的技术体系/关键技术:建模/仿真支撑环境、先进分布仿真、仿真资源库、图形图像综合显示技术。

建模与仿真技术的发展趋势:新一代数字模型、面向制造全生命周期的模型工程、云环境下的智能仿真技术、面向大数据的仿真技术。

参考文献

[1] 李伯虎,柴旭东,朱文海,等. 现代建模与仿真技术发展中的几个焦点[J]. 系统仿真学报,2004,16(9):1871-1878.

[2] 王行仁. 建模与仿真的回顾与展望[J]. 系统仿真学报，1999,11(5)：309-311.

[3] 王行仁，王江云. 建模与仿真系统的体系结构问题探讨[J]. 系统仿真技术，2006,2(2)：63-68.

[4] 刘奥，姚益平. 基于高性能计算环境的并行仿真建模框架[J]. 系统仿真学报，2006(7)：2049-2051.

[5] 范苗苗，范玉顺，黄双喜. 面向锻造操作机系统的设计与仿真支撑平台[J]. 机械工程学报，2010(11)：80-86.

[6] 龚光红，王行仁，彭晓源，等. 先进分布仿真技术的发展与应用[J]. 系统仿真学报，2004,16(2)：222-230.

[7] BERNSTEIN R，et al. A road map for simulation based acquisition[R]. Acquisition Council Draft，1998-12-08.

[8] 王行仁. 建模与仿真技术的发展和应用[J]. 机械制造与自动化，2010,39(1)：1-6,45.

[9] https://zhuanlan.zhihu.com/p/47944001.

[10] 葛为民，曹作良，彭商贤. 基于 Matlab 和 VR 技术的移动机器人建模及仿真[J]. 天津理工大学学报，2004，20(1)：39-42.

[11] 刘一鸣，许辉，耿长兴，等. ROS/Gazebo 环境下的机械臂运动规划研究[J]. 煤矿机械，2018(3)：42-44.

[12] 赵海林，钱炜，孙福佳. 基于 V-REP 的关节机器人运动仿真[J]. 电子科技，2017，30(4)：53-55.

[13] 戴文进，刘静. 机器人离线编程系统%Robot Off-line Programming System[J]. 世界科技研究与发展，2003(2)：69-72.

[14] 华数机器人. 理实一体化仿真软件[EB/OL]. URL http://www.hsrobotics.cn/simulate.html.

[15] 华数机器人. 车间生产线仿真[EB/OL]. URL http://www.hsrobotics.cn/industry-line.html.

[16] 田海，王国军. 仿真技术及其在汽车性能优化设计中的应用[J]. 北京汽车，2004(1)：6-13.

[17] 熊光楞，王昕. 仿真技术在制造业中的应用与发展[J]. 系统仿真学报，1999，11(3)：3-9.

[18] 张霖，周龙飞. 制造中的建模仿真技术[J]. 系统仿真学报，2018，30(6)：6-21.

[19] 朱建芸. 西门子"数字化双胞胎"入选"世界智能制造十大科技进展"[J]. 轻工机械，2018(1)：78.

[20] AZUMA R T. A survey of augmented reality [J]. Presence: Teleoperators and Virtual Environments (S1054-7460)，1997，6(4)：355-385.

[21] 胡晓峰. 大数据时代对建模仿真的挑战与思考[J]. 军事运筹与系统工程，2013，27(4)：5-12.

第7章

工业机器人

7.1 工业机器人的概念与发展

工业机器人是面向工业领域的多关节机械手或多自由度的机器装置，具有柔性好、自动化程度高、可编程性好、通用性强等特点。在工业领域中，工业机器人的应用能够代替人进行单调重复的生产作业，或是在危险恶劣环境中的加工操作。

国际上，工业机器人的定义主要有两种。

(1) 国际标准化组织(ISO)的定义：工业机器人是一种具有自动控制的操作和移动功能，能完成各种作业的可编程操作机。

(2) 美国机器人协会(RIA)的定义：工业机器人是一种可以反复编程和多功能的，用来搬运材料、零件、工具的操作机；或者为了执行不同的任务而具有可改变的和可编程的动作的专门系统。

工业机器人的研究始于20世纪中期。最早在第二次世界大战之后，美国阿贡国家能源实验室为了解决核污染机械操作问题，首先研制出遥操作机械手用于处理放射性物质。1959年，德沃尔与美国发明家约瑟夫·英格伯格联手制造出第一台工业机器人样机Unimate并定型生产，标志着第一代示教再现型工业机器人的诞生。随着生产需求从大批量生产向小批量多品种生产的转变，美国麻省理工学院率先开始研究感知机器人技术，并于1965年开发出可以自动感知识别的第二代工业机器人。在20世纪90年代，计算机技术和人工智能技术的初步发展推动了第三代智能工业机器人的研究。第三代智能工业机器人是指在智能计算机控制下，通过多传感器感知机器人本体状态和作业环境状态并进行推理做出决断，进行多变量实时智能控制的机器人平台。目前，经过半个多世纪的发展，工业机器人在提高产品质量和生产效率、改善生产环境和提高生产自动化水平等方面的作用日益突出，被广泛应用到工业制造的各个方面。

在智能制造领域，工业机器人作为一种集多种先进技术于一体的自动化装备，体现了现代工业技术的高效益、软硬件结合等特点，成为柔性制造系统、自动化工厂、智能工厂等现代化制造系统的重要组成部分。机器人技术的应用转变了传统的机械制造模式，提高了制造生产效率，为机械制造业的智能化发展提供了技术保障；优化了制造工艺流程，能够构建全自动智能生产线，为制造模块化作业生产提供了良好的环境条件，满足现代制造业的生产需要和发展需求。

7.2 工业机器人的结构与功能

工业机器人一般由3个部分、6个子系统组成，如图7-1所示。3个部分是机械部分、传感部分和控制部分；6个子系统是驱动系统、机械结构系统、感受系统、人-机交互系统、机器人-环境交互系统和控制系统[1]。

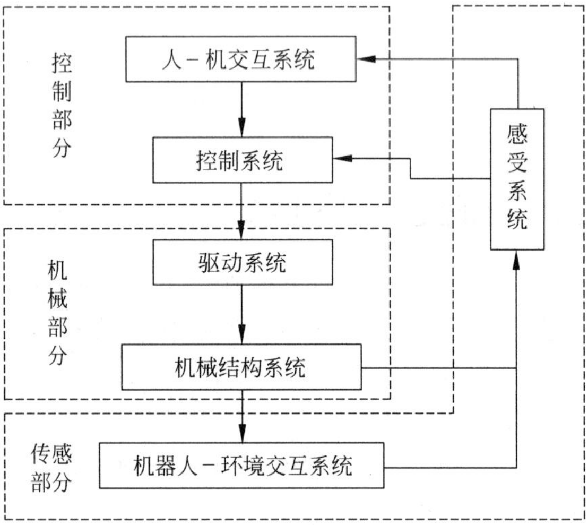

图7-1 工业机器人结构

1. 机械部分

机械部分包括工业机器人的机械结构系统和驱动系统，是工业机器人的基础，其结构决定了机器人的用途、性能和控制特性[2]。

1）机械结构系统

机械结构系统即工业机器人的本体结构，包括基座和执行机构，有些机器人还具有行走机构，是机器人的主要承载体。机械结构系统的强度、刚度及稳定性是机器人灵活运转和精确定位的重要保证。

2）驱动系统

驱动系统包括工业机器人动力装置和传动机构，按动力源分为液压、气动、电动和混合动力驱动，其作用是提供机器人各部位、各关节动作的原动力，使执行机构产生相应的动作。驱动系统可以与机械系统直接相连，也可通过同步带、链条、齿轮、谐波传动装置等与机械系统间接相连。

2. 传感部分

传感部分包括工业机器人的感受系统和机器人-环境交互系统，是工业机器人的信息来源，能够获取有效的外部和内部信息来指导机器人的操作。

1）感受系统

感受系统是工业机器人获取外界信息的主要窗口，机器人根据布置的各种传感元件获取周围环境状态信息,对结果进行分析处理后控制系统对执行元件下达相应的动作命令。感受系统通常由内部传感器模块和外部传感器模块组成：内部传感器模块用于检测机器人自身状态,如检测机器人机械执行机构的速度、姿态和空间位置等；外部传感器模块用于检测操作对象和作业环境,如机器人抓取物体的形状、物理性质,检测周围环境中是否存在障碍物等。

2）机器人-环境交互系统

机器人-环境交互系统是工业机器人与外部环境中的设备进行相互联系和协调的系统。在实际生产环境中,工业机器人通常与外部设备集成为一个功能单元,如加工制造单元、焊接单元、装配单元等；或者多台机器人、多台机床或设备、多个零件存储装置等集成为一个执行复杂任务的功能单元。机器人-环境交互系统帮助工业机器人与外部设备建立良好的交互渠道,能够共同服务于生产需求。

3. 控制部分

控制部分包括工业机器人的人-机交互系统和控制系统,是工业机器人的核心,决定了生产过程的加工质量和效率,便于操作人员及时准确地获取作业信息,按照加工需求对驱动系统和执行机构发出指令信号并进行控制。

1）人-机交互系统

人-机交互系统是人与工业机器人进行信息交换的设备,主要包括指令给定装置和信息显示装置。人-机交互技术应用于工业机器人的示教、监控、仿真、离线编程和在线控制等方面,优化了操作人员的操作体验,提高了人机交互效率。

2）控制系统

控制系统是根据机器人的作业指令程序以及从传感器反馈回来的信号,支配工业机器人的执行机构完成规定动作的系统。控制系统可以根据是否具备信息反馈特征分为闭环控制系统和开环控制系统；根据控制原理可分为程序控制系统、适应性控制系统和人工智能控制系统；根据控制运动的形式可分为点位控制系统和连续轨迹控制系统。

工业机器人的组成结构是实现其功能的基础。

7.3 工业机器人的关键技术

工业机器人的关键技术是推动机器人系统不断发展和进步的重要支撑,其技术的研发和突破能够提高工业机器人系统的控制性能、人机交互性能和安全可靠性,提升工业机器人任务重构、偏差自适应调整的能力,实现工业机器人的系列化设计和批量化制造[3]。在智能制造领域中,工业机器人有3类关键技术：整机技术、部件技术以及集成应用技术[4],如图7-2所示。

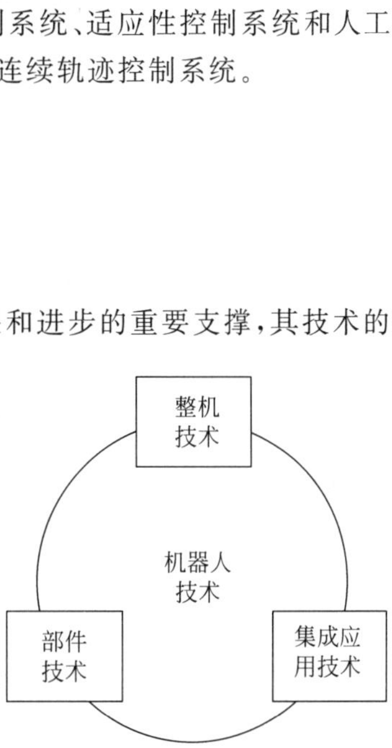

图7-2 机器人技术

1. 整机技术

整机技术是指以提高工业机器人产品的可靠性和控制性能,提升工业机器人的负载/自重比,实现工业机器人的系列化设计和批量化制造为目标的机器人技术，主要有本体优化设计技术、机器人系列化标准化设计技术、机器人批量化生产制造技术、快速标定和误差修正技术、机器人系统软件平台等。本体优化设计技术是其中的代表性技术。

本体优化设计技术即对工业机器人的本体进行优化设计和性能评估的技术。在现代工业生产的一些高速、重载的应用场合下，需要保证工业机器人加工过程中的运动精度和运动平稳性，因此在工业机器人的本体结构设计开发时，必须对其惯性参数和结构参数进行不断优化，使机构的质量、刚度得到合理的分布，工业机器人整机具有良好的动态性能[5]。基本流程是：首先根据生产需求设计工业机器人机械结构，利用三维软件建立本体结构模型，并进行虚拟装配，如图 7-3 所示；然后利用计算机仿真技术对机器人进行运动学和动力学仿真分析，分析机器人的各项性能；最后利用有限元技术等方法对结构进行优化，以实现机器人的轻量化，提高机器人的动态性能[6]。

图 7-3 本体优化设计

在工业机器人本体设计过程中，应当考虑以下设计原则：

(1) 最小运动惯量设计原则。工业机器人不同零部件之间的运动会在惯性的作用下对本身产生冲击，因此在进行机器人本体结构设计时，应尽量减小运动部件的质量，并注意运动部件对转轴的质心配置，提高机器人运动的平稳性，降低末端的误差。

(2) 高强度高刚度设计原则。工业机器人本体的结构和材料影响着整体机构的强度与刚度，进一步影响着机器人的加工能力和运动精度。因此在机器人本体设计过程中，需要对各部分机构进行合理的设计，确保作用在机构上的力和力矩得到恰当的分配，满足整体机构的强度与刚度要求。

(3) 可靠性设计原则。在工业机器人本体设计阶段需要对机器人的可靠性进行预估和测试，可以通过结构概率可靠度设计方法设计出可靠度满足要求的零件或结构，或者通过系统可靠性综合评测方法评定机器人系统的可靠性，保证机器人结构满足可靠性要求。

在本体结构轻量化设计方面，主要体现在新材料、新工艺和结构优化理论的应用上，例如从铸铁或铝合金转变到复合材料的选用，以及拓扑优化等相关技术的应用；在本体结构模块化设计方面，主要体现在各种机构的选用和组合上，例如关节模块中伺服电机和减速器的集成，可提高机器人的可重构能力。

2. 部件技术

部件技术是指以研发高性能机器人零部件，满足工业机器人关键部件需求为目标的机器人技术，主要有高性能伺服电机设计制造技术、高性能/高精度机器人专用减速器设计制造技术、开放式/跨平台机器人专用控制(软件)技术、变负载高性能伺服控制技术等。高性能伺服电机设计制造技术和高性能/高精度机器人专用减速器设计制造技术是其中的代表性技术。

伺服电机是指在伺服系统中控制机械元件运转的发动机，能将电压信号转化为转矩和转速信号以驱动控制对象，是机器人的核心零部件之一，如图 7-4 所示。伺服电机作为工业机器人的关键执行部件，是驱动工业机器人运动的主要动力系统，其性能很大程度上决定了工业机器人整体的动力性能[7]。工业机器人领域中应用的伺服电机应具有快速响应、高启动转矩、低惯量、宽广且平滑的调速范围等特性，目前应用较多的是交流伺服电机。设计高性能高功率密度伺服电机需要根据设计指标综合考虑电机结构参数、部件材料、磁路结构等要素，并通过有限元等方法综合分析电机性能。

图7-4 伺服电机

减速器通常用作原动件与工作机之间的减速传动装置，起到匹配转速和传递转矩的作用，一般由封闭在刚性壳体内的齿轮传动、蜗杆传动、齿轮-蜗杆传动组成，是机器人传动机构的核心部件之一，如图7-5所示。机器人领域常用的精密传动装置主要有轻载条件下的谐波减速器和重载条件下的RV减速器。谐波减速器具有轻量小型、无齿轮间隙、高转矩容量等优点，但其精度寿命较差，主要是由于在高度循环的交变应力情况下柔轮极易出现疲劳失效，通常应用在关节型机器人的末端执行器等轻载部位；RV减速器主要包含行星齿轮与摆线针轮两级减速两个部分，具有减速范围宽、功率密度大、运行平稳等优点，已成为工业机器人最常用的精密减速器[8]。设计高性能/高精度机器人专用减速器需综合考虑传动精度、齿廓修形、扭转刚度以及回差等技术指标。

图7-5 减速器

当前，我国高性能伺服电机、减速器等关键零部件的设计制造技术与外国相比，在可靠性、精度、动态反应能力等方面存在一定差距，是制约我国工业机器人发展的瓶颈之一。

3. 集成应用技术

集成应用技术是指以提升工业机器人任务重构、偏差自适应调整能力，提高机器人人机交互性能为目标的机器人技术，主要有基于智能传感器的智能控制技术、远程故障诊断及维护技术、基于末端力检测的力控制及应用技术、快速编程和智能示教技术、生产线快速标定技术、视觉识别和定位技术等。视觉识别定位技术是其中的代表性技术。

视觉识别和定位技术是一项涉及人工智能、图像处理、传感器技术和计算机技术等多领域的综合技术，与工业机器人结合非常紧密，广泛地应用在工业生产中的缺陷检测、目标识别与定位和智能导航等方面[9]。机器人能够通过视觉传感器获取环境的二维图像，传送给专用的图像处理系统，得到被摄目标的形态信息，然后根据像素分布和亮度、颜色等信息，转变成数字化信号，图像系统通过处理这些信号来抽取目标的特征进行分析决断，进而控制生产现场的机器人动作[10]。典型的视觉应用系统如图 7-6 所示。

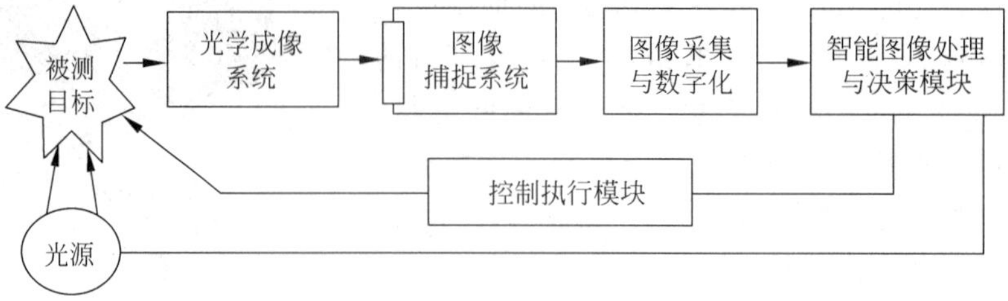

图 7-6　视觉应用系统[11]

视觉识别和定位技术在工业机器人领域的应用主要有以下 3 个方面[9]：

（1）视觉测量。针对精度要求较高（毫米级甚至为微米级）的零部件，使用人的肉眼无法完成其精度测量，通过引入视觉非接触测量技术构成机器人柔性在线测量系统，能够有效获取零部件表面质量和基本尺寸信息。

（2）视觉引导。基于机器视觉技术能够快速准确地找到目标零件并确认其位置，采用模式识别的方式，在三维图像中获取目标点或目标轨迹，引导工业机器人进行抓取、加工等操作，提高生产智能化程度，实现自动化作业。

（3）视觉检测。通过机器视觉检测完成产品的制造工艺检测、自动化跟踪、追溯与控制等生产环节，识别零件的存在或缺失以保证部件装配的完整性，判别产品表面缺陷以保证生产质量。

视觉识别和定位技术的应用使得工业机器人能够适应复杂工业环境中的智能柔性化生产，大大提高了工业生产中的智能化和自动化水平。

工业机器人的关键技术推动了机器人产品的系列化设计和批量化制造。

7.4　工业机器人在智能制造中的应用

在智能制造领域，多关节工业机器人、并联机器人、移动机器人的本体开发及批量生产，使得机器人技术在焊接、搬运、喷涂、加工、装配、检测、清洁生产等领域得到规模化集成应用，极大地提高了生产效率和产品质量，降低了生产和劳动力成本。

1. 焊接机器人

在汽车、工程机械、船舶、农机等行业，焊接机器人的应用十分普遍。作为精细度需求较高、工作环境质量较差的生产步骤，焊接的劳动强度极大，对焊接工作人员的专业素养要求较高。由于机器人具备抗疲劳、高精准、抗干扰等特点，应用焊接机器人技术取代人工焊接，可保证焊接质量一致性，提高焊接作业效率，同时也能直观地反馈焊接作业的质量。示教型焊接机器人在焊接工序中应用的实现主要基于以下工作流程：

（1）确定示教轨迹。操作人员根据加工需求编制完整的示教程序，焊接机器人严格执行程序完成相应的动作轨迹，确保焊接操作的可行性和稳定性。

（2）焊接工艺参数设定和控制。根据零部件厚度及材质等实际情况，对焊接电流、焊接时间及焊接压力等参数进行设置，避免出现骑边、焊穿等焊接缺陷。

随着视觉、力觉感知技术在焊接生产中的应用，感知型焊接机器人还能进行引导路径编程，可实时感知/预测焊接过程中的非预期事件（如人体接触），并迅速规避，实现更加智能化的人机协作焊接[12]。

目前，投放于焊接岗位的机器人的种类较多，根据使用场合的差异，选用的焊接机器人种类各有不同，其中多关节机器人的应用较为普遍，如图 7-7 所示。多关节机器人运动灵活、空间自由度较高，能够调整任意的焊接位置和姿态，有效地提升了制造中的生产效率与生产质量。

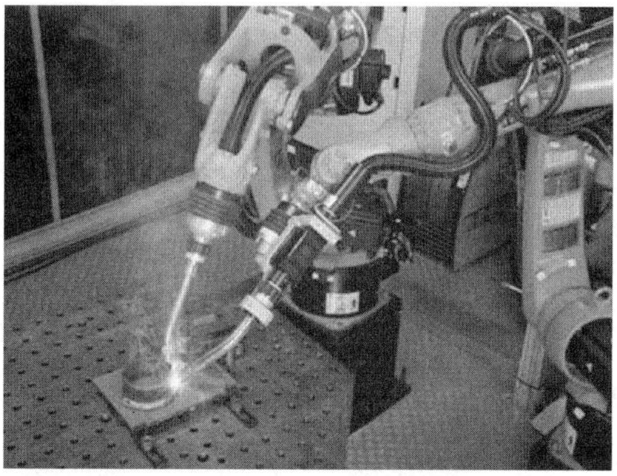

图 7-7　焊接机器人

在汽车制造领域，奇瑞公司在奇瑞 A3 车型的生产中引入了自动化生产线焊接系统，以完成车身下部和车身总成的焊接任务。在汽车焊接工艺中，点焊占整车焊接的很大一部分，奇瑞 A3 车型自动化生产线焊接系统主要由点焊机器人系统组成，包括机器人本体、机器人控制器、点焊控制器、自动电极修磨机、自动工具交换装置、气动点焊钳和水气供应的水气控制盘等，机器人系统能够根据上位 PLC 的车型信号输入来调用对应的机器人焊接程序进行车身装配焊接。自动化生产线焊接系统的引入提高了生产线的自动化水平和加工效率，保证了车身的高质量焊接要求。

2. 搬运机器人

机器人技术同样能够应用到制造业的搬运作业中。借助人工程序的构架与编排，将搬运机器人投放到当今制造业生产之中，从而实现运输、存储、包装等一系列工作的自动化进行，不仅有效地解放了劳动力，而且提高了搬运工作的实际效率。通过安装不同功能的执行器，搬运机器人能够适应各类自动生产线的搬运任务，实现多形状或不规则的物料搬运作业。同时考虑到化工原料及成品的危险性，利用搬运机器人进行运输能降低安全隐患，减小危险品及辐射品对搬运人员的人体伤害。

目前，固定式串联搬运机器人在制造业中应用广泛，其优点是工作空间大、结构简单，但其负载较低、刚性较差，只能在固定工位上完成简单的搬运工作，具有一定的局限性[13]。通过结合移动机器人技术和并联机器人技术，能有效地提高搬运机器人的承载能力和作业范围，在汽车、物流、食品、医药等行业具有广阔的应用前景，如图 7-8 所示。

在物流领域，菜鸟网络海宁的实验仓引入了一套使用 ABB 机器人的智能分拣系统，实

图 7-8　搬运机器人

现了存储、拣选和分拨 3 个功能的全自动化操作，覆盖了库内作业 80%以上的工作流程。这套智能分拣系统的最前端是料箱式自动化立体仓库，ABB 大型机器人 IRB 6700 能够根据不同的订单需求，将相应的周转箱取出，并推送到下一个工作站；然后配备了吸盘夹爪的两台 IRB 1200 通过抽真空原理，使用吸力把商品从周转箱中拣选出来，放置到流水线上，并根据订单数量进行拣选；最后两台 IRB 360 机器人根据每个订单的需求进行分拨，放入对应的订单箱中。这套智能分拣系统的使用完全实现了无人化操作，既节省了人力成本，还能有效避免工作中的差错，大大提高了物流分拣效率。

3. 加工机器人

随着生产制造向着智能化和信息化发展，机器人技术越来越多地应用到制造加工的打磨、抛光、钻削、铣削、钻孔等工序中。与进行加工作业的工人相比，加工机器人对工作环境的要求相对较低，具备持续加工的能力，同时加工产品质量稳定、生产效率高，能够加工多种材料类型的工件，如铝、不锈钢、铜、复合材料、树脂、木材和玻璃等，有能力完成各类高精度、大批量、高难度的复杂加工任务。

相比机床加工，工业机器人的缺点在于其自身的弱刚性。但是加工机器人具有较大的工作空间、较高的灵活性和较低的制造成本，对于小批量多品种工件的定制化加工，机器人在灵活性和成本方面显示出较大优势；同时，机器人更加适合与传感器技术、人工智能技术相结合[14]，在航空、汽车、木制品、塑料制品、食品等领域具有广阔的应用前景，如图 7-9 所示。

图 7-9　加工机器人

在复杂曲面零件制造领域，AV&R航空航天公司推出了一种用于航空发动机叶片抛光的新型机器人解决方案，能够提高叶片的气动效率。相比于手动抛光可能会因为用力不当造成叶片表面刮伤，影响航空发动机叶片的整体质量，机器人抛光能够保证叶片加工更高的一致性，满足叶片的公差要求。机器人抛光解决方案已经经过3年的beta测试，可以根据客户的公差和表面粗糙度要求，自动抛光航空发动机叶片的叶形、凸台和圆角半径。同时该解决方案还结合了自动化检测和验证功能，有效地节省了加工时间，并加强了质量保障。

此外，华中科技大学的丁汉院士团队研制了大叶片机器人"测量-操作-加工"(3M)一体化磨抛系统，通过建立复杂曲面宽行加工理论，揭示了刀具空间运动—包络成形—加工误差间的微分传递规律，突破了多轴联动高效加工等关键技术，与中车株洲所联合开发出一条国际先进的大型风电叶片机器人打磨生产线。这项技术的投入使用有效提升了产品质量和一致性，实现了测量、操作、加工一体化的基础研究—技术开发—产业化应用的贯通链[14]。

7.5　工业机器人的发展趋势

在智能制造领域中，以机器人为主体的制造业体现了智能化、数字化和网络化的发展要求，现代工业生产中大规模应用工业机器人正成为企业重要的发展策略。现代工业机器人已从功能单一、仅可执行某些固定动作的机械臂，发展为多功能、多任务的可编程、高柔性智能机器人。尽管系统中工业机器人个体是柔性可编程的，但目前采用的大多数固定式自动化生产系统柔性较差，适用于长周期、单一产品的大批量生产，而难以适应柔性化、智能化、高度集成化的现代智能制造模式。为应对智能制造的发展需求，未来工业机器人系统有以下发展趋势。

1. 一体化发展趋势

一体化是工业机器人未来的发展趋势。可以对工业机器人进行多功能一体化设计，使其具备进行多道工序加工的能力，对生产环节进行优化，实现测量、操作、加工一体化，能够减少生产过程中的累计误差，大大提升生产线的生产效率和自动化水平，降低制造中的时间成本和运输成本，适合集成化的智能制造模式。

2. 智能信息化发展趋势

未来以"互联网＋机器人"为核心的数字化工厂智能制造模式将成为制造业的发展方向，真正意义上实现了机器人、互联网、信息技术和智能设备在制造业的完美融合，涵盖了对工厂制造的生产、质量、物流等环节，是智能制造的典型代表[15]。结合工业互联网技术、机器视觉技术、人机交互技术和智能控制算法等相关技术，工业机器人能够快速获取加工信息，精确识别和定位作业目标，排除工厂环境以及作业目标尺寸、形状多样性的干扰，实现多机器人智能协作生产，满足智能制造的多样化、精细化需求。

3. 柔性化发展趋势

现代智能制造模式对工业机器人系统提出了柔性化的要求。通过开发工业机器人开放式的控制系统，使其具有可拓展和可移植的特点；设计制造工业机器人模块化、可重构化的机械结构，例如关节模块中实现伺服电机、减速器、检测系统三位一体化，使得生产车间能够根据生产制造的需求自行拓展或者组合系统的模块[16]，提高生产线的柔性化程度，有能力完成各类小批量、定制化生产任务。

4. 人机/多机协作化发展趋势

针对目前工业机器人存在的操作灵活性不足、在线感知与实时作业能力弱等问题，人机/多机协作化是其未来的发展趋势[17]。通过研发机器人多模态感知、环境建模、优化决策等关键技术，强化人机交互体验与人机协作效能，实现机器人和人在感知、理解、决策等不同层面上的优势互补，能够有效提高工业机器人的复杂作业能力。通过研发工业机器人多机协同技术，实现群体机器人的分布式协同控制，其协同工作能力提高了任务的执行效率，所具有的冗余特性提高了任务应用的鲁棒性，能完成单一系统无法完成的各种高难度、高精度和分布式的作业任务。

5. 大范围作业发展趋势

现代柔性制造系统对物流运输、生产作业等环节的效率、可靠性和适应性提出了较高的要求，在需要大范围作业的工作环境中，固定基座的工业机器人很难完成工作任务，通过引入移动机器人技术，有效地增大了工业机器人的工作空间，提高了机器人的灵巧性。例如，应用广泛的自动导引小车(AGV)等移动机器人系统是现代自动化工厂的关键组成部分，能够自动寻迹完成物流运输任务，或是与工业机械臂组成移动机器人/工业机械臂复合系统，大大提高机械臂的作业范围，能够实现低人力成本、高效的自动化生产作业。

节点及关联

工业机器人

系统结构：驱动系统、机械结构系统、感受系统、人-机交互系统、机器人-环境交互系统、控制系统。

关键技术：整机技术、部件技术、集成应用技术。

应用方式：焊接、搬运、喷涂、加工、装配……

未来发展趋势：一体化、智能信息化、柔性化、人机/多机协作化、作业范围扩大化……

问题：

(1) 工业机器人-人交互与工业机器人-环境交互有何异同点？

(2) 工业机器人相较于传统的加工模式有哪些优势？

(3) 工业机器人在现代制造业中还有哪些应用场景？

参考文献

[1] 董春利. 机器人应用技术[M]. 北京：机械工业出版社，2014.

[2] 李瑞峰. 工业机器人设计与应用[M]. 哈尔滨：哈尔滨工业大学出版社，2017.

[3] 李梦洋，侯凯洋，翟东升. 基于专利和面向园区的机器人产业技术路线图研究与应用[J]. 中国科技论坛，2019(8)：27-34.

[4] 《中国制造2025》机器人领域技术路线图[J]. 机器人产业，2015(5)：38-43.
[5] 许辉. 高速串联工业机器人优化设计方法研究[D]. 苏州：苏州大学，2015.
[6] 王峰. 工业机器人应用中的机械结构设计方法研究[J]. 科技经济导刊，2016(8)：79.
[7] 陈金炫. 工业机器人用永磁同步交流伺服电动机的设计[D]. 广州：华南理工大学，2016.
[8] 朱赵慧娟. 机器人用减速器传动理论研究与仿真分析[D]. 苏州：苏州大学，2019.
[9] 尹仕斌，任永杰，刘涛，等. 机器视觉技术在现代汽车制造中的应用综述[J]. 光学学报，2018,38(8)：11-22.
[10] 马红卫. 基于机器视觉的工业机器人定位系统研究[J]. 制造业自动化，2020，42(3)：58-62,97.
[11] 段峰，王耀南，雷晓峰，等. 机器视觉技术及其应用综述[J]. 自动化博览，2002(3)：62-64.
[12] 宋天虎，刘永华，陈树君. 关于机器人焊接技术的研发与应用之探讨[J]. 焊接，2016(8)：1-10.
[13] 王鹏. 可移动式铸件搬运机器人结构优化与控制研究[D]. 淮南：安徽理工大学，2019.
[14] 陶波，赵兴炜，李汝鹏，等. 机器人测量-操作-加工一体化技术研究及其应用[J]. 中国机械工程，2020，31(1)：49-56.
[15] 蔡自兴，郭璠. 中国工业机器人发展的若干问题[J]. 机器人技术与应用，2013(3)：9-12.
[16] 徐方. 我国机器人产业现状分析与发展研判[J]. 中国科学院院刊，2015，30(6)：782-784.
[17] 王志军，刘璐，李占贤. 共融机器人综述及展望[J]. 制造技术与机床，2020(6)：30-38,43.

第8章

智能控制

8.1 智能控制的概念及其发展

1. 智能控制问题的提出

控制科学自1932年Nyquist提出反馈放大器的稳定性论文开始，获得了长足的发展。20世纪40年代以来，控制科学的理论和技术得到了迅速的发展。经典的控制理论主要研究单变量常系数系统，且一般是单输入单输出。60年代以后，由于电子计算机技术的发展和生产发展的需要，现代控制理论得到重大发展。至此，对被控对象的研究转向多输入多输出的多变量系统，分析的数学模型主要采用状态空间描述法。近年来，由于航天航空、机器人、高精度加工等技术的发展，一方面系统的复杂度越来越高，另一方面对控制的要求也日趋多样化和精确化，原有控制理论难以解决复杂系统的控制问题，尤其是面对具有以下特征的被控对象时，传统控制方法往往难以奏效：

(1) 模型不确定。实际系统由于存在复杂性、非线性、时变性、不确定性和不完全性等，无法获得精确的数学模型。因此在实际控制中，往往需要进行一些比较苛刻的假设，而这些假设往往与实际系统不符。

(2) 非线性程度高。传统控制理论对非线性控制的研究还很不成熟，某些复杂的和包含不确定性的控制过程无法用传统的数学模型来描述，方法复杂，无法得到广泛应用。

(3) 任务要求极为复杂。传统控制系统的输入信息比较简单，而现代控制系统的输入信息形式多样，需要对这些信息进行处理和融合。依靠传统的控制方法在面对复杂控制任务(如对机器人、计算机集成制造系统(CIMS)和社会经济管理系统的控制)时，难以取得满意的效果。

综上所述，复杂控制系统往往难以通过数学工具明确地描述其模型，因此无法用传统控制理论解决。在实际生产中，这类复杂问题可以通过熟练操作人员的经验和控制理论相结合的方式来解决。由此产生了智能控制。智能控制能将控制理论和控制方法与人工智能技术结合起来，适用于解决控制对象、环境、目标和任务不确定且复杂的控制任务。智能控制的发展，一方面，得益于大型复杂系统的控制需要；另一方面，电子计算机技术和人工智能技术的发展也进一步促进了智能控制技术的不断进步。

CPU、GPU、FPGA等硬件平台的发展极大地提高了计算和数据处理能力，进一步推动了智能控制技术的应用和进步。

2. 智能控制的概念

智能控制是控制理论与人工智能的交叉成果，是经典控制理论在现代的进一步发展，其解决问题的能力和适应性相较于经典控制方法有显著提高。由于智能控制是一门新兴学科，正处于发展阶段，因此尚无统一的定义，存在多种描述形式。美国 IEEE(电气和电子工程师协会)将智能控制归纳为：智能控制必须具有模拟人类学习和自适应的能力。我国蔡自兴教授认为：智能控制是一类能独立地驱动智能机器实现其目标的自动控制，智能机器是能在各类环境中自主地或交互地执行各种拟人任务的机器[1]。

智能控制是一门交叉学科。1967 年，Mendel 首先提出智能控制(IC)这一术语。1971 年，美籍华人傅京逊教授从发展学习控制的角度首次正式提出智能控制的概念，即二元论。傅京逊教授把智能控制归纳为自动控制(AC)和人工智能(AI)的交集，它主要强调人工智能中"智能"的概念与自动控制的结合，即

$$\mathrm{IC}=\mathrm{AC}\cap\mathrm{AI} \tag{8-1}$$

1977 年，美国学者 Saridis 在此基础上引入运筹学(OR)，从机器智能的角度出发，扩展了傅京逊教授的二元理论，并提出了三元论的智能控制概念，即

$$\mathrm{IC}=\mathrm{AI}\cap\mathrm{AC}\cap\mathrm{OR} \tag{8-2}$$

1996 年，蔡自兴教授把信息论(IT)引入智能控制学科结构，在国际上率先提出了如图 8-1 所示的智能控制四元交集结构理论，即

$$\mathrm{IC}=\mathrm{AI}\cap\mathrm{AC}\cap\mathrm{OR}\cap\mathrm{IT} \tag{8-3}$$

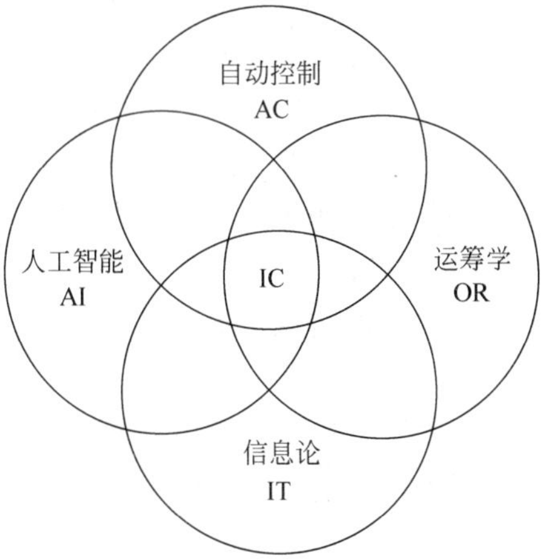

图 8-1　基于四元论的智能控制

3. 智能控制的发展过程

自 Mendel 等提出智能控制的概念以后，相关控制理论开始迅速发展起来。20 世纪 70 年代中期，模糊控制在应用上取得了重要的进展。1974 年，英国的 Mamdani 教授把模糊理论用于蒸汽机的自动控制，基于 IF-THEN 型模糊规则进行模糊推理，取得了良好的实验结果。1977 年，Saridis 提出了智能控制的三元结构定义，即把智能控制看作人工智能、自动控制和运筹学的交叉。他还提出了分层递阶的智能控制结构，把控制系统由上而下分为组织

级、协调级和执行级。1985 年,IEEE 在纽约召开了第一届全球智能控制学术讨论会,随后不久又成立了 IEEE 智能控制专业委员会。这标志着智能控制作为一个学科分支正式被学术界接受。1987 年在美国费城举行的第一届国际智能控制大会,标志着智能控制作为一门独立的新兴学科的建立。

我国智能控制起步较晚。中国自动化学会于 1993 年在北京召开了首届全球华人智能控制与智能自动化大会(CWCICIA),随后在 2000 年更名为全球智能控制与智能自动化大会(WCICA),迄今已成功举办了 13 届。至今,我国已经成立了中国人工智能学会、中国人工智能学会智能机器人专业委员会和中国自动化学会智能自动化专业委员会等智能控制的学术研究团体。这些标志着我国智能控制学科的建立,并对国际智能控制的发展起到了极大的促进作用。

8.2 智能控制的特点

传统控制的控制方法存在以下几点局限性:

(1) 缺乏适应性,无法应对大范围的参数调整和结构变化。

(2) 需要基于控制对象建立精确的数学模型。

(3) 系统输入信息模式单一,信息处理能力不足。

(4) 缺乏学习能力。

智能控制能克服传统控制理论的局限性,将控制理论方法和人工智能技术相结合,产生拟人的思维活动。采用智能控制的系统主要有以下几个特点:

(1) 智能控制系统能有效利用拟人的控制策略和被控对象及环境信息,实现对复杂系统的有效全局控制,具有较强的容错能力和广泛的适应性。

(2) 智能控制系统具有混合控制特点,既包括数学模型,也包含以知识表示的非数学广义模型,实现定性决策与定量控制相结合的多模态控制方式。

(3) 智能控制系统具有自适应、自组织、自学习、自诊断和自修复功能,能从系统的功能和整体优化的角度来分析和综合系统,以实现预定的目标。

(4) 控制器具有非线性和变结构的特点,能进行多目标优化。

这些特点使智能控制相较于传统控制方法,更适用于解决含不确定性、模糊性、时变性、复杂性和不完全性的系统控制问题[2]。

8.3 智能控制的关键技术

1. 专家控制

传统控制系统排斥人的干预,控制器在面对被控对象、环境发生变化时缺乏应变能力。此外,复杂的被控对象会导致建模的困难。20 世纪 80 年代,人工智能领域专家系统的思想被引入控制系统中,与控制学科结合产生了专家控制。1986 年,瑞典学者 Astrom 首先提出了专家控制(expert control)的概念,成为一种重要的智能控制方法。和专家系统相比,专家控制对可靠性和抗干扰性有更高要求,而且要求在线反馈信息。

专家控制又称专家智能控制，其结构如图 8-2 所示。采用专家控制的控制系统一般由以下几部分组成：

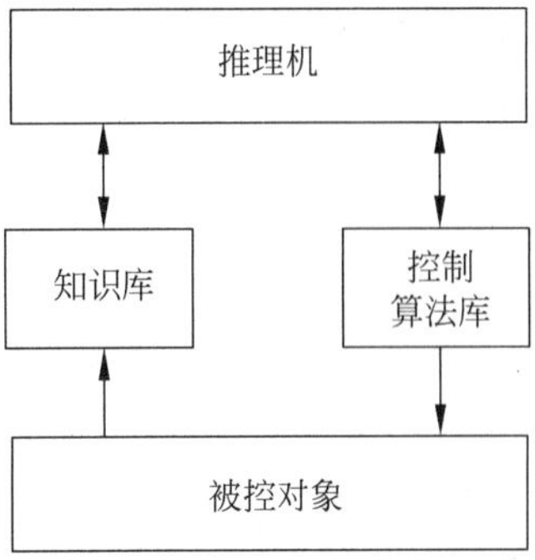

图 8-2 专家控制基本结构

(1) 知识库。知识库由事实集和经验数据、经验公式、规则等构成。事实集包括对象的有关知识，如结构、类型及特征等。控制规则有自适应、自学习、参数自调整等方面的规则。经验数据包括对象的参数变化范围、控制参数的调整范围及其限幅值、传感器特性、系统误差、执行机构特征、控制系统的性能指标以及经验公式。

(2) 控制算法库。控制算法库用来存放控制策略及控制方法，如 PID、神经网络控制、预测控制算法等，是直接基本控制方法集。

(3) 推理机。推理机是根据一定的推理策略(正向推理，即从原始数据和已知条件得到结论；反向推理，即根据提出的结论寻找相应的证据)从知识库中选择有关知识，对控制专家提供的控制算法、事实、证据以及实时采集的系统特性数据进行推理，直到得出相应的最佳控制决策，由决策的结果指导控制作用。

按照专家控制的作用和功能，一般将专家控制器分为以下两种类型：

(1) 直接型专家控制器。该类控制器取代常规控制器，直接控制被控对象。一般情况下，其任务和功能相对简单，要求在线工作。

(2) 间接型专家控制器。该类控制器用于和常规控制器相结合，实现高层决策功能，如优化适应、协调、组织等。一般优化适应型需要在线工作，组织协调型可以工作在离线。

2. 模糊控制

模糊控制是将模糊集理论、模糊逻辑推理和模糊语言变量与控制理论和方法相结合的一种智能控制方法，目的是模仿人的模糊推理和决策过程，实现智能控制。1965 年，美国的 Zadeh 教授首次提出了模糊集合的概念。模糊控制首先根据先验知识或专家经验建立模糊规则；然后将来自传感器的实时信号进行模糊化处理，将模糊化后的信号输入模糊规则，进行模糊推理得到输出量；最后将推理后得到的输出量解模糊转化为实际输出量，输入到执行器中。

模糊控制器包括以下几个部分：

(1) 模糊化接口。模糊化接口用于将输入转化为模糊量。它首先将输入变量转化到相应的模糊集论域；然后应用模糊集对应的隶属函数将精确输入量转换为模糊值。例如，对于一个输入变量误差 e，其模糊子集可表示为 $e=\{$负大，负小，零，正小，正大$\}$。

(2) 知识库。知识库由数据库和规则库组成。数据库所存放的是所有输入、输出变量的全部模糊子集的隶属度矢量值，在规则推理的模糊关系方程求解过程中，向推理机提供数据。规则库由一组语言控制规则组成，例如 IF-THEN、ELSE、ALSO 等，表达了应用领域的专家经验和控制策略。

(3) 推理机。推理机根据模糊规则，运用模糊推理算法，获得模糊控制量。模糊推理的方法有很多，如 MAX-MIN 法、模糊加权推理法、函数型推理法等。

(4) 解模糊接口。系统的具体控制需求一个精确量，所以需要通过解模糊接口将模糊量转换成精确量，实现对系统精确地控制作用。

模糊控制器的基本结构如图 8-3 所示。

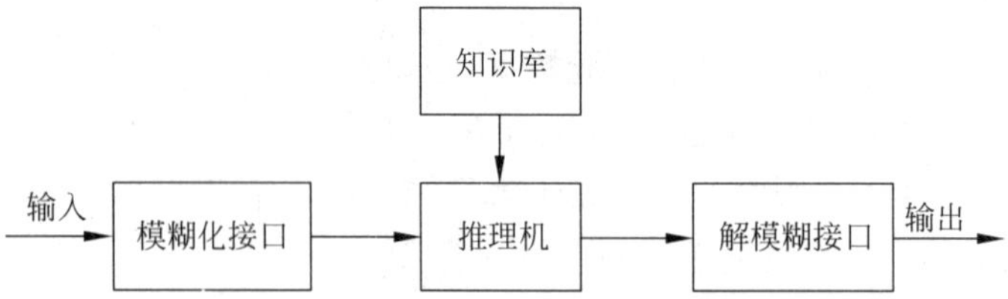

图 8-3　模糊控制器基本结构

模糊控制系统的分类有很多种方式。例如，按照信号的时变特性，可以分为恒值和随动模糊控制系统；按照系统输入变量的多少，可以分为单变量和多变量模糊控制系统；按照静态误差，可以分为有差和无差模糊控制系统。

虽然模糊控制理论的发展已经历经半个世纪，然而在实际应用层面，模糊控制还存在诸多限制。例如，模糊规则和隶属度函数的建立依赖经验，难以适应复杂系统，亟待进一步完善。

3. 神经网络控制

人工神经网络由神经元模型构成。神经元是神经网络的基本处理单元，是一种多输入、单输出的非线性元件，多个神经元构成神经网络。神经网络具有强大的非线性映射能力、并行处理能力、容错能力以及自学习自适应能力。因此，非常适合将神经网络用于含不确定复杂系统的建模与控制[3]。由于神经网络本身的结构特点，在神经网络控制中，可以使模型与控制的概念合二为一。

神经网络在控制系统中往往应用于以下几种情况：

(1) 建立被控对象模型，结合其他控制器对系统进行控制。

(2) 直接作为控制器替代其他控制器，实现系统控制。

(3) 在传统控制系统中起优化计算作用。

(4) 与其他智能控制算法相结合，实现参数优化、模型推理及故障诊断等功能。

神经网络控制器一般分为两类：一类是直接神经网络控制器，它以神经网络为基础形成独立的智能控制系统；另一类称为混合神经网络控制器，它利用神经网络的学习和优化能力来改善其他控制方法的控制性能。例如，一种典型的神经网络 PID 控制系统结构如图 8-4 所示。

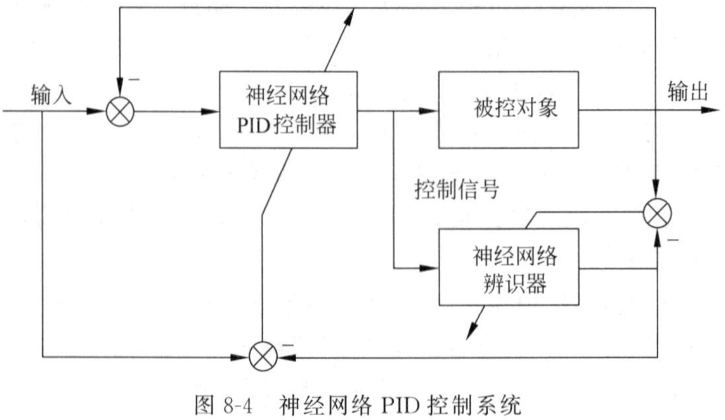

图 8-4　神经网络 PID 控制系统

该系统首先利用神经网络辨识器对被控对象进行在线辨识，然后利用神经网络模拟 PID 控制器进行控制。其他常用的控制方式还包括神经网络模型参考自适应控制、神经网络内模型控制、神经网络预测控制、单神经元控制等。常用的神经网络包括 BP 神经网络、径向基函数(RBF)神经网络、卷积神经网络(CNN)等[4]。深度学习是当前人工智能研究中的热点领域。和传统神经网络相比，深度学习具有更强大的特征提取能力、良好的迁移和多层学习能力[5]。具体到控制领域，深度学习和强化学习相结合形成的深度强化学习理论，在机器人控制、无人驾驶、任务规划等领域有广泛的应用前景。

深度强化学习理论，对现代控制技术的发展产生了深远的影响。

延伸阅读：

刘驰，王占健，戴子彭，等. 深度强化学习：学术前沿与实战应用[M]. 北京：机械工业出版社，2020.

4. 学习控制

学习控制是智能控制的重要分支，旨在通过模拟人类自身的优良调节机制实现优化控制。学习控制是可以在运行过程中逐步获得系统非预知信息，积累控制经验，并通过一定评价指标不断改善控制效果的自动控制方法。学习控制算法有很多，如基于神经网络的学习控制、重复学习控制、迭代学习控制、强化学习控制等。这里主要介绍两种典型的控制方法：迭代学习控制和强化学习控制。

1）迭代学习控制

迭代学习控制具有很强的工程背景，适用于具有重复运动性质的被控对象，通过迭代修正达到改善控制目标的目的[6]。由于迭代学习控制不依赖于系统模型，且能以简单算法在给定时间范围内实现高精度轨迹跟踪，因此被广泛应用于工业机器人的运动控制，其基本原理描述如下。

假设期望控制输入 $\boldsymbol{u}_{\mathrm{d}}(t)$ 存在，且给定系统期望输出 $\boldsymbol{y}_{\mathrm{d}}(t)$ 和每次运行的初始状态 $\boldsymbol{x}_k(0)$，要求在给定时间 $t\in[0,T]$ 内通过多次重复运行，使系统输出 $\boldsymbol{y}_k(t)$ 趋近 $\boldsymbol{y}_{\mathrm{d}}(t)$，系统控制输入 $\boldsymbol{u}_k(t)$ 趋近 $\boldsymbol{u}_{\mathrm{d}}(t)$，$k$ 为运行次数。第 k 次运行时，跟踪误差 $\boldsymbol{e}_k(t)=\boldsymbol{y}_{\mathrm{d}}(t)-\boldsymbol{y}_k(t)$。若采用开环学习策略，则设计 $k+1$ 次控制输入为

$$\boldsymbol{u}_{k+1}(t)=\mathrm{L}(\boldsymbol{u}_k(t),\boldsymbol{e}_k(t)) \tag{8-4}$$

若采用闭环学习策略，则取第 $k+1$ 次运行误差作为学习的修正项，即

$$\boldsymbol{u}_{k+1}(t)=\mathrm{L}(\boldsymbol{u}_k(t),\boldsymbol{e}_{k+1}(t)) \tag{8-5}$$

其中，L 为迭代学习算子。该算法利用历史输入信息和误差信息设计控制律，通过每一次运行迭代修正输入，降低误差，实现精确目标输入的跟踪。不同系统(线性或者非线性等)选取不同的迭代学习控制算法，实现最优控制。典型的有 D 型迭代学习控制算法、最优迭代学习控制算法和前馈-反馈迭代学习控制算法等[7]。

2）强化学习控制

学习的一个重要目的，就是获取环境与行为之间的合理映射关系。传统的机器学习理论没有把强化学习纳入其范围。但是在联结主义学习系统中，把算法分为了 3 类，即监督学习、无监督学习和强化学习。强化学习介于监督和无监督学习之间，它不需要训练样本，但是需要对结果进行评价，通过改进评价结果满足控制目标。强化学习起源较早，1954 年 Minsky 就已经提出“强化学习”这一术语。20 世纪 80 年代后，随着人工智能技术的兴起，

强化学习研究产生大量成果,成为机器学习和人工智能研究领域的热点研究课题[8]。强化学习的基本原理描述如下。

智能体(agent,学习主体)通过与环境交互获得环境的状态信息,并依据环境对智能体的反馈信号,即回报(reward),来对采取的行动策略进行评价,通过不断试错选择,得到最优控制策略。如果智能体的某个行为策略获得了环境对智能体的正向回报,则智能体以后采取这个行为策略的趋势加强;反之,若某个行为策略获得了环境对智能体的负向回报,则智能体以后采取这个行为策略的趋势减弱。强化学习的结构如图 8-5 所示。

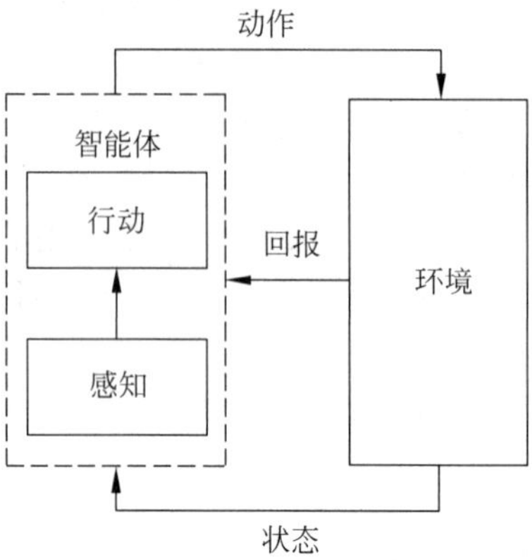

图 8-5　强化学习原理

除了智能体与环境模型,强化学习系统还包括 3 个要素:策略、回报函数和值函数。策略规定了在每个可能的状态下,智能体可采取的动作集合,具有随机性。回报函数用来评价智能体与环境的即时互动,强化学习的目的是使得到的总体回报数值达到最大。值函数用于计算后续所获得的累积回报的期望值。强化学习建模一般基于马尔可夫决策过程(MDP),即当前状态向下一状态转移的概率和回报值只取决于当前的状态和采取的动作,而与历史状态和历史动作无关。

强化学习算法种类很多,如瞬时差分算法、蒙特卡洛算法、Q 学习算法、Sarsa 算法等。近些年,人们尝试将深度学习和强化学习相结合(即深度强化学习),获得极大的成功。2016 年,谷歌公司基于深度强化学习研发的围棋软件 AlphaGo 以 4∶1 的总比分战胜世界围棋冠军李世石,成为第一个战胜人类职业围棋选手的人工智能机器人。

5. 智能算法

智能算法是人们受自然界和生物界规律的启发,模仿其原理进行问题求解的算法,包含了自然界生物群体所具有的自组织、自学习和自适应等特性。在用智能算法进行问题求解过程中,采用适者生存、优胜劣汰的方式使现有解集不断进化,从而获得更优的解集,具有智能性。1962 年,美国的 Holland 教授模拟自然界遗传机制提出了一种并行随机搜索算法,即遗传算法(GA),获得成功。经过多年发展,大量优秀的智能算法被广泛应用于各个领域。一些经典智能算法包括差分进化算法(DE)、粒子群优化算法(PSO)、模拟退火算法(SA)等。

以遗传算法为例,智能算法的应用基本流程如下[9]:

(1) 依据问题模型,确定个体的编码和解码方式,建立适应度函数。遗传算法一般采用二进制编码。

(2) 初始化。设置种群规模、终止条件和搜索空间等条件,为种群个体赋值。一般情况下,为种群个体进行随机赋值。

(3) 个体评价。基于适应度函数计算个体的适应度数值。适应度函数用来评价个体的好坏。

(4) 选择。依据适应度大小,选择父辈群体执行遗传操作。适应度越高越容易被选择。

(5) 交叉。从父辈群体中随机选取两个个体进行交叉运算,交换基因信息。

(6) 变异。为防止群体趋向单一化,导致收敛过快,可以依据概率将个体中某一位基因进行变异运算，获得新种群。

(7) 根据终止条件（如迭代次数）判断是否结束。若没有满足终止条件，则返回第(3)步。

8.4 智能控制在智能制造中的应用

智能制造要求能对制造系统的运行过程进行合理控制，实现提升产品质量、提高生产效率和降低能耗的目标。因此，高水平的控制技术对实现智能制造至关重要。国际上制造业发达国家越来越重视制造系统控制及相关技术的发展，我国虽然起步较晚、基础较弱，但经过近几年的持续攻关与发达国家的差距正在逐渐缩小。目前，国内制造系统控制技术与国外相比仍存在以下几方面的差距：

(1) 缺乏具有自主知识产权的核心基础零部件研发能力。例如，制造系统核心硬件（如控制器）和软件依赖进口，受制于人；网络化接口技术和标准化不足，导致各种控制单元无法实时进行通信，形成信息化孤岛。

(2) 制造系统智能化、数字化、网络化水平较低。以数字化车间、智能工厂、网络协同制造为代表的传统制造业转型升级在全球范围内兴起，国内尚处于跟进与探索阶段。

针对上述问题，国家制造业中长期发展战略规划《中国制造 2025》中强调开展新一代信息技术与制造装备融合的集成创新和工程应用，实现生产过程智能优化控制。智能控制技术的应用，对于提高制造系统的智能化水平以满足智能制造需求具有重要意义。实际上，智能控制技术已经被应用于我国制造业各个领域，取得了显著成果。以下是几个典型的应用方向。

1. 智能控制在工业自动化过程控制中的应用

过程控制对自动化程度要求极高。20 世纪 80 年代以后，智能控制被广泛应用于工业自动化过程控制中。智能控制能简化工业生产流程，提高控制效率，从而降低生产成本，提高了生产工艺的稳定性。近年来，自动化生产对安全的要求越来越高，智能控制的应用可以对生产过程进行检测，发生问题自动报警，且能依据历史信息准确分析问题产生的原因。这样，一方面提高了生产工艺，另一方面也确保了生产人员的安全。智能控制技术在过程控制中具体应用在以下几个方面：

(1) 生产过程信息的获取。传统生产过程信息化程度不高，采用智能控制技术自动获取生产过程的信息并进行分析，可以有效提高信息化程度，基于数据对系统进行自动调整，从而提高生产效率，降低成本。

(2) 系统建模和监控。依据采集的数据，利用智能控制技术对生产系统的运行状态进行监控，当出现严重故障时，可以立即停止作业，保护产线和人员的安全。

(3) 动态控制。智能控制相较传统控制方法体现出更优异的控制水平。近年来，工业生产中的动态控制不仅包含工艺加工，更是参与了对生产过程的管控。智能控制的应用，为高效动态控制提供了条件，从而实现对工艺生产过程的精确控制。

例如，结合模糊控制和 PID 控制对石油化工某反应单元的温度进行智能控制[10]，控制对象如图 8-6 所示。需要通过控制蒸汽流量，实现对反应器温度的精准控制。传统控制方案采用温度-流量串级控制，然而，由于串级控制存在强耦合，且温度测量和汽包的惯性带来滞后，导致控制效果不理想。因此，可以基于工程师手动控制经验总结出一般控制规则，从而建立模糊规则实现对PID控制器参数的自整定，不仅简化了操作流程，也减小了控制上的延迟，提高了温度控制精度。

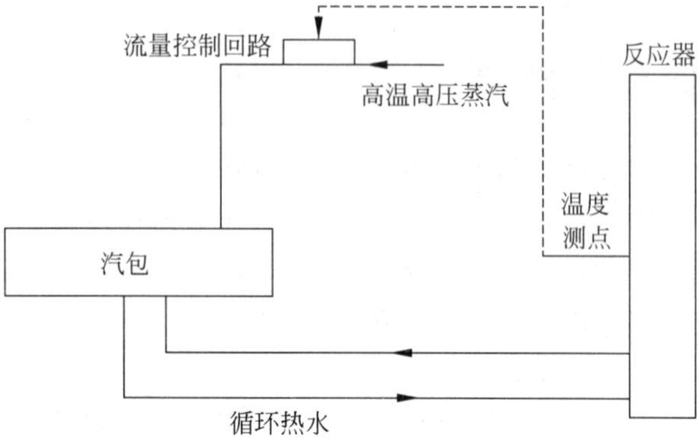

图 8-6　某反应单元温度控制系统

2. 智能控制在机器人控制中的应用

工业机器人被大量应用于工业生产中。近些年，快递行业的兴起使物流机器人、无人机和其他专用机器人获得快速发展和应用。机器人种类的增多、规模的扩大和任务的多样化极大地提高了控制的要求。传统控制技术存在的缺陷，如无法应对复杂系统、适应性差、不具备学习能力等，限制了其在机器人控制中的应用。智能控制技术能很好地避免这些缺陷，更适合复杂化和多元化的任务要求，并促进机器人的应用。智能控制在机器人领域的应用主要集中在以下两个方面：

(1) 运动控制。通过将智能控制与机器人伺服系统相结合，可以实现机器人的高精度定位和对环境的适应。结合柔顺控制算法，可以提高机器人与环境或人交互的安全性。例如，基于神经网络的视觉伺服控制器可以实现全局性的图像分析，使机器人更好地适应环境。

(2) 路径规划和控制。采用智能算法对机器人运动的路径进行优化设计，可有效避免多个机器人的碰撞或干涉。同时，智能算法的应用可以提高机器人运动路径控制的精度。例如，结合模糊控制和神经网络实现机器人的自适应控制，可以有效降低控制误差。

例如，采用遗传算法规划码垛机器人运动路径[11]。码垛机器人需要将包装物体运送到不同的区域，在复杂的障碍环境下，需要规划一条安全、无碰撞且最短的可行路径。通过建立优化问题模型，采用智能算法可以规避复杂的求解过程，获取高质量的优化结果。这里，通过对特定环境的建模和对适应度函数的设计，采用遗传算法对该路径规划问题进行求解，可以获得最优路径，从而提升码垛机器人的工作效率，如图8-7所示。进一步地，通过改进遗传算法中的策略，可以提高收敛速度，获得更平

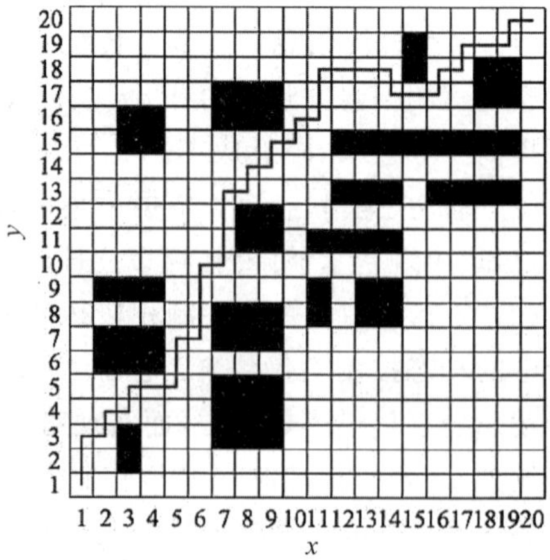

图 8-7　基于遗传算法的路径优化

滑的路径。

3. 智能控制在车床控制中的应用

车床被广泛应用于制造领域中。传统控制方法需要人工预设工艺参数，十分烦琐，而且控制精度较低，难以达到预期的控制效果。随着科技的不断发展，制造过程中车床控制开始朝着更智能化的方向发展。将智能控制技术应用于车床，可以提高零件加工的精度、效率和柔性。智能控制技术在车床控制中的应用主要有以下两个方面：

(1) 车床运动轨迹控制。车床进给系统存在跟踪误差，特别是当加工面比较复杂时，加工轨迹的突变导致较大偏差，会极大影响控制精度。应用智能控制技术对进给系统进行建模和控制，可以有效降低跟踪误差，提高系统稳定性。

(2) 工艺参数优化。机床加工中，切削参数和刀具参数会直接影响零件加工质量、效率和能耗。基于不同优化目标，如加工工时和能耗，设置相应的评价指标，采用智能算法对典型的工艺参数进行优化，能提高加工效率，降低能耗和碳排放。

例如，采用迭代学习控制对车床进给系统驱动轴进行控制[12]，如图8-8所示。在机床加工过程中，进给系统沿复杂加工面运动时，跟踪误差导致运动轨迹偏离，影响加工精度。基于对进给系统跟踪误差和动力学模型的分析，设计迭代学习更新规律，通过迭代学习时实际位置与期望位置收敛，从而减小跟踪误差。进一步地，可以结合扰动观测器提高控制精度和系统稳定性。

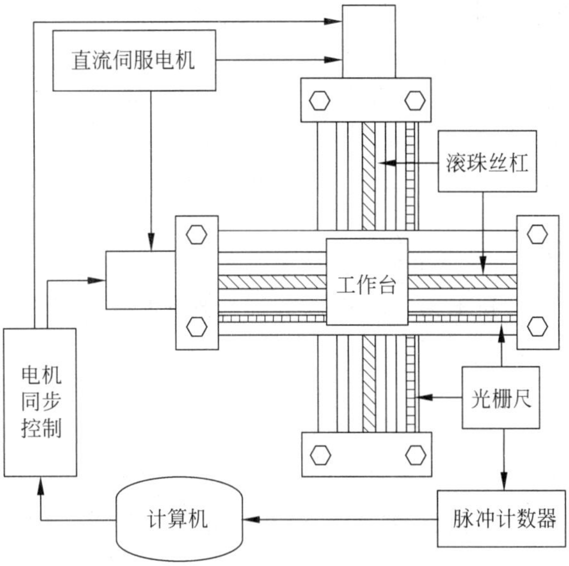

图8-8　双轴进给驱动系统

8.5　智能控制的发展趋势

随着智能控制技术的发展和在诸多领域应用的日益成熟，在世界范围内，智能控制正成为一个迅速发展的学科，并被许多发达国家视为提高国家竞争力的核心技术。当前智能控制面临的问题及未来发展趋势总结如下。

1. 当前面临的问题

智能控制因其优越的控制性能，被广泛应用于智能制造的各个领域。然而，智能控制的发展还面临一些问题，主要有以下几点：

(1) 应用范围不够广泛。针对一些简单系统，智能控制的优越性相较于传统控制方法并不突出。

(2) 实际应用还存在技术瓶颈。许多控制技术还停留在"仿真"水平，未能应用于解决实际问题。在系统运行速度、模块化设计、对环境的感知和解释、传感器接口等许多方面还需要做更多工作。

(3) 可靠性和稳定性不足。许多智能控制技术依赖于人的经验，如专家控制。然而如何获取有效的专家经验知识，构造能长期稳定运行的系统是一个重要难题。此外，部分智能控制方法的鲁棒性问题缺乏严格的数学推导，也对控制的稳定性提出挑战。

2. 未来发展趋势

虽然智能控制在智能制造领域的研究还存在一些问题，但不可否认的是，智能控制的研究前景仍然十分广阔。智能控制是传统控制理论在深度和广度上的拓展。随着计算机技术、信息技术和人工智能技术的快速发展，控制系统向智能控制系统发展已成为一种趋势。以下是对未来智能控制发展趋势的展望：

(1) 多学科交叉融合形成新突破。一方面是智能控制与计算机科学、模糊数学、进化论、模式识别、信息论、仿生学和认识心理学等其他学科的相互促进；另一方面是智能控制领域内不同技术的渗透，如深度学习和强化学习的相互补偿。

(2) 寻求更新的理论框架。智能控制尝试实现甚至超越人类智能，既需要结合哲学、心理学、认知科学等抽象学科，又需要基于控制科学、生理学、人工智能等学科，建立更高层次的智能控制框架。

(3) 智能控制的应用创新。研究适合智能控制的软件、硬件平台，提升基于现有计算资源的控制水平，进行更好的技术集成，以解决智能控制在实际应用中存在的问题。

节点及关联

智能控制

支撑技术：传感器融合、数据挖掘、5G、AI。

方法：专家控制、深度强化学习、遗传算法……

问题：

(1) 什么是智能控制？为什么要发展智能控制？

(2) 智能控制的关键技术有哪些？不同技术如何交叉？

(3) 智能控制可以被应用于哪些领域？

(4) 给智能控制的发展提一些建议。

参考文献

[1] 蔡自兴.中国智能控制40年[J].科技导报,2018,36(17):23-39.

[2] 薛荣辉.智能控制理论及应用综述[J].现代信息科技,2019,3(22):176-178.

[3] 王轩.基于RBF神经网络的非线性系统对象辨识[J].科技创新与应用,2020(5):31-33.

[4] 华珊,宋晓乔,杨小妮.智能控制综述[J].数字通信世界,2019(3):144,161.

[5] 姜国睿,陈晖,王姝歆.人工智能的发展历程与研究初探[J].计算机时代,2020(9):7-10,16.

[6] 刘超.迭代学习控制原理浅述[J].智慧工厂,2017(12):78-79.

[7] 柴媛媛.基于迭代学习算法的工业机器人轨迹跟踪方法研究[D].长春:长春工业大学,2019.

[8] 李琦,乔颖,张宇精.配电网持续无功优化的深度强化学习方法[J].电网技术,2020,44(4):1473-1480.

[9] 李敏强,寇纪淞,林丹,等.遗传算法的基本理论与应用[M].北京:科学出版社,2002.

[10] 罗军.模糊控制理论及其在石化装置中的实现[J].仪器仪表用户,2019,26(12):11-16.

[11] 郭玥,李潇雯.基于遗传算法的码垛机器人路径规划应用[J].包装工程,2019,40(21):167-172.

[12] 姜魏梁,招瑞丰.基于扰动观测器的机床加工误差迭代学习控制[J].中国工程机械学报,2019,17(5):427-431.

第9章

智能调度

9.1 智能调度的概念及其发展

1. 调度的作用和意义

调度问题的基本描述是“如何把有限的资源在合理的时间内分配给若干个任务，以满足或优化一个或多个目标”[1]。调度不只是排序，还需要根据得到的排序确定各个任务的开始时间和结束时间。调度问题广泛存在于各种领域，如企业管理、生产管理、交通运输、航空航天、医疗卫生和网络通信等，几乎存在于工程科学的所有分支领域。它也是智能制造领域的关键核心问题之一，因此，调度问题的研究十分重要。

1）制造业中的调度[2]

制造业是国民经济的主体，是立国之本、兴国之器、强国之基。制造业是指利用某种资源（含物料、能源、设备、设施、工具、资金、技术、信息和人力等），按照市场要求，通过制造过程，转化为可供人们使用和利用的大型工具、工业品与生活消费产品的行业。在这种从资源到产品的转化过程中，调度起着不可替代的作用。它能够使得转化效率高效化、资源利用率最大化，是产品从研发走向大规模使用的必经之路。在制造业中，调度必须与工厂的其他决策进行交互。我国花费数十亿美元引进和开发了制造资源计划（MRPⅡ）、企业资源规划（ERP）等软件，但绝大多数没有得到很好的使用，主要原因之一是“生产作业计划”这个技术瓶颈没有得到突破。在车间里或者生产线上的生产作业计划及生产过程的调度管理仍然使用最初级、最原始的经验和手工方式，结果 ERP 与企业最关键的运转过程之间发生了断层（制造系统中的信息流如图 9-1 所示）。因此，智能调度技术不仅需要处理错综复杂的约束条件，还要从无穷多种满足约束的可行方案中找到优化的生产作业计划，从而满足预定的调度目标，例如生产效率最高、拖期最小、能耗最低等。

2）服务业中的调度[2]

服务业包括交通、信息、医疗、餐饮、银行等多个行业。调度对服务业也起着重要的指导作用。服务业作为第三产业，具有覆盖面广、内容综合性高、分散性和地方性较大等特点。这些特点也导致了相关产业的管理模式与运营模式相对比较混乱，因此更加需要智能调度技术的统一协调与管理。服务业中的调度主要集中在各种服务行业中的排班、排队等问题，其目标是追求顾客满意度最大化等。图 9-2 展现了服务业中的信息流。

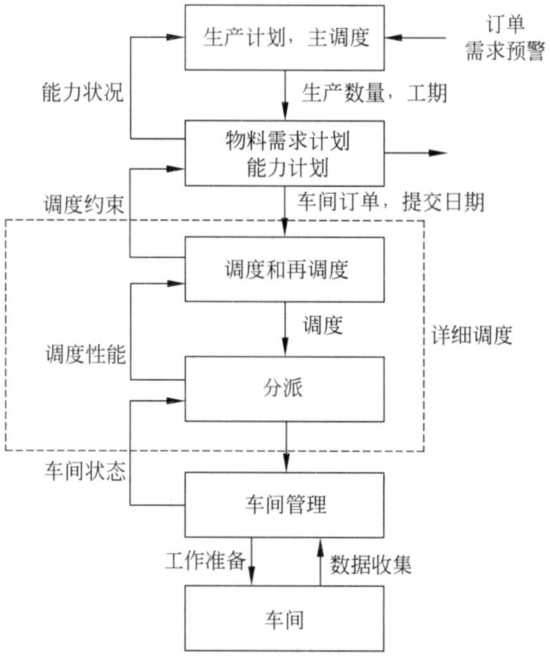

图 9-1 制造业信息流[2]

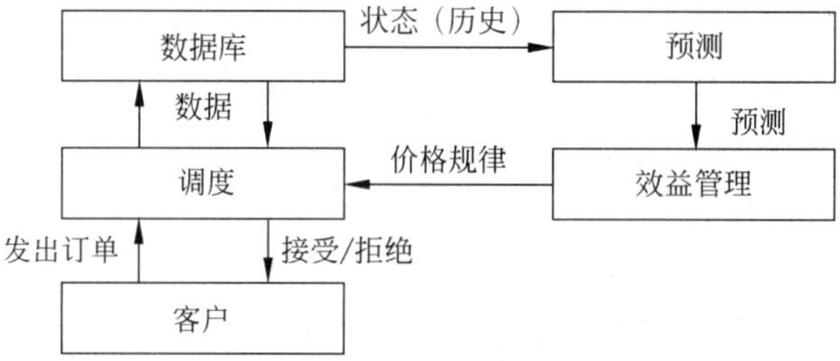

图 9-2 服务业信息流[2]

20 世纪 90 年代初，随着我国改革开放的进一步深化，国内面临着国际市场竞争的压力，迫切希望通过一种新的管理理论、方法与工具来改善管理水平、降低生产成本、提高生产效率，我国的调度领域正是在这种背景下逐步建立并发展起来的。在这 30 年中，中国从制造大国开始向制造强国转变。在调度及相关学科的支持下，制造业基本完成了现代化转型，成为国家发展的基石。而服务业也已完成了从起步到茁壮成长的过程。未来的智能制造、智能服务的发展更加离不开智能调度的研究与技术进步。

2. 经典调度问题简介

1）单机调度问题

单机调度问题可以描述为：一台可以完成所有工件加工的机器，一组相互独立的工件，其中每个工件仅包含一道工序；给定工件的所有信息（如加工时间、交货期等），求解加工顺序，从而优化一个或多个目标[2]。图 9-3 是单机调度问题的甘特图。

单机调度的加工环境十分简单，是其他所有加工环境的特例。但是，任何复杂机器环境

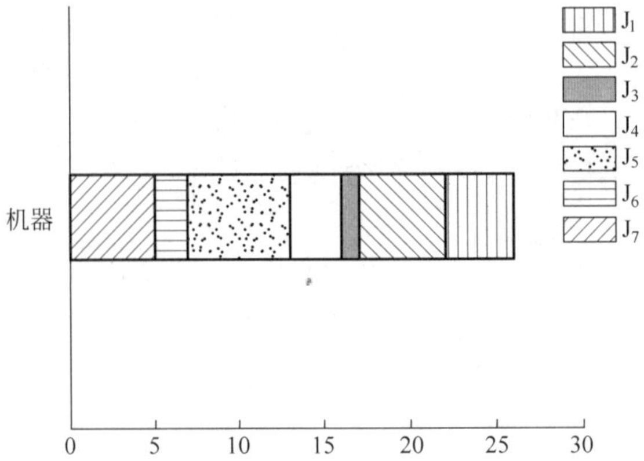

图 9-3　单机调度问题甘特图

里的调度问题通常可以分解为若干单机问题，所以研究单机问题不仅可以加深对单机调度的认识，也能为更复杂生产环境的调度研究提供启发。

2）并行机调度问题

并行机调度将加工资源的并行纳入考虑，它既是对单机调度的推广，也是混合流水车间调度的特例[3]。在并行机调度问题中，机器负载率的平衡通常是首要关注的目标，它是提升整个并行机组效率的瓶颈。并行机组可以根据机器的特性分为同速并行机、异速并行机和不相关并行机。其模型可以描述如下：

一组相互独立的工件，每个工件仅包含一道工序，一个包含多台加工设备的并行机组；给定工件的所有信息（如加工时间、交货期等），需要同时确定工件的加工顺序和机器分配从而优化一个或多个目标。

图 9-4 是并行机调度问题的甘特图。

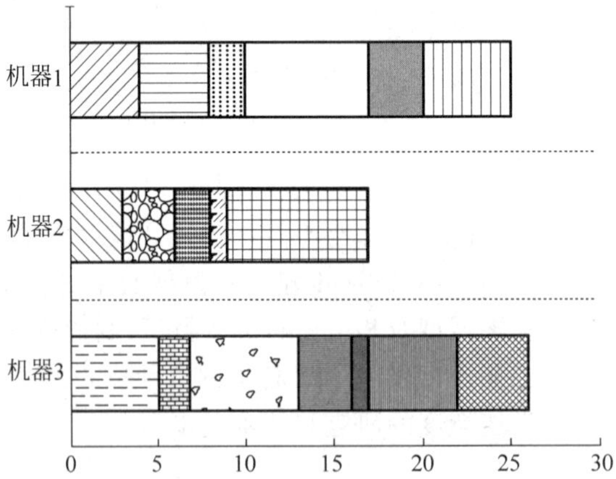

图 9-4　并行机调度问题甘特图

并行机调度问题的解空间大小通常为$(n!) * n^{\wedge} m$，其中 m 为并行机组包含的机器总数。并行机调度问题可以拆分为单机调度中的排序问题与机器分配问题的组合，常用的方法是对这两个子问题采取不同的方法分别求解。对于机器分配子问题而言，常常采用调度规则求解，从而能较好地平衡最优性和求解效率。

3）流水车间调度问题

典型的流水车间调度问题包括置换流水车间调度问题和混合流水车间调度问题。置换流水车间调度问题可以描述为：n 个工件在 m 台机器上进行加工，每个工件在各台机器上的加工顺序一致，同时限制每个工件只能在各台机器上加工一次，并且每台机器一次只能加工一个工件，各工件在各台机器上的加工时间已知。该调度问题就是如何安排工件在第一台机器上的加工顺序，使得某种指标最优[3]。置换流水车间调度问题完工时间计算方法如下：

$$\begin{cases} C_{\sigma_1,1}=t_{\sigma 1} \\ C_{\sigma_1,j}=C_{\sigma_1,j-1}+t_{ij}, \quad j=2,3,\cdots,m \\ C_{\sigma_i,1}=C_{\sigma_{i-1},1}+t_{i1}, \quad i=2,3,\cdots,n \\ C_{\sigma_i,j}=\max(C_{\sigma_{i-1},j},C_{C_{\sigma_i,j-1}})+t_{ij}, \quad i=2,3,\cdots,n;\ j=2,3,\cdots,m \end{cases}$$

其中，C 为每个阶段的完成时间；t_{ij} 为工件 i 在机器 j 上的加工时间。

置换流水车间调度问题是一个复杂的组合优化问题。随着工件数量的增加，解空间的大小将呈指数级增长，对于大规模问题，很难找到满意的解决方案。

混合流水车间调度是在置换流水车间调度的基础上加入了机器选择。n 个工件在 m 个阶段的流水线上进行加工，各阶段至少有一台机器且至少有一个阶段存在多台机器，在每一阶段上各工件均要完成一道工序，并且可任意选择该阶段某台机器进行加工。该调度问题就是如何安排工件的加工机器及其在每台机器上工件的加工顺序，以使得某种指标最优，如图 9-5 所示。

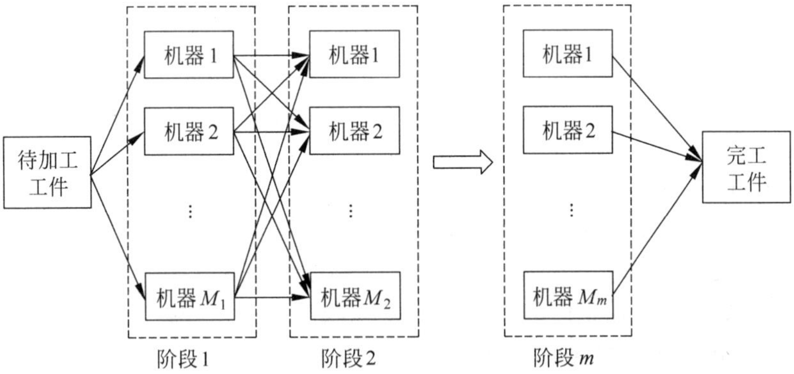

图 9-5 混合流水车间调度问题示意图

混合流水车间广泛地存在于化工、冶金、纺织、机械、物流、建筑、造纸等领域。每道工序存在多台并行机器，可以保证流水线生产过程中的连续性加工而不发生中途中断导致工件产生等待时间的情况下，缩短生产周期。图 9-6 示出了混合流水车间调度问题的应用场景。

4）作业车间调度问题

作业车间调度问题可以描述为：n 个工件在 m 台机器上进行加工，每个工件有特定的加工工艺，每个工件使用机器的顺序及其每道工序所花的时间已知[4]。该调度问题就是如何安排工件在每台机器上的加工顺序，使得某种指标最优。

图 9-6 混合流水车间调度问题应用场景

相对于流水车间而言,作业车间调度问题的加工工艺不统一,因此具有了更高的复杂度。而在柔性作业车间调度问题中,加入了机器的选择过程。每个工件可以在不同的机器上加工,使得求解难度进一步上升,如图 9-7 所示。

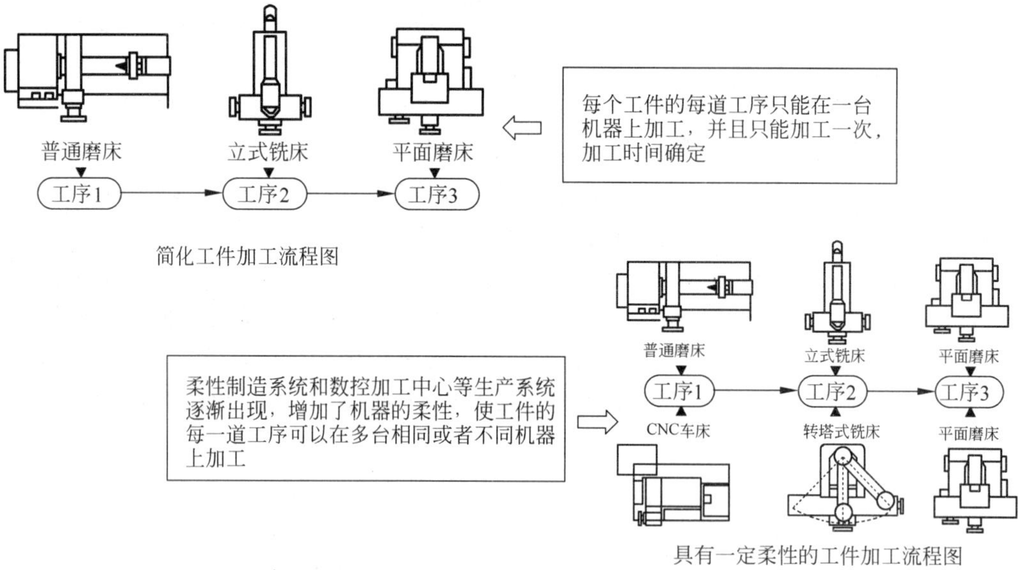

图 9-7 作业车间/柔性作业车间调度问题应用场景

5）开放车间调度问题

开放车间调度问题是在作业车间的基础上,进一步松弛工序的约束,可以描述为：n 个工件在 m 台机器上加工,每个工件包含 m 道工序,并且每个工件的工序处理顺序是任意的。每道工序均有确定的加工时间[5]。该调度问题就是如何安排工件在每台机器上的加工顺序和各工序顺序,使得某种指标最优。其中不同工件的工序以及同一工件的工序之间没有先后约束,如图 9-8 所示。

开放车间调度问题广泛存在于检测和服务行业,具有一定的代表性,一直受到国内外学者的研究与关注。

3. 智能调度的发展过程

20 世纪初,在 Henry Gantt 和其他先驱者的努力下,调度开始在制造业中受到重视。第一批调度的研究成果于 20 世纪 50 年代发表于 *Naval Research Logistics Quarterly*,其中包含了 W. E. Smith、S. M. Johnson、J. R. Jackson 等的研究[6]。从此,调度问题引起了众多学者的关注。

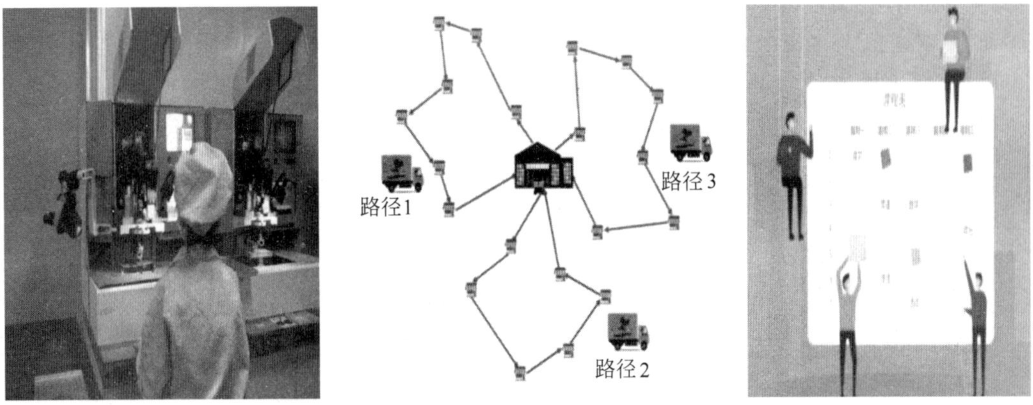

图 9-8　开放车间调度问题应用场景

从 20 世纪 50 年代到 20 世纪 70 年代，由于当时计算机和编程技术还不普及，研究主要集中在理论探讨上，求解方法主要是数学规划方法，例如整数规划、分支定界、动态规划等[7]。这一时期，由于提出数学规划算法较为困难，使得能够快速地得到近似最优解的启发式算法得到发展，例如 Palmer 法等。

1975 年，随着计算复杂性理论的出现，特别是 Garey 等证明 3 台以上机器的问题是 NP-Complete 问题以后[7]，人们意识到数学规划方法仅适用于小规模问题，对于中到大规模问题显然是不合适的。于是，启发式算法成为研究重点，这一时期出现了许多著名的启发式算法，如 Gupta 法等。

20 世纪 80 年代以后，随着人工智能技术的兴起以及计算机技术的发展，智能优化方法开始发展起来[7]，例如禁忌搜索、模拟退火、人工神经网络等。从此，智能调度进入快速发展阶段，新的算法不断涌现，例如，遗传算法、蚁群算法、粒子群优化等。智能调度的研究有力提升了制造业和服务业的运作效率，促进了相关产业的快速发展。

9.2　智能调度的特点

生产调度的对象与目标决定了这一问题具有复杂特性，其突出表现为调度目标的多样性、调度环境的不确定性和问题求解过程的复杂性[8]。具体表现如下：

(1) 多目标性。生产调度的总体目标一般由一系列的调度计划约束条件和评价指标构成，在不同类型的生产企业和不同的制造环境下，往往种类繁多、形式多样，这在很大程度上决定了调度目标的多样性。对于调度计划评价指标，通常考虑最多的是生产周期最短，其他还包括交货期、设备利用率最高、成本最低、最短的延迟、最小提前或者拖期惩罚、在制品库存量最少等。在实际生产中有时不只是单纯考虑某一项要求，由于各项要求可能彼此冲突，因而在调度计划制定过程中必须综合权衡考虑。

(2) 不确定性。在实际的生产调度系统中存在种种随机的和不确定的因素，如加工时间波动、机床设备故障、原材料紧缺、紧急订单插入等各种意外因素。调度计划执行期间所面临的制造环境很少与计划制定过程中所考虑的完全一致，其结果即使不会导致既定计划完全作废，也常常需要对其进行不同程度的修改，以便充分适应现场状况的变化，这就使得更为复杂的动态调度成为必要。

(3) 复杂性。多目标性和不确定性均在调度问题求解过程的复杂性中得以集中体现，并使这一工作变得更为艰巨。众所周知，经典调度问题本身已经是一类极其复杂的组合优化问题。即使是单纯考虑加工周期最短的单件车间调度问题，当 10 个工件在 10 台机器上加工时，可行的半主动解数量大约为 $k(10!)^{10}$（k 为可行解比例，其值为 0.05～0.1），而大规模生产过程中工件加工的调度总数简直就是天文数字；如果再加入其他评价指标，并考虑环境随机因素，问题的复杂程度可想而知。

调度问题的复杂特性，制约着相关技术的应用与发展，使得该领域内寻求有效方法的众多努力长期以来难以完全满足实际应用的需要；而智能调度技术的出现，为解决调度问题提供了新的方法；同时，也正是因为存在如此巨大的挑战，多年来，对于这一问题的研究吸引了来自不同领域的大量研究应用人员，提出了若干现行的方法和技术，在不同程度上对实际问题的解决做出了各自的贡献。

9.3 智能调度的关键技术

9.3.1 数学规划方法与求解器

数学规划方法是较早地用于求解车间调度的方法。混合整数规划方法（mixed integer programming）是常用求解调度问题的数学方法，该方法限制部分决策变量必须是整数，但是在运算中整数变量的数量会随问题规模呈指数增长。所以，有研究人员认为使用整数规划方法求解调度问题在计算上是不可行的。用于求解调度问题比较成功的数学方法有拉格朗日松弛法（Lagrangian relaxation）和分解方法（decomposition methods）。拉格朗日松弛法用非负拉格朗日乘子将工艺约束和资源约束进行松弛，最后将惩罚函数加入目标函数中，在可行的时间里能对复杂的规划问题提供较好的解，该方法已经用于解决作业车间调度问题。分解方法将原问题分解为多个小的易于求解的子问题，将子问题求出最优，该方法也已用于求解调度问题。

分支定界法（B&B）是主要的枚举策略之一。它用动态结构分支来描述所有的可行解空间，这些分支隐含有要被搜索的可行解。这个方法可以用数学式和规则来描述，在对最优解搜索过程中，它允许把大部分分支从搜索过程中去掉。分支定界法从诞生之日起就十分流行，适合求解总工序数 $N<250$ 的调度问题，但对于求解大规模问题，由于它需要巨大的计算时间，因此限制了它的使用。该方法也被大量地用于求解车间调度问题。Carlier 在 1989 年提出的分支定界法第一次证明了著名的作业车间调度基准实例 FT10 问题的最优解是 930。

目前，建立的数学规划模型可以通过求解器来求解。求解器是一类封装好的优化算法程序包，研究人员可以用它来优化调度等复杂问题，而不需要自己编写算法代码。常用的求解器包括 Cplex、Gurobi、MOSEK 等。通常不同的求解器具有其独立的数学语言，用以编写建立好的数学模型。针对不同属性的模型需要调用不同的优化算法，而对同一数学模型则需要使用不同的建模语言多次编写，这无疑增大了问题的求解工作量。GAMS（通用数学建模系统）是美国 GAMS 公司在 20 世纪 90 年代开发的一种旨在建立和求解大型复杂数学规划问题的软件(如图 9-9 所示)。GAMS 语言具有较高的通用性,用 GAMS 语言建立的数学模型可以直接调用不同的求解器进行求解,是一种用户和计算机都更易读懂的模型语言。

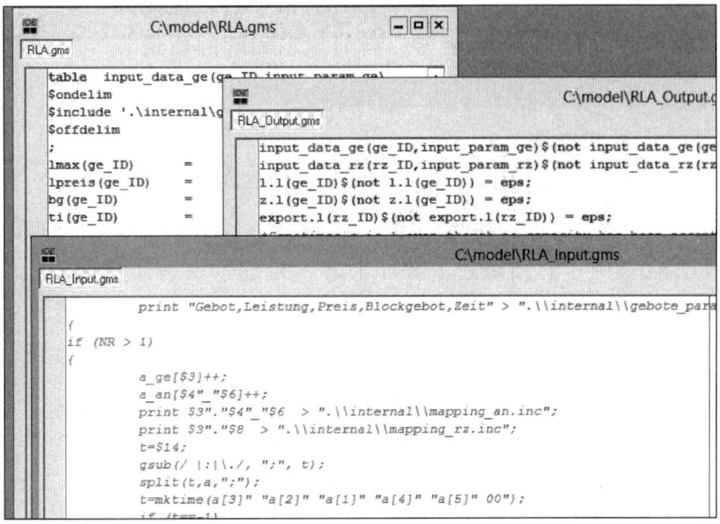

图 9-9　GAMS 平台求解界面

9.3.2　启发式方法

车间调度问题的研究与运筹学的发展基本同步。早在 1954 年,Johnson 就提出了解决 $n/2/F/C_{\max}$ 和部分特殊的 $n/3/F/C_{\max}$ 问题的有效优化算法,从此揭开了对调度问题的研究序幕[6]。1975 年,中国科学院研究员越民义、韩继业在《中国科学》上发表了论文《n 个零件在 m 台机床上的加工顺序问题》,是我国调度理论研究的开始[7]。

20 世纪 60 年代,研究人员倾向于设计具有多项式时间复杂度的确定型方法,以期求出车间调度问题的最优解。这些方法包括整数规划、动态规划和分枝定界法等,但是这些算法所能解决的实例规模有限。实验表明,即使采用当今的大型计算机,在可以接受的时间内,能解决的问题通常不超过 100 个工序。20 世纪 70 年代,研究人员对调度问题的计算复杂性进行了深入的研究,证明绝大多数的调度问题是 NP-Complete 问题[7]。研究人员不再追求用精确算法来求出该问题的最优解,而是通过近似算法在可以接受的时间内寻求该问题的满意解,因此提出用启发式方法来求解该问题。Panwalkar 总结和归纳了 113 种调度规则,并将它们分为了 3 类:简单规则、复合规则和启发式规则。

1. 优先分配规则

优先分配规则(PDR)是分配一个优先权给所有待加工的工序,然后选择优先权最高的加工工序先加工,接下来按优先权次序依次进行排序。该方法具有容易实现和较小时间复杂性的特点,是在实际应用中解决调度问题的常用方法。常用的规则包括 SOT(shortest operation time)、LOT(longest operation time)、LRPT(longest remaining processing time)、SRPT(shortest remaining processing time)、LORPT(longest operation remaining processing time)、Random、FCFS(first come first served)、SPT(shortest processing time)、

LPT(longest processing time)、LOS(longest operation successor)、SNRO(smallest number of remaining operations)、LNRO(largest number of remaining operations)。文献[2]通过性能指标对113种不同规则进行了归纳和总结。优先分配规则虽然速度非常快，但是具有"短视"的天性，如它只考虑机器的当前状态和解的质量等级等问题，而不能全面地考虑问题[2]。

2. 基于瓶颈的启发式方法

基于瓶颈的启发式方法(bottleneck based heuristics)一般包括瓶颈移动方法(SBP)和Beam搜索。Admas在1988年提出的SBP方法是第一个解决FT10标准问题的启发式方法。这个构造算法能取得好的结果的主要原因之一是它彻底解决了单一机器排序问题的算法。SBP方法是按照解的大小顺序对所有机器进行排序，有着最大下界的机器被确定为瓶颈机器。SBP对瓶颈机器排序，留下被忽视的未被排序的机器，固定已排序的机器。当每次瓶颈机器排序后，每个先前被排定的有接受改进能力的机器，通过解决单一机器问题的方法，再次被局部重新最优化，而单一机器问题的排序是用Carlier提出的方法迭代解决。SBP方法虽然能比PDR方法提供质量更好的解，但是计算时间长，算法实施比较复杂[2]。

9.3.3 智能优化方法

智能优化方法是一类受生物智能或物理现象所启发的随机搜索算法，目前在理论上还远不如传统优化算法完善，往往也不能确保解的最优性。但从实际应用上看，这类算法一般不要求目标函数和约束的连续性与凸性，甚至有时都不需要解析表达式，对计算中数据的不确定性也有很强的适应能力。由于这些独特的优点和机制，智能优化方法引起了众多国内外学者的重视，且在诸多领域中得到了广泛应用，展示出强劲的发展势头。调度领域的智能优化方法主要包括进化算法、群智能优化算法、局部搜索算法、人工智能算法等。

1. 进化算法

进化算法是一类模拟生物进化过程的智能优化方法，主要包括遗传算法(GA)、遗传规划(GP)、进化策略(ES)和进化规划(EP)，广泛应用于规划与调度等组合优化问题。其中，遗传算法是在调度领域中应用最广泛的进化算法。

遗传算法是通过模仿生物遗传和自然选择的机理所构造的一类优化算法。自从1975年美国密歇根大学的Holland教授在他的著作*Adaptation in Natural and Artificial Systems*中首次提出遗传算法以来，经过多年的研究，该算法现在已发展到一个比较成熟的阶段。遗传算法将问题的求解表示成"染色体"的适者生存过程，即适应性好的"染色体"有更多的繁殖机会；通过染色体群的一代代不断进化，包括复制、交叉和变异，最终收敛到最适应环境的个体，从而求得问题的满意解或最优解。遗传算法中的5个关键要素包括编码和解码、适应值函数、初始种群、遗传操作(交叉和变异)和参数设置。一般遗传算法的主要步骤如下：

Step 1. 随机产生一个由确定长度的特征字符串组成的初始种群，这些字符串被称为"染色体"。

Step 2. 对该字符串种群迭代执行以下步骤，直到满足终止条件为止。

(1) 计算种群中每个"染色体"个体的适应度；

(2) 应用复制、交叉操作和变异操作产生下一代种群。

Step 3. 输出计算过程中出现的最好的染色体个体,将这个染色体解码为问题的解。

Davis 在 1985 年最早将遗传算法用于调度问题,他应用基于优先表的间接编码求解作业车间调度问题。20 世纪 80 年代末 90 年代初,Falkenauer 和 Bouffouix 进一步改进了 Davis 提出的算法;Nakano 和 Yamada 采用二进制矩阵编码一个调度;Yamada 和 Nakano 在 1992 提出了一种基于完成时间的编码,并设计相应的算子,得到 FT10 实例的最优解[1]。

2. 群智能优化算法

群智能优化算法主要是通过模拟昆虫、鸟群和鱼群等群体行为所构造的一类智能优化方法。这些群体按照一种合作的方式寻找食物或躲避追捕,群体中的每个成员通过学习它自身的经验和其他成员的经验来不断地改变搜索的方向。任何一种受动物的社会行为机制而启发设计出的算法均属于群智能优化算法。在调度领域中,常见的群智能优化算法有粒子群算法(PSO)、蚁群算法(ACO)等。

1) 粒子群优化算法

粒子群优化算法源于对鸟群捕食的行为研究,由 Eberhart 博士和 Kennedy 博士在 1995 年提出[10]。PSO 同遗传算法类似,但是并没有遗传算法使用的交叉和变异算子,而是粒子在解空间追随最优的粒子进行搜索。

在 PSO 算法中,每个优化问题的解都是 d 维搜索空间的一只鸟,称为粒子。所有粒子都有一个由适应度函数决定的适应度和一个速度 $v_i=(v_{i_1},v_{i_2},\cdots,v_{i_d})$,决定它们在搜索空间飞行的方向和距离。PSO 初始化为一群随机粒子(随机解),其中第 i 个粒子在 d 维解空间的位置表示为 $x_i=(x_{i_1},x_{i_2},\cdots,x_{i_d})$,然后通过迭代找到最优解。在每一次迭代中,粒子通过跟踪两个极值来更新自己的速度和位置。第一个极值就是粒子本身到目前为止所找到的最优解,叫作个体极值 $p_i=(p_{i_1},p_{i_2},\cdots,p_{i_d})$;另一个极值是整个种群到目前为止找到的最优解,称为全局极值 $g=(g_1,g_2,\cdots,g_d)$。

设 c_1、c_2 为学习因子,rand()为均匀分布在(0, 1)之间的随机数,粒子根据以下两个公式来更新自己的速度和位置:

$$v_i=v_i+c_1\times \text{rand}()\times(p_i-x_i)+c_2\times \text{rand}()\times(g-x_i)$$

$$x_i=x_i+v_i$$

粒子群优化算法在调度问题中应用的关键是将算法与调度领域知识相结合。目前,华中科技大学的高亮等在这方面开展了大量研究工作[5]。

2) 蚁群算法

蚁群算法是在 20 世纪 90 年代初由意大利学者 Dorigo、Mahiezzo 和 Colorni 从生物进化和仿生学角度出发,研究蚂蚁寻找路径的自然行为提出的[11]。仿生学家经过观察发现,蚂蚁在行动中,会在它们经过的地方留下一些化学物质"外激素"(stigmergy)。这些物质能被同一蚁群中后来的蚂蚁感受到,并作为一种信号影响后来者的行动,而后来者留下的外激素会对原有的外激素进行加强,并如此循环下去。蚁群算法是通过模仿蚁群中的蚂蚁以外激素为媒介间接的、异步的联系方式为特点。蚁群算法最初成功应用于求解 TSP 问题(旅行商问题),此后,在其他 NP(非确定性多项式)组合优化问题方面,蚁群算法显示出求解复杂组合优化问题方面的优越性,证明它是一种具有广阔发展前景的方法。

Colorni 等首先用蚁群算法来求解作业车间调度问题。不过初步的研究表明,该算法具有较强的发现较好解的能力,同时也存在一些缺点,如容易出现停滞现象、收敛速度慢等。蚁群算法的参数选择更多地依赖于实验和经验,许多实际问题也有待深入研究与解决[1]。

3. 局部搜索算法

局部搜索(LS)算法是运用人工智能、物理学等领域的某些思想,对基本局部搜索算法进行推广或扩展,目的是克服基本局部搜索算法极易陷入局部最优的缺点,并形成了以禁忌搜索算法(TS)、模拟退火算法(SA)等为代表的算法,是求解调度问题的常用方法。

1) 禁忌搜索算法

禁忌搜索算法最早是由 Glover 和 Hansen 在 1986 年分别提出,此后 Glover 将其发展成一套完整的算法[1]。所谓禁忌就是禁止重复前面的工作。为了避免局部邻域搜索陷入局部最优,禁忌搜索算法用一个禁忌表记录下已经达到过的局部最优点,在下一次搜索中利用禁忌表中的信息不再搜索这些点,或通过特赦准则来赦免一些被禁忌的优良状态,以此来跳出局部最优点。由于能较快地得到问题的满意解,禁忌搜索算法是目前求解调度问题最有效的启发式算法之一。标准禁忌算法的流程如下:

Step 1. 产生初始解 $\boldsymbol{s}$,设为当前解 $\boldsymbol{s}^*$ 和最好解 $\boldsymbol{s}^{\mathrm{b}}$,设定算法参数,清空禁忌表。

Step 2. 由邻域结构产生当前解 $\boldsymbol{s}^*$ 的邻域解 $N(\boldsymbol{s}^*)$。

(1) 选择满足特赦准则或非禁忌最佳的邻域解为当前解 $\boldsymbol{s}^*$,更新禁忌表;

(2) 如果新的当前解优于迄今最好解,则 $\boldsymbol{s}^{\mathrm{b}}=\boldsymbol{s}^*$。

Step 3. 重复 Step 2,直到满足终止准则。

Taillard 在 1989 年首次将禁忌搜索算法用于求解调度问题,此后许多学者对 Taillard 的方法做出了改进。在这些方法中,Nowicki 和 Smutnicki(1996)提出的 TSAB 算法(回溯禁忌搜索算法)在求解作业车间调度问题的效率和质量方面带来了真正意义的突破。例如,在一台老式个人电脑上仅花费 30s 就发现了著名 FT10 基准实例的最优解。目前,求解作业车间调度问题最先进的算法之一是 Nowicki 和 Smutnicki(2002)提出的 i-TSAB 算法,该方法是对他早期 TSAB 算法的扩展[1]。

2) 模拟退火算法

模拟退火算法是 Kirkpatrick 等在 1983 年意识到组合优化问题与物理退火过程之间的类似性,并受到 Metropolis 准则的启迪提出的[12]。模拟退火算法的思想是基于物理中固体物质的退火过程的模拟,采用 Metropolis 接受准则以一定的概率接受新的较差解或继续在当前邻域内搜索。模拟退火算法的搜索过程受冷却进度表控制,在理论上能收敛到全局最优解。标准模拟退火算法的步骤如下:

Step 1. 随机产生一个初始解 $\boldsymbol{s}$,适应度值为 $f(\boldsymbol{s})$,设其为当前解 $\boldsymbol{s}^*$ 和最好解 $\boldsymbol{s}^{\mathrm{b}}$,$f(\boldsymbol{s}^*)=f(\boldsymbol{s})$, $f(\boldsymbol{s}^{\mathrm{b}})=f(\boldsymbol{s})$, 并设定初始温度 t_0 和 $i=0$。

Step 2. 若算法满足终止条件,则输出最佳解,结束算法;否则继续以下步骤。

Step 3. 在当前解 $\boldsymbol{s}^*$ 的邻域 $N(\boldsymbol{s})$中产生一个邻域解 $\boldsymbol{s}'$。

Step 4. 若 $f(\boldsymbol{s}')<f(\boldsymbol{s}^{\mathrm{b}})$,则 $\boldsymbol{s}^{\mathrm{b}}=\boldsymbol{s}'$,$f(\boldsymbol{s}^{\mathrm{b}})=f(\boldsymbol{s}')$。

Step 5. 若 $f(\boldsymbol{s}')<f(\boldsymbol{s}^*)\ ||\ \exp(f(\boldsymbol{s}^*)-f(\boldsymbol{s}'))/t_i>\mathrm{random}[0,1]$,则 $\boldsymbol{s}^*=\boldsymbol{s}'$,$f(\boldsymbol{s}^*)=f(\boldsymbol{s}')$。

Step 6. 若满足抽样稳定准则,则转 Step 7；否则转 Step 3。

Step 7. 降温 $t_{i+1}=\text{update}(t_i)$,设 $i=i+1$,转 Step 2。

Matsuo 等和 Van Laarhoven 等在 1988 年最早把模拟退火方法用于作业车间调度问题的研究。Van Laarhoven 等在 1992 年利用 N1 邻域结构的模拟退火方法求解作业车间调度问题,得到 FT10 基准实例的最优解。Yamada 等在 1994 年提出一种基于关键块邻域结构的模拟退火方法求解调度问题,并应用重集中搜索和重退火的策略改善搜索过程,给出了较好的解[1]。

3）作业车间调度问题的经典邻域结构

局部搜索算法依赖于问题模型,问题的邻域结构决定了局部搜索算法的优化能力。在作业车间调度领域,华中科技大学的张超勇、李培根等在总结 Matsuo 等(1988)、Van Laarhoven 等(1988)、Balas 等(1969)和 Grabowski 等(1986)工作的基础上,提出了现在常用的 N7 邻域结构[13]。N7 邻域结构是在关键路径块上进行操作的,关键路径块指的是在关键路径上由相同机器加工的相邻工序组成的块。N7 邻域结构具体描述为当满足约束 $L(v,n)\geqslant L(JS[u],n)$时,将工序 u 插入工序 v 之后加工产生新的邻域解,或者当满足约束条件 $L(0,u)+p_u\geqslant L(0,JP[v])+pJP[v]$时,将工序 v 插入工序 u 之间加工产生新的邻域解。其中,工序 u 和工序 v 至少有一道工序为关键路径块上的第一个工序或最后一个工序,具体如图 9-10 所示。

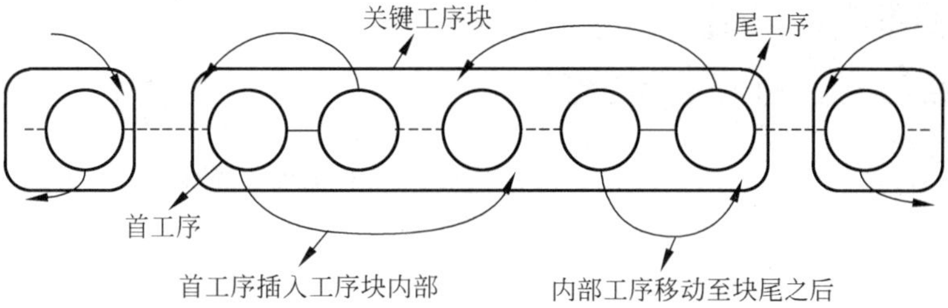

图 9-10　N7 邻域结构示意图

N7 邻域结构中的约束条件可以保证产生的解都是可行解,但进行相同操作产生的邻域解为可行解时,并不一定满足 N7 的约束条件,即 N7 中的约束条件不是产生可行解的充分必要条件。华中科技大学的桂林、李新宇、高亮等发现了产生可行解的充分必要条件,即在析取图中当不存在有 $JS[u]$指向 v 的路径时,将 u 插入 v 之后加工；或在析取图中不存在 u 指向 $JP[v]$的路径时,将 v 插入 u 之前加工是产生可行解的充分必要条件,并由此在 N7 的基础上提出了 N8 邻域结构。

4. 人工智能算法

人工智能是一门多领域交叉学科,涉及概率论、统计学、逼近论、凸分析、算法复杂度理论等多门学科。它专门研究计算机怎样模拟或实现人类的学习行为,以获取新的知识或技能,重新组织已有的知识结构使之不断改善自身的性能。经典的人工智能算法包括决策树(decision trees)、朴素贝叶斯分类(naive Bayesian classification)、支持向量机(SVM)、主成分分析(PCA)等[14]。

目前,人工智能相关算法的核心功能主要是用于分类和预测两个方面。而调度问题的本质是优化过程，可行解的数量众多，难以直接采用人工智能对其求解。因此，必须在调度问题中找到分类或预测的步骤，并将其替换为人工智能算法进行辅助求解[14]。华中科技大学的黎阳、高亮、李新宇等提出了一种基于残差神经网络的置换流水车间调度方法[14]。

图 9-11 为置换流水车间调度的甘特图，当需要交换工件 8 和 5 进行邻域搜索的时候，如果采用计算 makespan 的方式来判断交换后结果的好坏，则会占用大量的计算时间。因此将该过程替换为残差神经网络的分类过程。将计算时间移到调度准备阶段，完全不占用宝贵的求解时间。针对特定的车间，利用历史数据提前对神经网络进行训练并保存好训练之后的网络参数。在需要调用的时候，只需要一次矩阵运算即可，计算时间消耗近乎 0，能大大提高算法的优化效率。

图 9-11
(彩图)

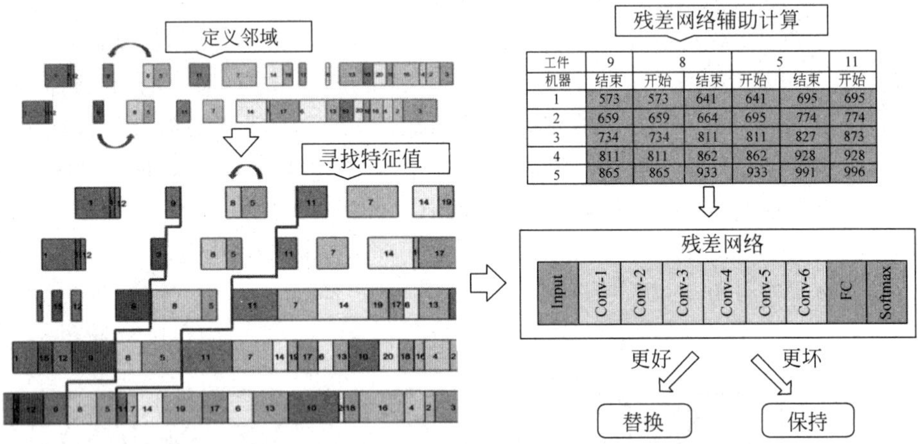

工件	9	8		5		11
机器	结束	开始	结束	开始	结束	开始
1	573	573	641	641	695	695
2	659	659	664	695	774	774
3	734	734	811	811	827	873
4	811	811	862	862	928	928
5	865	865	933	933	991	996

图 9-11　置换流水车间调度甘特图

9.4　智能调度的发展趋势

1. 当前面临的问题

尽管车间调度问题已经成为热点研究领域，许多学者也在这一领域产出了许多成果，但车间调度问题的研究仍然面临着许多问题。为了提高求解结果和方法的通用性，通常会使用数学模型对问题进行求解，但数学模型的求解效率低，且只能对小规模问题进行求解。为了提高问题的求解效率和对大规模问题进行求解，学者们提出用智能优化算法对问题进行求解，但智能算法的求解结果具有一定的不稳定性，同时智能优化算法的通用性较低，需要针对特定的问题设计特定的优化过程。现在又有学者提出将数学模型与智能算法相结合的求解思路，但两者之间如何结合，结合之后怎样求解仍然需要研究和探索。

2. 未来发展趋势

车间调度优化是提高企业生产效率的关键，因此对车间调度问题的研究必然越来越受到重视，其主要的发展趋势有以下几点：

(1) 伴随着生产工艺的复杂化、生产任务的大批量化、生产场景的多样化等趋势，对调度问题的研究必将朝着更加贴近生产实际问题的方向发展，例如问题中包含实际生产约束、串/并行的多车间协同调度、动态调度等；

(2) 伴随着上下游企业之间的联盟、面向用户的生产模式的发展等，分布式生产调度问题必然会成为一个重要研究方向；

(3) 随着智能车间的发展，车间调度问题与其他生产问题的联系正在逐步加强，这必然会形成一个更加复杂的耦合问题，如车间调度问题与工艺规划问题的结合、车间调度问题与物流运输问题的结合等，这些问题的研究对提高企业生产效益具有重要意义。

参考文献

[1] 张超勇. 基于自然启发式算法的作业车间调度问题理论与应用研究[D]. 武汉：华中科技大学，2007.

[2] PINEDO M. 调度：原理算法和系统[M]. 张智海，译. 北京：清华大学出版社，2007.

[3] 王凌. 车间调度及其遗传算法[M]. 北京：清华大学出版社，2003.

[4] 张超勇，董星，王晓娟，等. 基于改进非支配排序遗传算法的多目标柔性作业车间调度[J]. 机械工程学报，2010，46(11)：156-164.

[5] 高亮，高海兵，周驰. 基于粒子群优化的开放式车间调度[J]. 机械工程学报，2006(2)：129-134.

[6] JOHNSON S M. Optimal two and three-stage production scheduling with set-up times included[J]. Naval Research Logistics Quarterly，1954(1)：64-68.

[7] 刘延风. 置换流水车间调度问题的几种智能算法[D]. 西安：西安电子科技大学，2012.

[8] 李新宇. 工艺规划与车间调度集成问题的求解方法研究[D]. 武汉：华中科技大学，2009.

[9] 越民义，韩继业. n 个零件在 m 台机器上加工顺序问题(Ⅰ)[J]. 中国科学，1975(5)：462-470.

[10] KENNEDY J，EBERHART R C. Particle swarm optimization [R]：Proceedings of IEEE International Conference on Neutral Networks，Perth，Australia，1995：1942-1948.

[11] DORIGO M，MANIEZZO V，COLORNI A. Ant system：optimization by a colony of coorperating agents[J]. IEEE Transactions on SMC，1996，26(1)：8-41.

[12] KIRKPATRICK S. GELATT C D，VECCHI M P. Optimization by simulated annealing [J]. Science，1983，220 (4598)：671-680.

[13] ZHANG C Y，LI P G，GUAN Z L，et al. A tabu search algorithm with a new neighborhood structure for the job shop scheduling problem[J]. Computers & Operations Research，2007，34(11)：3229-3242.

[14] LI Y，WANG C Y，GAO L，et al. An improved simulated annealing algorithm based on residual network for permutation flow shop scheduling[J]. Complex & Intelligent Systems，2020：1-11.

第10章 工业互联网平台

工业互联网是全球工业系统与高级计算、分析、感应技术以及互联网连接融合的一种结果。工业互联网的本质是通过开放的、全球化的工业级网络平台把设备、生产线、工厂、供应商、产品和客户紧密地连接和融合起来，高效共享工业经济中的各种要素资源，从而通过自动化、智能化的生产方式降低成本、增加效率，帮助制造业延长产业链，推动制造业转型发展。

随着制造业数字化水平的逐步提高，智能制造得到了快速发展，使得工业互联网平台在全世界范围内迅速兴起。目前，全球制造业龙头企业、ICT 领先企业、互联网主导企业基于各自优势，从不同层面与角度搭建了工业互联网平台。工业互联网平台虽发展时间不长，但均有迅速扩张的趋势，正积极探索技术、管理、商业模式等方面规律，并取得了一些进展[1]。

工业互联网平台是智能制造的核心技术之一[2]，对智能制造的发展起着至关重要的作用。各国政府都将工业互联网平台建设作为战略发展的重中之重。美国在先进制造国家战略中，将工业互联网和工业互联网平台作为重点发展方向，德国工业 4.0 战略也将推进网络化制造作为核心。GE、西门子、达索、PTC 等国际巨头也纷纷布局工业互联网平台[3]。

与此同时，2018 年 7 月，工业和信息化部印发了《工业互联网平台建设及推广指南》和《工业互联网平台评价方法》，并于 2019 年 1 月 18 日印发了《工业互联网网络建设及推广指南》。2019 年 3 月，“工业互联网”成为“热词”并写入《2019 年国务院政府工作报告》。发展工业互联网平台，已经成为实现智能制造的必然要求[4]。

本节主要对工业互联网的基本概念，工业互联网平台的核心技术、应用场景和构建方式等方面进行介绍。

问题：

(1) 工业互联网的基本概念是什么？

(2) 工业互联网与智能制造有什么关系？

(3) 工业互联网平台在智能制造中的作用是什么？

10.1 工业互联网及其层次结构

工业互联网(industrial internet)的概念最初由美国通用公司提出，它集成了大数据技术和各类分析工具，并通过无线网络将工业设备连接起来[5]。工业互联网将能快速适应不同任务的人工智能模型应用于分布式系统，通过云计算优化控制过程，实现更高程度的自动化，其核心含义与德国提出的“工业 4.0”、中国提出的“中国制造 2025”相同，即借助飞速发展的信息技术，在更高的层次将生产所涉及的离散信息联结起来，利用大数据分析技术，优化生产过程，提高智能制造水平[6]。

工业革命以来，机器生产取代人力，大规模工厂化生产取代个体工场手工生产。传统手工生产时，人通过视觉、听觉、触觉等方式感知生产要素信息，在大脑中对信息进行整合、分析，以生产需求为驱动，对生产要素进行配置，从而满足生产要求。进入机器大生产时代以来，生产分工越来越细致，一种产品往往是多家工厂共同协作生产而来的。生产设备的大幅增加，导致生产涉及大量的生产要素。同时，生产设备朝着精密化、智能化的方向发展，描述单一设备的状态需要大量的信息，因此，传统的通过人的知觉感知全部生产要素十分困难。此外，生产要素之间通常是跨越空间和时间的，人们感知到的信息通常具有局限性和延迟性，基于感知到的信息制定的决策，通常不是全局最优的策略。

随着智能传感器的广泛应用，人们可以实时感知离散的生产要素信息。而物联网时代，能将这类信息在云平台上进行整合、分析，来优化制造过程，实现智能化生产，工业互联网平台也就应运而生[7]。工业互联网通过智能传感器，实时感知生产要素信息，并通过无线网络传输到工业互联网平台，工业互联网平台对信息进行分析、优化，然后对生产要素进行最优化配置，从而实现智能制造。

工业互联网层次结构可以分为 4 层（如图 10-1 所示），主要包含边缘层、平台层（工业 PaaS 层）、应用层以及 IaaS 层。

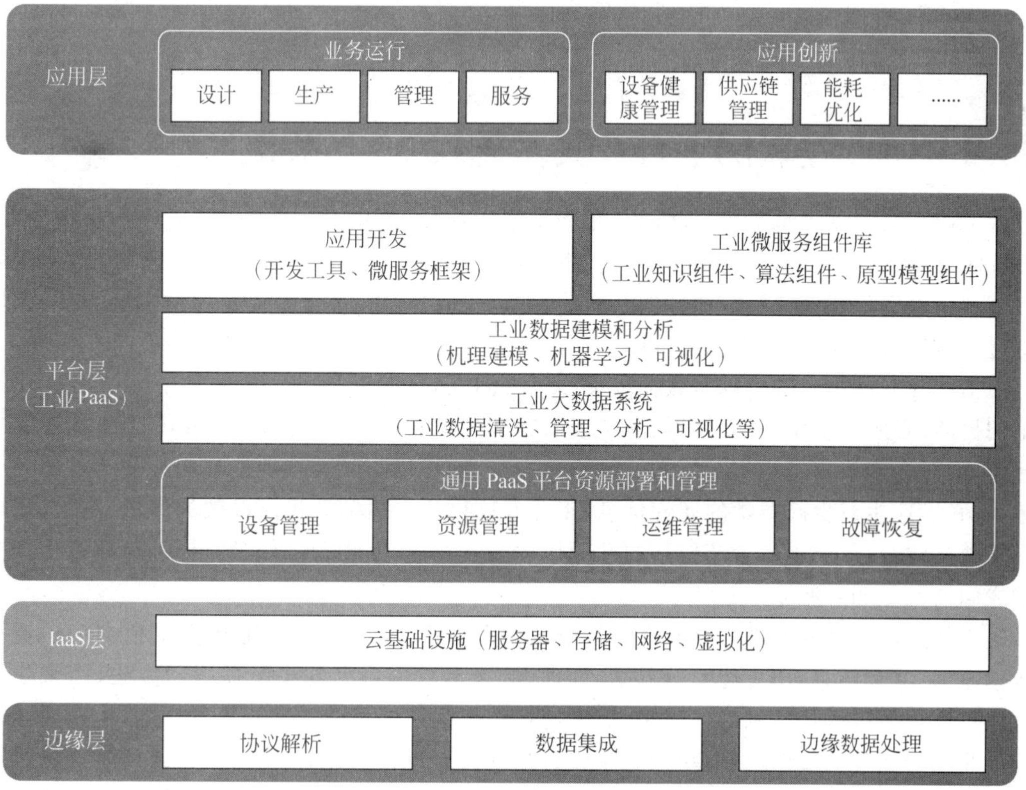

图 10-1　工业互联网层次结构

(1) 边缘层：解决数据采集的问题，其通过大范围、深层次的数据采集，以及异构数据的协议转换与边缘处理，构建工业互联网平台的数据基础；

(2) 平台层：解决工业数据处理和知识积累沉淀问题，依赖大数据分析技术，提供最优策略，形成开发环境，与之前不同的是会有云化的软件的应用；

(3) 应用层：解决工业实践和创新的问题[8]，主要面向特定工业应用场景，激发全社会资源推动工业技术、经验、知识和最佳实践的模型化、软件化、再封装(即工业 App)，用户通过对工业 App 的调用实现对特定制造资源的优化配置；

(4) IaaS 层：通过虚拟化技术将计算、存储、网络等资源池化，向用户提供可计量、弹性化的资源服务。

节点及关联

边缘层：数据采集和云端汇聚；
平台层：构建可扩展的开放式云操作系统；
应用层：工业 App；
IaaS 层：为用户提供完善的云基础设施服务。

问题：

(1) 工业互联网与传统制造的区别是什么？
(2) 工业互联网各层次的关键技术是什么？
(3) 工业互联网各层次之间的关系是什么？
(4) 工业互联网与云平台有什么不同之处？

10.2 工业互联网平台及其基础、核心与关键

工业互联网平台是工业互联网在智能制造中应用的具体形式。通过工业互联网平台，不仅能将原材料、产品、智能加工设备、生产线、工厂、工人、供应商和用户紧密联系起来，而且能利用跨部门、跨层级、跨地域的互联信息，以更高的层次给出最优的资源配置方案和加工过程，提升制造过程的智能化程度[9]。

工业互联网平台的基础是数据采集。一方面，随着加工过程和生产线精益化、智能化水平的提高，必须从多角度、多维度、多层级来感知生产要素信息，因此，需要广泛部署智能传感器，来对生产要素进行实时感知。另一方面，人脑可以实时高效地处理相关联的多源异构数据，并迅速生成生产要素的属性信息，工业互联网平台也需要进行高效的海量、高维、多源异构数据融合，形成单一生产要素的准确描述，并进一步实现跨部门、跨层级、跨地域生产要素之间的关联和互通。

工业互联网平台的核心是平台。传统的工业生产中，通常是人基于感知到的信息，通过数学原理、物理约束、历史经验等总结、推理，最终形成一系列的决策规则和方法，用来指导生产过程。而进入物联网时代以来，极大地扩展了生产要素分布的层次和广度，生产要素之间的联系纷繁复杂，难以用简单的数学或者物理模型进行描述，而对于新模式的生产场景和个性化的生产需求，难以显性、直接地从历史经验中总结出决策规则。因此，工业互联网平

台的核心是利用大数据、人工智能等方法，从海量高维、互联互通的工业数据中，挖掘出隐藏的决策规则，从而指导生产。工业互联网平台在通用 PaaS 架构上进行二次开发，实现工业 PaaS 层的构建，为工业用户提供海量工业数据的管理和分析服务，并能够积累沉淀不同行业。不同领域内技术、知识、经验等资源，实现封装、固化和复用，在开放的开发环境中以工业微服务的形式提供给开发者，快速构建定制化工业 App，打造完整、开放的工业操作系统。

工业互联网平台的关键是应用。工业互联网平台是以需求驱动的、面向用户的平台。一方面，工业互联网平台的使用对象是人，其最终推送的决策，必须是人可以直观接收和理解的；另一方面，对于用户不同的要求，工业互联网平台需要基于新模式的生产场景和个性化的生产需求，利用数据分析方法，推送定制化的决策方案。工业互联网平台通过自主研发或者是引入第三方开发者的方式，以云化软件或工业 App 形式为用户提供设计、生产、管理、服务等一系列创新性应用服务，实现价值的挖掘和提升。

节点及关联

数据采集：基础，信息互联互通；

平台：核心，面向新模式的生产场景和个性化的生产需求，构建完整、开放的工业操作系统；

应用：关键，以云化软件或工业 App 形式为用户提供设计、生产、管理、服务等一系列创新性应用服务。

问题：

(1) 工业互联网平台与工业数字化之间的相同和不同之处是什么？

(2) 工业互联网平台与大数据分析平台之间有何联系与区别？

(3) 如何理解工业互联网是以需求驱动、面向用户的平台？

10.3 工业互联网平台的技术体系与关键技术

工业互联网平台能感知与生产相关的原材料、产品、智能加工设备、生产线、工厂、工人、供应商和用户信息，通过互联网将信息关联起来，并利用数据分析技术，为智能制造提供决策支持，最终利用工业 App 推送给用户和各智能设备。因此，工业互联网技术体系包括 4 个部分：①全面互联的工业系统信息感知技术；②信息传输技术；③数据分析平台；④工业 App 开发技术[10]。

1. 全面互联的工业系统信息感知技术

工业互联网平台需要实现跨部门、跨层次、跨地域、跨领域的工业系统信息全面感知，因此，数据采集要以自感知技术为主，同时需要研究多源异构数据融合技术，将多来源、多形式的数据整合，来准确描述生产要素状态。然而，边缘层数据采集困难重重。首先，工厂里有许多性能参差不齐的老旧设备没有配置传感器，如何将老旧设备联网，采集到聋哑设备的数据非常关键；其次，随着加工过程和生产线精益化、智能化水平的提高，必须从多角度、多维度、多层级来感知生产要素信息，因此，需要广泛部署智能传感器，对生产要素进行实时感知。而传感器、仪表或PLC控制器往往来自不同厂商，所支持的通信协议也不同，如何将不同传感器信息进行整合同样非常重要。此外，车间面积广、设备量多，传统人员巡检模式效率低、速度慢，如何对设备及人员进行远程管理也是边缘层需要解决的问题。因此，可以理解边缘层的3个要点如下：

(1) 设备接入，即对海量设备进行连接和管理；

(2) 协议解析，即利用协议转换实现海量工业数据的互联互通和互操作；

(3) 边缘数据处理，即通过运用边缘计算技术，实现错误数据剔除、数据缓存等预处理以及边缘实时分析，降低网络传输负载和云端计算压力。

为了解决上述问题，下面以研华WISE-PaaS工业物联网云平台为例(如图10-2所示)，介绍工业互联网平台解决方案。

在边缘层，研华WISE-PaaS工业物联网云平台提供WebAccess、WISE-PaaS/EdgeSense、WISE-PaaS/VideoSense解决方案。以工厂应用较多的WebAccess来说，其中包括SCADA、EdgeLink等，其帮助用户解决工厂信息孤岛、改善制造流程，省时、省力、省成本的同时，向下可连接多种品牌的控制设备与仪器，向上可整合至数据库系统与MES，无缝整合MES和SCADA(数据采集与监视控制系统)，可让双方都能灵活运用各种资源，优化工厂制造流程并落实实时、可视又无纸化的生产管理，提升自身的市场竞争力。

2. 信息传输技术

工业互联网平台需要完成工业数据集成、实时存储与传输。物联网的传输层主要负责传递和处理感知层获取的信息，分为有线传输和无线传输两大类，其中无线传输是物联网的主要应用。无线传输技术按传输距离可划分为两类：一类是以Zigbee、WiFi、蓝牙等为代表的短距离传输技术，即局域网通信技术；另一类则是LPWAN(低功耗广域网)，即广域网通信技术。

传感器和设备信息需要通过各种不同的协议实现数据接入。协议转换分为两个方面：一方面运用协议解析、中间件等技术兼容ModBus、OPC、CAN、Profibus等各类工业通信协议和软件通信接口，实现数字格式转换和统一；另一方面利用HTTP、MQTT等方式从边缘层将采集的数据传输到云端，实现数据的远程接入。

在转换协议中，主要有协议即用于短距离设备连接的本地协议Modbus以及支持物联网进行远程全局通信的可扩展互联网协议MQTT。

3. 数据分析平台

工业互联网平台需要实时高效处理不断产生的工业数据，从中挖掘出对工业生产有价值的决策方案。工业互联网平台需要借助大数据分析技术、人工智能方法等，基于专家经验，结合物理、数学等基础学科知识，从工业大数据中获得有价值的经验。

与其他领域大数据相比，工业大数据有“3B”挑战[12]：

(1) Broken。工业对于数据的要求并不仅在于量的大小，更在于数据的全面性。在利用数据建模的手段解决某一个问题时，需要获取与被分析对象相关的全面参数，而一些关键参数的缺失会使分析过程碎片化。举例而言，当分析地铁发动机性能时需要温度、空气密度、功率等多个参数，而当其中任意一个参数缺失时都无法建立完整的性能评估和预测模型。

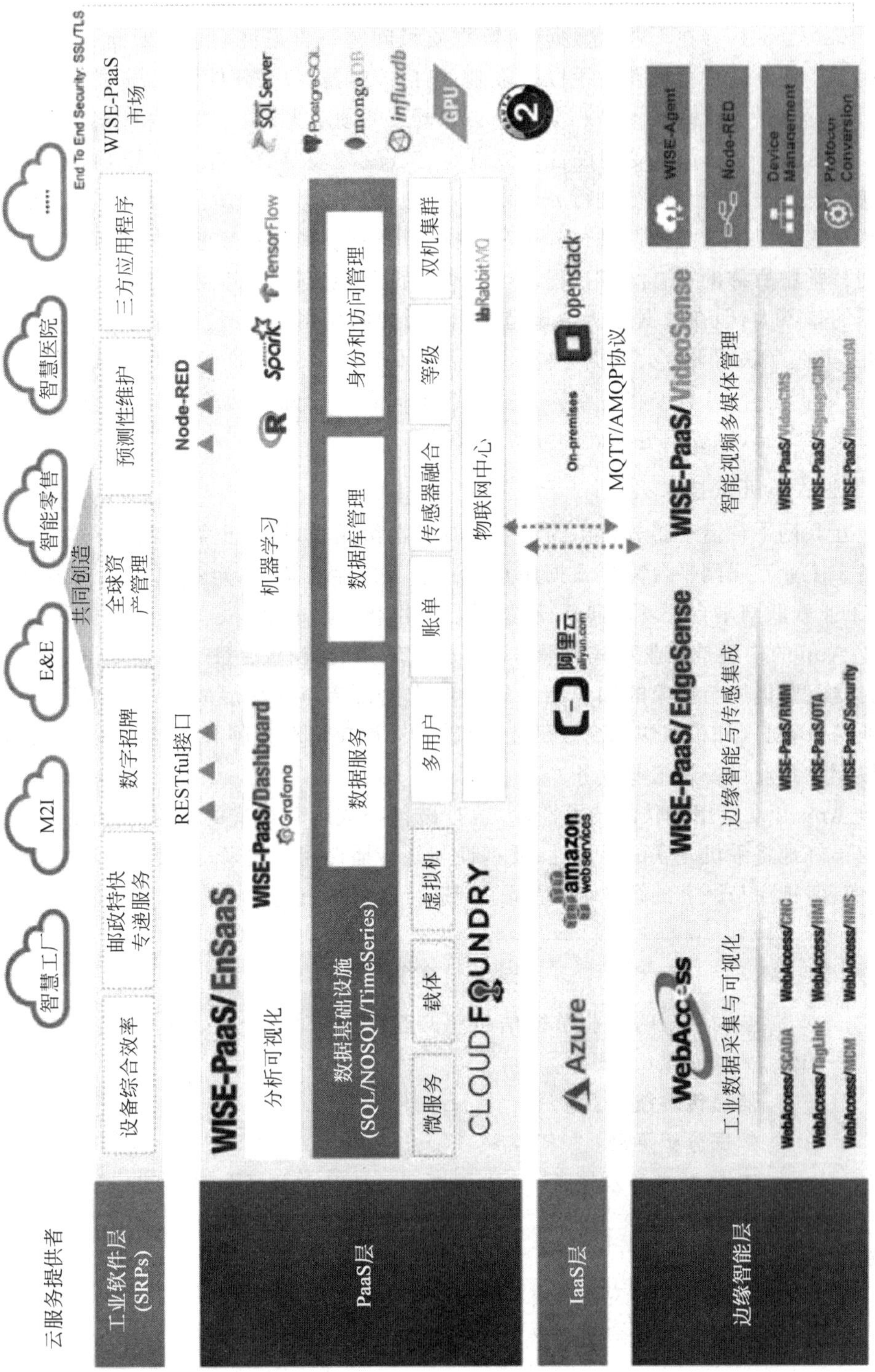

图 10-2 研华 WISE-PaaS 2.0 架构[11]

因此对于企业来说，在进行数据收集前要对分析的对象和目的有清楚的规划，这样才能够确保所获取数据的全面性，以免斥巨资积累了大量数据后发现并不能解决所关心的问题。

(2) Bad Quality。在工业大数据中，数据质量问题一直是许多企业所面临的挑战。这主要受制于工业环境中数据获取手段的限制，包括传感器、数采硬件模块、通信协议、组态软件等。对数据质量的管理技术是一个企业必须要下的硬功夫。

(3) Background。数据受到设备参数设定、工况、环境等背景信息的影响，除了应对数据所反映出来的表面统计特征进行分析以外，还应该关注数据中所隐藏的背景相关性。对这些隐藏在表面以下的相关性进行分析和挖掘时，需要一些具有参考性的数据进行对照，也就是数据科学中所称的“贴标签”过程。这一类数据包括工况设定、维护记录、任务信息等，虽然数据的量不大，但在数据分析中却起到至关重要的作用。

因此，工业互联网平台大数据分析，不仅需要利用常用的大数据分析技术，还需要研究数据清洗、数据融合，并且要将各学科、各领域、不同背景的知识抽象、固化，形成规则，与大数据分析技术结合，以提供更准确的分析结果。

4. 工业 App 开发技术

工业互联网平台需要将分析出的结果实时推送给用户，同时也需要接口将决策传输到智能设备。工业互联网平台需要根据用户需求和实际生产需要，定制化 App 推送消息，因此，需要工业互联网平台开发面向新模式场景、个性化需求的 App。

工业 App 的构建是工业互联网平台协作模式转换的核心，通过对工业知识的提炼与抽象，将数据模型、提炼与抽象的知识结果通过形式化封装与固化形成 App。封装了工业知识的工业 App，对人和机器快速高效赋能，突破了知识应用对人脑和人体所在时空的限制，最终直接驱动工业设备及工业业务。

工业 App 开发运用互联网技术性优点，打破传统式运营模式的时空局限性，在智能制造系统中很好地将手机互联的易用性、便携性与易传播性利用起来，不仅大大地拉近了生产商、供应商、经销商与顾客的距离，也提高了制造行业销售市场的敏感度与信任感。

节点及关联

全面互联的工业系统信息感知技术：设备接入、协议解析、边缘数据处理；

信息传输技术：有线传输、无线传输；

数据分析平台：“3B”挑战；

工业 App 开发技术：工业互联网平台协作模式转换的核心。

问题：

(1) 边缘计算与工业互联网平台有什么关系？

(2) 工业大数据与其他领域大数据之间差别是什么？

(3) 工业大数据分析的困难有哪些？

10.4　工业互联网平台的应用场景

工业互联网平台有三大应用场景。

1. 加工过程优化

工业互联网平台能够实时感知加工过程中的设备运行数据和加工工艺参数，同时将其与原材料信息、人员配置、设备状态、质量检测数据等信息关联起来，因此，工业互联网平台可以实现工艺参数优化和提供设备维护决策支持。

工业互联网平台可以利用大数据分析技术，挖掘产品质量与加工工艺参数之间的关联关系，通过建立产品质量与工艺参数之间的映射，获取能提高产品质量的工艺参数。例如，美的集团基于工业互联网平台(M. IoT)对工艺参数进行优化，使产品品质一次合格率从 94.1%提升到 96.3%。

同时，工业互联网平台可以基于设备历史运行数据和历史状态，分析监测参数与设备状态之间的关系，进而推理出设备状态的演化规律，为智能设备的预防性维护、远程寿命预测及状态监测提供决策支持[13]。例如，基于普奥 ProudThink 平台搭建的制冷设备远程运维平台(如图 10-3 所示)，可以实现远程调试参数，并监测设备状态，发生故障时及时切断设备，并发出预警以便及时得到维护。

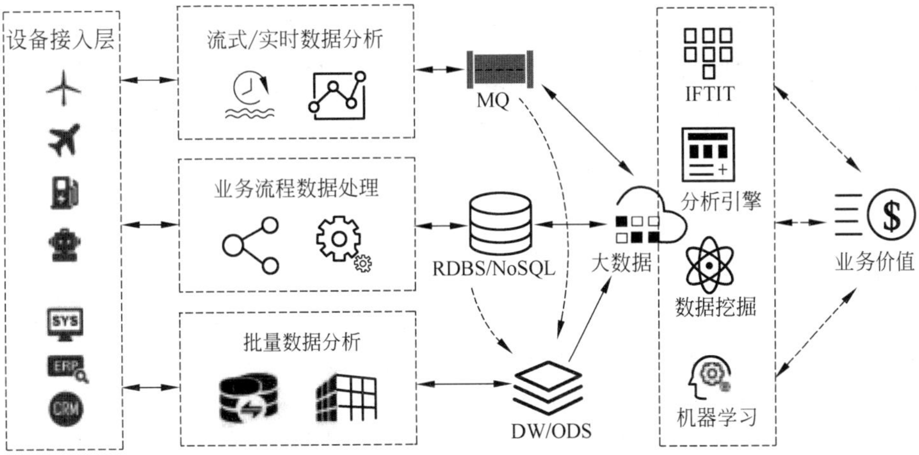

图 10-3　普奥 ProudThink 大数据分析平台[14]

2. 资源管理优化

工业互联网平台不仅可以感知设备级、车间级的数据，同时能将跨部门、跨层级的生产要素之间的信息关联互通，对生产过程的描述也不局限于加工过程，而是从更深的层次、更细的粒度、更全面的角度对生产制造的全过程进行描述，能从更全面的角度对资源配置进行优化。此外，用户的需求也能更直接地反馈到生产端，为更快适应的柔性制造提供配置方案。

工业互联网平台能更全面准确地描述生产要素在加工过程中的状态，尤其是资源利用情况，如能耗、空间占用、运输成本等。受益于生产要素信息的全面互联，工业互联网平台能统筹考虑多方面要素，给出更接近于全局最优的资源配置方案。例如，福特汽车公司基于施耐德电气的 EcoStruxure 平台，收集福特公司在美国国内设施的电力数据并由云管理系统进行分析、管理，降低能耗 30%，并节省了 2%的能源开支。

工业互联网平台能感知生产要素在制造系统中流转的影响，面对新模式生产场景和个性化生产需求，能给出快速响应的柔性制造配置方案，从而满足定制化的产品要求。例如，海尔集团基于 COSMOPlat 平台(如图 10-4 所示)，汇集了洗衣机用户的个性需求，实现了洗衣机个性化定制。

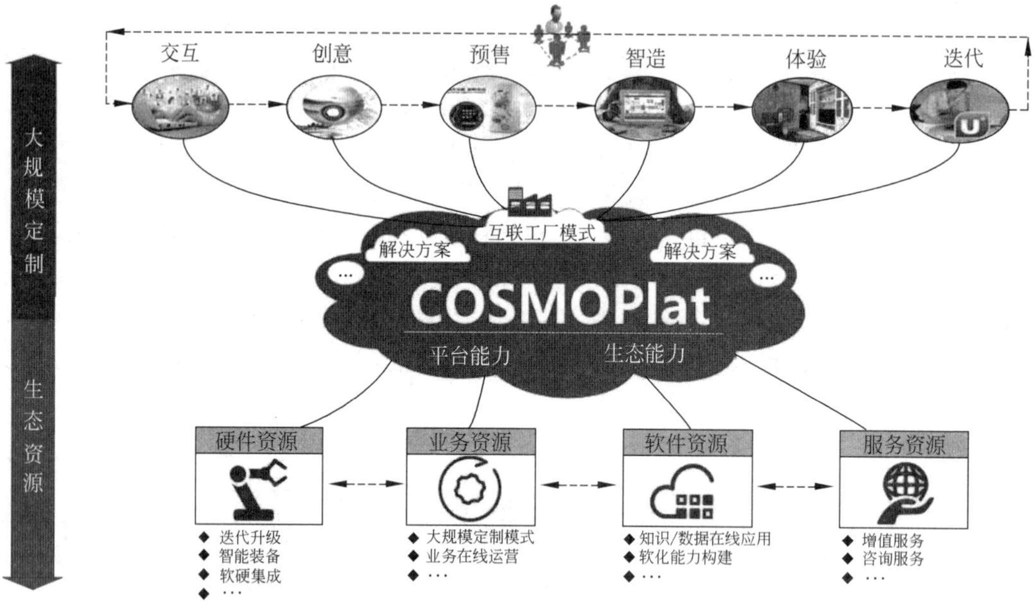

图 10-4 海尔 COSMOPlat 平台

3. 市场决策优化

工业互联网平台将供应商、制造商、销售商及消费者联系起来，市场行为本质上是由需求驱动，商业行为与制造过程有着密不可分的复杂耦合关系。通过对历史消费数据进行分析，可以预测市场需求，同时，通过对短期市场行为的分析，可以预知可能发生的风险，做好风险管控。

工业互联网平台能感知到产品全生命周期信息，从中分析出原材料—制造—销售—使用中各个要素之间的复杂耦合关系，通过对历史信息的分析，对未来需要的产品种类及产能进行预测。

工业互联网平台的优势在于全局信息感知。对于全局信息的实时掌握，能用来预测未来市场可能发生的风险，进而快速对生产制造进行调整，对资源配置进行优化，从而合理地规避风险。

节点及关联

加工过程优化：工艺参数优化和提供设备维护决策支持；

资源管理优化：资源配置优化；

市场决策优化：预知风险，做好风险管控。

问题：

工业互联网平台对加工过程的优化及资源管理的优化与车间调度之间有何异同？

10.5 工业互联网平台的构建方式

工业互联网平台是一个能全面感知工业系统所有环节生产要素信息，对信息进行融合、传输、存储，基于海量工业数据进行分析，获得最优决策并推送给用户和智能设备的计算平台。工业互联网平台通常采用云计算技术构建。与常用的云计算平台类似，工业互联网平台构造使用的主要技术包括虚拟化技术、分布式数据存储技术、编程模式、大规模数据管理、分布式资源管理、信息安全、平台管理等[15]。

具备自感知能力的生产要素和信息传输网络构成了工业互联网平台的硬件基础。工业互联网需要摆脱传统的离散式、人工录入数据的形式，而需要让设备具备智能，全面地自我感知自身状态，并通过互联网实现各生产要素的互联互通，由“点”到“面”地全面认识工业系统。

工业互联网平台通常通过搭建 IaaS 或 PaaS 方式提供软件基础，利用各类开源 PaaS、大数据分析、人工智能等技术，搭建平台框架。用户基于工业互联网平台，针对各种新模式的生产场景和个性化需求，开发定制化的工业分析软件。

参考文献

[1] 周剑，肖琳琳. 工业互联网平台发展现状、趋势与对策[J]. 智慧中国，2017，25(12)：58-60.

[2] 陈肇雄. 工业互联网是智能制造的核心[J]. 中国信息化，2016(1)：7-8.

[3] 工业互联网产业联盟. 工业互联网平台白皮书(2019)[R/OL]. (2019-06-05)[2020-04-19]. http://www.aii-alliance.org/index.php? m=content&c=index&a=document_download&ftype=3&fid=673&fno=0.

[4] 张启亮. 工业互联网平台的过去、现在和未来[J]. 软件和集成电路，2018,403(6)：30-33.

[5] EVANS P C, ANNUNZIATA M. Industrial internet: Pushing the boundaries of minds and machines [R/OL]. (2012-11-26)[2020-04-19]. https://www.ge.com/docs/chapters/Industrial_Internet.pdf.

[6] AAZAM M, ZEADALLY S, HARRAS K A. Deploying fog computing in industrial internet of things and Industry 4.0[J]. Industrial Informatics, IEEE Transactions on, 2018, 14(10): 4674-4682.

[7] 钱志鸿，王义君. 物联网技术与应用研究[J]. 电子学报，2012，40(5)：1023-1029.

[8] YOO Y, HENFRIDSSON O, LYYTINEN K. The new organizing logic of digital innovation: an agenda for information systems research[J]. Information Systems Research, 2010, 21(4): 724-735.

[9] 佚名. 工业互联网推动制造业的数据应用变革[J]. 智慧工厂，2019(7)：24-25.

[10] 夏志杰. 工业互联网的体系框架与关键技术——解读《工业互联网：体系与技术》[J]. 中国机械工程，2018，29(10)：118-129.

[11] IoT+PaaS 创新时代来临，研华致胜关键+秘密武器：WISE-PaaS 研发设计团队[Z/OL]. (2015-05-18)[2020-07-22]. http://www.advantech.com.cn/resources/featured-article/48a76e25-ff15-4c3e-ba50-4930f64aad6a.

[12] 李杰，邱伯华. 工业大数据：工业 4.0 时代的工业转型与价值创造[M]. 北京：机械工业出版社，2015.

[13] PAUL D, WALID N, PRITH B, et al. Driving unconventional growth through the industrial internet of things [R/OL]. (2016-3-17) [2020-04-19]. https://www.accenture.com/mz-en/_acnmedia/Accenture/next-gen/reassembling-industry/pdf/Accenture-Driving-Unconventional-Growth-through-IIoT.pdf.

[14] ProudTHINK[Z/OL]. [2020-07-22]. http://www.proudsmart.com/imgs/THINK.pdf.

[15] 工业互联网产业联盟. 工业互联网平台白皮书(2017)[R/OL]. (2018-01-04) [2020-04-19]. http://www.miit.gov.cn/n973401/n5993937/n5993968/c6002326/part/6002331.pdf.

第3篇

从企业进化维度看智能制造

智能制造覆盖的范围广，涉及的技术很多，人们可以从不同的视角去看智能制造。仅仅局限于概念和技术层面理解智能制造是不够的。

市场环境在不断变化，技术在不断进步。任何一个企业，为了应对激烈的市场竞争，为了实现自身的使命和持续发展，都需要不断进化。企业的进化表现在多个方面，往往一个企业的发展历程中理念也是几经变化（进化）的。但人们更容易看到和感觉到，且与技术紧密联系在一起的进化主要在3个方面：产品、过程和企业生态环境（有的专家和学者认为3个主要方面应该是产品、过程和制造模式）。有的制造模式实际上是制造理念（第3章中有所介绍）；有些“模式”实际上并非企业运营的模式，如柔性制造、并行工程（本篇中有简单介绍）等；另外，现代商业模式（包括制造业运营模式）的创新或改变基本上是基于企业生态的考虑（见13.8节），或者说商业模式的创新也是生态进化的一种反映。故本篇分别从产品、过程和企业生态进化维度看智能制造。

第11章

产品进化

不言而喻，产品是制造企业的生命线。企业的进化首先在于产品的不断进化。如果进化速度跟不上技术发展和人们需求改变的速度，则产品必然退出市场，导致企业衰败甚至破产。

11.1 花开花落

这个时代，曾经有一些与我们的生活紧密相连、能够勾起我们很多回忆的东西，现在已经离我们远去。当它们偶尔伴随着怀旧而出现在我们的记忆中，想起来令人唏嘘。

柯达曾一度是家喻户晓的大品牌。它的产品曾经记录了世界的千姿百态，给世界亿万人留下美好的记忆。可记得柯达胶卷广告词吗？"串起每一刻，别让她溜走。"她没有溜走，可柯达胶卷溜走了，柯达公司最终于 2012 年宣布破产。

1883 年，伊士曼干版公司的创始人伊士曼发明了胶卷，摄影从此不再是空中楼阁，遥不可及。其后，伊士曼柯达公司逐步确立了胶卷帝国乃至摄影器材行业的统治地位。到 1930 年，其在世界的市场份额达到 75%。从胶卷到相机，柯达的产品畅销全球，甚至还作为宇航员记录器飞上太空。19 世纪 70 年代末，柯达在消费摄影市场上占有了美国 85%的相机销量和 90%的胶片销量。同时柯达也意识到，一个幽灵——数码的幽灵，在世界徘徊，在摄影器材行业徘徊。1975 年，柯达应用电子研究中心工程师史蒂芬·沙森发明了颠覆传统摄影物理本质的第一台数码相机[1]，见图 11-1。数码相机采用光电转换器取代传统胶片，将光信息转换成电信息，再进行数字化处理与存储，是应用数字化技术对传统产品进行创新的一个典范。然而摆在柯达公司面前的，是选择继续加大力量投入开发数码相机，还是流连于胶卷摄影帝国的辉煌？或许正是柯达的犹疑和不舍使它付出了代价——摄影帝国的陨落。柯达的故事告诉人们，数字化时

图 11-1 柯达实验室数码相机[1]

代已经来临，如果不能紧跟时代步伐，必将付出惨重的代价。

诺基亚是一家成立于1865年的百年老店，其手机也曾在中国市场大行其道。直到2010年第一季度，全球智能手机市场中，诺基亚以44.3%的份额仍居首位。可倏忽之间，诺基亚在2012年上半年从法兰克福证交所退市。诺基亚的业绩在2008前后达到了全盛状态，在他们如日中天之时，很难意识到诞生于2007年初的iPhone（苹果）和2007年底的Android（安卓）系统会对手机行业产生多么深远的影响。随着Android系统的爆炸性发展和iPhone 3的发布，诺基亚塞班系统（Symbian3和Symbian5）和后续继承者诺基亚Meego智能操作系统渐显颓势。它既败给了比它自由的Android系统，又败给了比它封闭的iOS系统（苹果移动操作系统）。在苹果手机问世前，曾有员工建议研发触屏手机，但被高层领导以成本过高而否决，因此也错过了触屏手机的末班车。诺基亚手机于2011年终于跌落神坛，倒塌在Android和苹果的崛起中。据说，诺基亚又决心重拾手机旧业。但愿怀旧的一代中依然有人会钟情于它新的品牌。

摩托罗拉作为世界无线（移动）通信的先驱和领导者，可以说开创了整个产业。它是第一代移动通信的最大受益者，但只领导了移动通信的第一波浪潮，就被对手甩开。摩托罗拉也不是没有看出数字手机必将代替模拟手机，只是觉得模拟手机的余晖还能足以维持他们一段时间的辉煌。尤其在数字手机的早期阶段，其语音质量还远不如摩托罗拉的模拟手机，更使摩托罗拉高估模拟手机的生命周期。如同所有的大公司一样，最挣钱的模拟手机部门自然底气更足、声音更粗。因此，虽然数字手机研发部门的工作起步并不落后，但由于缺乏强力支持，一旦竞争对手推出各色式样的数字手机时，摩托罗拉方发现自己的手机业务如流水落花春去也。

产品数字化、网络化和智能化的潮流势不可挡，顺之者昌，逆之者亡。

数字化、网络化和智能化技术大大加速了产品进化的速度。

企业在其中某一个环节的迟疑彷徨，其影响可能是灾难性的。诺基亚手机和摩托罗拉手机的陨落也印证了这个进化的规律。

正当诺基亚和摩托罗拉手机如落花春去之时，华为手机却如芙蓉出水。在中国手机市场，华为市场占有率逐渐提升。2018年前三季度，华为智能手机出货量上升至全球第二，突破2亿台大关。从2010年的300万台到2017年的1.52亿台，再到2018年的2亿台，8年间华为手机的发货量增速惊人。自2018年第二季度起，华为手机超越了苹果，华为成为全球第二大智能手机供应商。在消费者换机意愿下降，手机行业经历整体收缩的当下，为什么华为手机能实现“反周期生长”[2]？无非还是靠新技术的应用而使产品快速进化。他们意识到消费者需要一款把摄影功能做到极致的手机。不断对镜头进行创新升级，由双摄逐渐向三摄和多摄转变。三摄最大的优势在于暗光下拍摄效果佳，并且可以突破3倍以上的光学变焦，可以支持4D预测追焦、四合一混合对焦、5倍混合变焦、10倍数码变焦等功能，背后闪光灯也有多重色温可选，感光器面积增大，可以让噪点控制更优异。在徕卡的协助下解决了拍照过程中出现的杂散光和光斑，并调教了数字图像处理的表现。华为在芯片技术上投入巨资，取得成效。2017年9月，发布人工智能芯片麒麟970。这是华为首款10nm处理器。麒麟970芯片设立了一个专门的AI硬件处理单元——NPU，用来处理海量的AI数据。华为积极将AI技术与芯片技术融合，研发人工智能处理器，深度配合端侧执行深度学习，通过更高效简洁的算法，进行图像图形处理、视频分割和对象识别，最大限度开发芯片应用深度。此外还有自然语言理解(NLU)和计算机视觉(CV)能力,将基于文档识别、文档转化、模型转换等原生能力嵌入端的应用软件中。以客户为中心打造属于客户视角的AI智能服务,自动识别不同客户需求,提供个性化、差异化服务。所有这一切,无非说明正是数字、智能等先进技术使华为手机快速进化,终于能在行业整体颓势的情况下逆势增长。

11.2 智能产品的技术要素

智能产品至今没有一个严格的定义。第2章中提到,直到今天人工智能的定义依然存在一定的争议。"智能"一词,从最初颇为学术的概念,到今天在商家引导下民众心目中的"智能"恐怕早已滥用了。好像一个产品,加一个遥控,或者加上Wi-Fi,做个手机App,就可以冠之以"智能"。本书中的智能产品概念,不妨游走于雅俗之间。

【定义】 智能产品:通过数字和智能技术的应用而呈现某种智能属性(计算、感知、识别、存储、记忆、互联、呈现、仿真、学习、推理……)的产品。

此定义意味着,一个智能产品应该具备下述能力中的一部分:对外部世界的感知能力、记忆和计算能力、学习和自适应能力、行为决策能力、执行控制能力等。一般来说,人工智能分为计算智能、感知智能和认知智能3个阶段。第一阶段为计算智能,是指通过快速计算获得结果而表现出来的一种智能。第二阶段为感知智能,即视觉、听觉、触觉等感知能力。第三阶段为认知智能,即能理解、会思考。认知智能是目前机器与人差距最大的领域,让机器学会推理决策且识别一些非结构化、非固定模式和不确定性问题异常艰难。

现在市场上的智能产品多用计算智能和感知智能技术,这类技术的应用通常给人们带来方便或解决人难以解决的问题。一是智能产品的计算智能高于人类,可用在一些有固定模式或优化模型、需要计算但无须进行知识推理的地方。如现在市场上已经有的扫地拖地机器人,它拥有高精度LDS激光导航系统,能快速精准构建并记忆房间地图,同时搭配智能动态路径规划,合理规划扫拖路径,高效完成清扫任务。二是智能机器对制造工况的主动感知和自动控制能力高于人类。以数控加工过程为例,"机床/工件/刀具"系统的振动、温度变化对产品质量有重要影响,需要自适应调整工艺参数,但人类显然难以及时感知和分析这些变化。因此,应用智能传感与控制技术,实现"感知—分析—决策—执行"的闭环控制,能显著提高机床加工质量。

一般而言,一个智能产品(此处非指纯软件的智能产品)往往包括物理部件、智能部件、互联部件和软件。

物理部件包括机械和电器零部件,如机器人的手臂、手爪、减速器、电机等。又如一个简单的智能产品扫地机器人就包括外壳、边刷、主轮、主刷、万向轮、充电触片等机械电器件,见图11-2。

智能部件通常指传感器(尤其微传感器)、微处理器、MEMS(微电子机械系统)器件、数据储存装置、控制器等。图11-2所示的扫地机器人就有激光测距、碰撞、沿墙、回充电传感器等。至于在复杂产品(如汽车)上的应用,则难以计数。图11-3显示了汽车上部分传感器的应用。

互联部件指互联网接口、天线、联通产品的网络以及远程服务器运行并包含外部操作系统的产品云等。智能互联已经在汽车中开始应用(见图11-4),如在线娱乐、车载社交、交通

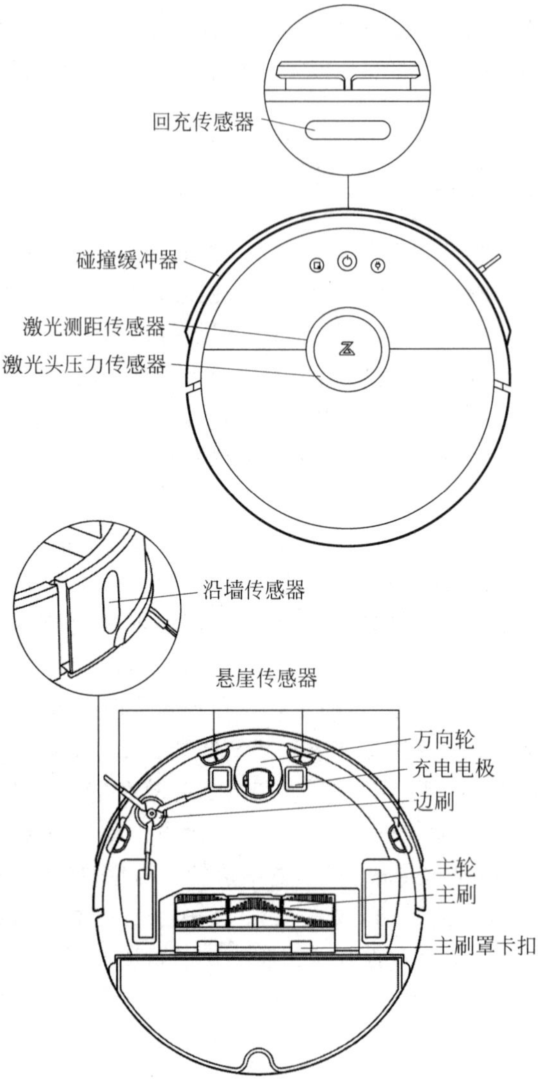

图 11-2　扫地机器人主机及传感器示意图(石头扫地机器人 T6)

动态信息等。

软件部分自然是智能产品必不可少的,一般包括内置操作系统、数字用户界面、计算优化……如手机中就有操作系统,扫地机器人中靠软件进行路径规划,等等。多数智能产品中都含有嵌入式软件,有些看起来依赖智能部件的功能(如感知)还是需要软件支撑。

值得注意的是,汽车中用的互联部件、智能部件以及软件都属于汽车电子产品。据统计,当前 70%的汽车创新来自汽车电子,60%的汽车电子创新属于软件创新,如图 11-4 所示。

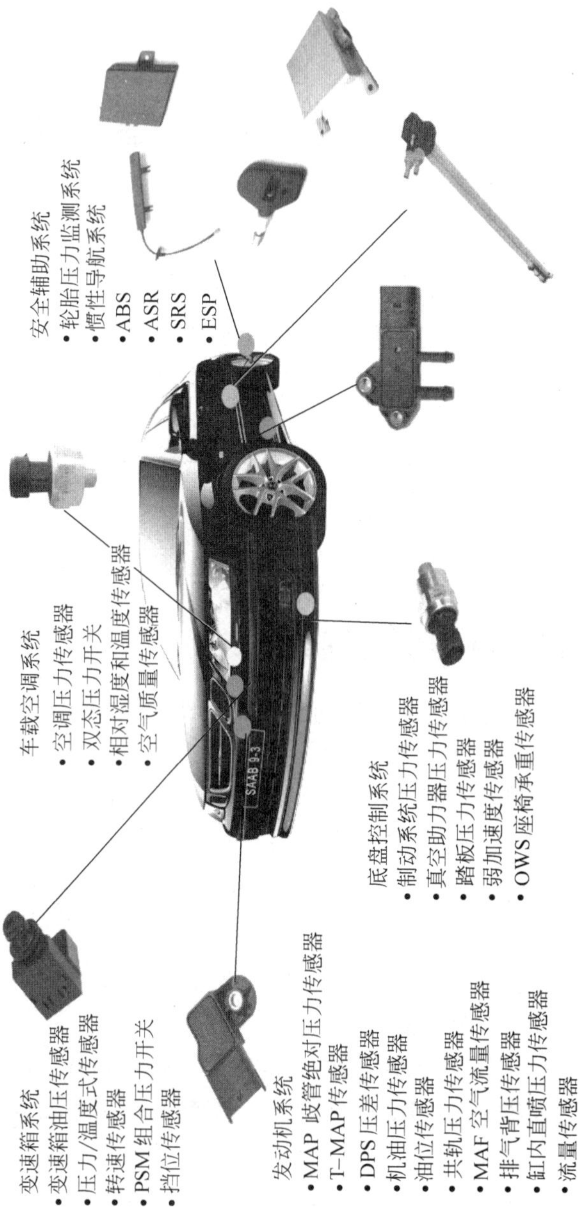
变速箱系统
•变速箱油压传感器
•压力/温度式传感器
•转速传感器
•PSM 组合压力开关
•挡位传感器
发动机系统
•MAP 歧管绝对压力传感器
•T-MAP 传感器
•DPS 压差传感器
•机油压力传感器
•油位传感器
•共轨压力传感器
•MAF 空气流量传感器
•排气背压传感器
•缸内直喷压力传感器
•流量传感器
车载空调系统
•空调压力传感器
•双态压力开关
•相对湿度和温度传感器
•空气质量传感器
底盘控制系统
•制动系统压力传感器
•真空助力器压力传感器
•踏板压力传感器
•弱加速度传感器
•OWS 座椅承重传感器
安全辅助系统
•轮胎压力监测系统
•惯性导航系统
•ABS
•ASR
•SRS
•ESP
SAAB 9-3

图 11-3　汽车应用的部分传感器（来源：刘胜）

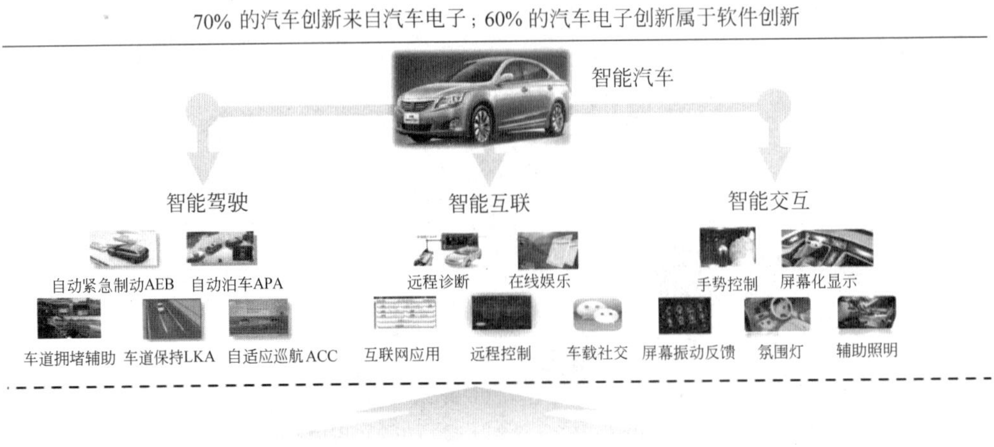

车载软件	智能互联	在线娱乐　互联网应用　车载社交　…	应用程序软件
		远程诊断　远程控制　…	嵌入式软件
	智能交互	屏幕化显示　屏幕振动反馈　辅助照明　…	
车控软件	智能驾驶	自适应巡航ACC 车道保持LKA 自动泊车APA … 自动紧急制动AEB …	

图 11-4　汽车电子(来源：刘胜)

11.3　智能产品的目标功能进化

产品的进化主要表现在功能的进化。而功能的进化首先表现在目标功能的进化，因为这是用户直接感受到的。每一个产品都有特定的目标功能以满足用户特定的需求，如扫地机器人的目标功能是扫地。目标功能进化的主要形式有如下几种。

1. 目标功能的强化、深化

这是开发者最容易想到的。围绕产品的元功能(最基本的目标功能)目标，通过数字-智能技术应用，提高效率、质量等。如机械加工中存在丝杠间隙、温度变化、刀具磨损等影响加工质量的因素，人们通过安装传感器测量切削力、温度、主轴功率、尺寸精度等的变化，实时进行补偿控制，以减小对加工质量的影响。

FANUC 系统以提高机床控制智能化为方向，在其新系统 0iMF 上标配了智能化功能群，包括智能重叠控制、智能进给轴加减速、智能主轴加减速、智能自适应控制、智能背隙(反向间隙)补偿、智能机床前端控制、智能刚性攻螺纹等，如图 11-5 所示。

日本 OKUMA(大隈)公司智能化技术中包括测量、补偿几何误差功能，5 轴加工机床在倾斜加工轴类零件和多面体零件时，会产生旋转轴的轴心偏移等多种“几何误差”。一直以来，只能通过手工作业花费大量时间对 4 种几何误差进行补偿。5-Axis Auto Tuning System(5 轴自动调谐系统)仅需 10min 即可实现高达 11 种几何误差测量及自动补偿[3]。又如扫地机器人，围绕扫地这一基本功能，路径怎么走最好？如何提高清洁覆盖率？如何防止机器人本体和家具或墙壁的碰撞？现在很多扫地机器人采用弓字形路线行走方案，逐行

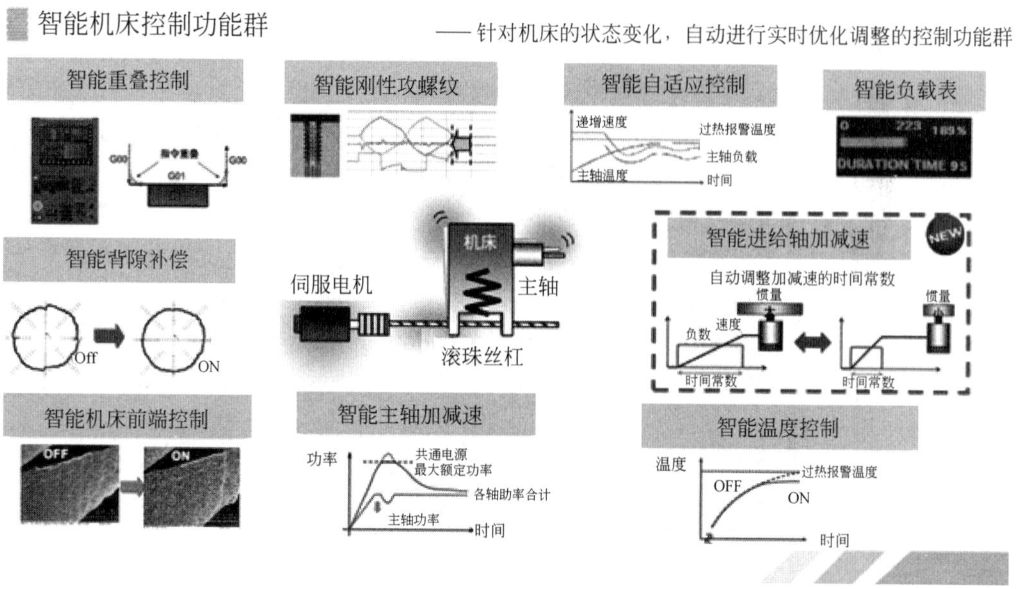

图 11-5 FANUC 公司数控系统智能化功能群[3]

规律性清扫，提高了时间效率和清洁覆盖率。清扫过程中，采用防撞感应装置以避免碰撞。就防碰撞(元目标功能的辅助功能)而言，其功能也不断进化。如何辨别真障碍或是伪障碍，使其既避免碰撞，又不至漏掉清扫角落？所有这些都是围绕产品的元目标功能，通过智能化等先进技术应用，可以提升产品效率和质量。

2. 目标功能扩展

很多情况下，增加一些与元目标有联系但并非直接属于元目标的功能，对于产品进化也是有意义的。如前述扫地机器人，扫地过程中可与主人进行交互(包括远程)。这一功能并非直接属于元目标“扫地”，而是属于元目标的扩展或衍生。

这里以海尔分区洗双滚筒洗衣机(见图 11-6)[4]为例进一步说明。随着生活水平的不断提高，人们的卫生意识逐渐加强，洗涤衣物的频率越来越勤；对于各种面料衣物的穿着体验也非常在意，于是智能化的分类洗涤成为消费者洗衣的新需求。用户当然可以用一台洗衣机分几次洗涤，也可以买两台相互独立的洗衣机同时洗涤，但都不理想。海尔发明了分区洗双滚筒，将两个筒连接在一起，通过独有的双筒互平衡、双悬挂支撑减振等技术满足用户分类洗涤的时代需求；通过水重用技术实现节水节能；通过智能分水技术实现两个筒独立无交叉健康用水；通过滚筒下排水技术实现洗涤排水无残留和洗衣机内部环境与下水道环境的隔绝，以确保洗衣机内部环境的清洁；通过双喷淋等技术避免洗涤的污渍残留和细菌滋生产生的二次污染，体现了对用户健康的呵护；通过柔护内筒、摇篮柔洗、双模控制、智能专属洗和 DD(直驱)无霍尔变频调速静音、节能技术，实现对高档衣物的轻柔呵护。

图 11-6 海尔分区洗双滚筒洗衣机(来源：海尔)

装备产品目标功能扩展的最好例子莫过于装备的运行维护。传统的装备设计中并不考虑运维问题，但正是因为数字-智能技术的发展，运维问题近20年引起人们高度重视。运行维护需要通过对装备的自动监测而预测未来的状态。GE公司在航空发动机叶片上装了很多传感器，飞机飞行时传感器获得大量数据，装备之外有一“健康保障系统”，通过大数据分析判断发动机的运行状态，确定是否需要维护。每台发动机的信息联网，机器联网的一个好处是学习效果。每台机器的操作经验可以聚合为一个信息系统，以使得整个机器组合加速学习，而这种加速学习的方式是不可能在单个机器上实现的。例如，从飞机上收集的数据加上位置和飞行的历史信息可以提供大量有关各种环境下飞机性能的信息[5]。

一个产品的元目标功能的扩展，需要设计开发者对用户需求的细微关注和想象。不管是装备还是人们生活中的用品，设计开发人员都需要深入实际，细微观察了解进一步提升产品性能的需求。不仅如此，还需要想象用户的潜在需求(用户自己尚未意识到的需求)。在此前提下，通过新技术的应用扩展元目标功能，使产品快速高质量地进化。

审视产品的元目标功能有无可能通过数字-智能技术的应用而扩展——可能是产品创新的开始。

3. 目标功能边界的改变

只要对生活中的工业产品稍加细心地观察，就可以感觉到某些产品和它最初进入人们生活之中的形象已大为改观。如汽车，原来只是代步的工具。但今天人们可以在车上娱乐，看影像、听音乐等；可以在车上做工作相关的事情；可以了解国家和世界大事；可以在车上知晓城市的交通、停车等各种情况……这些功能都和汽车的元功能“代步”没有关系，好在“代步”依然是汽车的元功能。

人们进一步留意的话，甚至可以发现某些产品的元目标似乎模糊了。从手机的发展历程可以看出，它的功能在不断进化。从一开始的电话、通信工具，变成今天人们生活中难以离开、能够显示某个人特定存在的物品(某个人在社会存在中的特定联系、喜好等都在手机上有所反映)。数字-智能等先进技术的应用，包括众多的App，不断赋予手机新的功能——摄像、导航、付费、购物、远程控制、社交……正如谷歌技术总监、首席未来学家雷·库兹韦尔(RayKurzweil)所言：我把这台微小的安卓手机戴在皮带上，虽然它还不在我的物理身体内，但这种内外之别只不过是人为的区分罢了。它已经成为我之为我的一部分——不仅是这台手机本身，也包括它与云端的连接，以及我能在云端接入的一切资源[6]。虽然说汽车的功能远不只是代步了，但毕竟人们还可以认为“代步”是汽车最主要的目标功能。电话是手机初始的元功能，但今天我们还能如此认为吗？有时候它是照相机，有时候是一个小电脑，有时候是一个关于个人健康的可穿戴设备，有时候是一个身份凭证……。今天有的人一天花在手机上的时间达几个小时，而真正用于电话的时间可能只有几分钟。既然如此，当初那个初始的元功能“电话”还是手机最主要的目标功能吗？不是！

人们不知不觉地发现，本来完全不同类型产品的某些功能被移到手机上，手机的某些功能(如照相)本来是另外行业产品的功能。手机的功能边界在哪里？

产品的目标功能边界在哪里？——数字-智能技术让你重新审视！

手机现象告诉我们，人们可以利用各种先进技术(尤其是数字化、网络化、智能化技术)赋予某一产品全新的功能，突破产品原来的功能边界。这一现象也给产品设计开发者以启示。

数字-智能技术等能够使产品以“功能跨界”的方式进化！

问题：

（1）目标功能的进化方式是什么？

（2）潜在的目标功能有哪些？

（3）对潜在目标功能的想象是一种重要的产品创新吗？

（4）目标功能如何“跨界”？

（5）目标功能与数字-智能技术有何关联？

11.4　智能产品的基础功能要素

不同类型的产品满足不同的、特定的目标功能诉求，特定的目标功能成千上万，相互迥异。但殊异的目标功能却是由一些基础的技术方案或器件实现的，在某种意义上，这些基础技术方案或器件也完成一定的功能，如感知、控制等，只不过这些功能只是实现目标功能的手段。本节只介绍形成智能产品的某些颇有共性的基础功能要素。

1. 感知

微处理器芯片持续发展已经达到一个转折点，仪器仪表的成本持续下降。尤其是近些年来 MEMS 器件的成熟，使微传感器在很多设备和产品上（如汽车）得到应用，大大提升了产品主动感知的能力。比如图 11-3 中显示了智能汽车（尤其是无人驾驶汽车）上用到的众多传感器，有加速度计、防抱死制动、胎压监测等。感知的目的往往是产品自身的行为控制或状态监测，也有感知获得的某些数据以供外部大系统作相关分析之用，如设备的感知数据用于车间质量分析。图 11-7 显示的是华中数控把“心电图”的概念用于数控机床的监测与控制，主要手段是通过测量主轴电流。

现在很多装备产品，尤其是大型设备，需要考虑运维，其基础便是状态感知。装备需要告知自身的状态，所谓“聪明的产品会说话”，正在进行什么工作？需要用户协同做什么？运行状态如何？通过主动感知从而使设备能以一个比过去更经济、更高性能的方式运行。

2. 控制

控制是多数智能产品都具有的基础功能。经典的自动控制此处不再赘述。下面简单介绍智能产品中常见的智能控制形式。

（1）补偿控制：在智能感知的基础上，基于检测到的误差，实施相应的补偿。补偿对象可以是综合的，如温度变化、振动、刀具磨损等引起加工尺寸偏差，最终施加的控制可直接针对尺寸。需要注意的是，通过一定的模型，可以实施预测补偿控制。这才是真正有智能意义的补偿控制。

（2）远程控制：有些设备需要远程操作，如在危险场地工作的机器人，人可以远程控制，或者人机协同控制。目前很多家电的智能控制就包含远程控制功能，如对灯光照明进行场景设置和远程控制，家用电器（如电饭煲、空调）的远程控制等。

（3）交互式智能控制：可以通过语音识别技术实现智能家电（如彩电）的声控功能；通过各种主动式传感器（如温度、声音、动作等）实现智能家居的主动性动作响应。

（4）环境自动控制：一般的空调系统都带有环境温度自动控制。有的企业因为精密加工的需要，希望车间温度恒定在某一范围，这就需要相应的环境温度控制措施。牧野公司

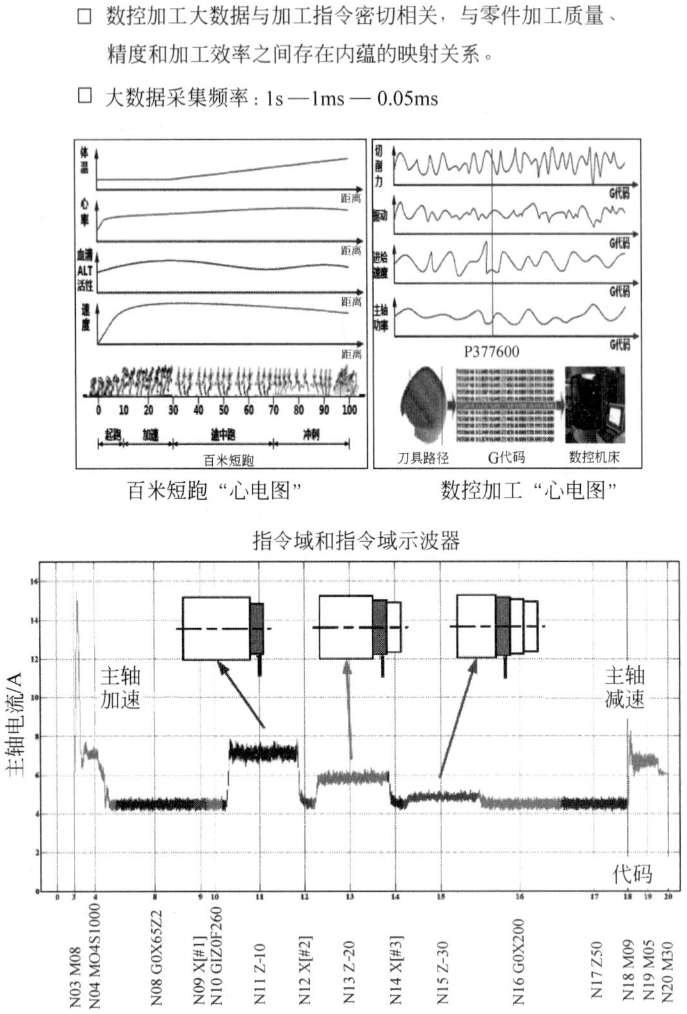

图 11-7(彩图)

图 11-7　数控加工“心电图”(来源：华中数控)

(Makino)机加工和装配车间均运用恒温系统实现良好的温度管理，通过温度、湿度传感器，实时测量并报告数据，确保加工车间始终保持在(23±1)℃，装配车间±0.4℃[7]。另外，车间货物的进出也会影响环境温度，仅靠一般的空调自动控制系统很难满足要求，需要另外采取特别措施。

3. 互联

微电子、物联网、无线等技术飞速发展，导致对互联的需求越来越强烈。生产设备之间、设备与产品、设备与人、虚拟和现实、万物之间都需要互联，无线通信、万物联网(IoE)是基本手段。

用于互联的元器件进化非常快。如 3D 打印技术的出现，使人们重新思考天线和电磁元件的制造。图 11-8 是应用多工艺 3D 打印(multi process 3D)技术，把导线、网格、金属箔片嵌入到一个元件中以消除绝缘和导体结构受空间条件限制的影响，这样可以随意地制造把绝缘体和导电体交织在一起的、带有复杂网格拓扑结构的元件。而且这样制造的天线性能胜过传统方法制造的天线[8]。

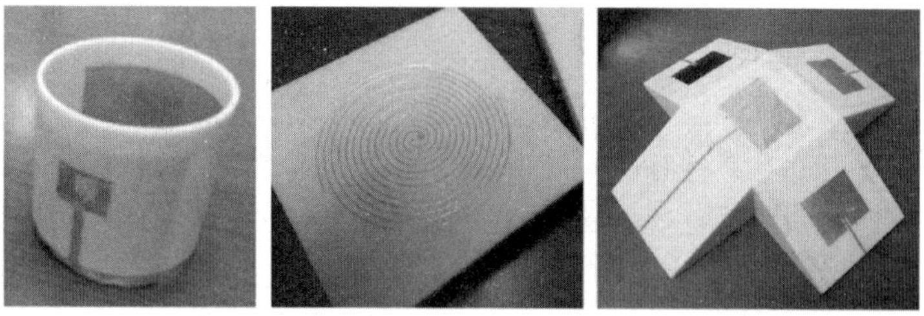

(a)　(b)　(c)

图 11-8　通过多工艺 3D 打印技术制造的嵌入天线的元件[8]

(a)圆柱形天线；(b) 阿基米德线天线；(c) 多平面天线

企业越来越关注测控网络的无线化。如在石化工业的生产线上，为了保证生产质量、绿色以及安全，必须对很多节点上的参数进行监测。围绕着石化工业现场超大规模传感器节点的互联互通、异构感知网络信息集成与应用，必须解决超大规模传感器的高可靠和动态组网、工厂测控网络的无线化、跨尺度的感知信息融合、工业低成本无线定位与跟踪、工厂无线测控网络与 Internet 融合等问题。除了保证生产质量和效率之外，互联还有助于设备预测性维护、物流跟踪管理等目标的实现[9]。

日本小松公司(KOMATSU)把互联的思想用于其工程机械产品。通过安装在工程机械上的 GPS(全球定位系统)和各种传感器，对机械当前所处位置、工作时间、工作状况、燃油余量、耗材更换时间等数据进行收集，并使用卫星或移动网络等通信方式，最终通过互联网发送到日本小松服务器上，如图 11-9 所示[10]。它们可以根据收集的数据，实时监控车辆运行情况；对用户的使用习惯进行分析并建议，从而降低油耗；由于所有的设备都是互联的，它们对大数据进行分析，还可用于预测判断未来挖掘机市场的需求从而调整生产计划。

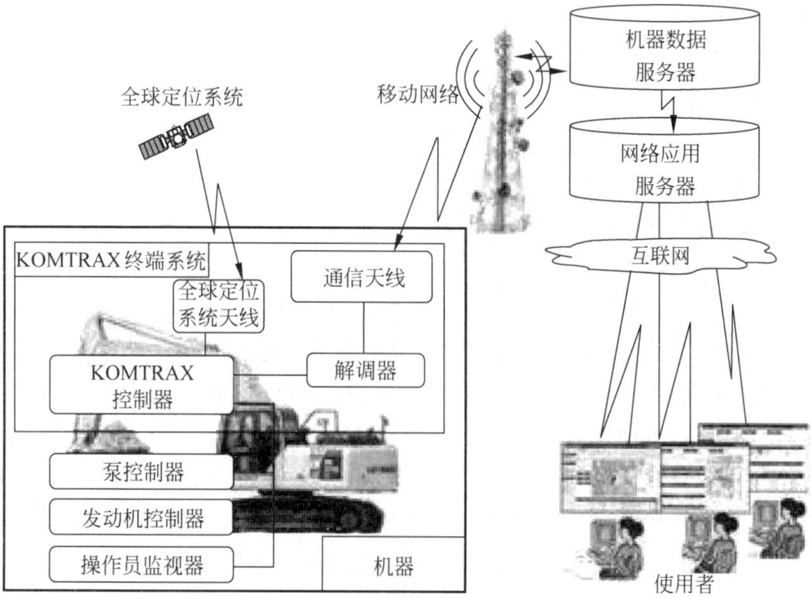

图 11-9　小松数字化机联网 KOMTRAX[10]

互联已经成为消费品中用得越来越多的基础功能。通过智能感知与移动互联网结合，产品可以与用户交互，如前面提到的扫地机器人。

4. 记忆

记忆、识别和学习都是某些智能产品所具有的功能，从学术上讲都属于人工智能范畴的内容。关于记忆、识别和学习，这里只作粗浅的介绍，详细方法可参阅相关的人工智能文献。

人们日常生活中使用的智能手机就已经具有初步的记忆功能。如在手机上搜索什么，之后它能向用户自动推送他常常使用的搜寻。这就说明它留下了记忆。当然这只是最简单的记忆功能。复杂的记忆是与学习联系在一起的。不能把记忆简单理解成存储，记忆是为了能够有效回忆。记忆需要存储，但存储并非一定带来记忆。人工智能中有一些记忆方法，如长短期记忆网络，由被嵌入到网络中的显性记忆单元组成，以记住较长周期的信息；弹性权重巩固算法，目的是让机器学习、记住并能够提取信息，在一个需要记忆的新任务中把每个事件连接所附加的保护（为了记忆）比作弹簧，弹簧的刚度（stiffness），也就是连接的保护值正比于其连接的重要程度。还有其他一些记忆方法，读者可参阅有关人工智能文献。

5. 识别

识别的内容很多，文字识别、语音识别、图像识别……一些简单的识别技术已经走进我们的生活。如手机上的“全能扫描王”能够把图片上的文字进行识别，翻译成可以处理的Word文字；语音识别在家用电器中多有应用；图像识别在工业场景中的应用也日渐增多。这里仅简单介绍通过机器视觉识别产品或工艺缺陷。

利用计算机视觉模拟人类视觉的功能，对采集的实物图像进行处理、计算，进而作出相应的判断。随着视觉技术的发展，人工检测的精度已经远逊于机器视觉检测。产品的表面缺陷检测是机器视觉检测应用最广的一部分，其检测的准确程度直接影响产品质量。机器视觉检测技术已被广泛用于产品或工艺的缺陷检测中。如用视觉体系检测电子部件的缺陷或针脚的偏移，发现、检查安装错误等。华星光电公司与腾讯合作，对面板海量图片进行快速学习与训练，实现机器自主质检，分类识别准确率达88.9%，节省人力60%。据前瞻产业研究院的数据，中国每天在产线上进行目视检查的工人超过350万，但人工检测准确度不高，而且强度大。尤其未来工业高清视频经过5G和边缘计算与中心云相连，结合AI能力，其识别能力将大大提高。可见，此技术的应用前景非常广阔。

另外，随着智能制造的进一步推进，智能工厂甚至无人工厂是未来的发展趋势。无人化则更离不开机器视觉识别。

6. 学习

某种意义上说，学习是智能最重要的标志。真正意义上的智能产品在于是否具有学习功能。

华中科技大学的李德群等把智能技术用于塑料注射成形的工艺及装备，取得了非常好的效果。根据注塑产品典型外观缺陷，如飞边、短射、划痕，构建其专有卷积神经网络结构，从大样本中提取样本图像初级特征（如边缘、纹理等），组合形成高级缺陷特征，解决了模板匹配等常规检测方法漏检、误检率大的问题，大幅提高了产品自动检测中的缺陷识别率。他们发明了成形过程数据的自编码特征提取模型，采用自稀疏编码与卷积神经网络相结合的无监督学习，克服了注射成形多工序批次过程数据时序相关、维度高的难题，实现了成形过程特征的降维。此外，应用产品质量统计模式分析方法，实现了生产过程监控。图11-10为注塑产品缺陷的深度学习与质量控制。

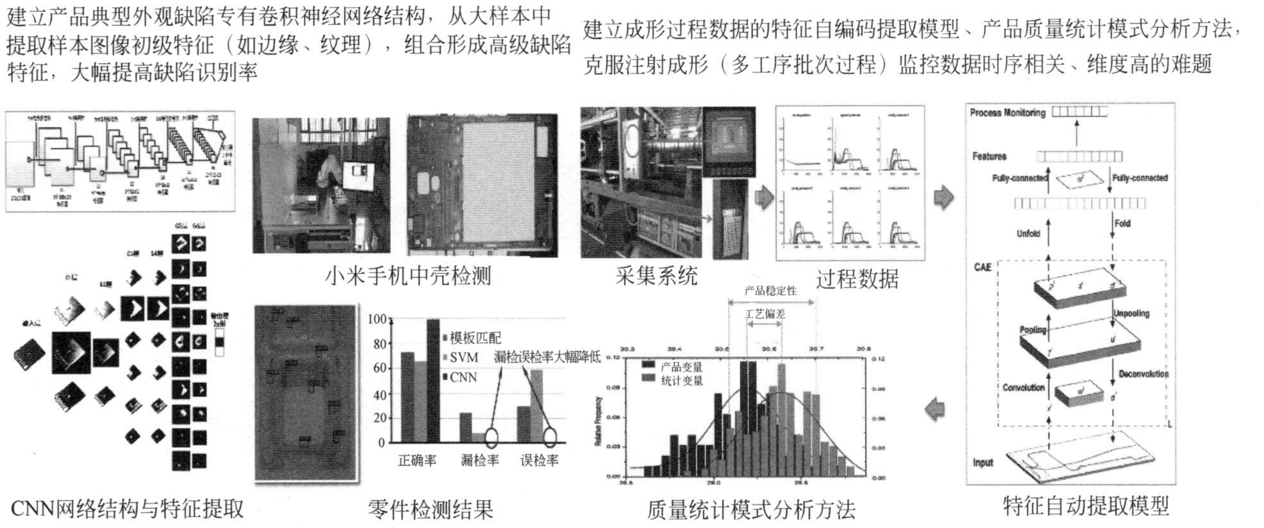

图 11-10　产品缺陷的深度学习技术（来源：李德群）

特别需要强调的是，智能产品的基础功能要素，尤其是记忆、识别和学习，应该充分利用开源软件。不管是大学生学习、课题实践还是企业的项目开发，若能利用一些开源软件，则有事半功倍之效。如 faceai 是一款入门级的人脸、视频、文字检测以及识别的项目，能够实现的功能有：人脸检测、识别(图片、视频)轮廓标识，头像合成(给人戴帽子)，数字化妆(画口红、眉毛、眼睛等)，性别识别，表情识别(生气、厌恶、恐惧、开心、难过、惊喜、平静等 7 种情绪)，视频对象提取，图片修复(可用于水印去除)，眼动追踪(待完善)等。教程是入门级的，通俗易懂，读者不妨延伸阅读。工程中的很多项目，其识别难度还不如人脸识别。

2018 年 6 月 25 日，Linux 基金会——集结世界顶级开发者的非营利开源组织，宣布腾讯成为基金会的最新白金会员。在开源领域，腾讯的贡献正逐步增长，日益成为社区活跃一员。

节点及关联

智能产品，基础功能；

感知、控制、互联、记忆、识别、学习；

开源软件。

问题：

(1) 智能产品与人工智能有何关联？

(2) 智能产品与目标功能有何关联？

(3) 互联的目的是什么？

11.5 智能产品开发的若干考虑

前面介绍的产品目标功能以及基础功能要素等，对企业产品进化、产品创新非常重要。但是，若深入分析产品成功的因素，还可以发现成功的产品创新中往往隐含着某些非技术的观念和思维，而这恰恰是目前从事产品开发的很多人可能还没有意识到的。

1. 产品是提供服务的载体

传统上制造企业给客户提供其所需要的物品(产品)，仅此而已。现在的理念则不同，除了提供物品还要提供相应的服务，即提供“产品＋服务”，如图 11-11 所示[11]。当然，传统方式提供的产品也能够为客户服务，即产品特定的目标功能服务，如洗衣机执行“洗衣”的服务。但现在很多企业已经意识到，仅仅是特定目标功能服务是不够的，还需要提供产品使用环节的服务。例如，为了让用户充分利用产品功能且使用方便，嵌入某种附加功能，使用户非常方便调用或者寻求特别指导；还有产品的状态监测、故障诊断以及保养维修服务等，这些都需要产品的附加功能去支撑。也就是说，开发人员考虑产品进化时，不能够忽略产品使用过程中的服务环节。要做到这一点，一般需要数字化、网络化和智能化等技术的应用。这种观念其实是第 3 章中“以客户为中心”的理念在产品开发环节的体现。服务是产品的附属部分，是产品的延伸。之所以如此，除了基于客户的考虑之外，也是差异化竞争的需要。差异化是战胜竞争对手的最好利器，也带来顾客忠诚度。顾客心里认同感的来源总的来说还是源自商家的服务，服务越细，忠诚度就越高。

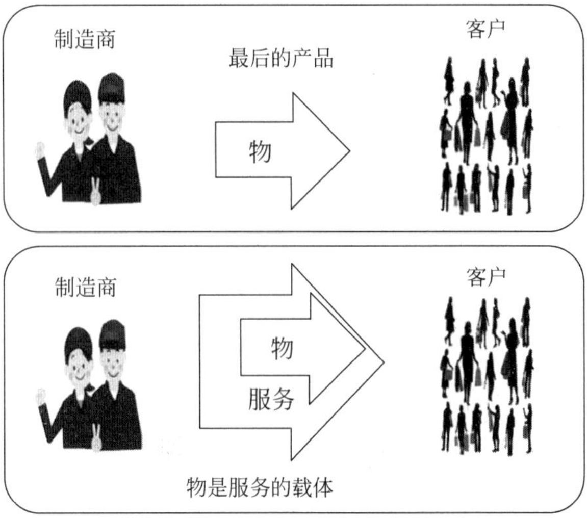

图 11-11　产品是提供服务的载体[11]

2. 用户体验

现在有所谓"体验经济"一说。体验经济与传统工业经济最大的区别在于，消费者从被动的价值接受者，转为积极参与价值创造的各个环节，成为创造独特体验的参与者。

传统的以企业为中心的价值创造观念正在转向企业与消费者共同创造价值的观念。

体验经济有3个关键因素[12]：

(1) 向消费者开放价值创造过程。传统上，企业是价值的创造者，而消费者只是价值的接受者。而在体验经济中，消费者需要参与到价值链的各个环节，与企业共同创造价值。比如在宜家的展厅中，不同标准化家具的组合为消费者提供了接近实际生活的各种体验环境。而消费者可以根据自己的实际情况和喜好对设计进行调整。此例中，宜家提供了标准化产品(家具)和体验空间(不同设计的隔间)，而消费者实际承担的设计工作是其创造属于自身价值的独特体验的过程。

(2) 超越预期。消费者对于交易过程所能够得到的价值通常会有一个判断，而当从实际消费中得到的体验超过了期望值时，所形成的溢价会带来特别的喜悦，并提升重复体验的可能性。例如，美国佛罗里达医院的影像中心将患者接受检查的过程变得像去海滩玩耍一样轻松自在。走入中心，能听见海浪拍击海滩的声音，闻见阵阵椰子清香。大堂的地面看上去就像海边的木板路。领完病号服后，病人走进一间间单独的海滨小屋去换衣服——一条冲浪短裤、一件上衣和一件浴袍。如此体验，患者的心情可想而知。

(3) 延伸价值链。在传统经济中，企业的价值创造过程随着交易完成，商品或服务转移给消费者而终止。但在体验经济中，交易完成可能意味着更多共同体验的开始。如在耐克公司的Nike+系列产品中，如果价值创造过程以交易为终结，那么消费者只是得到了一双跑鞋。如果当消费者使用其内置传感器跟踪自己的运动行为，有关锻炼和身体健康的价值才被创造出来。因此，在体验经济中，企业需要克服以交易完成为任务终结的看法，挖掘交易完成后价值创造的可能性，并为这种体验投入资源。

商品交易完成后，用户真正的体验可能才开始！

虽然说消费者需要参与到价值创造的环节，但产品的用户体验方式和环境还是需要产品开发者去构思和设计。用户体验设计的核心和本质，就是研究目标用户在特定场景下的思维方式和行为模式，通过设计提供产品或服务的完整流程，去影响用户的主观体验[13]。

需要注意的是，不同的用户使用相同的产品应该有不同的体验。企业提供标准的平台化产品，消费者能根据自身需求，形成独特的体验。如苹果公司提供标准的 iPhone，但不同的消费者的使用情况可能大相径庭。原因在于大量 App 的应用创造了无限可能性，为用户的体验带来广阔的空间。

3. 产品生态

自然生态系统呈现生物多样性。一个生态系统中有不同类型的生物，即使同一个类型中又有不同的物种。生态系统中的不同生物相互依存，亦有竞争。工业产品也一样。如电视机、冰箱、空调、微波炉等形成一个家电产品生态，每一种家电，如电视机，又有不同厂家不同型号的品牌。企业应当思考，在社会中一个大类产品生态中，自己的产品是否有可能形成一个健壮的生态系统？另外，一种产品本身也形成一个生态，因为零部件、原材料等可能来自不同的供应商。如何为自己的产品构建一个好的生态？从产品生态的角度审视产品进化需要考虑以下几个问题。

1）构建产品集群生态

一些有条件、有实力的企业很自然地考虑到能否使自己的主要产品在其行业里形成一个健壮的生态。如果在一行业中，某一企业的产品群都具有很好的性价比，如此而形成的产品生态无疑极具竞争力。

海尔是一个家电大企业，以前的主要产品是冰箱、空调、洗衣机。随着技术的发展以及人们生活水平的提高，民众对家用电器品种的需求越来越多，质量要求越来越高。海尔以自己的实力顺应民众增长的需求，推出其“5＋7＋N”智慧家庭方案[14]，如图 11-12 所示。“5”指 5 大物理空间：智慧客厅、智慧厨房、智慧卧室、智慧浴室、智慧阳台；“7”是 7 大全屋解决方案：全屋空气、全屋用水、全屋洗护、全家美食、全屋安防、全屋视听、休闲娱乐；“N”是变量，代表用户可以根据生活习惯自由定制智慧生活场景，实现无限变化的可能。处于这样场

图 11-12　海尔智慧家庭[14]

景中的产品，自然需要数字化、智能化技术。小如一个灶具，也能时刻智能地感知锅底温度，防止干烧。

海尔构建的是一个横向的产品集群生态，即产品之间并无上下游关系。

华为构建了纵向的产品集群生态。2017 年 9 月，华为发布了面向企业、政府的人工智能服务平台华为云 EI；2018 年 4 月，华为发布了面向智能终端的人工智能引擎 HiAI；2018 年 10 月，华为又宣布打造全栈全场景 AI 解决方案和开放全球生态[15]。他们提出的全场景，包括公有云、私有云、各种边缘计算、物联网行业终端以及消费类终端等部署环境。全栈是技术功能视角，包括芯片、芯片使能、训练和推理框架和应用使能在内，华为面向云、边缘和端等全场景的、独立的以及协同的、全栈解决方案。提供充裕的、经济的算力资源，成为简单易用、高效率、全流程的 AI 平台，构成一个“云＋端＋芯”协同生态系统。其中，第 1 层能力是芯片的能力，作为全球领先的智能手机芯片厂商，华为积极将 AI 技术与芯片技术融合，研发人工智能处理器，深度配合端侧执行深度学习，通过更高效简洁的算法，进行图像图形处理、视频分割和对象识别，最大限度开发芯片应用深度。第 2 层能力为简化能力，开放自然语言理解（NLU）和计算机视觉（CV）能力，将基于文档识别、文档转化、模型转换等原生能力嵌入端的应用软件中。第 3 层能力是服务和生态，需要云平台，目的是以客户为中心打造属于客户视角的 AI 智能服务，为客户提供个性化、差异化服务。

总之，华为致力于从“万物互联的世界”到“万物互联的智能世界”，人们也称之为“AllAI”战略。这一纵向的产品集群生态可谓气势恢宏。

HUAWEI HiLink 智能硬件

2）建立产品的伙伴生态

一般而言，影响一个产品的关键件往往有多个，一个企业很难做到掌握所有关键件的技术，即便如苹果、华为这样实力雄厚的企业也不例外。因此，对于一个企业而言，围绕某一个产品的良好生态有助于其产品的进化。换言之，寻求优秀的伙伴企业以形成良好的产品生态。

2016 年，华为发布 P9，与百年徕卡合作研发的双镜头拍照系统闪亮登场，实现了从手机拍照向手机摄影的跨越，华为与徕卡从此牵手。2018 年，华为 P20 系列发布，开创性地搭载徕卡三镜头[16]。

徕卡是摄像行业的顶尖企业，其镜片的生产工艺非常复杂，除了独特的配料之外，为了让内部应力达到均衡，甚至要花上数月的时间，让光学玻璃的温度逐步降低到可以加工的温度。其精细程度由此可见一斑。华为的手机业务起步并不早，既然涉足，自然不甘平凡。照相是所有手机都有的功能，华为希望其手机以出众的图像品质得到用户的青睐，故决定把摄像品质作为手机进化的突破口之一。彼时的徕卡同样在“思变”，面对着越来越多的照片图像来自智能手机的今天，徕卡也希望把它的百年积累应用在智能手机上。为此，它需要一个合适的战略合作伙伴，有相似的文化、愿景、实干的精神、极致的技术。于是，华为与徕卡走到了一起。

华为与徕卡真正突破的不仅仅是技术，而是从手机拍照到手机摄影的升华，是从影像捕捉到情感表达的跨越。华为和徕卡的合作带给用户的是有温度的影像故事、有情感的自我表达、有情怀的人文互动[16]。可以设想，没有徕卡，华为手机在行业和市场上大概不会有今天这样的地位。

日本牧野机床公司（Makin）与发那科公司（Funac）是伙伴关系，牧野用发那科的数控系统和机器人。牧野开发了一个移动协作机器人 AGVi-Assist，见图 11-13。上面是发那科的协作机器人，下面是牧野自行开发的 AGV（自动导引小车）。这是一个真正的智能产品，可以运送工具，为机床上下料，自动开门，能为几台机床服务。牧野并非完全无能力开发机器人，但它们与发那科之间有一种默契，不做对方的主要产品。据称，两家高层每年都会晤，讨论共同关切的问题。足见其良好的伙伴关系。

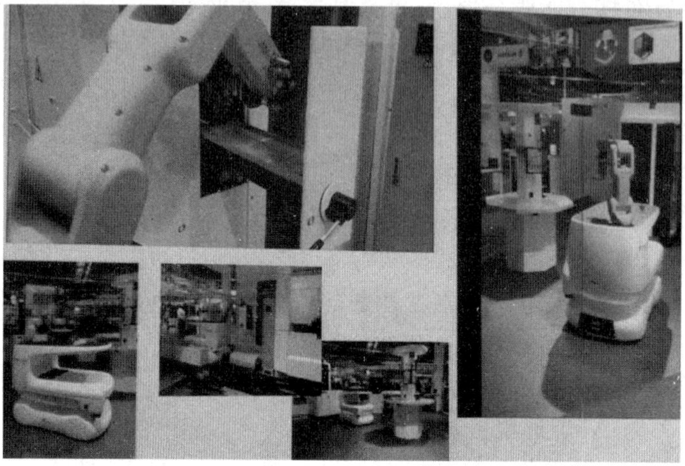

图 11-13　移动协作机器人（来源：牧野）

3）开放

企业家和产品设计开发者都应该有开放意识，这也是产品进化的重要因素。

面对对手的同类产品竞争，有的企业选择完全封闭的系统，即与竞争者的产品完全不兼容。一般而言，封闭系统需要的投资巨大，只有公司处于绝对行业统治地位时，才可能发挥最大效用。假如飞利浦或 GE 其中一家主宰了医学成像设备业，那么该公司就能采用封闭系统，向医院出售的医学成像管理系统只采用自己或合作伙伴的设备。然而现实中，两家公司都没有绝对统治地位，都难以阻止医院选择其他制造商的设备。因此两家都采取开放策略，即成像系统平台都可以兼容其他制造商的设备。

完全开放系统允许任何实体参与到系统中或与系统进行交互。飞利浦照明推出的智能彩色灯包含了基本的智能手机 App，允许用户控制灯的颜色和照明强度。公司还发布了应用开发界面，独立的软件开发者迅速发布了几十款相关应用，增强了智能灯的功能和应用生态。虽然独立的软件开发者获得了利益，但飞利浦照明一样从中受益[17]。

国内也有企业家认识到这一点。如国产的数控系统过去开放性不够，今后需要对用户和第三方软件开发商开放，使他们更容易开发出数控应用 App，自然就繁荣了国产数控系统的应用生态。

4）超越空间

工业 4.0 的核心思想是数字世界与物理世界的融合，其中一个重要表现是虚拟空间与现实空间的融合。虚拟现实（VR）、增强现实（AR）、混合现实（MR），有人统称之为 XR，近些年发展迅速，尤其 AR、MR 将深刻影响众多行业的企业。未来几年，AR、MR 将改变我们学习、决策和与物理世界进行互动的方式。

AR 产品正进入我们的生活，如汽车搭载的 AR 设备即是。以前在使用 GPS 导航时，驾驶者必须查看屏幕上的地图，然后才能思考如何在现实世界中“按图索骥”。要在车流如织的环岛上寻找正确的出口，驾驶者的注意力必须在屏幕和路面之前来回切换，并在脑海中建立起两者之间的联系，才能找到正确的转弯路口。AR 抬头显示器直接将导航画面叠加到驾驶者看到的实际路面上。这大大减少了头脑处理信息的负担，避免注意力分散，将驾驶错误降到最低[18]。

VR、AR 技术已经进入工业场景。福特公司就利用 VR 技术建立了一个虚拟实验工厂，不同地区的工程师可以凭借全息车辆原型进行实时合作。参与者不但可以对 3D 全息影像进行 360°的观察，还可以走进 1：1 大小的全息车体中，从而完善车辆的设计细节，包括转向盘的位置、油门脚踏板的角度以及仪表盘的设计等。公司不必再制造昂贵的实体原型，也让不同地区的参与者免去了舟车劳顿。波音公司在复杂的飞机制造流程中引入 AR 培训，极大提升了生产效率。在该公司进行的一项研究中，AR 用来引导学员组装机翼部分的 30 个零部件，共 50 道工序。在 AR 帮助下，学员花费的时间比使用普通 2D 图纸文件缩短了 35%。经验较浅或零经验学员初次完成装配任务的正确率提升了 90%。AR 让用户交互上升到全新境界。AR 头戴装置可以直接将虚拟控制面板投射到产品上，用户可以只用手势和声音指令进行控制。一位佩戴智能眼镜的工人可以观察多台设备的表现并进行操作调整，而不必触摸任何一台设备，如图 11-14 所示。

人们不仅可以开发出用于各种工业场景的 AR 产品，而且让 AR 技术成为产品进化的工具。使用计算机辅助设计(CAD)进行 3D 建模已经有 30 年的历史，但通过 2D 屏幕与这些模型进行交互仍有诸多限制，因此工程师常常难以将设计全部化为现实。AR 能将 3D 模型的全息影像投射到现实世界中，这大大提升了工程师对模型进行评估和改进的能力。例如，AR 可以创造一个等比例的建筑机械模型，工程师可以进行 360°的观察，甚至走进机械内部，在不同的条件下实际观察操作者的视线角度，体验设备的人体工程学设计[18]。

图 11-14 利用 AR 手势指令操作数台机器[18]

超越空间的另一方面含义是，云技术的发展使得某些产品的硬件可进一步简化，因为有可能超越产品的物理空间而从云端获取部分功能。家用音响设备生产商 Sonos 公司利用云搭载的智慧功能和优势，致力于“为数字时代重新设计家用音响”。其无线音乐系统的音乐源和用户界面被搬到云上，使产品的物理设计大大简化，降低了硬件成本。物理部件只包含移动音箱和扩音器，用户通过智能手机就能操作[17]。

5）可智能化

智能产品的开发者一定要有"可智能化"的意识。一方面，需要通过数字化、智能技术使产品进化；另一方面，需要审视某一功能是否一定要智能化？是否值得智能化？如果为智能化而智能化，效果会适得其反。

智能互联技术大大扩展了产品的潜在功能和特色。由于传感器和软件数量的边际成本较低（添加新功能的关键部件），产品云和其他基础设施的固定成本相对固定，公司容易陷入"功能越全越好"的陷阱。但是，提供大量的新功能不代表这些功能的客户价值能超过它们的成本。如果竞争对手之间展开"看谁功能全"的竞赛，它们之间的战略差异就会逐渐消失，陷入零和竞争的窘境。因此，产品开发者必须深入了解，到底哪些功能含有客户真正欢迎的价值？例如，A. O. Smith 虽然已经为家用热水器开发出故障监测和预警功能，但由于传统家用热水器的质量已经非常可靠且寿命长，用户觉得监测预警功能华而不实，不能创造真正的价值[17]。

如今市面上有些号称智能化的家电设备其实有点名不副实。如所谓智能电风扇，引入手机 App 控制功能，通过与手机联网或者通过蓝牙与手机连接。在使用这类电风扇时要安装 App、联网，如果网络延迟则会影响使用电风扇的体验。这种新功能带来的体验甚至不如传统遥控方式带来的感觉好。如此的 App 控制显得必要性不够。还有一款功能非常多的智能夹克，可以给手机充电，有手电筒，还有专门为各种电子设备设计的口袋。为了满足这些功能，设计者为智能夹克配备了 5 个电源适配器、2 个供电电池，分别置于特制的口袋中。这件夹克看起来功能非常强大，但消费者真正穿上，一定觉得累赘、烦琐[19]。这样的智能化产品意义何在？

节点及关联

产品进化；

智能产品组成；

产品进化形式；

目标功能：扩展，边界；

基础功能要素：感知，控制，记忆，学习……

特别考虑：服务载体，体验，开放，可智能化。

问题：

（1）产品进化有哪些形式？

（2）元目标模糊了吗？功能跨界的形式是什么？

（3）产品是服务的载体吗？

（4）怎样超越空间？技术手段是什么？

（5）开放：伙伴、竞争对手、第三方？形成开放意识后，企业之间是伙伴、竞争对手，还是第三方的关系呢？

（6）可智能化的缘由是什么？

参考文献

[1] 李博. 悠悠历史38年长河 回顾数码相机发展史[J]. 中关村在线，2013-07-02.

[2] 谭璐. 华为式创新启示录[J]. 21世纪商业评论，2019-01-18.

[3] 武汉华中数控股份有限公司. 2019数控机床智能化技术创新和发展. http://www.cimtshow.com/level3.jsp? id=3937. CIMT2019(第十六届中国国际机床展览会，北京)展品评述.

[4] 海尔. 分区洗双滚筒洗衣机的研究及开发. 内部资料.

[5] GE. 工业互联网：突破智慧和机器的界限[J]. 工业和信息化部国际经济技术合作中心，译. 2011年11月.

[6] 佚名. 基因婴儿事未了！谷歌发出惊天预言：11年后人类将实现永生[EB/OL]. [2021-03-16]. http://shijiehuarenbao.com/news/71013/.

[7] e-works. 揭秘牧野机床(MAKINO)的成功之道：质量第一[J]. 数字化企业网，2020-02-21.

[8] MACDONALD E, WICKER R. Multiprocess 3D printing for increasing component functionality[J]. Science, 2016, 353 (6307): 1512.

[9] 中国工程院. 制造强国战略研究・智能制造专题卷[M]. 北京：电子工业出版社，2015.

[10] 董衍善. 从小松的实践看工程机械企业的工业互联网之路[J]. 工业互联网研习社，2019-05-27.

[11] MORI K. Important recent approaches on innovation support for manufacturing SMEs in Japan[R]. 2019(第七届)先进制造业大会暨展览会. 上海，2019-04.

[12] 廖建文，孙维佳. 体验创造价值[J]. 哈佛商业评论，2014-04-08.

[13] 王晓红. 体验决定商业未来[J]. 哈佛商业评论，2016-10-01.

[14] 海尔. 海尔智家全场景解决方案. 内部资料.

[15] 徐直军. 打造无所不及的智能，构建万物互联的智能世界[R]. 第三届 HUAWEI CONNECT 2018(华为全联接大会). 上海，2018-10-10.

[16] 李昌竹. 华为为什么选择和徕卡合作？[J]. 华为人，2018-3.

[17] 迈克尔・波特，詹姆斯・赫普曼. 物联网时代企业竞争战略[J]. 哈佛商业评论，2014-11-06.

[18] 迈克尔・波特，詹姆斯・赫普曼. AR部署路线图[J]. 哈佛商业评论，2017-12-08.

[19] 何京广，徐文静. 产品设计之智能化设计[J]. 科技与创新，2016(11)：46.

第12章

过程进化

没有过程的进化，就不会有企业的进化。企业进化（包括第11章的产品进化）最大的工作量恐怕在过程进化。

12.1 过程进化的目的

过程当然不是企业的目标，可是企业为了实现更好、更高的目标，除了经营战略方向的考虑外，都需要落实在企业各个环节和各个过程上。正如智能制造本身也不是目标，企业之所以推进智能制造，也是希望以数字智能技术去改善企业的各种过程，达到相应的目标。这也是本书把过程进化视为企业三大进化之一的缘由。

企业过程进化的目的就是更好地实现企业的目标。在数字化智能化时代，制造企业纷纷希望通过数字智能技术（或曰实施智能制造）实现转型，实质上是谋求企业进化。但在实施智能制造的过程中，有的企业专业人员更多地聚焦在数字智能技术上，如此很容易流于为数字化而数字化，为智能化而智能化。无论是从学术上还是实践上，都不能忘记：企业转型、企业过程进化、企业智能制造必须围绕企业的目标。

一般而言，企业目标无非是高效低成本、高质量、绿色等。

1. 高效低成本

高效是所有企业追求的目标，它和低成本紧密联系在一起。自动线、机器人等技术是实现高效的常用方式。以雷柏公司为例[1]，这是一家“3C”行业的企业，主要生产鼠标、键盘等无线外设产品，在国内无线键鼠行业市场的占有率排名第一。它们经历了漫长的探索，通过自动线和机器人技术替代大量人力，实现高质高效生产。无线键鼠生产过程用到的电子元器件种类繁多、形状不一，雷柏通过标准化无线键鼠生产过程用到的电子元器件的托盘，按固定位置存放不同种类、不同形状电子元器件，固化了用工业机器人抓取电子元器件的动作，为不同生产线模块化且柔性生产提供了可能性。它们用机器人替代无线接收器的传统组装，降低了人工造成的不良因素，确保效率和品质的提升，其实施效果如图12-1所示。也就是说，雷柏通过应用机器人等自动化和智能技术，使无线键鼠生产过程进化，达到了提高效率、降低成本的目的。

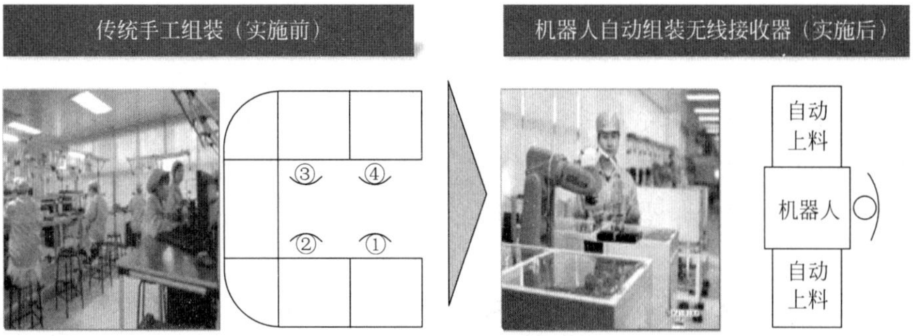

名称	节省人力	月度成本节省/元	投资回报周期/年	线体	人力	UPPH	日产能/10h
机器人自动组装无线接收器	2	11704	1.7	原手工线	4	200	8000
				机器人线	2	600	12000

图 12-1　机器人自动组装无线接收器实施效果[1]

很多场合，软件是提高效率的很好手段。如某企业使用开目三维 CAPP（计算机工艺辅助规划）软件，其主要特点是：基于知识，提高可复用性；具有三维工艺模型和 G 代码自动生成；能进行三维工艺仿真验证，试验次数少；工艺开发的周期短。软件的应用使工艺开发周期从 120 天降为 80 天，缩短周期 30%。

低成本是企业盈利的核心。降低成本主要有两个途径，其一是科技创新，其二是管理创新。以 Fraunhofer IPT（弗劳恩霍夫工业技术研究所）开发的用于轴表面处理的 EW2C 螺旋金属丝激光增材制造工艺为例。"EW2C 是一种基于金属丝的增材制造工艺，通过激光逐层熔化接合金属丝来构建零部件或结构。与传统的激光金属沉积（LMD）相比，材料不会以金属丝的方式连续地送入工艺中，取而代之的是，首先将金属丝以螺旋形式推到轴上的所需位置，然后在此处用大功率激光焊接。与传统的基于线的激光金属沉积相比，线螺旋的张力将工艺稳定性提高了十倍，可以防止在焊接过程中线的意外移动。研究人员还能够证明 EW2C 工艺非常适合于厚层的沉积：在单层中，根据金属丝线的厚度，科学家成功地一次涂覆了 0.5～2mm 的导线厚度，这个过程可以跟上车削的周期时间。该工艺是轴加工（例如车削）的替代方法，不仅能节约资源还可以降低成本。"[2]

以上海通用为例。汽车的生产制造需要多种零部件，如果采购物流靠自己做，则需要大量的人力，并可能产生库存压力。上海通用将物流外包给第三方物流公司——中远集团，中远集团会将货物直接送到生产线，生产线基本做到了零库存。这样不仅降低了货物的储存成本，同时也降低了零件的包装成本。

2. 高质量

质量是企业的生命线。数字智能技术的应用可以更好地控制装备的加工过程，或者说让加工过程进化，达到提高加工质量的目的。早在 2006 年，在美国举办的第 26 届芝加哥国际机床制造技术展览会(IMTS 2006)上，日本 Mazak 公司以“智能机床”(intelligent machine)之名，展出了声称具有四大智能的数控机床[3]。其中，直接影响加工质量的两大智能分别是：

(1) 主动振动控制(active vibration control)：将振动减至最小。切削加工时，各坐标轴运动的加/减速度产生的振动，影响加工精度、表面粗糙度、刀具磨损和加工效率，具有此项智能的机床可使振动减至最小。例如，在进给量为 3000mm/min，加速度为 0.43g 时，最大振幅可减至 1μm。

(2) 智能热屏障(intelligent thermal shield)：热位移控制。由于机床部件的运动或动作产生的热量及室内温度的变化会产生定位误差，此项智能可对这些误差进行自动补偿，使其值为最小。

伊利集团是目前中国规模最大、产品线最全的乳制品企业。伊利为了保证乳品质量，在乳品生产中通过应用先进技术，保证质量安全可追溯[4]。通过相关环节物料的信息化记录来溯源产品的整个生产加工过程，并延伸至供应链管理与销售终端客户。该体系可清晰记录整个供应链中涉及的物料品质信息、流向信息、工艺信息等，一旦发现问题可以快速召回和追溯。产品信息追溯系统整体架构涉及生产链条的各个环节，如图 12-2 所示。伊利通过应用数字化技术使原料采集和生产过程改善(进化)，从而达到保证质量的目的。

3. 绿色

绿色应该成为现代企业的常识。第 3 章中已经介绍过，绿色制造不仅要解决污染问题，而且要考虑减少能源和原材料消耗。这是因为制造业能耗占全球能量消耗的 33%，CO_2 排放的 38%[5]。当前许多制造企业通常优先考虑效率、成本和质量，对降低能耗认识不够。实际上，不仅化工、钢铁等流程行业，而且在汽车、电力装备等离散制造行业，对节能降耗都有迫切的需求。以离散机械加工行业为例，我国机床保有量世界第一，约 800 多万台。若每台机床额定功率按平均为 5～10kW 计算，我国机床装备总的额定功率为 4000 万～8000 万 kW，相当于三峡电站总装机容量 2250 万 kW 的 1.8～3.6 倍。智能制造技术能够有力地支持高效可持续制造。首先，通过传感器等手段可以实时掌握能源利用情况；其次，通过能耗和效率的综合智能优化，获得最佳的生产方案并进行能源的综合调度，提高能源的利用效率；还可以与电网开展深度合作等，进一步从大系统层面实现节能降耗[5]。第 3 章中介绍的三菱福山工厂的例子值得借鉴，把先进技术用于控制加工生产过程，实现从设备到工厂的节能。总之，应该从设备、车间工厂乃至大系统(电网)层面，改善生产过程，达到节能目的。

用户体验、个性化、服务等都可以作为企业的目标。本质上这些可看成是“客户为中心”理念衍生的具体目标。在第 11 章中已经提到用户体验，服务将在 12.4 节中有进一步介绍，此处不再赘述。

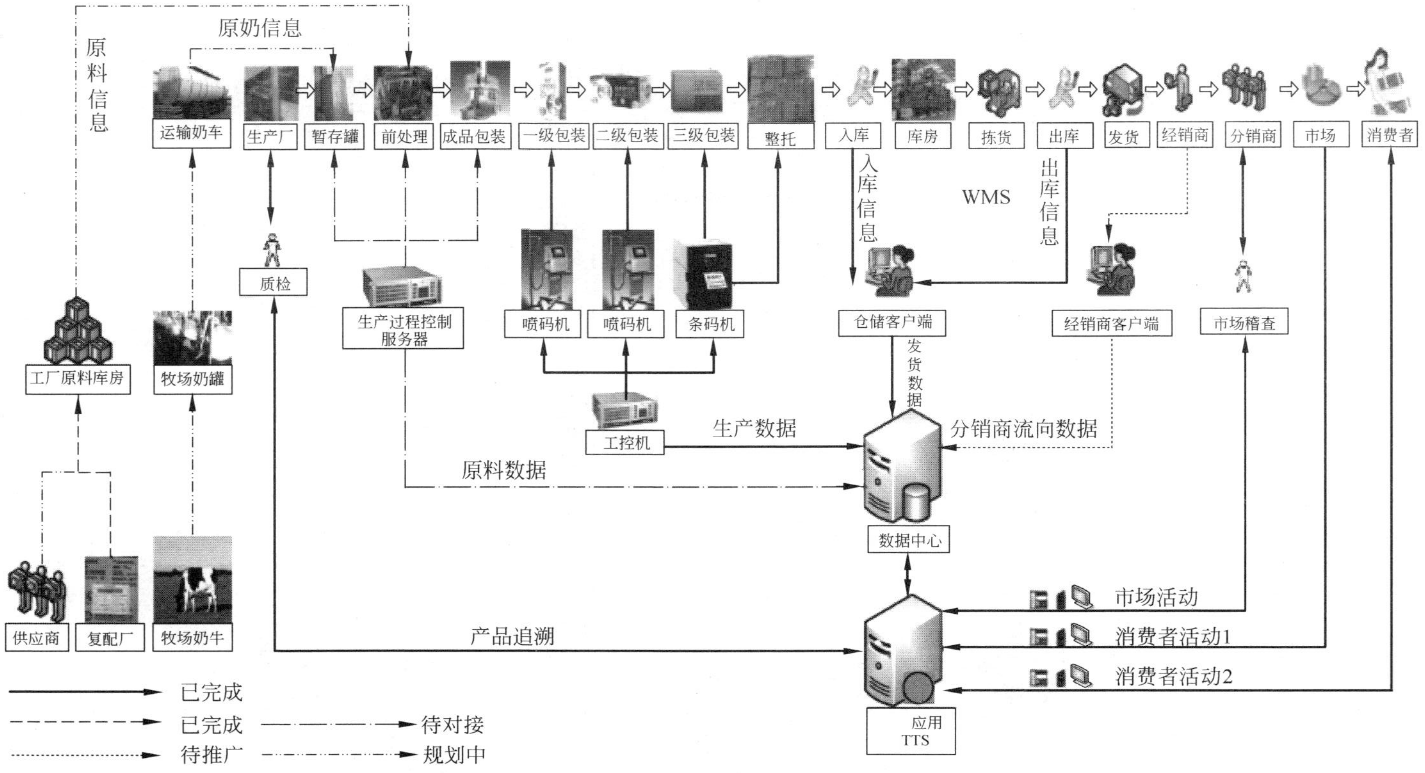

图 12-2　产品信息追溯系统整体架构[3]

12.2 过程进化的载体

企业过程的进化，除了要围绕目标外，还要落实在具体的载体。

GE工业互联网的关键要素是人、先进的分析和智能机器，如图12-3所示。各种先进的分析即基于大量的数据，使机器之间、机器与人之间更好地连接起来[7]，从而使各种过程尽可能优化以达到相应的目标。所以，可以认为过程进化的载体主要是机器/设备(含工具和产品)与人。很多情况下，产品是提供给客户的设备，企业的制造设备也可视为生产产品的工具。任何一个过程至少包含其中一个载体。过程进化需要能力支撑，也就是说实施智能制造，就应该向这些载体赋能。

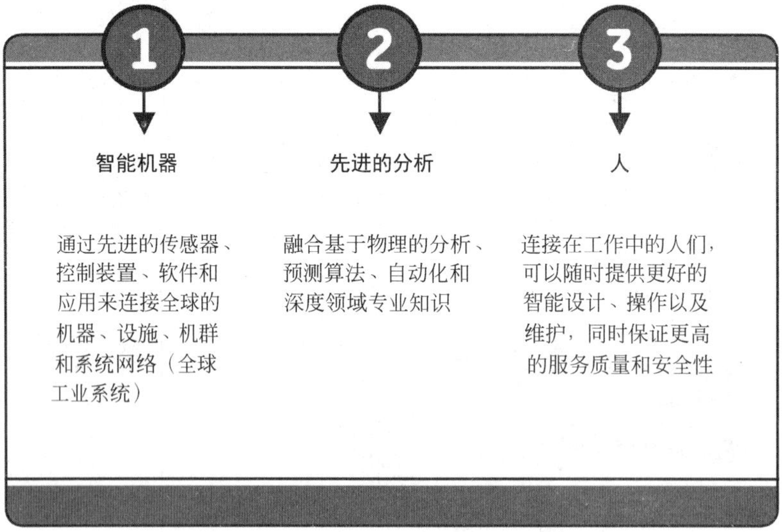

图12-3 工业互联网的关键要素[9]

数字化和智能化技术越来越多地用到装备上。11.4节中描述的一些基础功能，如感知、控制、记忆、学习、决策等，已经在很多设备上可以看到。如图12-4所示，华中数控开发的新一代智能机床(iMT)中包括温度、振动、视觉、电流等传感器和编码器，伺服PID实时调节控制等。不仅有智能硬件，还有一些智能软件，如机床全生命周期数字双胞胎、大数据分析、机器学习等。正是这些智能硬软件赋能机床，致使加工过程进化，保证高效率、高质量[8]。

在某些企业，有的传统设备上也被赋予自动化、数字化的功能，从而显著提高系统的性能，大大改善加工过程。如在西安西电开关电气有限公司(以下简称西开电气)的壳体车间，以成形、翻边、焊接为主要工艺，通过应用智能焊接系统与大规模配备高端焊接机器人，形成焊接自动线，实现焊缝实时跟踪，焊材自动管理，提升焊接质量和效率。在装配车间，针对订单批量小、产品种类多的情况，设计和安装隔离开关、断路器柔性装配生产线，利用可视化3D智能装配工艺集成提升工作效率，降低工人劳动强度。它们还建造了智能化立体仓库，实现了原材料和成品部件的储量管理和有效利用。

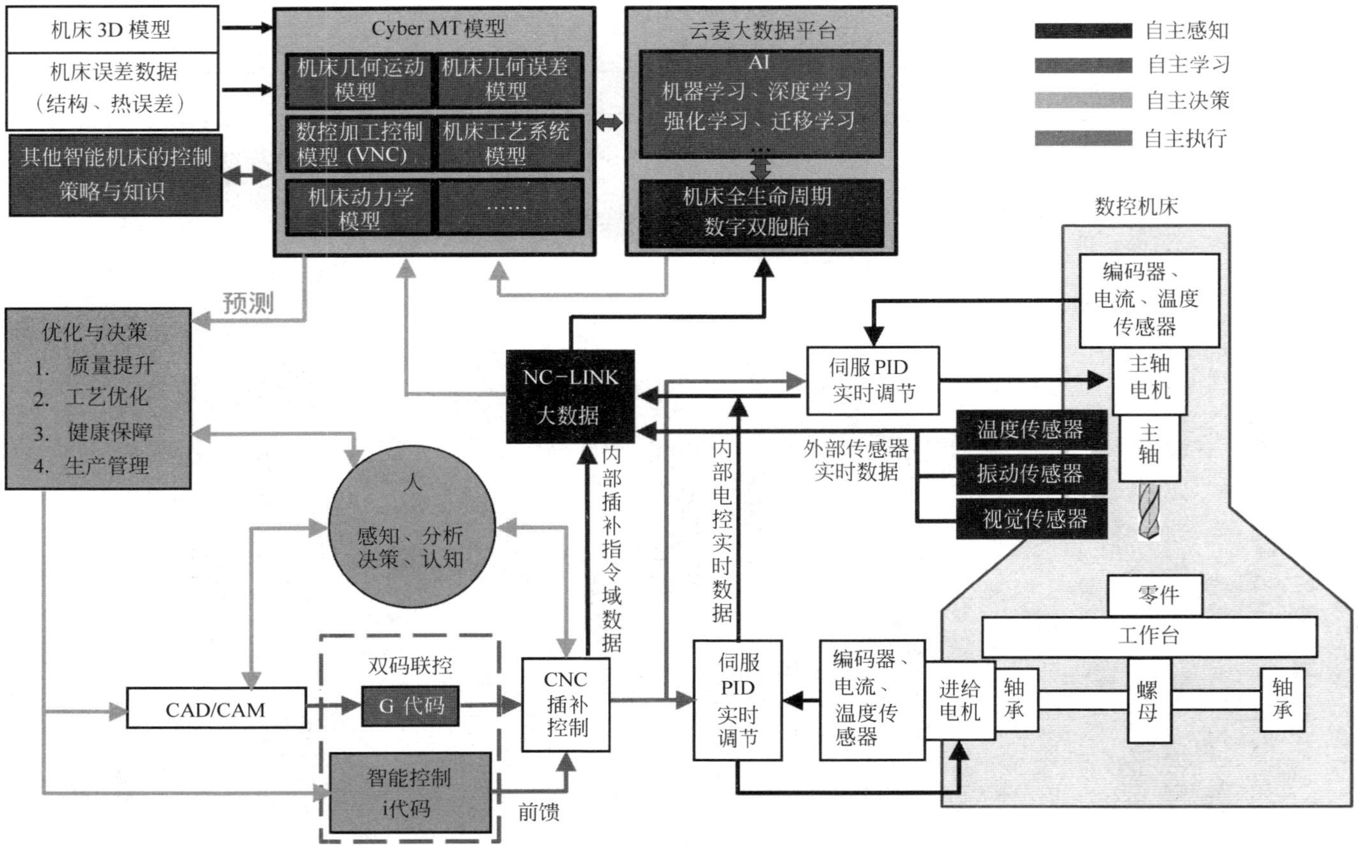

图 12-4 华中数控新一代智能机床（iMT）控制框图[8]

图 12-4（彩图）

西开电气还开发了刀具信息监测系统。将传感器网络技术、嵌入式智能技术综合应用于车间刀具实时监测，在数控刀具的刀柄上安装了 RFID 可读写的芯片，建立集无线感知、测量、分析、决策于一体的刀具状态监测平台，实现对刀具的配置、调度、位置跟踪、状态监测、寿命管理和库存管理[8]。

智能制造系统无论多"智能"，不能不考虑人。GE 在其工业互联网项目中就非常重视人这一要素，强调在任何时候联结工作中的人，支持他们进行智能设计、运行、维护以及高质量的服务等。企业中的大量软件信息系统，实际上也是使人更能。如 CAD 软件帮助设计者更快更好地完成设计工作；MES(制造执行系统)帮助车间人员的调度工作。企业中信息的互联，不仅是机器之间，而且机器与人、人与人之间都需要信息的交换。各种工作过程中的人，只有对信息的充分掌握，才可能使过程最快最好。因此进行任何过程的优化，一定要体现在人这一载体上。

某种意义上，给设备赋能也意味着给人赋能。图 12-5 是数控机床的信息物理系统(CPS)，由设备层、感知层、网络层、认知层和控制层组成，形成人、产品、物理空间和信息空间的深度融合，是实现智能制造系统的基础。在 CPS 认知层上，建立机器的 CPS 模型是机器实现智能制造的关键。注意，这里存在人机交互、人机融合。

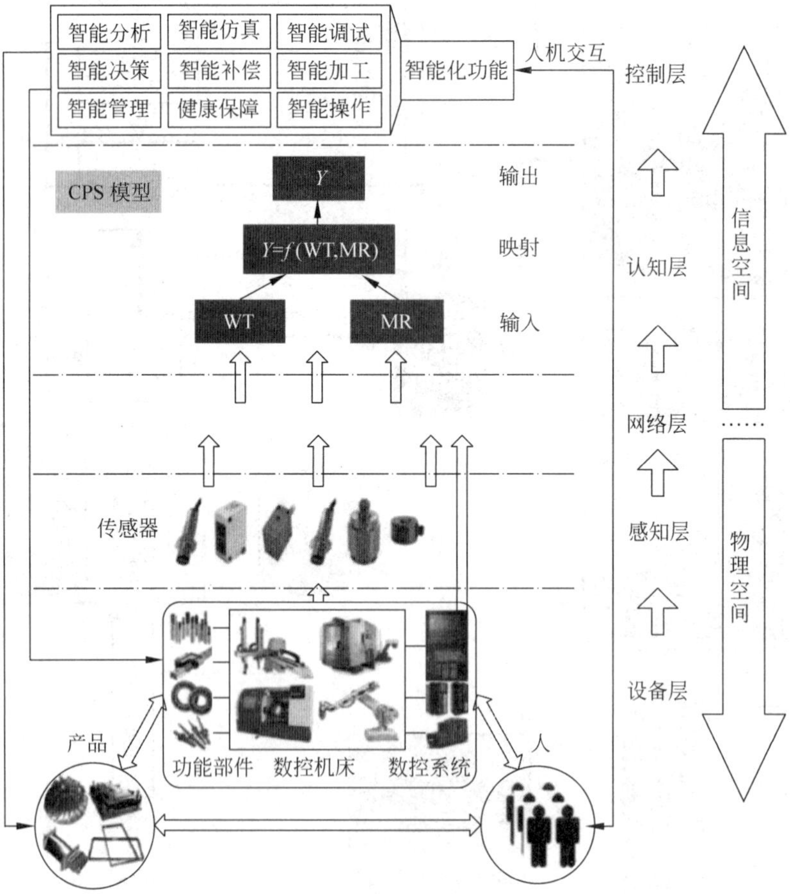

图 12-5 数控机床的信息物理系统(来源：陈吉红)

现在由于传感、无线、XR(泛现实或扩展现实)等技术的发展,市场上开始出现一些可供人佩戴或使用的小智能设备或器件。如现实编辑器(reality editor)——一款MIT媒体实验室Fluid Interfaces团队开发的应用——展现了AR在这方面的快速发展。现实编辑器可以在任何智能互联设备上搭载AR互动功能。通过该应用,人们可以通过手机、平板电脑或智能眼镜控制智能互联设备,在这些设备上叠加虚拟数字互动界面,并将各种功能进行编程,赋予手势或声音命令,或者与其他智能产品连接。例如,用户可以通过现实编辑器"注视"智能电灯,获得控制其亮度和颜色的界面,并设置声音命令,例如"明亮"或"心情"等。不同的设置可以链接到不同的虚拟按键,并安放到任何方便的位置。

制造流程通常极为复杂,包含几百个甚至上千个步骤。一旦发生错误,就会造成巨大的损失。如上所述,AR能在合适的时机,将正确的信息发送给组装流水线上的工人,从而减少错误,提升效率和生产率。在工厂中,AR还能从自动化和控制系统、次要传感器和资产管理系统捕捉信息,并让每一台设备或每个流程的监测和诊断数据可视化。一旦获得效率和残次率的数据,维修人员就能了解问题的源头,并通知工人进行预防式维护,从而避免设备损坏导致停工,大大减少了损失[10]。

问题:

(1) 过程进化的载体是什么?

(2) 过程进化对设备有何需求?

(3) 智能设备与人有什么关系?

(4) 如何对人赋能?

(5) XR等可穿戴设备的作用是什么?对过程进化有什么意义?

12.3 过程进化的方式

不同领域、不同业务活动的过程千差万别,这里仅讨论两个最主要的、共性的方式:互联、重组。

1. 互联

对应第四次工业革命的"工业4.0"的基本思想是CPS,即数字-物理世界的深度融合,也就是比特世界与原子世界的深度交叉融合,由此而使人类更易洞察现实和物理世界,并创建更多的人类不断追求向往的"超自然存在"(自然世界原本不存在的东西)。融合就需要互联,尤其是物联网技术出现之后。互联技术深刻地改变着世界,当然也深刻地改变着制造业。

通过互联能使过程进化,互联主要表现在两个方面,即过程内部的互联和不同过程之间的互联。

过程内部的各环节各要素的信息要互联。如加工过程中,材料、刀具、温度、振动、电流、功率、尺寸……甚至噪声、图像,这些信息并不是相互独立的,而是耦合在一起的,而且是随时间动态变化的;有些信息转换成普通的数据,有些还是非结构化的。在无法互联的时代,过程中的关联细节就像一个黑洞。一旦互联,再加上大数据分析、智能分析工具,人类当然就有可能更深刻地洞察过程的规律,从而使过程进化。

处于一个系统中不同的过程之间其实也有关联,因此不同过程之间也应该有信息互联。上下游过程自不待言,非上下游关联的过程间也会有关联。如某一零件的加工过程,车间里其他很多过程与其相关,如物流过程、生产计划过程、质量监控过程等。更有甚者,不同企业之间可能存在过程联系,如远程诊断服务。图 12-6 是马扎克远程诊断系统(Maza-Care)。客户的 Mazak 机床的运行状况信息能够即时传递到马扎克在线服务中心的 24 小时无线监控系统,可以短时间内掌握正确的机床状况。若出现故障,通过在线服务中心的操作,可以实现远程技术支持,迅速支持客户在发生故障时进行恢复,尽可能减少停机时间[11]。这是典型的不同企业之间的过程信息互联。

图 12-6 马扎克远程诊断系统[10]

2. 重组

企业的业务过程显然不是一成不变的,早期作坊式工场和后来的大批量流水式生产,似乎天渊之别。现在的个性化定制以及大批量个性化定制与大批量流水线模式又有很大区别,其过程自然有别。业务过程的重组是企业过程进化的一个重要方面。重组可因技术变化而自然演进,也会因为管理理念或模式的改变而催生。

1) 技术进步导致过程重组

和工艺相关的技术发展可能直接改变工艺流程,如增材制造(3D 打印)技术,尤其是金属增材制造技术的发展。以前因为制造工艺的限制,可能一个小部件要拆成很多个零件,分别加工后再装配而成。增材制造技术在一定程度上消除了这种限制,原来分成多个零件的部件有可能变成一个零件。尤其在单件小批量或者试制的场合,这种方法具有明显的优越性。它不仅能提高效率,而且对于保证产品质量和可靠性都有好处。图 12-7 是 GE 的涡轮螺旋桨发动机,据 GE 声称,它们通过增材制造技术把原来 855 个零件合并成 11 个。发动机重量减轻,燃油消耗降低 20%,功率提高 10%[12]。从制造流程而言,因为增材制造技术的应用而致的流程改变可想而知。

又如,传统铸造需要木模、金属模等模具,工序多,周期长,形性精确控制难。无模铸造复合成形新技术不用木模、金属模等模具,对砂型数字化建模后直接挤压而近成形、切削净成形,得到多材质复合铸型,最后浇注,得到高品质铸件。实现从有模造型到无模直接造型方法跨越,工艺过程较传统方法有很大改变,见图 12-8。

数字化、网络化技术也带来某些过程的改变。如配备 MES 系统后,车间的物料运送、

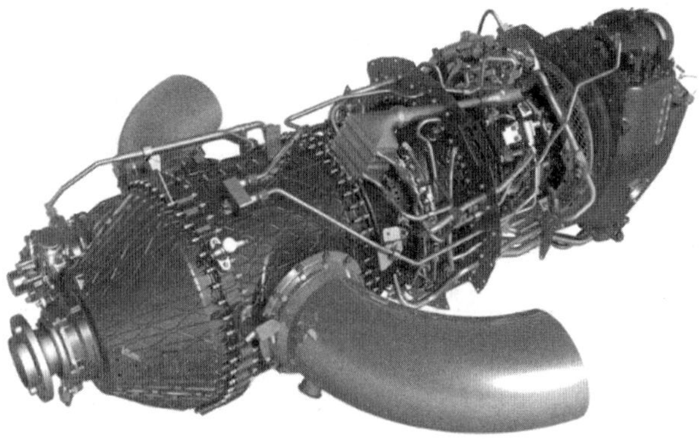

图 12-7 GE 涡轮螺旋桨发动机[12]

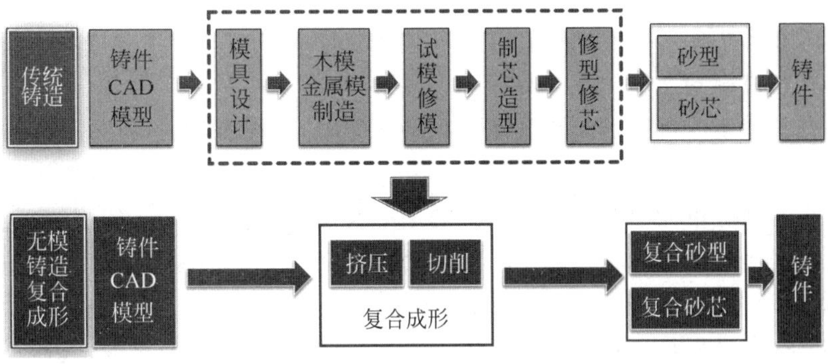

图 12-8 传统铸造与无模铸造复合成形流程(来源：单忠德)

质量管理、生产计划排程等过程与未配备之前相比肯定简化很多；有了供应链管理系统(SCM)，企业的物料采购过程同样相对简化。值得注意的是，数字化技术不仅用于企业的设计、生产等业务，包括企业一些事务活动，也可以通过信息技术的应用而简化过程，节省人力，提高效率。

2）管理进化需要过程重组

20世纪90年代，一些管理学者开始意识到企业流程重组的意义。1990年，美国著名企业管理大师迈克尔·汉默(Michael Hammer)提出了企业流程重组(BPR)，也被称为业务流程重组、企业流程再造。美国的一些大公司，如IBM、科达、通用汽车、福特汽车等纷纷推行BPR。Hammer和Champy将BPR定义为："针对企业业务流程的基本问题进行反思，并对它进行彻底的重新设计，以便在衡量绩效的重要指标上，如成本、质量、服务和效率等方面，取得显著的进展"[13]。他们举国际商用机器信用公司(IBMCredit)的例子说明流程再造的意义。该公司为IBM全资子公司，在IBM出售计算机、软件或提供服务的时候向客户提供融资。处理申请融资材料是其重要的流程，主要有5个步骤，平均每个申请走完5个步骤需六七天时间。经过调查发现，完成处理每份申请的实际工作时间并不长，只有90min，其余的时间都耗费在从一个部门到另一个部门的公文旅行上。因此，"问题并不在于任务本身和执行任务的人员，而在于整个流程本身的结构。"最后他们将其中若干步骤合并，由一位被称作"综合办事员"的工作人员(所谓的通才)办理核定申请材料的全过程，而不需要再转来转去。类似的例子几乎在所有企业都存在。

企业流程的改变自然引发组织再造。最常见的组织再造有下面几种形式：

(1) 合并相关工作或工作组。如果一项工作被细分成不同层级，而每一层级的工作分别由不同的人来完成，那么很容易出现责任心不强、效率低下等现象。某一环节出现问题，可能影响整体工作的顺利进展。一种可行的做法是把相关工作合并，由更少的人形成团队去做，这样既可提高效率，又使人容易产生成就感。

(2) 非直线化工作方式。很多情况下某任务分成很多步骤，按顺序有不同部门，这种直线化的工作流程效率低，且工作质量不高。如果在一定程度上同时进行或交叉进行，即非直线化工作方式，可提高效率和质量。12.4 节介绍的并行工程模式就是这种情况。

(3) 改变细分的业务部门。很多企业按细分的业务组成部门或小组，如产品开发，分别按从事机械、控制、计算机等工作性质分成很多组。在具体的工作任务中，这种方式增加了协调的难度。

(4) 模糊组织界线。在传统的组织中，工作按部门划分。为了减少多部门的协调工作，可以使组织界线模糊甚至超越组织界线。

中国已有一些企业进行过流程和组织再造的实践，下面看看青岛酷特智能(前身为红领集团)的案例[14]。

酷特智能的细胞单元组织是一种极致的扁平化组织。一个单元有一个细胞核，具体细胞单元大小根据实际需求确定。细胞单元的聚合是在遵循一定标准下由合适的人员组合而成的，人选的确定遵循"优胜劣汰"的原则。细胞核相当于家长，相关成员就可以自愿组成一个细胞单元。这个过程是自然而然形成的，而不是传统的任命制。一般来讲，每个细胞单元人数不会太多，否则组织的运行质量和协同效率会受到影响。这背后涉及的问题类似于传统的管理幅度。比如洛可可公司就是 1+6=7 的细胞体组织，按照洛可可公司的实践，细胞体超过 6 人以后，细胞核就会成为绝对的管理者。而公司需要的是创造者，因此 1+6=7 的细胞体是洛可可公司最优的细胞组织单元规模。细胞和衰老死亡细胞的动态平衡，不断适应外界环境变化，从而维持机体的正常运转。酷特智能的细胞单元组织的运行类似于生命体细胞的运转机制，遵循"自循环、自修复、自进化"的机制。细胞的自循环指的是问题解决的闭环，细胞组织可以自行解决其内部存在的问题。细胞组织内的员工可以充分发挥自主性来解决问题。倘若有员工偏离了主线或无法为组织单元提供价值，为了保证细胞功能的正常运行，该员工将会被组织单元淘汰，从而吸附更多具备新鲜活力的员工组成新细胞以实现整体的最大效应。反之，如果细胞单元中某个员工十分出色，有能力成为细胞核并找到合作伙伴组成全新的细胞单元，那么它自然可以"裂变"出去单干。当然，如果一个细胞组织单元无法胜任工作，那么这个细胞单元就可能会被其他更优秀的竞争对手"吞噬"，员工需要重新加入其他的细胞单元中甚至被淘汰，通过"裂变、进化、吞噬"，达成企业内部组织生态系统层面的良性循环。"自修复"指细胞单元根据现实问题不断循环、调整，建立自己的"防御机制"，实现自修复。细胞单元通过不断的循环与修复，获取组织所需的营养物质，打造健康组织，实现了自进化。

需要注意的是，为了使工作更加高效和高质量，成员之间需要一起分享信息，及时沟通。因此，流程重组和组织再造需要数字化技术支撑，如建立数据库、网络协同平台等工具。

节点及关联

过程进化的方式；

互联的形式：同系统间过程，不同系统间，企业间；

驱动重组要素：技术进步，数字网络化技术，管理进化；

流程再造：合并，非直线化工作，项目组，模糊组织界限。

12.4 主要过程的进化

一个制造企业，尤其是大企业，涉及的部门、环节、活动难以计数，包含的过程林林总总。这里仅介绍值得企业特别关注的主要过程（供应链过程除外，将在第13章中介绍）。

12.4.1 产品设计开发过程进化

12.3节阐述了产品对企业的重要性。需要引起特别注意的是，设计的意义不仅在于获得好产品，还直接影响到下游的制造、装配、服务乃至产品报废的过程。

传统上，设计有概念设计、初步设计、详细设计之分，本书不从类似意义上一一探讨。另外，产品设计开发相关的过程很多，这里仅阐述几个重要的过程改善。

12.4.1.1 并行工程

传统的设计制造过程是串行的，即需求分析—概念设计—初步设计—详细设计—工艺设计—加工—装配……这种模式中，很难保证设计中的考虑很周全。如果在设计的后续环节发现问题，要么将就，要么修改设计。串行模式不仅导致开发周期长，而且影响产品质量，增加成本。为了缩短产品开发周期，提高设计质量，降低成本，研究者认为有必要改变传统的产品开发和设计模式。20世纪80年代，美国国家防御分析研究所（IDA）提出了并行工程（CE）的概念：[15]"并行工程是集成地、并行地设计产品及其相关过程（包括制造及其支持过程）的系统方法。产品开发人员从设计初期就开始考虑从产品概念形成到报废的全生命周期中所有因素，包括质量、成本、进度计划和用户要求。"[14]此定义意味着，既然在设计开发初期就考虑产品全生命周期的各种因素，当然容易及时发现设计后续过程中可能出现的问题，从而缩短产品开发周期，提高产品质量，降低成本，最终增强企业的竞争力。定义中还隐含，开发人员不仅是产品设计者，还需要多领域团队（包括工艺、装配、维修、销售等专业人员）从一开始就通力协作，共同开发产品并尽早做好后续工作的准备。

学术界出现过很多与并行工程相关的概念，如DFM（面向制造的设计）、DFA（面向装配的设计）、DFMA（面向制造与装配的设计），还有以DFX统称，即面向所有后续环节的设计。不管怎么说，制造和装配是其中最重要的环节。

特别注意的是，并行工程的理念强调来自多领域的开发人员需要在集成环境下并行工作。在数字化和网络化时代，多领域的人员可以在网络环境中协同工作，而不必时刻坐在一起。既然如此，并行工程需要包括某些软件工具组成的数字化、网络化的集成环境。

如西门子成都工厂，从研发设计开始，通过运用NX（制造系统）和Teamcenter（数字化生命周期管理解决方案软件)等西门子工业软件(Siemens PLM Software)实现所有产品数字化设计和组装,大大缩短了产品从设计到分析的迭代周期,可减少多达90%的编程时间,缩短产品开发周期。Siemens PLM Software 提供了一个很好的产品设计开发集成环境。在这些软件工具和集成环境的支撑下,研发设计过程可实现:①在设计环境中对性能进行预测;②对工艺加工装配检测进行验证;③确保制造出来的产品和设计一致,如图12-9所示[15]。

还应该看到,企业推行并行工程是产品设计开发从理念到过程的进化。某种意义上来说,并行工程是设计开发过程进化中不可或缺的。

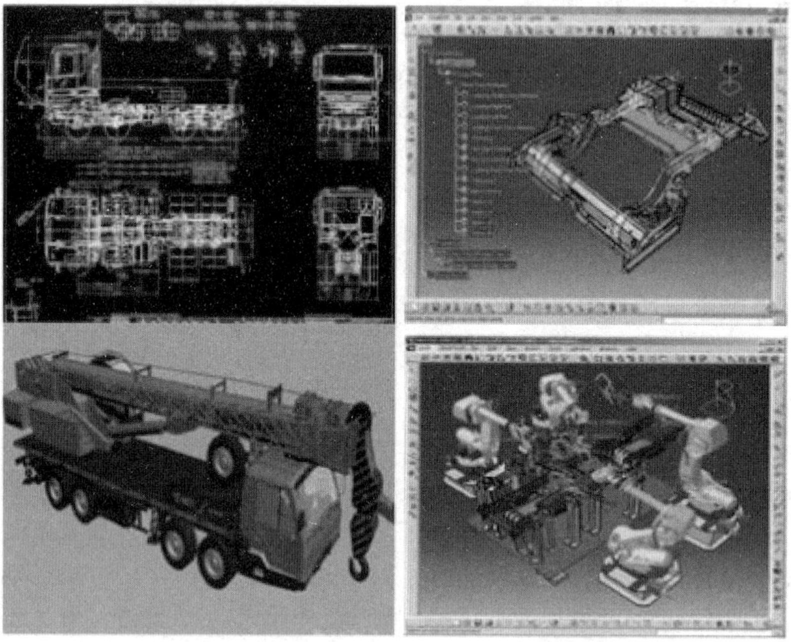

图12-9 西门子成都数字化工厂研发设计[15]

12.4.1.2 在数字(虚拟)空间中进化

既然人类正在迎来一个数字和物理世界深度融合的年代,这就注定了人类的很多活动会在虚拟世界中进行。工业正是虚实融合的前沿领域,而产品设计开发自然首当其冲。

实际上借助数字工具而使产品开发过程不断进化的历程早已开始,20世纪后半期,人们就开始尝试CAD,从二维到三维。仅仅是计算机绘图是不够的,后来又有CAE、CAM;相互独立的CAD、CAE、CAM还是不方便,于是有集成的CAD/CAE/CAM系统。图12-10是数字化设计与制造的考虑,表明数字化技术可应用到从需求分析、概念设计、仿真分析、工艺验证,制造、质量验证,乃至运维服务以及报废处理。当然这种思维的实践最初还是局限在产品设计和制造(加工)的范围。

1. PLM

当各种应用越来越多且越来越复杂时,自然需要好的支撑系统,随即出现了PDM(产品数据管理);工具的丰富又进一步开阔人们的眼界,从全生命周期去考虑产品的开发自然就

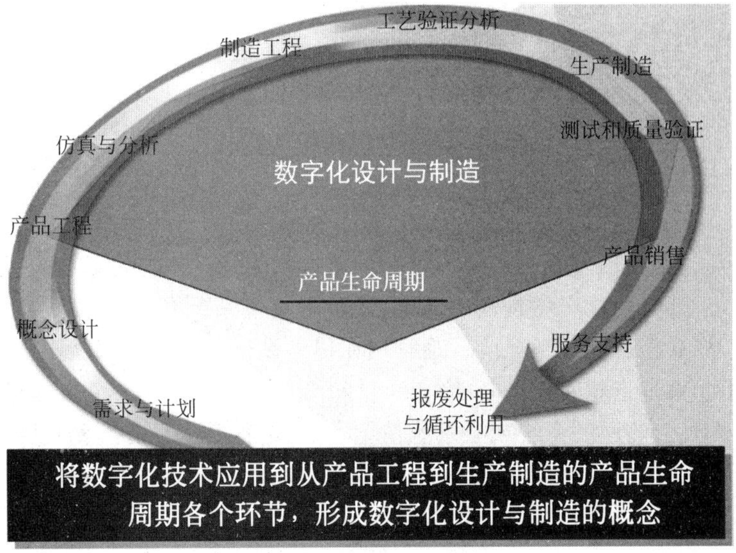

图 12-10 数字化设计与制造

进入更高的境界，于是 PLM(产品生命周期管理)应运而生。多家与制造业相关的软件公司都有自己的 PLM 产品，可谓百花争艳，如 UGS、PTC、达索、CIMdata 等。UGS 算是早期叱咤风云于 PLM 市场的公司之一，2007 年被西门子收购后，UGS PLM 如虎添翼。21 世纪开始，很多企业开始重视 PLM，中国也有一些企业开始应用。图 12-11 是 21 世纪初中国某企业应用 PLM 的考虑。当时已经把 PLM 视为一个集成平台，其中重要的还是数据管理，包括各种过程、变更、项目、配置、知识等；包括的环节主要是设计和制造；所连接的软件有 CAD、CAPP、MES、仿真分析等。显然这还没有达到真正全生命周期的水平。

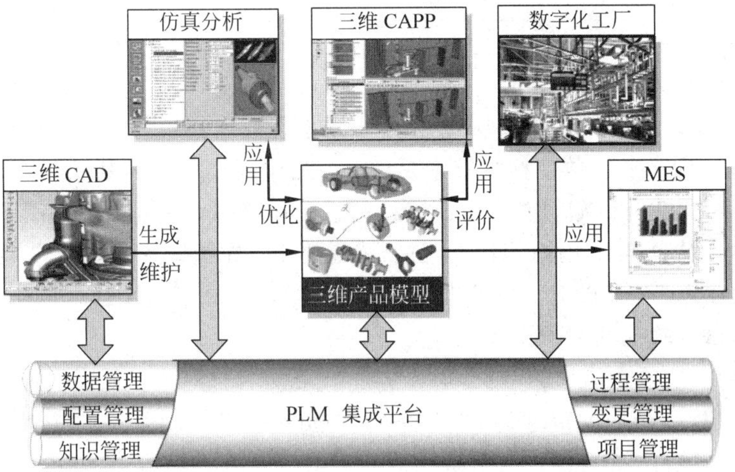

图 12-11 产品生命周期管理

PLM，顾名思义，就是要在产品开发阶段就考虑全生命周期的问题。除了传统的 CAD/CAE/CAM 以外，还需要考虑与其他系统的连接，如以产品数据为核心链条与 ERP、CRM、SCM 等软件系统有效连接在一起。PLM 涉及的业务活动范围远不只是技术研发部门，或者说产品开发部门的触角远不只是自身，需要前及需求管理、后达产品的维护维修。可见，如此意义的 PLM 能给产品的开发过程带来多么大的变化！

PLM 不仅带来技术的变化，也带来理念的变化。它把产品开发置于更大的系统中去考虑。

2. 仿真分析

图 12-10 和图 12-11 中都提到了仿真分析。的确，仿真技术的发展深刻地影响着产品开发过程。仿真的重要性怎么强调都不过分。有人认为，在今天，没有仿真就没有工程。

通常认为，仿真有可能产生创新的结果，便于解决复杂问题，降低成本，提高质量，缩短产品开发周期，降低新产品开发风险。最早用在机械设计中的三维运动学仿真，机构运动非常直观，但还不能算真正意义上的仿真。20 世纪 80 年代开始就有虚拟样机（VP）的概念，是指建立在计算机上的原型系统或子系统模型，在一定程度上具有与物理样机的相似性，如图 12-12 所示。最初的相似性表现在外形和机构运动上，但随着技术的进步，人们希望相似性能够尽可能接近真实的物理样机，如功能的相似。

图 12-12　江淮 SRV 虚拟仿真模型（来源：江淮汽车集团）

进入 21 世纪，学术和专业领域中越来越多地出现数字样机（DP 或 DMU）的概念，与虚拟样机的概念大同小异。数字样机技术是以 CAX、仿真技术等为基础，将分散的产品设计开发和分析过程集成在一起，使产品设计者、制造者和使用者在开发的早期阶段能够直观形象地观察虚拟产品且进行相应的评估。该技术需要建立在机械系统运动学、动力学、控制、电子等多学科融合的理论基础上。我国的汽车制造业中都开展了数字样机的工作，图 12-13 是江淮汽车道路试验验证的例子。

随着数字化、智能化需求的增长，随着仿真单元技术的不断发展，一些软件商越来越注重仿真体系的建设。如图 12-14 所示，ANSYS 的仿真体系中涵盖的领域包括流体、机械、电子、光学、嵌入式软件、材料等；从系统的观点（MBSE，基于模型的系统工程）强调多物理场，也就是说要真正深入到产品运行的物理层面；范围从用户需求到产品运行的各个阶段；涉及的制造过程类别从普通机械制造到增材制造。此中难点和复杂可以想象。

从前面并行工程和 PLM 的介绍中可以感觉到，现在的设计和以前的设计概念已经差别颇大，即现在的设计触点已经抵达产品开发的中下游的部分工作。

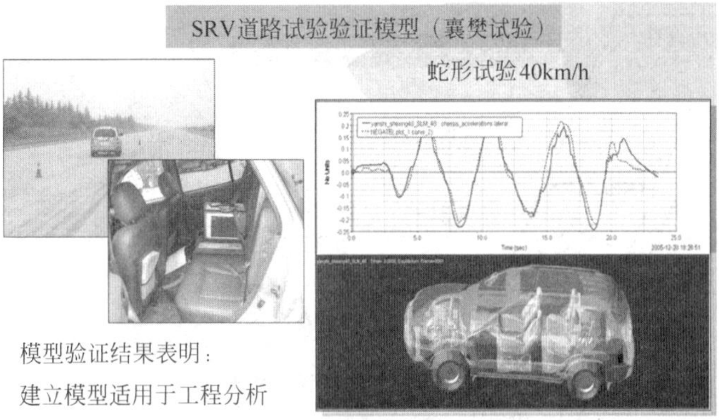

图 12-13　江淮汽车的数字样机及其道路模拟（来源：江淮汽车集团）

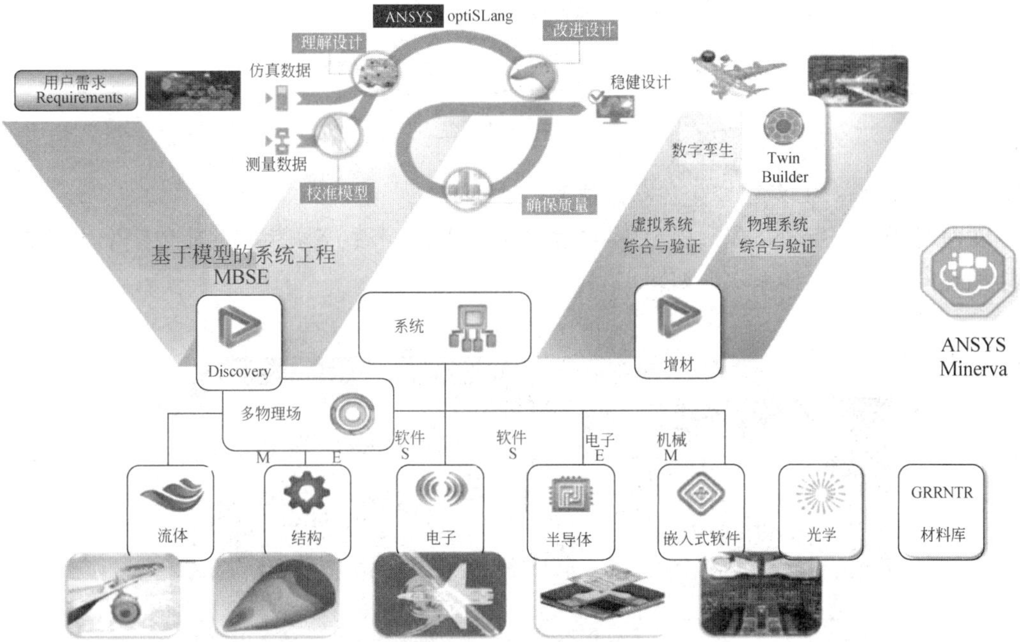

图 12-14　ANSYS 仿真体系[17]

CIMdata 强调仿真驱动设计，如图 12-15 所示[18]。这里的设计也针对中下游的制造和服务维护等问题，对设计的结果通过仿真进行验证。值得注意的是，有一个重要的模型成为产品开发和后面中下游的各环节联系的纽带，即数字孪生模型。ANSYS 的仿真体系里一样存在数字孪生模型。

在产品开发的虚拟空间或数字空间中，仿真具有最关键的作用。与仿真存在联系的关键技术有 3 个：数字孪生体、衍生式设计、多领域物理统一建模。下面进行简要介绍。

1）数字孪生体

第 5 章中详细介绍了数字孪生。读者一定要注意数字孪生概念的要点：不仅描述物理实体的几何模型，更重要的是物理模型；跨越生命周期；可反映物理实体的功能、状态、性能、行为等。

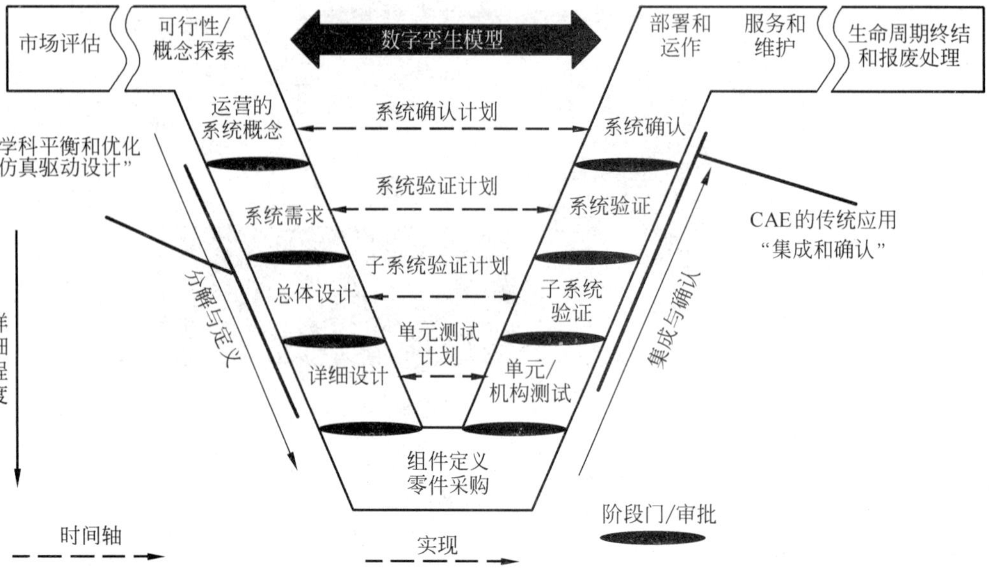

图 12-15 仿真驱动系统开发[18]

西门子公司认为,数字孪生体是智能制造的“心脏”[19]。

在西门子的数字孪体应用模型中,产品数字孪生、生产数字孪生和性能数字孪生形成了一个完整的解决方案体系[19],如图 12-16 所示。

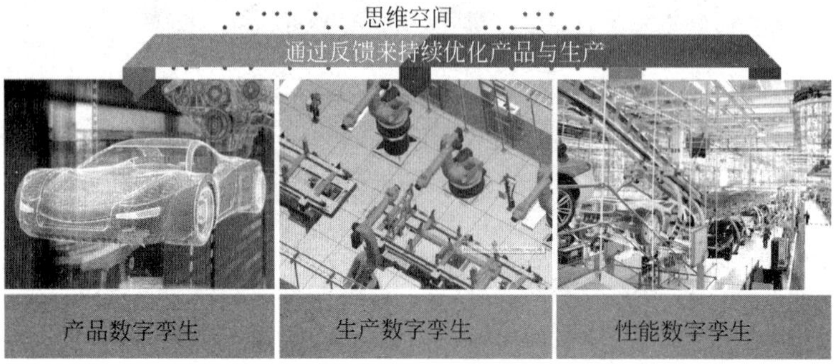

图 12-16 西门子的数字孪生[20]

在产品的概念和设计阶段创建数字孪生后,可以根据相应的要求仿真和验证产品属性。例如,评估产品是否稳定,是否直观易用?汽车车身是否提供尽可能低的空气阻力?电子设备是否可靠?无论是涉及机械、电子、软件还是系统性能,数字孪生都可以用于提前测试和优化。其次是生产数字孪生,它涉及从工厂的机器、设备、传感器等整个生产环境的各个方面。通过在虚拟环境中仿真和调试,在实际操作开始之前,就可以识别错误和防止故障。虽然性能数字孪生是从产品或生产线的运行中获得数据,但依然需要在产品开发过程中予以考虑。性能数字孪生可以持续监控来自机器的状态数据和制造系统的能耗数据等信息,还可以执行预测性维护维修,以防止停机并优化能耗。LionElectric 是一家重型汽车制造商,在开发电池和车辆的热管理系统以及预测影响车辆安全设计因素过程中,遇到了诸多挑战。借助西门子的 Simcenter,LionElectric 利用系统仿真优化电池设计和热管理,构建了基于电池热管理的数字孪生，加快了上市时间。

现实中关于数字孪生尚存在模糊认识，以下几个方面尤其需要引起注意：

西门子数字孪生

（1）数字孪生似乎是一种技术，其实更大程度上是一种技术理念。工业4.0的核心理念是CPS，强调数字世界与物理世界的深度融合。最能反映CPS理念的核心非数字孪生莫属。实现CPS需要诸多数字-智能技术，如智能感知、物联网、大数据、工业互联网、仿真、虚拟现实/增强现实、人工智能等，但其中每一项技术都不可能成为反映CPS理念的核心技术。而数字孪生是集前述支撑技术之大成。因此可以说，数字孪生更大程度上是一种技术理念，与CPS的理念高度契合。如果说数字孪生是技术的话，那么它并非一种单一的技术，而是多种技术的集合。数字孪生也是数字世界与物理世界深度融合的具体表现。

（2）数字孪生不只是几何的，更是物理的。虽然数字孪生体包含对象的几何信息，但真正显示数字孪生意义的是其物理信息，如产品在运行过程中的状态、物理过程的仿真等。

（3）数字孪生不只是静态的，更是动态的。数字孪生的意义本来就不是基于处理静态问题。产品的运行过程都是动态的，只有在对动态问题更深刻认识并施与相应控制，才是数字孪生最重要的意义所在。

（4）数字孪生不只是对象的，更是环境的、系统的。很多人尚未意识到，数字孪生技术可以仿真人在实际问题中感知不到的某些环境，如车联网中的电子环境。这里的数字孪生就不能只是涉及汽车的机械及其移动问题，还需要考虑无线通信、传感、路况等复杂环境。

（5）数字孪生不只是针对产品，还有针对使用者的。对于常规的非自动驾驶模式，除了车的数字孪生模型外，还需建立驾驶者的数字孪生模型，以便在困难情况下基于特定的驾驶者行为反应，能使驾车效果进一步微调。

（6）数字孪生不能只是物理实体的镜像，而是与物理实体共生。有一些学者或专家或许认为数字孪生只是物理实体在数字空间的镜像。此说只能算部分正确。在产品设计开发阶段，设计者在数字空间中进行设计时，还没有对应的物理实体，但此时的数字模型依然可视为一种数字孪生模型。最终确认的数字模型可"生"出物理实体。可以认为，这时的数字孪生体是物理实体在"孕育"阶段的"胚胎"。在物理实体（产品）系统（包括特定的环境）的运行过程中，各种过程数据又不断地丰富数字孪生模型。在产品运行过程中，孪生模型对获得的数据进行分析或仿真而获得的衍生数据反过来又能够优化控制产品的运行。所以"共生"发生在产品的全生命周期。此外，"镜像"说容易使人误解成数字孪生体只是物理实体外观或几何在数字空间中的映射。

（7）数字孪生不能只是物理实体的数字表达，它应该是"物理生命体"的数字化描述。大多数关于数字孪生的定义都指向物理实体的数字化表达，如GEDigital认为数字孪生是资产和流程的软件表示，SAP认为数字孪生是物理对象或系统的虚拟表示，Gartner在十大新兴技术专题中对数字孪生的解释是：数字孪生是现实世界实物或系统的数字化表达[21]。本书在此给出"物理生命体"和数字孪生的极简定义。

【定义】"物理生命体"："孕育"过程（即实体的设计开发过程）和服役过程（运行、使用）中伴随其数字模型的物理实体（如产品或装备）。

"生命体"的含义不仅包括物理实体（如产品或装备）在服役过程中的运行活动，也包括实体的"孕育"过程，即产品的设计开发过程。如果一个物理实体不具备使用意义，则不具备

李培根. 浅说数字孪生

李培根. 物理生命体——漫话数字时代的智能装备

"生命"意义,自然也不是工业过程中被关注的物理生命体。例如,没人使用的房子就不是物理生命体。生命体的模型包括几何、物理、环境、过程……

【定义】 数字孪生:物理生命体在其服役和孕育过程中的数字化模型。

总之,在产品设计开发过程中,数字孪生及其仿真不仅能大大缩短开发周期,而且能优化产品的运行性能。换言之,产品开发过程的进化很大程度上体现在虚拟空间或数字空间中基于数字孪生的仿真之作用。

2) 衍生式设计

衍生式设计(generative design)应该是21世纪以来在设计领域令人惊喜的进展。传统的设计是人(设计者)对某一对象的想象,而衍生式设计是计算机基于人设定的问题框架给出可能远超出人们想象的设计。图12-17是衍生式设计制造流程。它模仿自然的演进过程,设计者或工程师输入设计目标和其他一些参数(如材料、制造方法、成本限制)等,通过云计算软件自动给出可能的序列解决方案。它对每一个演进的迭代进行检查并学习方案是否可行。因为它将人工智能融入设计软件中,极大降低了设计的门槛。设计人员有可能不再需要特别的专业知识(如结构、材料等),而只需要输入问题目标和限制条件,就可以让计算机完成专业化设计。

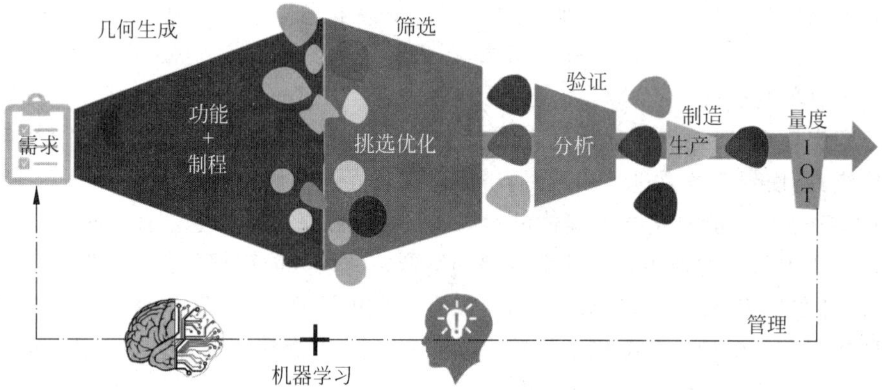

图12-17 衍生式设计制造流程[22]

Autodesk© Netfabb Simulation关于椅子的设计是帮助我们理解衍生式设计的很有趣的例子[23],如图12-18所示。设计者给定要求,软件经过迭代产生成千上万个方案,最终设计者可以从推荐的方案中选择一个最中意的,但绝对超出他原来的想象力。

应该讲,Autodesk(欧特克)公司引领了衍生式设计技术的发展,其软件已经在实践中得到成功应用。运动服装制造业——安德玛(Under Armour)与欧特克公司协作,利用衍生式设计和3D打印技术生产了一种新的能力训练鞋:UA Architech,见图12-19。Autodesk的Within被用于设计鞋底夹层的晶格结构设计,使鞋子不仅具有稳定的脚跟支撑结构,而且具有合适的力量训练缓冲。

3) 多领域物理统一建模[24]

复杂机电系统是多领域物理(机-电-液-热-磁-控)综合集成系统,传统的产品开发方式是各领域设计者分别设计其相对独立的部分,然后综合。设计过程中虽有总体考虑,且相互

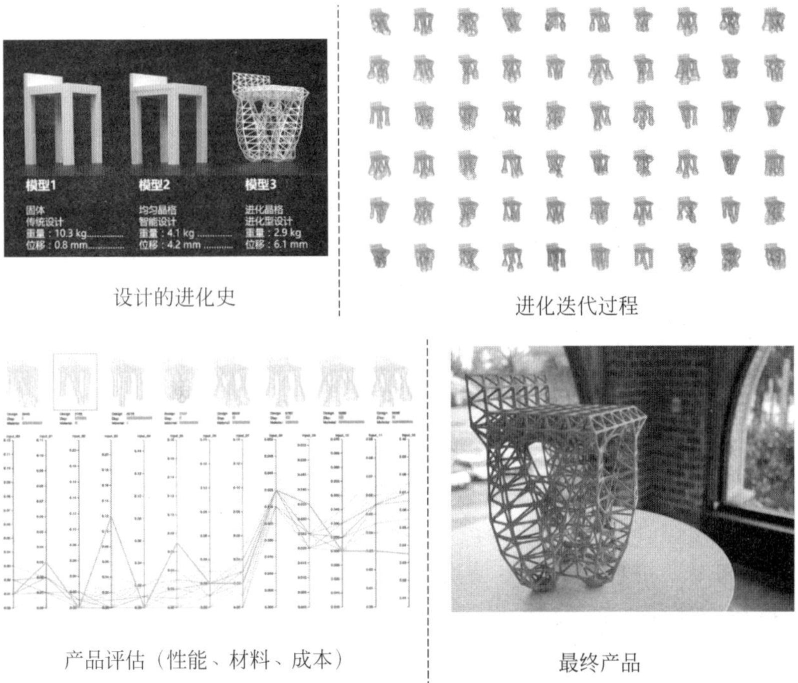

图 12-18 椅子的衍生式设计[23]

图 12-19 衍生式设计的运动鞋[24]

讨论协商，但终究难以掌握系统各部分耦合的复杂情况。因此，需要基于多领域知识、面向多学科协同优化的新一代数字化设计方法与技术以及面向复杂机电系统产品的多领域建模与仿真软件和工具。

自 20 世纪 60 年代以来，国际系统控制工程与仿真界一直致力于“以一种统一形式描述不同领域物理系统”的研究，其发展可以分为两个阶段：前期基于图的统一表达形式；后期基于物理建模语言的统一表达形式。多领域物理统一建模与仿真技术对复杂机电系统设计方法和工具创新具有重要意义，对智能化、集成化复杂机电系统的协同研发具有重要的工业应用价值。

复杂机电产品设计的深度协同要求产品模型可替换、可交互、可集成。这种需求可以采取两种思路实现：一是通过不同的计算机辅助设计工具进行信息集成；二是基于一致的形式化表达实现统一建模与模型集成。前者已经在实践中反复证明存在诸多不足，多领域物理统一建模技术主要采用模型集成的方法。

国际仿真界于1997年发布了一种开放的全新多领域统一建模语言Modelica。2006年6月达索系统宣布了“an open strategy based modelica for embedded system”(一种基于modelica的嵌入式系统开放策略),以Modelica为标准实施“Knowledge Inside”(知识内蕴),大大推动了Modelica技术的推广,自此Modelica成为多领域工业知识表达的事实标准。2007年在欧盟的资助下,欧洲汽车电子软件架构标准组织AutoSar启动了旨在支持模型驱动的汽车多领域功能样机及嵌入式应用的项目计划Modelisar。

华中科技大学CAD中心从2001年起率先在亚太地区开展基于Modelica的相关基础理论与应用研究,在研究其语法结构与系统构架的基础上,进一步开展大规模连续、离散混合DAE(微分代数方程)方程求解策略的研究。在它们的研究成果基础上,2008年成立了苏州同元软控信息技术有限公司,现已推出Modelica/MWorks 2.6,在汽车、航空、航天、发电等行业得到成功应用。

例如,某飞机前起落架无法应急放下到位,通过液压系统阻尼对前起落架应急放的影响以及各载荷的敏感性仿真分析,找出故障原因,并支撑设计改进。针对该机型试飞过程中起落架应急放故障与早期仿真分析报告结论不符这一事实,采用Modelica技术,对飞机前起落架的机械、液压系统进行耦合建模,仿真分析液压系统阻尼对前起落架应急放的影响以及各载荷的敏感性,为解决应急放故障问题提供依据,见图12-20。

通过MWorks的分析发现,空中工况下,完成收放的仿真时间与实际试验吻合较好,验证了系统模型的有效性;前舱门气动力在放下端十分敏感,严重阻碍起落架放下;气动载荷可能造成应急收放无法到位上锁。

12.4.1.3 在云中进化

在这样一个互联的时代,人们突然发现天上飘着的朵朵白云并非虚无缥缈。云平台既然走进千家万户,没有理由不在产品开发过程中一试身手。

中国制造业纷纷+互联网。传统制造业中,海尔当是勇立潮头者之一。

互联网时代的开放性及与用户的距离,决定了用户在制造商心目中的特殊地位。海尔的理念认为,技术是不是先进,是由用户定义的。用户需要的技术才是先进的。因此,海尔在其产品开发过程中奉行的基本理念是创造用户价值,从全流程、全方面来满足用户体验,实现用户终身价值。它们开发了一个工业互联网平台COSMOPlat,此平台也是一个开放性的创新平台,形成了一个中国独创的工业互联网生态[25]。传统的产品开发模式是瀑布式的,即经过市场调查、需求分析、概念设计……,其过程如同瀑布流。在COSMOPlat平台上,开发设计者可以在各个环节与用户互动,不断迭代,故称为迭代式。从用户和产品的关系上可以看出这两种模式的区别,即传统方式是先有产品后有用户,而海尔现在的模式则为先有用户后有产品,见图12-21。

海尔的创新研发过程,除有全球一线资源参与外,用户也可和资源直接进行交互,参与整个创新。从产品创意的产生、创意的确认、产品的开发、全球一流资源的整合到产品的上市,整个过程都是开放的。开放性的创新平台为技术发展奠定了基础,而技术创新的源泉仍是用户需求。以洗衣机为例,长期以来洗衣机脏桶所引发的健康问题一直是用户痛点,“洗衣机可以帮你把衣服洗干净,但谁来洗你的洗衣机?”基于用户对内桶脏的抱怨和对健康洗衣的迫切需求,海尔历经6年,经过10大交互渠道、19个交互平台、1000多万交互量研发出免清洗洗衣机。

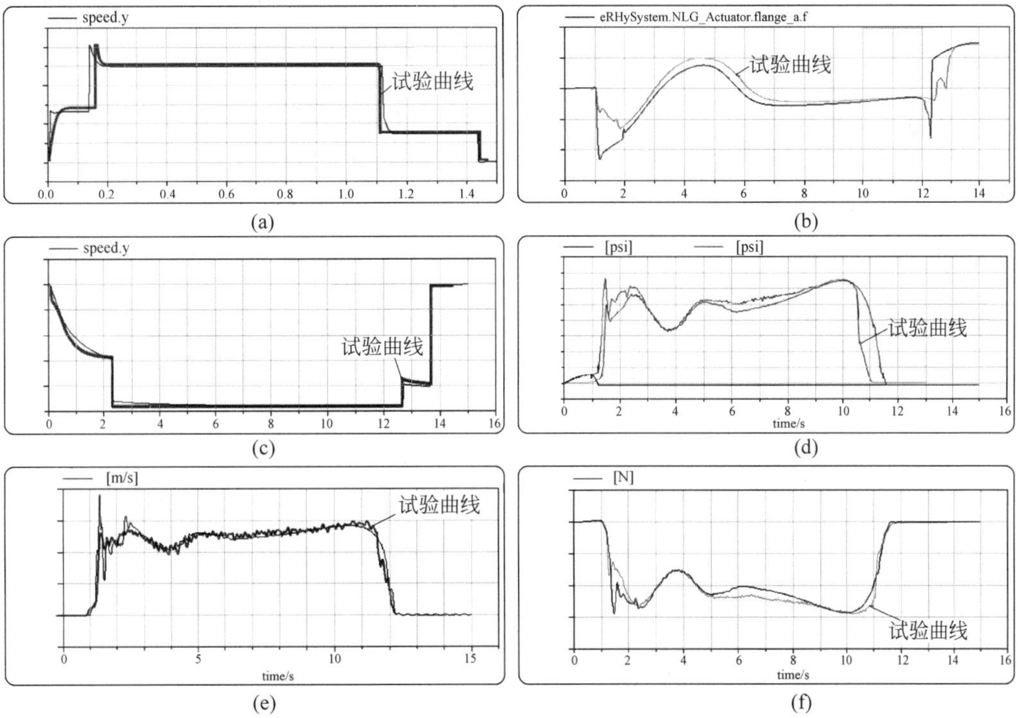

图 12-20 某飞机前起落架收放作动筒液阻影响及载荷敏感性分析[24]

(a) 作动筒空载收回活塞速度对比；(b) 空载正常放前起作动筒输出力对比；(c) 作动筒空载伸展活塞速度对比；(d)（空中 220 节）前起落架应急放过程有杆腔压力对比；(e)（空中 220 节）前起落架应急放过程活塞速率对比；(f)（空中 220 节）前起落架应急放过程作动筒输出力对比

协同设计与全流程交互平台通过采用开放式社区模式，搭建用户、设计师、供应商直接面对面的交流平台，将用户对产品需求、创意设想转化成产品方案；从需求端到制造端，依托互联工厂体系实现全流程可视化定制体验，让处于前端的用户与后端互联工厂互联互通。用户从单纯需求者转变成为产品创意发起者、设计参与者以及参与决策者等，参与产品定制全流程，这大大激发了用户的创造力，实现用户价值驱动。

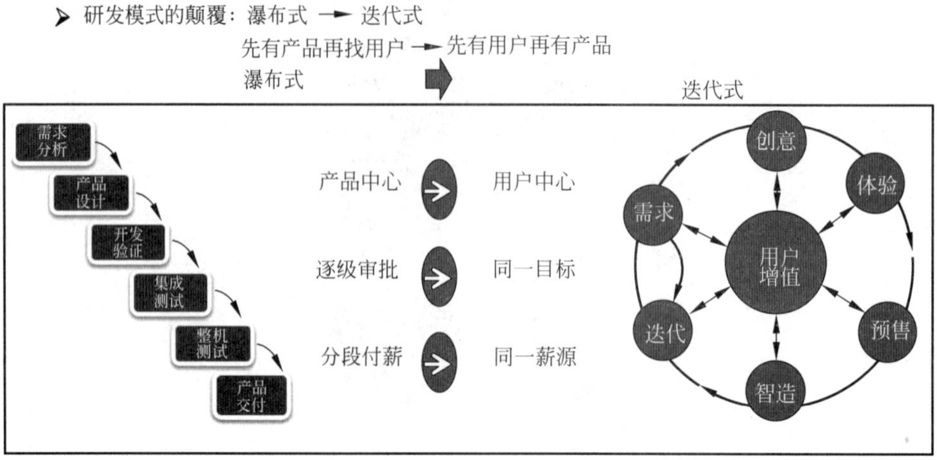

图 12-21　海尔 COSMOPlat 开放创新平台(来源：海尔)

另外一个值得关注的例子是小米公司[25]。互联网成长起来的新一代喜欢标新立异，存在感强烈，最喜欢通过参与获得被认同。小米的互联网思维中，参与感即为不可忽视的关键环节。

小米的思维非常看重用户的参与感，把用户当朋友，见图 12-22。小米 MIUI 的第一个版本于 2010 年 8 月 16 日发布，只有 100 个用户，是 MIUI 团队从第三方论坛一个一个"人肉"拉来的，凭借用户口口相传，没有一分钱广告，没有任何流量交换，到 2011 年 8 月 16 日，MIUI 发布整整一周年的时候，已经有了 50 万用户。

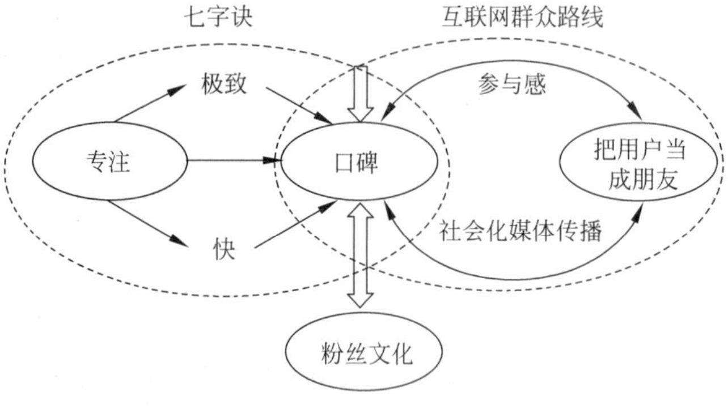

图 12-22　小米关于互联网的思维[25]

小米 MIUI 的研发构建了"橙色星期五"的互联网开发模式。核心是 MIUI 团队在论坛和用户互动，系统每周更新，每周五集成开发版，用户升级体验，并在 MIUI 论坛进行投票，生成"四格体验报告"，这是来自用户对产品的最直接的评价。图 12-23 显示了 MIUI 的 10 万人互联网开发团队模型。

体验版的开发过程中，邀请核心发烧友用户一起参与开发和使用，新功能获得满意后才会加入到开发版。开发版的用户喜欢体验完整的新功能，而不是带有问题的新功能。所以体验版的新功能完整之后，加入到开发版，开发版经过千锤百炼，确认没有任何问题后，得到

图 12-23　橙色星期五开发模式[26]

稳定版。让客户参与设计，增强了客户的参与感和存在感，自然能赢得更多的客户。

总之，海尔和小米的产品开发过程在云平台中得到进化与升华。

> **节点及关联（产品设计开发过程进化）**
>
> **并行工程**：DFM，DFA，DFX……
>
> **数字空间**：CPS，PLM，仿真，数字孪生，衍生式设计，多领域物理统一建模；
>
> **数字孪生**：物理生命体，数字孪生体，系统，环境，过程，使用者；
>
> **云平台**：客户为中心，参与感，存在感。

问题：

(1) 数字孪生与仿真有何关系？

(2) 产品开发过程进化的主要方式是什么？

(3) 数字孪生在制造中的主要应用有哪些？

(4) 为什么说数字孪生与物理实体"共生"？

(5) 对数字孪生理解的主要误区有哪些？

(6) 怎样理解物理生命体和数字孪生体？

12.4.2　工艺过程进化

制造业中，工艺（这里包括装配工艺）过程至关重要，直接影响产品质量和生产成本。因此，改善工艺过程是制造企业的永恒话题。

利用数字化技术改善工艺过程有多种方式，这里简要介绍几种形式及相应案例。

1. 利用数字化技术改善工艺操作及过程管理

通过数字化工艺软件改善工艺过程是很多离散制造企业常用的方式。现在大多数机械制造企业都应用CAPP(计算机辅助工艺规划)软件。图12-24是开目公司开发的基于三维的装配工艺设计。其功能包括三维装配工艺性检查;装配路线、装配姿态调整;装配工艺过程仿真预览;与3D设计模型信息集成;实现三维可视化的装配过程规划;装配工艺路线与装配模型的双向互动;自动、手动生成三维装配工序爆炸图等。显然,此软件不仅作为装配工艺的设计者,而且能作为装配过程中的工艺指导者。

图12-24　开目公司基于三维的工艺设计(来源:开目)

在西安西电开关电气有限公司,产品设计、工艺与制造的过程控制实现一体化,CAD/CAE/CAPP/CAM与PDM无缝集成,使得设计与工艺业务顺畅衔接、同步工作,大大缩短了产品制造的技术准备时间。实现三维可视化装配工艺的编制,利用可视化加工工序卡直观地指导工艺过程,使装配过程的指导更加形象直观,可操作性更强,降低了对装配操作工人的技能要求;实现安装现场的可视化指导,在现场的装配工艺中进一步加入人、物、厂房、吊车等人机工程界面,使现场装配作业指导文件具有更强的指导作用,也提高了产品现场装配质量;建立安装所用器械的三维模型,使用三维设计软件将产品装配过程所使用到的工位器具、设备、实验仪器、厂房行吊等建立起三维模型,并进一步运用装配仿真动画制作技术,完成了机构拆卸动画、套管装配动画。数字化工艺软件平台的应用内容包括以下几项[9]:

(1) 装配工艺平台建设。建立以装配工艺设计、工艺标准、工装夹具、质量改善为目的的一体装配工艺管理体系,管理和积累制造经验,进行快速工艺设计,以提高装配制造能力。

(2) 三维可视化装配工艺。充分利用产品的3D设计模型数据,完成产品可视化装配工艺设计,提高装配工艺设计水平和可视化水平,使装配操作指导文件更加直观、明了、易于理解,描述更加规范,条理清晰,提高装配效率。

(3) 建立虚拟制造评估体系。通过将工厂、设备、人和工具等纳入虚拟的环境,建立数字化的虚拟工厂,在装配工艺开发过程中,对产品的可装配性进行验证,提高产品样机试制的合格率。

(4) 车间在线装配作业指导。充分利用三维可视化数字装配技术,通过建立在线电子作业指导书,直接指导车间工人作业,提升现场作业水平,保证工艺数据的准确性和及时性。

(5) 工程现场可视化安装作业指导。利用工程3D模型,建立可视化现场电子安装的作业指导书，提高工程项目安装质量。

2. 利用数字化技术进行工艺控制

生产线中工艺过程的监控需要利用数字化、传感等技术。例如，伊利液态奶数字化工厂，实现了从收奶到产品入/出库所有环节由中央控制系统控制。具体的生产工艺流程如下："收奶系统（原奶过磅→原奶检验→过滤→储存）→标准化系统（净乳→标准化→巴氏杀菌→储存）→超高温（UHT）灭菌工艺段（脱气→均质→预保温→超高温 UHT 灭菌）→无菌输送→无菌灌装→喷码→全自动二次包装（贴管→装箱）→码垛→检测合格→出厂"，如图 12-25 所示。在很多工序中都配备了数据采集，如对原奶的感官、酸度、脂肪、全乳固体、掺假（水、碱、淀粉、盐、亚硝酸盐）、酒精实验、煮沸实验、蛋白质等多项指标进行检测；二次包装中，主要通过高清视觉识别系统完成产品外漏、缺失和生产损伤在线监测，自动采集相应的数据。最后将以上各工序的数据自动上传到控制中心，以保证生产线的正常运行[27]。

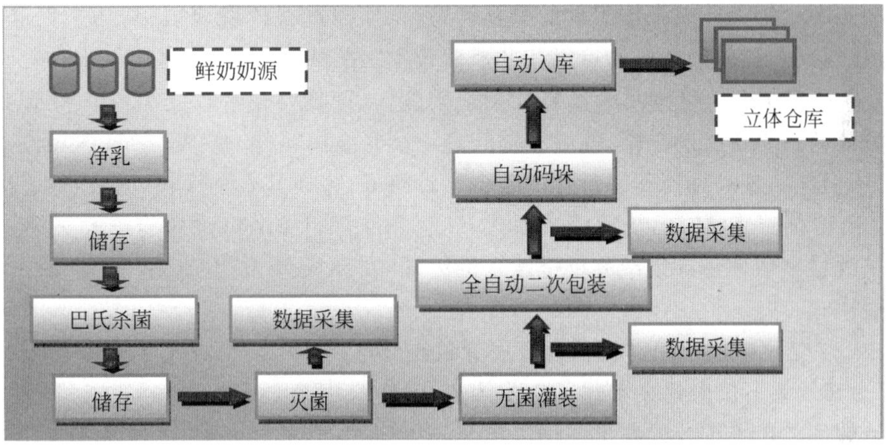

图 12-25　液态奶数字化工厂生产工艺流程[27]

3. 数字化+3D 打印技术助力工艺流程变革

新技术的应用有可能变革甚至颠覆传统的工艺方法和流程。3D 打印技术可以成形出常规工艺无法制造出的任意复杂形状零件，但由于打印金属种类限制和成本原因，目前无法取代传统的成形技术。但 3D 打印技术与某些传统成形工艺结合却能产生意想不到的结果。

铸造是复杂金属零件成形的主要方法，但其传统模具工艺难以甚至无法整体复杂造型（芯）；3D 打印可成形任意复杂结构，但因存在金属材料种类限制、性能难控制、效率和成本等突出问题，还难以全面取代铸造工艺。华中科技大学史玉升团队提出了选择性激光烧结成形法（SLS）3D 打印的复杂零件整体铸造新思路[28]，即利用工艺优化设计的 CAD 模型，采用 SLS 整体成形复杂的铸造用熔模、砂型（芯）和陶瓷芯，创新铸造过程调控方法，以实现高性能复杂零件的整体铸造，如图 12-26 所示。

随着航空航天、汽车等领域高端装备对性能要求的不断提高，其关键零件向复杂化、整体化方向发展。目前高性能复杂零件的 3D 打印-铸造整体成形成套技术已成功应用于航空航天、汽车等领域镍、钛、镁、铝、铁等合金复杂零件的整体铸造[29]，如多套型号航空发动机

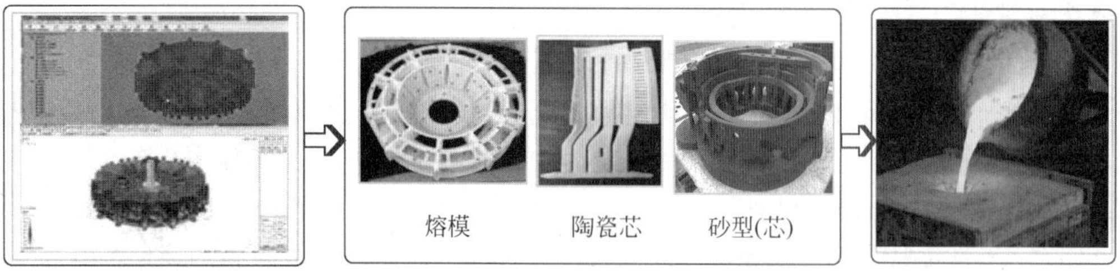

(a) (b) (c)

图 12-26　高性能复杂零件的整体铸造思路[28]

(a) 工艺优化；(b) 3D 打印；(c) 浇注成形

和飞机钛合金铸件的整体铸造，多套型号航空发动机和传动系统铝镁合金机匣类铸件的整体铸造，航空发动机高温合金空心叶片的整体铸造，运载火箭液氧煤油发动机及重型运载发动机的高强不锈钢涡轮泵壳体零件的整体铸造，汽车发动机薄壁轻质、高功能集成度（轻量化、功能化）缸体、缸盖的整体铸造等。此成套技术工艺的优点明显，主要体现在：

（1）由拼接制造向整体或少无装配制造转变。3D 打印技术改变了传统铸造工艺对复杂零件分体铸造再拼接的思路，能够整体铸造出复杂金属零件，减少了装备的零件数量和装配工作，不但能实现高性能和轻量化的装备设计目标，也使其安全性和可靠性随之提高。

（2）由传统铸造模式向新的铸造模式转变。3D 打印技术将改变传统大规模铸造方式单纯追求批量和效率易导致产品供过于求的弊端，实现"设计即生产"和"设计即产品"等个性化铸造模式。

图 12-27 是用在航空发动机钛合金中介机匣铸造的例子。机匣尺寸直径 1.2m，最小壁厚 3mm。其效果不仅表现在实现了整体铸造，而且缩孔缩松缺陷从 90%降低到 20%以内，熔模铸造效率较传统工艺提高了 6 倍以上。

图 12-27
（彩图）

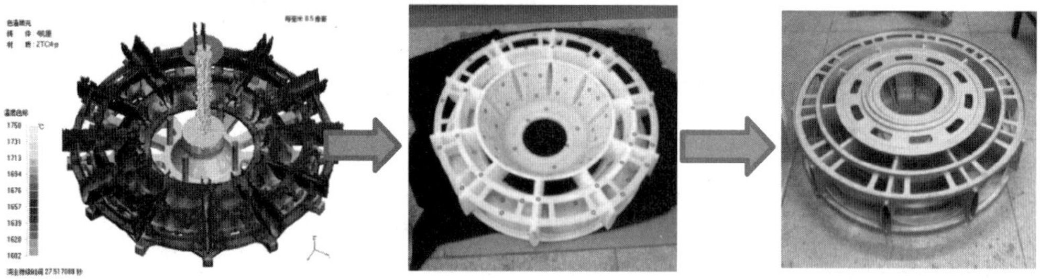

(a) (b) (c)

图 12-27　航空发动机钛合金中介机匣铸造[29]

(a) 仿真模拟优化方案；(b) 3D 打印中介机匣熔模；(c) 中介机匣铸件

除了 3D 打印之外，此成套技术中也包含数字化技术，即三维建模和仿真等技术。

4. 仿真加速工艺开发

材料技术的发展使新材料的应用越来越迫切，新材料的制造工艺往往是阻碍其应用的瓶颈。因此，需要寻求合适的工具加速新材料工艺的开发。近些年来，ICME（集成计算材料工程）成为受到学界和业界关注的方法和工具。

ICME是材料基因工程的基本组成元素，它在计算材料科学的基础上，整合计算材料模型、数据和工具，使其成为一个有机的系统，实现材料开发、制造工艺优化、新产品设计一体化。ICME的目标是在产品制造出来之前，通过集成计算过程，使材料选择、制造过程和产品设计的优化成为一个整体系统。ICME强调集成（integrated）和工程（engineering），即面向工程应用，通过多尺度、全过程模拟集成，发展和推动材料模拟及工艺优化技术的工业应用。

ICME在国外工业界已经取得了一定的成果，出现了不少成功案例，特别是在航空航天和汽车工业等高端制造领域[30]。全球著名的航空发动机制造商、英国劳斯莱斯（Rolls－Royce，RR）公司与剑桥大学、帝国理工等高校合作，应用ICME技术于先进航空发动机涡轮盘全流程模拟（图12-28）。通过建立集成计算模型模拟从铸锭直至热处理的微观组织演化及特征，提高了航空发动机关键部件的研发效率。欧洲的铝工业界也致力于将ICME应用于产品制造流程与工艺的优化，通过开发并应用新的模拟工具和方法，建立耦合工艺-组织-性能的多流程建模仿真工具，提高产品工艺质量和效率，并降低成本。

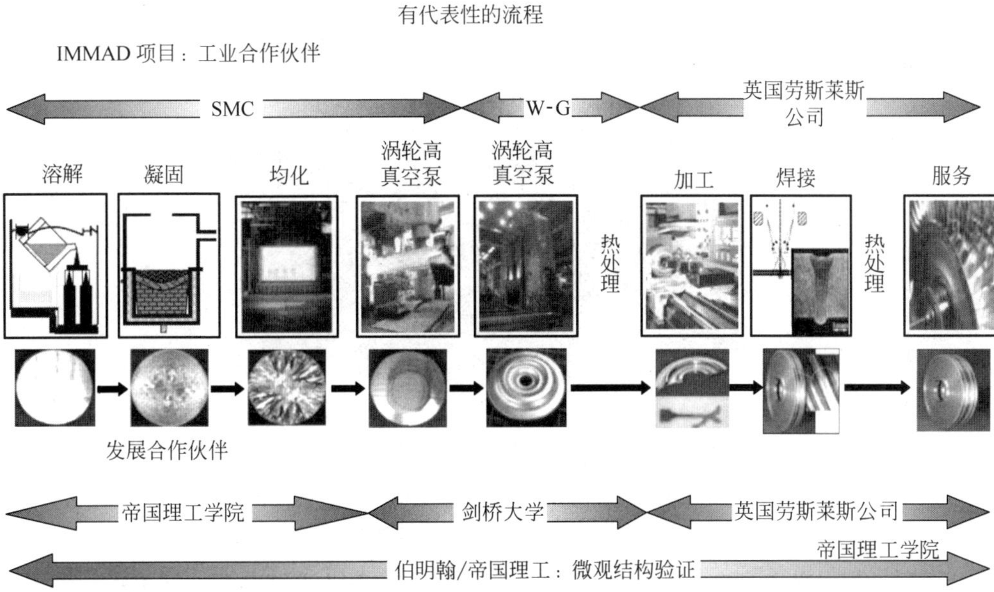

图12-28 ICME技术应用于英国RR公司先进航空发动机涡轮盘研发[30]

在制造领域，ICME在成形制造方面的作用比较明显。例如，塑性加工过程的ICME是针对整个塑性加工过程的材料变形和微结构演变及其与性能的关系，建立稳健的并经过全面验证的模拟方法，使之大部分替代或完全替代物理实验过程，确保加工过程的合理性及产品力学性能达到要求。图12-29显示了ICME在塑性加工方面的应用范围。

5. 智能元件监控工艺过程

在美国得克萨斯大学，W. M. Keck中心的Wicker教授团队研发出嵌入了微处理器和加速度计的模具（通过3D打印技术），能够在成形过程中更好地监测工艺参数，以保证加工质量，如图12-30所示。

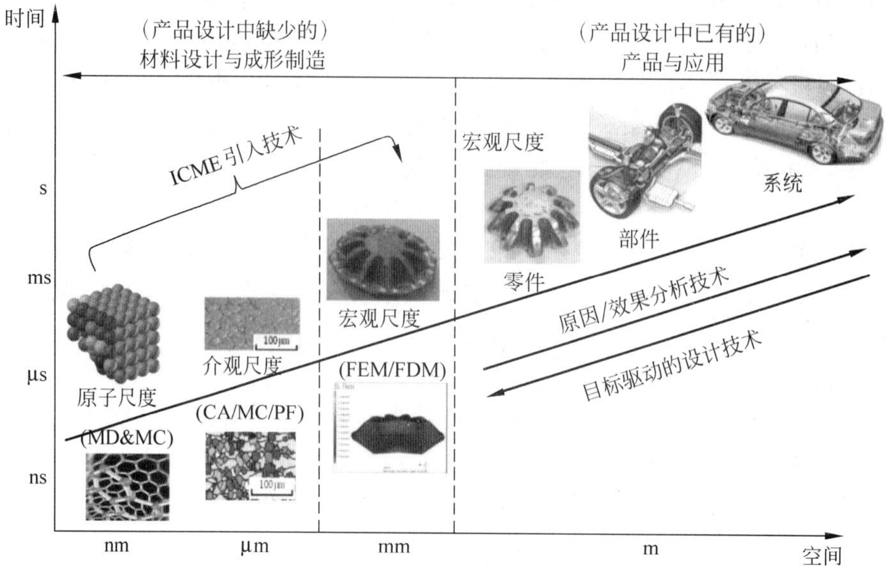

图 12-29 塑性加工 ICME 技术应用的范围[30]

图 12-30 带有微处理器和加速度计的模具[31]

节点及关联(工艺过程进化)

方式：数字化工艺设计，数字化工艺控制，流程变革(如 3D 打印)，仿真。

问题：

(1) 工艺过程进化中有哪些数字化技术应用场景？有哪几类数字化技术？

(2) 3D 打印技术与传统工艺的结合有哪些可能？

(3) 哪些工艺特别适合应用仿真技术？

(4) ICME 有什么特点？

12.4.3 车间生产过程进化

企业的目标，如效率、成本、质量、绿色等都应该落实在车间，智能制造自然也应该落实到车间。

车间是制造生产的关键环节，工艺、生产计划调度、物料配送、质量控制等任何一个环节足以影响全局。图12-31是三一集团的智能工厂数字化车间总体架构。从产品设计→工艺→工厂规划→生产→交付，打通了产品到交付的物理实现核心流程。通过全三维环境下的数字化工厂建模平台、工业设计软件以及产品全生命周期管理系统应用，实现了研发数字化与协同。多车间协同制造环境下计划与执行一体化、物流配送敏捷化、质量管控协同化实现了混流生产与个性化产品制造，人、财、物、信息的集成管理；并基于物联网技术的多源异构数据采集和支持数字化车间全面集成的工业互联网络，驱动部门业务协同与各应用深度集成，自动化立体库/AGV、自动上下料等智能装备的应用，以及设备的M2M智能化改造，实现了物与物、人与物之间的互联互通与信息握手[27]。

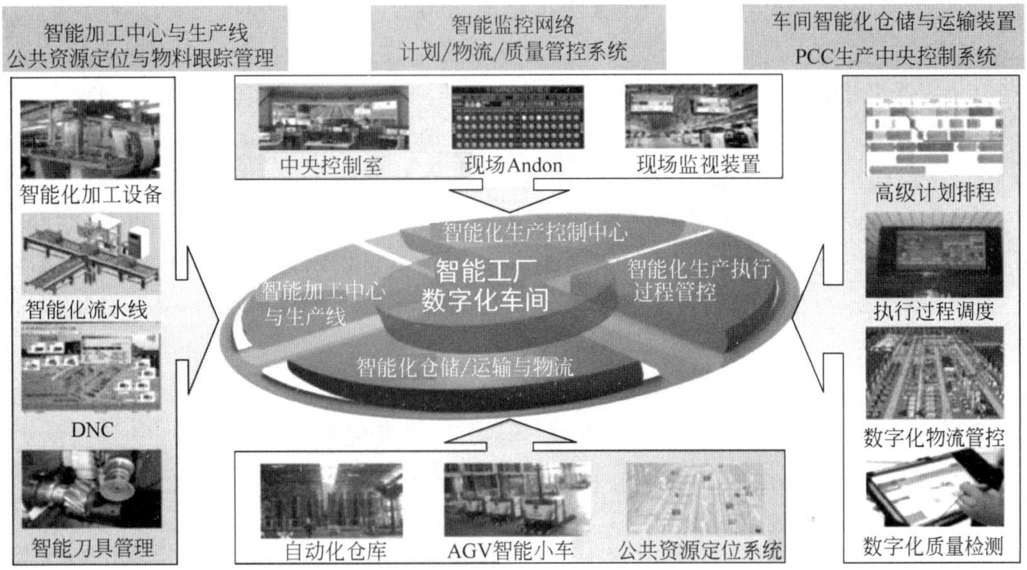

图12-31 三一智能工厂数字化车间总体架构[27]

一般而言，在车间生产过程控制中，MES(制造执行系统)起着关键作用。很多企业在数字化转型过程中往往首先关注产品开发以及生产管理销售，而车间的信息化却很薄弱。但缺少中间环节的数字化支撑，即使有一个功能强大的ERP系统，也不可能真正发挥作用。

在西门子成都工厂，MES系统生成一份电子任务单，显示在工作人员的计算机上，实时刷新最新数据，相较于传统式人工抄写任务单，省去了不同生产线交流的复杂环节。待装配的产品被固定在一个个小车上，通过整个集成轨道行驶到每个工作人员手中，工作人员通过显示在计算机上的任务单，完成装配。生产中，生产订单由MES系统统一下达，并与ERP系统相集成，完成数据的实时传送。产品到达下一个工序前要通过严格的检验，整个生产过程中有20多个质量控制点，以保证产品的质量。其中，视觉检测是数字化工厂特有的质量检测方法，它用相机拍摄产品的图像，与Teamcenter数据平台中的正确图像进行比对，瑕疵品将被挑出，这种方法比传统生产中的人工抽检要可靠和快速得多。整个生产流程确保了生产环节的灵活、高效，产品一次合格率可达99%以上。西门子数字化生产管理不同于传统制造企业的生产计划调度，没有纸质任务单，生产订单由MES统一下达，在与ERP系统高度集成之下，实现生产计划、物料管理等数据的实时传送。SIMATICIT集成了工厂信息管理、生产维护管理、物料追溯和管理、设备管理、品质管理、制造绩效(KPI)分析等多种功能,保证工厂管理与生产的高度协同。柔性混线生产的4种产品同时安装,各工位部件精准、占位为零。每天由西门子MES生成的电子任务单显示在操作人员工作台前方计算机触摸屏上,实时数据交换间隔小于1s,操作人员随时可以看到最新版本[15]。

流程行业的生产过程一样需要自动化、数字化技术。例如,九江石化智能工厂建成的一体化全流程优化平台[27],突破了当前国内外流程型工业普遍采用的"插管式"集成模式的限制,实现了炼厂全流程协同优化的无缝衔接和闭环管理。环保实时监控和应急指挥平台,集多项功能于一体,包括HSE(全员全过程的健康安全环境)管理、环保数据实时监测、119接处警、各类可燃有毒有害气体实时联网及视频监控联动、应急指挥等系统。其中近900个有毒有害及可燃气体报警点、1000余个火灾报警点、600余个视频监控摄像头统一管理、实时联动。生产过程实时感知能力全面提升,2万余个实时数据采集点,使得主要装置的自动化控制率、数据采集率达95%,各类温度、压力、流量监测(计量)仪表实时联网,覆盖率100%。一体化能源管控中心可实现能源计划、能源生产、能源优化、能源评价的闭环管控,使公司能源整体在线优化,节能效益最大化,能耗降低4%。在智能装备方面,九江石化开展了基于4G无线网络的工厂复杂环境深化应用,实现智能巡检。通过物联网技术的应用使工厂更有可能从"制造"转变为"智造":几十万个数据的处理结果可以清楚掌握生产流程、提高生产过程的可控性、减少生产线上人工的干预、即时正确地采集生产线数据,以及合理地编排生产计划与生产进度。

节点及关联(车间过程进化)

智能工厂/车间:智能化加工单元/生产线,仓储/物流,计划排程,监控,质量控制;

关键数字化技术:MES;

MES集成关联:PLM,CAPP/CAM,ERP。

12.4.4 服务过程进化

在第3章介绍现代制造的主要理念时提及服务制造。有些企业已经把服务上升到企业的目标之一。不同的行业服务的形式不一样,这里仅介绍装备制造业中两种常见的服务过程进化形式。

1. 基于设备运维的服务

很多装备制造企业不仅卖产品,而且卖服务。一方面是以客户为中心的理念所致,另一方面也是企业价值链的延伸。

这里以陕鼓动力股份有限公司(简称陕鼓)为例。其主要产品有轴流压缩机、能量回收透平装置(TRT)、离心压缩机、离心鼓风机、通风机共五大类80个系列近2000个品种规格,主要应用于空分、冶金、石化、电力、城建、环保等十几个国民经济的支柱产业领域。陕鼓率先在我国推进服务制造,早在2003年就在产品试车台上成功应用了在线监测和故障诊断系统,2005年提出从装备制造业向装备服务业的重大转型。2011年,建设了包括网络化远程诊断、备件预测和零库存管理等在内的网络化诊断与服务平台，将产品监测诊断与运行服务支持集成为一体，提供一套面向制造服务业具有核心竞争力的智能动力装备产品全生命周期监测与服务支持的系统解决方案[27]。2014 年，陕鼓推出了动力装备运行维护与健康管理智能云服务平台项目，至此开始了动力装备智能云服务平台的新时代。陕鼓已监测超过 200 家用户的 600 多套大型动力装备(其中包括不能远程在线监测的约 300 套装备)，已积累约 20TB 现场数据。通过对动力装备远程监测、故障诊断、网络化状态管理、云服务需求调研与技术储备，提高了售后服务的反应速度和质量。

陕鼓形成了基于全生命周期运行与维护信息驱动的复杂动力装备可持续改进的制造服务及系统保障体系，如图 12-32 所示。值得注意的是，通过对设备运行数据的监测、诊断，设备的状态、故障及服务信息可以反馈回来，以供产品改造升级之用。

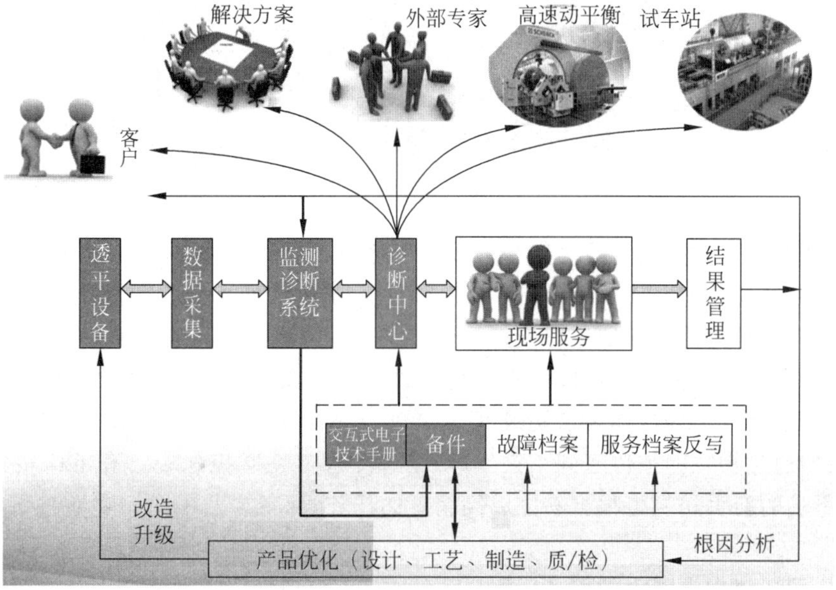

图 12-32 陕鼓企业网络服务平台智能服务构架[27]

设备运行数据用于：预测性维护；反馈给产品设计部门(更新设计)。

此服务过程进化的关键在于：监测诊断，云。监测诊断是预测性维护的前提，实时监测的设备运行状态数据能够捕捉到设备隐患的蛛丝马迹。及时采取相应措施，把故障消灭在萌芽状态，既可减少停机时间，又可提高运行质量。云平台亦不可或缺，数据的及时传输，且整个服务过程牵涉广域的空间、众多的人，没有云服务平台支撑绝无可能。

2. 基于设备施工作业的服务

对于某些行业(如工程机械)，其产品在工程现场运行的具体问题，以前设备制造商无须顾及。随着以客户为中心理念的普及以及数字化、网络化技术的发展，制造企业开始关注设备的施工作业问题。

以日本小松公司为例，它是全球最大的工程机械及矿山机械制造企业之一，成立于 1921 年，迄今已有近百年历史。小松从更好地服务于客户角度考虑，如何进一步降低工程机械的运行成本？如何提升施工效率和质量？如何降低安全风险？如何通过将 ICT、AI 技术与施工完美结合来解决上述问题？小松让工程人员通过无人机进行航空测绘(见图 12-33)，生成高精度的施工现场三维数据模型，并根据模型智能精准匹配相应数量和种类的小松工程机械[32]。这款无人机采用的是美国 Skycatch 商用无人机，由大疆公司提供部分硬件，并搭载上世界上最先进的三维测量技术和 Skycatch 强大的数据处理能力。

图 12-33 无人机在工地上进行三维测量[32]

无人机测量获得的数据，最终都要形成可视化的 2D 和 3D 数据图。智能施工的云端服务器——小松云(KomConnect)会将现场实际数据与施工图数据进行对比，自动计算出施工土方量。系统可对施工计划进行模拟推演。基于土方量用户可自行编制出合理的施工计划，每个工种的工序表都自动生成。施工过程的改善也在于小松工程机械的智能。通过安装在驾驶室的视觉传感器(称为小松眼 KomatsEye)，可以实现施工现场三维数据的实时更新，这些数据通过物联网被传送到小松云，现场进度也尽在掌控之中。有了这些先进技术，即使经验不足的新手司机也很容易完成高精度的任务，而现场监工只需要通过手机 App 查看完工情况。

小松公司还建立了强大的服务中心，以各种方式为现场提供远程支持。不仅可以提供各类数据查看，还能教授操作方法。如果设计图纸有变更，服务中心会及时对图纸进行修正，修正后的数据也会及时传给机器，尽量避免停工。

从提供的这些服务可以看出，较之传统的施工方法，智能施工可以使用户方便地提高施工质量、效率且降低成本。这里用到的技术，除了视角传感、数据分析、三维建模、仿真外，很重要的是“云”，它是实现数据交换、计算等功能的枢纽。小松开发的智能施工云服务平台——小松云，如图 12-34 所示。

节点及关联(服务过程进化)

设备运维功能：运行状态监控，故障诊断；

智能施工功能：无人机测绘，三维形貌，建模仿真，施工计划；

支撑技术：传感，大数据，云，仿真。

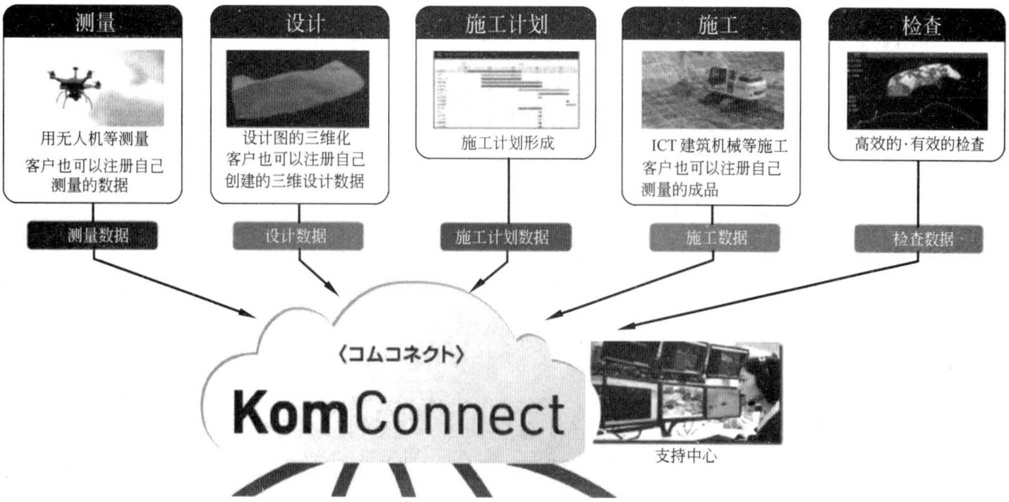

图 12-34　小松智能施工云服务平台[32]

问题(服务过程进化)：

(1) 做好服务对制造商有哪些好处？

(2) 数据分析需要什么工具？

(3) 除服务外大数据还有何作用？

(4) 智能施工进一步发展还可能用到什么技术？5G？XR？

通过以上论述可以得出以下结论：

(1) 智能制造一定要使企业的过程进化。过程进化要围绕企业的目标，要落实到主要载体(产品、设备、人)上。

(2) 产品设计开发过程的进化首先要基于并行工程的理念。设计开发过程的进化主要体现在数字空间(PLM、仿真、数字孪生、衍生式设计、多领域物理统一建模)中，在云平台里。数字孪生的应用尤其重要。

(3) 工艺过程的改善和控制需要数字化技术，如CAPP/CAM。数字化技术+3D打印技术有可能变革某些传统工艺过程。仿真技术能深化人们对工艺过程的认识，能够加速新工艺的开发过程。

(4) 过程的改善或创新自然要反映在车间或现场(如工地)。MES是车间进化的最重要的数字化工具。设备的预测性维护是服务制造的基本考虑。基于设备施工作业的服务是另一种类型的服务制造，智能施工也需要传感互联、大数据分析、仿真、云平台等技术的支撑。

节点及关联(过程进化)

目的：效率，质量，成本，绿色。

载体：机器/设备(产品、工具)，人。

主要过程：设计开发，工艺，生产，服务。

支撑技术：数字化软件，3D打印，云平台。

问题：

(1) 进化如何体现在人身上？

(2) 企业目标的实现如何反映在过程的改善或进化？

(3) 产品开发过程进化的理念是什么？

(4) 哪些新的、前沿的技术改变设计开发过程？

(5) 哪些数字化技术改善工艺过程？

(6) 哪些技术变革工艺过程？

(7) 智能施工需要哪些技术支撑？

参考文献

[1] 周安亮，曾浩，等. 雷柏公司发展数字化、智能化制造实践经验[M]. 中国工程院. 制造强国战略研究·智能制造专题卷. 北京：电子工业出版社，2015.

[2] 3D科学谷. 降低成本，Fraunhofer 开发 EW2C 螺旋金属丝激光 3D 打印方法. [EB/OL]. [2021/01/6]. https://mp.weixin.qq.com/s/i_T6DElwRunW9Lbr2u-tBQ.

[3] MAZAK，Intelligent machine[R]. IMTS(International Manufacturing Technology Show) 2006，Chicago，2006.

[4] 周安亮，侯润峰，等. 伊利集团液态奶数字化工厂实践经验[M]. 中国工程院. 制造强国战略研究·智能制造专题卷. 北京：电子工业出版社，2015.

[5] International Energy Agency (IEA). Worldwide trends in energy useand efficiency，key in sights from IEA indicator analysis[R]. Paris，2008.

[6] 李培根，邵新宇，智能制造的内涵与特征[M]. 国家制造强国建设战略咨询委员会 & 中国工程院战略咨询中心. 智能制造. 北京：电子工业出版社，2016.

[7] EVANS P C，ANUUNZIATA M. Industrial Internet：pushing the boundaries of minds and machines [J]. GEI magination at work，2012-11-26.

[8] 陈吉红，等. 走向智能机床[J]. 工程，2019，5(4)：679-690.

[9] 张慧，等. 西开电气发展智能制造实践经验[M]. 中国工程院. 制造强国战略研究·智能制造专题卷. 北京：电子工业出版社，2015.

[10] 迈克尔·波特，詹姆斯·赫普曼. AR 部署路线图[J]. 哈佛商业评论，2017-12-08.

[11] 周安亮，王勇，等. 小巨人公司发展智能制造实践经验[M]. 中国工程院. 制造强国战略研究·智能制造专题. 北京：电子工业出版社，2015.

[12] ROSEN D W. Additive manufacturing as a key enabler of intelligent manufacturing[R]. 国际智能制造高端论坛，武汉，2018.

[13] HAMMER M，CHAMPY J. Reengineering the corporation：a manifesto for business revolution [M]. New York：Harper Business，1993.

[14] 孙新波，李金柱. 数据治理——酷特智能管理演化新物种的实践[M]. 北京：机械工业出版社，2020.

[15] Winner R I，et al. The role of concurrent engineering in weapons system acquisition[R]. IDA Report R-338. AD-A203/615，1988-12.

[16] 周安亮，屈贤明. 西门子公司发展智能制造实践经验[M]. 中国工程院. 制造强国战略研究·智能制造专题卷. 北京：电子工业出版社，2015.

[17] 舒仕臣. 数字化变革中的仿真连续性及与设计协同[J]. ANSYS,2019-11-29.

[18] BILELLO P. PLM 现状——今天的市场与主流趋势[R]. 2019PLM 市场与产业发展论坛. 北京,2018-4-9.

[19] 王阳,黄培. 当现在遇见未来:西门子数字工业软件战略观察,数字化企业数字化企业[J]. 微信号,2019-09-16.

[20] BEETZ K. Industrie 4.0—How digitalization revolutionizes the production chain[J]. Siemens AG,2018-10-09.

[21] 黄培. 详解数字孪生应用的十大关键问题[J]. 微信公众号:e-works,2020-05-07.

[22] 陈吉红,胡鹏程,周会成,等. 走向智能机床[J]. Engineering,2019(4):18.

[23] Autodesk. Autodesk Simulation 与 3D 打印,2017.

[24] 陈立平. 多物理领域统一建模仿真技术[J]. 研究报告,2012.

[25] 海尔工业智能研究院. 工业大规模定制白皮书,2017-9.

[26] Blues. 从雷军手稿解读小米 MIUI 的互联网开发模式,人人都是产品经理[J/OL]. 2014-08-26. http://www.woshipm.com/it/102523.html.

[27] 张相木. 智能制造试点示范专项行动[M]. 国家制造强国建设战略咨询委员会 & 中国工程院战略咨询中心. 智能制造. 北京:电子工业出版社,2016.

[28] WEN S W, WEI Q S, YAN C I, et al. Material optimization and post-processing of sand moulds manufactured by the selective laser sintering of a phenolic resin coated Al_2O_3 powder[J]. Journal of Materials Processing Technology, 2015, 225C: 93-102.

[29] 史玉升,等. 3D 打印材料(上下册)[M]. 武汉:华中科技大学出版社,2019.

[30] 荆涛,等. 集成计算材料工程(ICME)在高端成形制造行业应用[R]. 中国工程院机械与运载学部咨询项目综合报告,2014.

[31] MACDONALD E, WICKER R. Multiprocess 3D printing for increasing component functionality [J]. Science, 2016,353(6307): 1512.

[32] 祖哥. 小松:创造智能服务新境界[J]. 数字化企业,2018-12-27.

第13章

企业生态系统进化

13.1 基本概念

自然界中,有所谓生态系统(ecosystem)的概念,即指由生物群落与无机环境构成的统一整体。在一定的范围内,各种生物共生共存,同时也存在竞争。生态系统是开放系统,为了持续的生存发展,还需要不断从外部吸收能量。

在工业界,考虑企业的生存状态,有企业生态系统(亦称商业生态系统,business ecosystems)的概念。需要说明的是,这里不讨论工业生态系统(由各种产业、政府、教育、法律等形成的工业相关的生态系统),本书中的"企业生态系统"是围绕某一特定企业所形成的生态系统。

【定义】 企业生态系统:在一定的范围内,为特定的目标而形成的企业群体及其社会和技术环境构成的统一整体。

一个企业生态系统一定基于特定的目标,通常是生态主导企业的产品及服务所针对的目标。企业生态系统中一定存在不同的企业,还包括相应的社会环境,如消费者以及学校、政府、法律、新闻等各种单位和部门。当然,生态系统还需要一系列的技术支撑。一般而言,一个企业生态系统中的不同企业相互之间可能存在强联系,如供应商或客户。强联系表现之一是这些不同的企业从功能上形成一个整体,即它们能够生产原材料或零部件,抑或装配,从而集成为某一特定产品,如汽车零部件厂商和总装厂。强联系表现之二在于它们之间存在资金、信息、物资的交换。相对而言,企业与社会环境其他部分的联系为弱联系(特定时期或事件除外)。

定义中之所以说"在一定范围内",是因为通常企业最关注的生态系统是以某一核心企业(可以是自身,也可是其他某一企业)为中心而形成的密切关联的生态系统。需要注意的是,即使是从单个企业的角度,其生态系统的空间也不受地域限制。这是因为很多企业的供应商和客户都可以是广域分布的。像华为这样的企业,它的生态系统空间就是全球。

关于自然生态系统,学者们提出了生态承载力的概念[1]。生态承载力是指在某一特定的、相对平衡的环境条件下(主要指生存空间、营养物质、阳光等生态因子的组合)某种个体存在数量的最高极限,如草原、牛羊、人等组成的生态系统,是指草场上可以支持牛羊生存但又不会损害草场的牲畜的最大数量。生态承载力的概念也可以引入到社会经济生态系统,包括两层基本含义：一是生态系统的自我维持与自我调节能力，以及资源与环境子系统的供容能力，为生态承载力的支持部分；二是指生态系统内社会经济子系统的发展能力，为生态承载力的压力部分。如一个企业生态系统，其内部的自我维持与自我调节能力以及资源供给能力，是生态承载力的支持部分；而企业的进一步发展，则对原有的企业生态系统的承载力而言是新的压力，有可能需要打破原有的系统平衡。

一个好的生态系统，特点在于整体和谐和最优。系统中的生物体之间、生物体与环境之间是相互作用、相互影响的，整体和谐是其可持续发展的重要条件。要建设一个好的企业生态系统，仅着眼于局部或个体企业则是无济于事的。

13.2 企业生态系统竞争与合作

技术和工业的发展使企业分工越来越细，现代制造业中鲜有一个企业能够包揽其产品中所有部分的设计和制造。尤其是复杂产品，企业都认识到自己不可能掌握其产品中所有的关键技术。因此，要使自己的产品在市场上具有最强的竞争力，就应该寻求具有最好技术的伙伴，而自己只做产品中具有核心竞争力的某一部分。笔者几年前考察了德国 Aixtron 公司，这是一家成立于 1980 年，专注于半导体装备 MOCVD（金属有机化合物化学气相沉淀）领域的公司。1997 年公司上市，其产品占世界 MOCVD 市场的份额超过一半。令人惊奇的是，它们甚至都没有自己的加工厂，绝大部分零部件都来自伙伴企业。

既然一个复杂产品融合了多家公司的技术和能力，那么体现这个产品和另外厂家同类产品之间竞争的要素自然包括伙伴企业的技术和能力。这也就是为什么学者们在世纪之交的时候提出，21 世纪的企业竞争形式不只是同行企业之间的竞争，更重要的是以某一个核心企业为代表的企业生态系统与另外一个核心对手为代表的企业生态系统之间的竞争[3]。单纯就关联企业而言，一个大企业的生态系统可能是一个庞大的商业帝国。如丰田公司，248 家企业承包其业务和工程，248 家企业又向 4000 多家小企业二次转包。这就是丰田的企业生态系统。所以，如果说丰田汽车与大众汽车存在竞争，则不仅仅是丰田公司与大众公司之间的竞争，更是丰田生态系统和大众生态系统之间的竞争。一个企业的成功与否与其生态系统关系甚大。在个人电脑方面，苹果公司在 20 世纪 80 年代辉煌至极，当时它们积极与大学、出版商、广告代理、应用软件开发商建立联系——拥有一个团结合盟的生态系统。20 世纪 90 年代苹果又经历了衰退。微软凭借着开放的软件硬件优势逐渐蚕食了高姿态封闭性的苹果电脑市场份额，通过与惠普、戴尔、联想等电脑制造厂商合作，最终使得个人电脑市场全面进入微软时代。而苹果电脑则慢慢成为了小众用户群体的产品，微软也最终成为了世界上最大的软件公司。也就是说，在个人电脑方面，苹果的生态系统不敌微软的更为强大的经济生态系统。因此，当企业关注市场竞争时，不能如传统方式只盯着同行企业对手，更需要审视生态系统之间的竞争。企业的竞争不仅在于同行之间的竞争，更在于所处的生态系统之间的竞争。

生态系统的进化需要伙伴之间的协同，协同需要共享某些信息，协调行动。所有这些一定需要数字化、网络化系统的支撑。

布鲁诺·罗奇（Bruno Roche）指出，我们已经进入到这样一个社会——一个企业有很多的利益相关方，每一个企业对跟自身发生联系的利益相关方都需要去兼顾它们的利益。比如说一家汽车企业，它的目标可以是多生产汽车，但也有可能目标是提高人们交通上面的移动性。那么，它就必须考虑到生态系统里面非车企的其他因素，包括城市、政府、自行车、行人等。也就是说要关注整个生态系统的价值[4]。

另一方面，在商业世界，即使是对手也不只是竞争。微软与苹果、盖茨和乔布斯之间曾有过的怨恨情仇，众所周知。但盖茨与乔布斯，是宿敌也是知己，亦是商界佳话。2017 年在微软 Build 开发者大会上，微软宣布，苹果的 iTunes 随后将登陆 Windows 应用商店，iPhone 用户们以后可以在 Windows 电脑上运行和管理其苹果的音乐订阅等服务，而 Windows 用户将能够在任意 Windows 10 或 Windows 10S 电脑上，享受到完整的 iTunes 应用体验。同时，微软还宣布推出适用于在 Windows 平台开发 iOS 应用程序的软件 Xamarin Live Player。通过这项新的工具，开发者能够通过 Windows 电脑针对 iPhone 应用进行构建、测试和排错。用户仅需要 Visual Studio 和 iPhone，即可在短时间内开发 iOS 原生应用。同时，通过在 Windows 应用商店上线 Ubuntu，微软极大地简化了其安装的过程。曾经的两家对手走到一起，当然有各自的战略考虑。苹果需要利用微软强大的软件服务，微软也不能放弃 Mac OS 背后巨大的软件市场，也是竞争中为了市场扩张而进行的某种妥协[5]。

微软与苹果的例子说明，即使是对手，也可以相互利用对方在数字化、智能化技术方面的长处，从而使自身的生态系统进化。

13.3 供应链生态进化

供应链是一个大的概念，涉及企业生产和流通过程中所关联的原材料供应商、生产商、分销商、零售商以及最终消费者等，也即是由物料获取、加工并将产品送到用户手中这一过程所涉及的企业和企业部门组成的一个网络。简单地理解，供应链是从最初的材料、零部件供应商一直到最终用户整条链上的企业之关键业务流程和关系的一种集成。通常，供应链中存在信息流、物流和资金流，其控制颇为复杂。

无论是从设计还是制造的角度，一个企业很难全面掌握产品的关键技术，因此有必要借助外部力量。至于有一些并非产品关键技术的部分，如果让其他的专业厂家生产有可能成本更低。这就说明，除了最核心的部分外，产品的很多关键件和非关键件都可以寻求供应商提供。传统方式中企业将产品分解成若干个不同的部分，原则上尽量自己生产。于是按照产品和部件的供求关系，企业内部实现纵向一体化。现在越来越多的企业通过构建供应链向横向一体化转变，只做自己最具核心竞争力的事情。但此一理念成功的前提是有一个好的供应链。下面简单介绍供应链进化中的几个要点。

1. 供应链需要简化

企业绝不是只要有好的产品就一定成功。绝大多数人认为苹果公司的成功在于其独到精美的设计，但也有人认识到苹果的成功也得益于它的很难复制的供应链。

《史蒂夫·乔布斯传》[5]第二十七章里有一段话："库克把苹果的主要供应商从 100 家减少到 24 家，并要求它们减少其他公司的订单，还说服许多家供应商迁到苹果工厂旁边。此外，他还把公司的 19 个库房关闭了 10 个。库房减少了，存货就无处堆放，于是他又减少了库存。到 1998 年初，乔布斯把两个月的库存期缩短到一个月。然而到同年 9 月底，库克已经把库存期缩短到6天；下一年的9月，这个数字已经达到惊人的两天——有时仅仅是15个小时。另外，库克还把制造苹果计算机的生产周期从4个月压缩到两个月。所有这些改革不仅降低了成本，而且也保证了每一台新计算机都安装了最新的组件。”

苹果笔记本电脑最核心的部件CPU（中央处理器），主要由Intel（英特尔）和AMD（超微半导体公司）提供。此外，还有IBM（国际商业机器公司）、VIA（威盛）等供应商。其他一些零件如主板、内存、硬盘、网卡、光驱、电池、键盘等，由分布在全球的数百家供应商提供。有些关键件如CPU更新换代非常快，价格波动也相当迅速。一方面要避免销售旺季来临时可能面临的缺货状况，另一方面又不能盲目大批量备货而导致大量库存积压，因此需要供应链的精准预测和管理。

为了有利于供应链管理，苹果公司精简了产品种类。1997年乔布斯回归苹果时，苹果仅台式电脑就有12种。后来根据乔布斯的想法，将12种简化成4种。另外，尽可能多地使用标准化部件，从而大大减少了产品生产所需的备用零部件数量和半成品数量，也减少了库存。苹果将制造等非核心业务外包后，建起了一个全球化的供应链，而且逐步演化成一个由芯片、操作系统、软件商店、零部件供应厂商、组装厂、零售体系、App开发者组成的、高度成熟和精密的强大生态系统。

2. 利用专业供应链公司也是一种选择

有些企业除了自身核心的过程和活动外，把供应链链条上的其他活动如采购、生产、销售等工作，交付给一家专业供应链公司，也就是“非核心业务外包”。专业公司有其长处，除了企业都能做的一般性工作外，还可能做一些更深入的分析和某些特定的工作。如通过大数据，在供应链前端进行精准分析预测，给予企业市场趋势、采购生产以及销售计划方面的数据支持；因为在供应链运营的数字化、智能化和集成化方面的专业水平，更有可能提高物流、资金流和信息流的效率，且降低成本；通过整合市场上有开发优势和能力的团队，为企业提供产品定制研发服务；强大的供应链管理还能通过产业集采和供应商整合，帮助企业解决采购额分散、议价能力不强等问题。总之，专业公司的能力有可能为企业带来供应链服务的增值效益。

3. 数字化供应链

供应链是一直存在的。在信息化、数字化时代人们自然不会满足于传统的低效高成本的供应链，希望通过数字化技术改造供应链。20世纪90年代即有敏捷供应链之说，意指敏捷响应市场供需变化，根据企业动态联盟的形成和解体进行快速的重构与调整，能通过供应链管理来促进企业间的联合，根据需要进行组织、管理和生产计划的调整。目前，多数制造企业都有其供应链管理（SCM）软件。把数字化技术应用于供应链管理已经成为企业的基本需求，数字化供应链也成为很多企业数字化和智能化转型的基础。

苹果是少数最早通过供应链监控技术——可视化系统来监控货物的移动，观察库存变化的高科技制造公司。通过这种可视化数据平台，苹果物流和仓库管理人员可以在任何时候，根据市场的实际需要进行动态调整，协调EMS（电子制造服务）制造商如富士康、和硕、广达等将产品从中国的装配原产地运送到世界上任何需要的地方。

采购是供应链管理中的重要一环，数字化技术的飞速发展，正在颠覆传统采购业务模式。国内大部分管理领先的企业已经开始启动数字化采购转型的工作。数字化采购可预测战略寻源，可进行自动化采购执行与前瞻性供应商管理等，以实现降本增效。提供强大的协作网络，帮助企业发掘更多合格供应商资源，同时智能分析和预测供应商的可靠性和创新能力，并依据企业发展蓝图预测未来供应商群，逐步实现战略寻源转型。如通过 Ariba 网络连接全球超过 250 万供应商，并根据不同商品的关税、运输及汇率等因素，自动计算所有原产地的上岸成本及应当成本，在全球市场中发现最优供应商[7]。

采购中一些看起来很简单的工作，如目录管理、发票管理、付款管理等，真正要自动执行，则需要数字化、人工智能等技术支撑，如图 13-1 所示。应用认知计算和人工智能技术，可迅速处理和分类目录外临时采购数据，充分挖掘所有品类的支出数据价值；在合同条款执行、安全付款等方面，可能需要区块链技术；应用机器人流程自动化技术，通过模式识别和学习逐步消除重复性手动操作，如发票匹配、预算审核等，从而降低采购资源负担，使员工专注于高附加值工作，为企业创造更大价值。

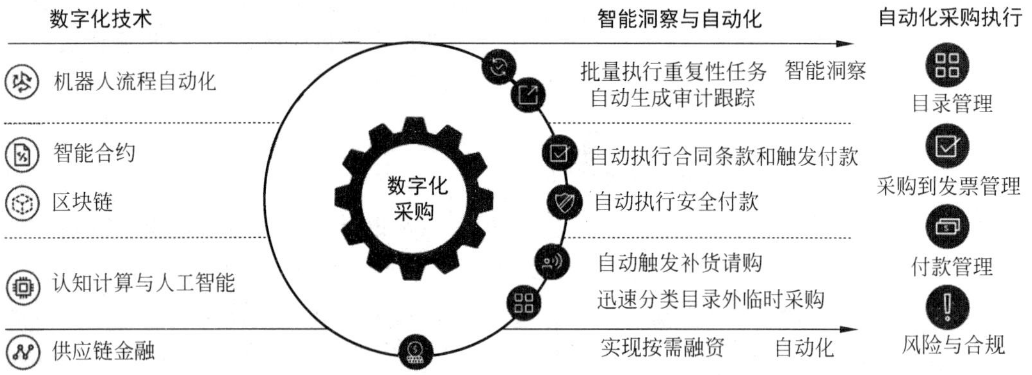

图 13-1　自动化采购执行（来源：德勤研究报告）

采购中平凡而简单的工作（如目录管理、发票管理、付款管理），其数字化系统甚至需要区块链、人工智能等技术支撑。

SAP 公司在其数字化供应链版本 SAP S/4HANA 1610 中融入了一些新的解决方案，如 SAPoLeonardo（物联网解决方案）、SAP Integrated Business Planning（集成业务计划云）、SAPAriba（采购云）解决方案和 SAPeHybris 解决方案[8]。通过部署 SAP S/4HANA 和上述解决方案，企业能够缩短计划周期，提高计划准确性，实现动态的寻源和采购流程，并简化支持全渠道战略的物流数据模型，从而确保在竞争日趋激烈的市场环境中赢得竞争优势。为了提供个性化服务，制造企业不能再依靠大型工厂那些过时且错综复杂的流程，否则有可能被敏捷的小型竞争对手所击败。若考虑每一位客户的偏好和独特需求，需要实现更高效、有效的制造流程，加快交货速度，同时缩短生产周期或减少库存。为此。SAP 将先进的生产计划和调度（PP/DS）功能直接集成到了 SAPS/4HANA 中。该功能超越了传统 ERP 系统现有的基本计划功能，可以支持制造企业制定基于约束条件的生产计划。充分利用整个企业的数据，在合适的时间高效生产合适的产品，并在端到端的物流业务场景中开展工作。

下面用一个很简单的例子说明追踪流程的作用。某饮料生产企业在制定生产计划时，需要考虑饮料罐的问题。在生产不同种类的饮料时，该公司需要就饮料罐的容量限制制订计划，因为如果饮料外溢，就无法确保其配方成分正确。而如果饮料不合格，就不能进入灌装流程。因此，该公司需要了解各种罐子的容量，排罐和装罐所需的时间及进度，如何排空和清洗进出罐子的管道，以及如何将这一切与灌装流程完美衔接。而对于需要时间酝酿的饮料，情况更加复杂，企业需要在排序和排程方面考虑更多因素。

除了追踪流程外，SAP Leonardo 还支持企业为制造机器构建数字孪生体，进而监控接入物联网的设备。通过嵌入传感器，企业能在解决方案中重新创建各个资产的可视化图像，并实时全面监控资产状况，确定资产是否需要维护或者资产是否超载。对于从设备提供商转型为服务提供商的制造企业而言，这是一个很重要的功能。

数字化供应链还在发展之中，物联网、大数据、人工智能、区块链等技术正在不断推动数字化供应链技术的发展。有关其详细功能和发展趋势，读者可以参考其他文献。

延伸阅读：

唐隆基. 数字化供应链的进展和未来趋势[R]. 罗戈研究，2019-03-05.

4. 供应链管理中要重视客户生态

有一次乔布斯对一个销售负责人说："如果苹果想要成功，那一定是通过创新取胜。但如果你无法把创新之处传达给顾客，你就无法通过创新取胜。"[8] 乔布斯决定通过开苹果零售店来贴近顾客，增强顾客体验，尽管捷威计算机（Gateway）在开了郊区的零售店之后走向了衰落。苹果建立了以"少"为特色的商店，简约、通透，给人们提供很多试用产品的位置。商店风格也沿袭苹果产品的特点：有趣、简单、时髦、有创意，在时尚与令人生畏之间拿捏得刚刚好。苹果零售店的另一个特色就是"天才吧"（GeniusBar）。就是建立一个融礼宾服务台与吧台特色于一体的服务设施，在吧台都配上些最聪明的 Mac 专家（"天才"）。2011 年，第一批苹果零售店开业 10 年之后，全世界已经有 317 家苹果零售店。最大的店在伦敦的科芬园，最高的店在东京的银座。每家店每周的平均客流量是 17600 人，每家店的平均收入是 3400 万美元，2010 财年的净销售总额是 98 亿美元。更重要的是它们在制造话题和提高品牌认知度这些方面做出了间接的贡献，提升了整个公司的业务。

即使如零售店看起来很平凡的业务，其信息也需要汇聚于苹果的供应链管理系统中。每家零售店的销量每隔 4min 就会由埃利森的软件汇总成电子表格，快速地生成关于如何整合制造、供应和销售渠道的信息。

优衣库也是重视客户生态的典型。在"服适人生"的理念下，优衣库售卖的是生活必需品和生活方案。这就意味着，天冷天热、上班运动、老人小孩要穿的衣服都能在优衣库找到。如何随消费者的生活而动，是优衣库持续的追求。这一过程当然需要运用数字化手段，只有如此才能更精准、更快速地了解各类人群个性化和场景化的需求，将"LifeWear 服适人生"这一品牌 DNA 真正落地到产品、服务体验的细节。通过数字化的方法，优衣库可以优化供应链系统，使用数字技术捕捉客户的真实需求，并直接与个人客户沟通，将这些信息与优衣库门店和门店经理收集的意见相结合，能够帮助优衣库更好地理解和服务消费者[9]。

欲建立良好的客户生态，需要考虑是否能为客户带来增值服务。智能温控器生产商 Nest 公司的目标是在提高能效和降低能源成本方面领先，因此，它们不但收集产品使用的详细数据，还收集电网用电高峰的数据。该公司根据这些数据开发了高峰时段奖励系统（rush hour rewards），能在用电高峰时段自动升高空调温度，减少能耗，同时能在高峰时段来临前对房间进行提前降温。Nest 还和供电公司合作，将它们提供的数据与用户数据整合，并由供电公司奖励给那些减少峰时用电的客户折扣和积分[10]。Nest 温控器还能发挥常规温控器没有的作用，当然能够受到客户欢迎。

问题：

(1) 简化供应链有什么好处？

(2) 选择专业公司处理供应链业务可行吗？

(3) 数字化供应链的主要支撑技术有哪些？

(4) 采购中普通工作(目录管理、发票管理、付款管理等)的数字化可能用到哪些前沿技术？

(5) 如何进行流程追踪？

(6) 构建客户生态的意义何在？

13.4 生态系统创新

近几年有一段流行的话：

这真是一个充满不确定性的时代。如果说以前时代里的企业竞争，只是平面二维的、同行业之间的竞争，这个时代的企业竞争，则是三维、四维乃至更高维度的跨界竞争。

这段话的要义有二：一是某些企业有可能升维，能超越其初始行业的边界而竞争；二是企业的创新需要跨行业的协同。

1. 超越行业生态

超越行业，意味着超越自身行业生态或者构建新的行业生态。超越行业的方式主要有以下两种。

1) 创新的“元技术”或“通用技术”

在一张平整的纸上，从一个点走到另一个点最短的距离是两点间的线段，这是在该平面上的极限。但是如果进入三维空间，通过折叠这张纸，可以使两个点的距离变为零。如何跳出平面的限制？在商业进化的历史上，驱动增长的根本动力是技术创新，其中最重要的创新是所谓的“通用技术”或“元技术”，它们可以开启一个全新的时代。在这些技术之后，大量的“补充性创新”才会不断涌现，进一步丰富和迭代那个商业时代的内涵。方兴未艾的数字化技术是下一个“通用技术”。数字化的大潮冲破了行业与行业之间的藩篱，以一种前所未有的方式连接起不同的要素——不是在纸面上做连接，而是直接做折叠——从而打开更高阶的生态空间。如果说蒸汽机、电力和内燃机主要是通过“规模效应”定义之前的商业时代，那么数字化技术(包括网络、人工智能等)则是在硬件、数据、算法等基础上实现了一系列“联动效应”，使得生态空间的升维成为可能[11]。

虽然第一次和第二次工业革命中出现的蒸汽机、电力和内燃机也是通用技术，但是它们穿透行业空间的能力与数字化技术相较，不可同日而语。在今天的数字-智能时代，物联网、云服务、大数据、移动设备等打破了许多行业的藩篱，创造了很多新兴产业或新的行业模式，其中数字化技术所起作用的权重很大。另外一方面，数字化技术能够帮助行业的“新来者”迅速构建供应链系统。这也就是为什么一批互联网公司或者掌握网络数字化技术的公司能轻易地切入其他行业的原因。

谷歌是最好的例子。据有关报道，2018 年谷歌旗下的自动驾驶公司 Waymo 已经开始商业化运行无人驾驶汽车，它们于第三季度在美国亚利桑那州投放无人车，向乘客收取费用。目前 Waymo 已经成为累积路测里程最长的无人驾驶企业，公共道路行驶超过 800 万 mile（1mile≈1.6km）、模拟环境下行驶超过 50 亿 mile。

在谷歌看来，以后的汽车是：电脑＋4 个轮子；小型办公室＋购物中心＋娱乐场所……。无人驾驶技术将是智能汽车的底层操作系统，就像安卓是手机的底层操作系统一样。其实无人驾驶的"元技术"是人工智能技术，正是因为谷歌在人工智能方面的优势使其有底气进军无人汽车领域。可以预计，谷歌还可能在无人驾驶汽车的衍生领域（打车、分时租赁、租赁）等各个维度强势进入，如果他愿意的话。

2）顾客资源

在 3.2.1 节中介绍顾客主义时谈到，行业和一般的资源都变得越来越"抓"不住了，顾客反而成为人们有可能"抓得住"的一个群体。美团和滴滴之所以相互进入了对方的领域，就是因为它们各自都有自己丰厚的顾客资源。某房地产起家的企业家正开始进军电动汽车领域，其中部分原因也在于其顾客资源。它们可以在自己庞大的房地产楼盘迅速配置充电桩等资源以吸引客户。

不能忽略的是，顾客资源本身需要数字化和网络化技术的支撑。

2. 生态系统协同创新

前面已经指出，多数企业都很难掌握其产品的所有关键技术。尤其是复杂产品，所涉及的关键技术可能覆盖多个行业。以汽车为例，目前汽车的绝大多数创新都不是传统汽车和机械领域的创新，而是电子、软件以及互联网领域的。这种情况下，企业就需要联手其他行业共同进行创新，也就是生态系统的协同创新。

大众与微软在 2018 年 9 月 28 号的一份联合声明中称，将通过微软的 Azure 软件联通所有的数字产品，创造出世界上最大的汽车云（Volkswagen Automotive Cloud），如图 13-2 所示。大众首席执行官 Herbert Diess 表示，与微软的合作将加速大众汽车的数字转型，在塑造未来汽车出行方式上发挥至关重要的作用。大众汽车的所有车载服务，将会建立在微软

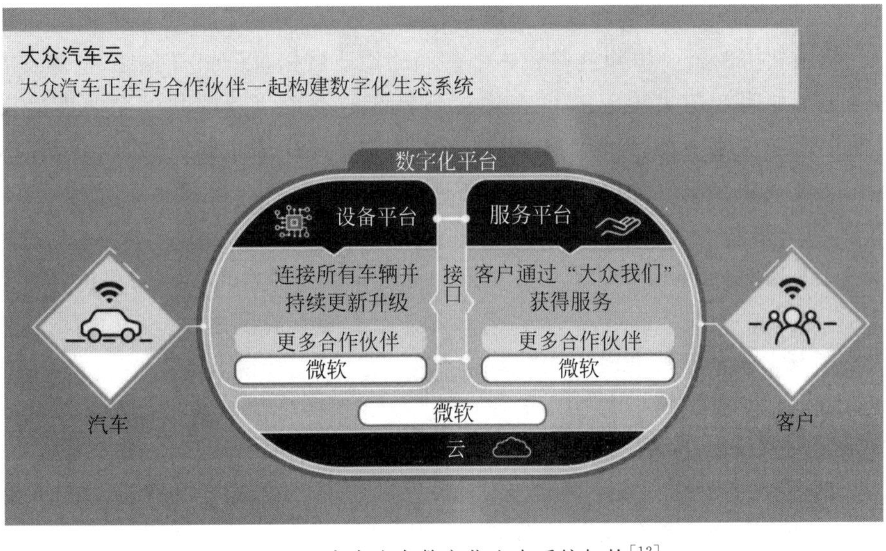

图 13-2 大众汽车数字化生态系统架构[12]

Azure 云平台，以及 Azure IoT Edge 上，在全球范围内提供车联网服务。此前大众汽车在数字化领域的两项重要投资 VW. OS 和 ODP 都将融入大众汽车云中，它们在汽车上的作用就相当于苹果的 iOS 和 App Store。大众品牌乘用车将与微软深度合作，共同促进大众乘用车品牌的数字化转型。大众品牌乘用车将在北美设立一个汽车云发展办公室，微软将支持前期的发展[12]。

全球最大的工业自动化和信息公司罗克韦尔（Rockwell）也非常重视生态系统创新。2018 年 11 月 12 日，罗克韦尔与 PTC 宣布，双方合作打造软件套件。利用 PTC 在软件和物联网方面的优势，它们合作推出的 FactoryTalk InnovationSuite 软件套件可为决策者提供更有效的数据和深度信息，帮助企业优化工业运营并提升生产率。该全新套件可一站式展示企业内部信息，让运营和系统状态一目了然。可有效改进车间中各运营技术（OT）设备的连通性，以本地模式为常用工业设备之间实现快速、可扩展且安全的通信提供支持。加上来自信息技术（IT）应用程序和系统的数据，决策者可以通过数字化方式全方位掌握企业各处的工业设备、生产线和设施情况。

罗克韦尔认识到，对于一些开展数字化转型的企业而言，要实施数字化和智能化，需要一套融合不同合作伙伴的生态系统。鉴于此，罗克韦尔开展了合作伙伴联盟计划。全新的罗克韦尔自动化数字合作伙伴计划在客户企业与埃森哲、微软、PTC、ANSYS 和 EPLAN 等市场领军者之间架设桥梁，为企业带来专业技术与解决方案，简化数字举措的部署，显著提升质量。罗克韦尔认识到，在实施设备集成并且数据经过标准化处理后，企业中的不同层面将实现无缝连接，原始数据也将转变为极具深度和内涵的有效信息。这些工作无法由一家供应商独立完成，协同合作才是成功之道。因此，企业需要一套由多家久经市场考验的合作伙伴共同研发的生态系统，积极利用系统中宝贵的专业知识与技术，挖掘自身潜能。除了与微软和 PTC 等既有战略联盟合作伙伴的业务关系不断深化，它们还迎来了埃森哲、ANSYS 和 EPLAN 等新的合作伙伴[13]。

数字合作伙伴计划中的企业各有所长，将各自研发的专业技术融入共同构建的生态系统，为企业带来标准一致、协调紧凑的使用体验。例如，埃森哲与企业合作制订业务计划，推出有关投资回报率的使用案例并有效应用于整个企业，努力创造财富与价值。从智能边缘到智能云端，微软协助企业访问这些载体中存储的优质数据，以便它们根据整体发展情况着眼全局，制定更加明智的决策。PTC 在边缘到云端的整个范围内帮助企业连接设备与系统，同时使用增强现实（AR）技术以全新方式审视系统并解决出现的问题。ANSYS 和 EPLAN 致力于解决错综复杂的挑战，已经成功融入数字主线，帮助企业提升其在设计、运营和维护活动中的生产力。

罗克韦尔的数字合作伙伴计划堪称智能制造中企业生态系统创新的典型，值得借鉴。

问题：

(1) 如何理解高维度的创新？

(2) 现在的“元技术”有哪些？作用是什么？

(3) 如何利用顾客资源？

(4) 如何超越行业生态？

(5) 罗克韦尔的数字合作伙伴计划有哪些启示？

13.5 企业员工生态

企业内部也存在一个生态系统，当然是由它的各种资源和员工组成的系统。为了实现特定的目标，企业需要合理的硬件软件配置，这都是企业内部生态的重要组成部分。尽管如此，企业内部生态系统中最关键、最活跃的因素还是人，即员工。这里仅阐述员工生态。

酷特智能的细胞单元组织形态为每一位员工提供了自我进化的空间，组织内的员工按照需求聚合而成为细胞。在细胞内员工的利润取决于满足客户或任务需求的程度，因此员工能够自发努力高效地完成工作，以赚取更多的利润。在这个过程中，员工的认知和能力都得到了提升。由于员工的进化，细胞的功能持续增加，员工能力不断提升，实现了企业生态系统的进化[14]。但是细胞单元组织的活动过程与绩效、单元的聚合与分裂等，都和数字化伴随在一起。换言之，企业数字生态系统的构建一定要触及员工。

就像生物生态系统一样，企业要么在成长，要么在衰退。员工在学习时，企业就会成长。因此，如果希望企业高速成长，就需要创建一个学习生态系统来支持高速成长的个体——在他们的角色变得陈旧之前让他们接触新的、富有挑战性的机会[15]。前面提到过生物生态系统中的承载力概念，对于一个员工而言，随着掌握了自己的角色并最终到达系统的承载力时，就更缺"食物和水"，成长变慢，感到无趣。那么对于企业而言，如何留住有前途、好奇心强的人？通过创建一个可以促进继续学习的生态系统，企业就能构筑超越竞争对手的能力。研究表明，能够生存下来的公司都是那些在有需要之前就发展能力——新技术技能、领域专长、更强的适应力以及充分利用集体记忆的方式——的企业。一个活力十足的生态系统意味着不同的成分在其中相互作用——助人成长、产生能力，并让生态系统保持生机。这实际上是提高了企业生态的承载力。

当企业助人学习，甚至要求个人学习的时候，整个企业生态系统就为成长创造了新的承载力。

员工也是企业不容忽视的盟友，因为他们是建设创新企业文化的基础，也是不可或缺的执行力。美国电话电报公司(AT&T)的内部研究表明，24万名员工所从事的岗位，有近一半将在10年内消失。它们还发现，仅有半数员工接受过STEM(科学 技术 工程 数学)培训，而到了2020年，需要掌握这些技能的员工比例预计将达到95%。针对这个严峻的调研结果，AT&T迅速采取行动，投入10亿美元发起了"员工团队2020计划"，为1/4员工进行了资质培训，帮助他们顺利转岗。2016年，公司40%以上的空缺职位均由内部申请人填补[16]。

潍柴集团每年拿出1000万专项资金奖励一线职工现场改善，搭建工匠创新工作室36个，每年员工改善项目6.6万项，直接经济效益约3.2亿元。车间里以员工名字命名现场改善151项。企业既受益于职工的技术改造和创新活动，又大大改善了企业员工的生态，增强了企业的凝聚力，如图3-4所示。

需要注意的是，在企业推进数字化、智能化转型时，随着效率的提高，自然有一些员工会被自动化、智能化机器或系统替代。一个有责任感的企业，绝不会仅仅考虑"机器换人"。在转型还未到来之前，通过对员工的培训，给他们学习机会，以便在转型真正到来时他们能够顺利地转岗。

问题：

(1) 酷特的单元细胞组织形态对企业内部生态有什么好处？

(2) 学习型生态有何意义？

(3) 企业内部生态的承载力与员工的关系是什么？

(4) 企业员工生态与数字化和网络化技术有何关系？

13.6　数字生态系统

数字生态系统系指企业的数字及其相关资源形成的系统，它是企业生态系统的一部分。之所以专门阐述数字生态系统，是因为它是企业智能制造中最关键的生态。

实施智能制造的企业都会应用很多软件，如 CAD/CAPP/CAM、CAE、MES、PLM、ERP、CRM、SCM……企业应用的所有软件都是数字生态系统中的一部分，但不是全部。本节并不介绍各种软件，只是阐述企业构建自己的数字生态系统的要点和需要注意的某些问题。

1. 与供应商和客户的数字联系

在数字化时代，如果一个企业缺乏与伙伴企业进行数字联系的手段，势必会被抛弃。前面介绍的供应链系统中，企业与供应商和客户之间不仅存在物流和资金流的联系，还存在信息流的联系。而且正是好的信息流才能保证物流和资金流的顺畅。

陕鼓推进装备全生命周期 MRO(维护 维修 运行)应用，图 13-3 是其云服务总貌图。陕鼓的生态环境中，除了自身的生产系统外，伙伴企业包括生产商、客户和服务商。从图中可以看出，陕鼓设备的某些部件是伙伴企业生产的，辅机的备件也由伙伴企业供给；客户包括产品客户和服务客户，产品客户指陕鼓产品的用户，服务客户指需要陕鼓提供进一步运行服务的客户；其伙伴还有服务商，对在客户那里的陕鼓设备进行检修维修托管。通过构建陕鼓工业云，满足伙伴企业与陕鼓之间大量的数据联系，以实现 MRO 保障。

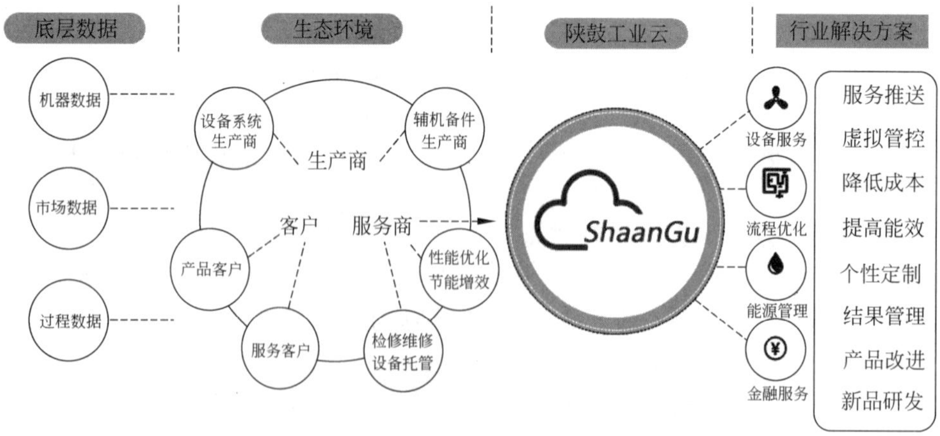

图 13-3　陕鼓云服务总貌图[26]

前已述及陕鼓基于全生命周期运行与维护的服务制造模式及保障服务体系（见图 12-33），包括对陕鼓产品如透平设备运行过程中的数据实时采集，通过监测诊断系统的分析（基于系统中存储的故障档案、案例等），把诊断结果传给客户、服务专家等。应该特别注意的是，数据交换联系中不是单向的，而是存在循环及闭环控制的。

随着企业的数字化转型，今后在供应链系统中物（产品、零部件等）的交付需要伴随着数字孪生模型。未来当接收一台装备的时候，可能同时要验收另外一套详细的数字模型。所以，企业构建数字生态系统需要建立这种意识：企业跟供应商和客户之间的信息联系不仅是合同商务方面的信息联系，更重要的是产品或部件的数字孪生模型。

2. 利用外部云服务

现在越来越多的中小企业通过云，更快地面向市场获得机遇与发展。然而，对于众多中小企业而言，要搭建一个云平台或者建立一个类似于前述的供应链数字生态系统都是一件很不容易的事。而未来的供应、采购和销售等核心任务一定需要通过互联网，欲清晰了解市场动态绝非易事。非但企业的核心业务，即使企业的一般事务也不能按传统方式处理，因为随着社会数字化程度的不断提高，整体节奏加快，事务的数字化、网络化也势在必行。如配置电脑、购买耗材、工资人事、车队管理、销售报价、报销、应收账款、总账……在快节奏前提下，小公司处理此类事不胜其烦。要靠自身的力量实现数字化，人力和财力都不允许。今天，服务集成商则可以为这种小公司提供“一站式服务”，基于云的服务套餐就可以提供所有这些能力和相关支持，包括云计算能力和接入能力。小公司可以购买含有整个服务包的集成服务，集成商则通过按业务收费的模式来实现对客户的支持。在这种集成数字服务模式中，小型公司还可以使用之前大公司才有能力使用的高级应用程序和 IT 支持能力（如远程存储备份和文件检索）。如此可节省内部 IT 员工工资和成本费用，还可免去运营日益复杂的软件和通信设备可能遇到的困难。最重要的是，越来越多的软件服务应用程序可以直接连接到用户终端设备，如智能手机、个人电脑，使公司业务更具灵活性。因此，依靠“云服务提供商平台”，中小公司可获得某些综合服务，从而以较小的成本代价进入新市场并快速发展。

康派斯房车公司利用海尔的 COSMOPlat 平台实现了从传统方式到智慧房车定制和智慧出行的模式转型，见图 13-4。它们共同打造了房车行业首个示范基地——康派斯互联工厂，实现综合采购成本降低 7.3%，产品交期从 35 天缩短到 20 天，满足了质量好、交期短的用户需求。通过智慧家庭、智慧家电和房车结合起来，把传统的房车打造成为智慧房车，不仅仅满足用户对“房＋车”的基本功能需求，更满足一种快乐安全便捷的出行体验。这些增值体验也使得房车产品溢价 63%，模块商也因为他们的解决方案胜出拿到了更多订单。同时还通过平台将车联网、营地服务、旅游行业等生态融合，通过 App 实现房车一键控制、路线定制、景点介绍、营地预约、生鲜配送，为用户提供“车，行，游，住”综合的快乐生活定制体验，实现企业订单提升 60%，营地入住率提升 20%，各攸关方获得利益共享[17]。不难想象，依靠房车公司自身开发这样的云平台而实现上述功能，虽然不能说不现实，至少必要性不大。

张瑞敏. 万字演讲：所有企业要么自进化，要么自僵化

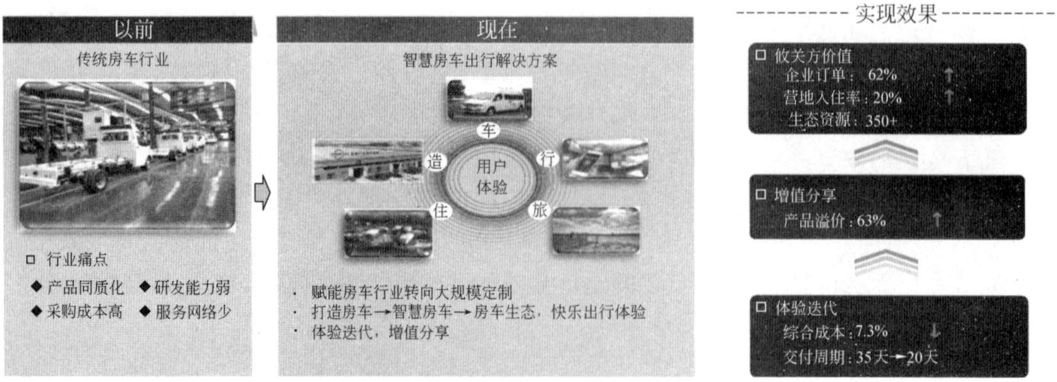

图 13-4　海尔智慧房车出行解决方案[17]

即使是大公司，也需要利用外部云平台。如世界著名的罗克韦尔与微软合作，将Windows 10 物联网企业操作系统与现有的制造设备和罗克韦尔自动化系统相结合，并将本地部署的基础架构连接到 Microsoft Azure IoT 套件。借此可提供实时洞察，在 Logix 5000TM 控制器引擎旁嵌入了 Windows 10 IoT 企业操作系统的混合自动化控制器。消除了对单独独立计算机的需求，可轻松连接到客户的 IT 环境和 Azure IoT 套件以进行高级分析。如通过微软 Azure 物联网服务和罗克韦尔自动化装置的结合，可获得油气管道远程设备的可见性及运营监控等其他应用。

3. 构建规模化数字生态系统

从社会大的数字生态而言，肯定需要一批规模化的数字生态系统。这样的数字生态系统是超越行业边界的，通常由有实力的大企业主导。大企业的兴趣不仅在于拓宽其业务范围，延伸其价值链，而且能够在云端获得源源不断的生命力，大大提高了自身生态系统的承载力。

多数互联网巨头都搭建了自己的云平台。微软的 Windows Azure 是一个开放且灵活的云平台，通过这个平台，用户可以在微软于全球范围内托管的数据中心中快速构建、部署并管理应用程序；可以使用所有语言、工具或框架构建应用程序；还能够将公有云应用程序集成到现有的 IT 环境中。也就是说，用户可以利用 Windows Azure 在云中运行自己的商业应用程序、服务和工作负载。开放的 Windows Azure 可提供一套云服务，从托管公司网站，到在云中运行大型 SQL 数据库，还包括有助于为基于云的应用程序实现高性能和低延迟的各种功能，诸多 API（应用程序编程接口）。主要的服务包括计算服务、网络服务、数据服务和应用程序服务[18]，如 LUIS（语言理解智能服务）、Translator API（翻译工具语音 API）、Bing Speech API（必应语音 API）、Machine Learning（机器学习）、Security Center（安全中心）、Visual Studio Team Service（应用开发工具）、HDInsight（云原生的大数据分析服务），SQL DB、MySQL Database on Azure、CosmosDB（全球分布的多模型数据库服务）、IoT 套件、IoT 中心、媒体服务、CDN（内容分发网络）等。Azure 提供的微软认知服务（Microsoft cognitive services）集合了 30 种人工智能 API 以及知识 API。借助这些 API，开发者即使不懂人工智能，也可以打造出带人工智能的产品。Azure IoT 通过领先的云计算、物联网、大数据、智能服务等技术及企业服务经验帮助客户加速物联网战略的实现。常用的功能包括大量设备的管理和控制能力、大量数据的采集能力、流数据处理能力、预测性分析能力等。

某些制造领域的巨头也在构建跨行业的云平台，西门子即是如此。当然很难说西门子现在只是一个制造企业，可以说它同时也是一家软件企业，尽管它依然还是制造业巨头。西门子的诸多软件、工业互联网平台以及它的众多伙伴加用户已经形成一个巨大的数字生态系统。MindSphere 是西门子的一个基于云的开放式物联网操作系统，可将产品、工厂、系统和机器设备连接在一起，通过高级分析功能来驾驭物联网产生的海量数据。MindSphere 的最终目标是将真实物体连接到数字化环境中，并提供功能强大的工业应用以及数字化服务。西门子在 IT 和 OT 方面强大的实力使其扮演着 IT 与 OT 战略融合的角色[19]。

在西门子为客户构建的物联网价值体系中，西门子现行技术堆栈最基础的部分是包括 PLC、MCU(微控制单元)、传感器、执行器、边缘设备等硬件，它们是物联网中“物”；以此为基础通过高性能、低延迟、即插即用和低成本的网络技术进行连接；MindSphere 则承担着将“物”接入工业云服务的作用，它是操作系统平台；在 MindSphere 平台之上，则是西门子面向产品全生命周期管理提供的端到端工业软件套件；通过各类软件工具、应用程序，帮助企业创造价值。

目前，MindSphere 生态系统包含遍布全球的 350 多个合作伙伴，这其中还有 50 家大型系统集成商。通过与合作伙伴的共同努力，已经开发了 200 多个应用程序，并正在服务包括大众汽车公司、科尼起重机公司等在内的大型客户。大众汽车公司正在利用西门子 MindSphere 和自动化平台，将 122 家工厂的机械、生产系统和设备进行联网，从而更高效地利用生产数据，提高生产效率与灵活性，进一步提升产品质量。

值得注意的是，西门子在其工业软件领域的生态方面下了很大功夫，构建了开放的生态系统，如图 13-5 所示。首先，基于 Parasolid 内核用户已经超过 400 万。Parasolid 是全球领先的 3D 实体建模组件软件，除了是 Siemens PLM 三维产品的基础，也是目前绝大多数三维 CAD 产品的核心。其次，基于西门子轻量化三维数据格式的 JT 成员已经超过 130 个，这其中包含 GM、微软、空客、Adobe、GE、宝洁等各个行业的领军企业。第三，基于西门子工业软件生态有超过 9 万名开发者。

图 13-5　西门子开放的软件生态[18]

我国的阿里、腾讯等互联网巨头都有自己的云平台，亦各具特色。

目前国内也有一些制造企业在打造工业互联网平台。现实情况是，某制造企业若打造一个所在行业应用云平台，其同行企业反而不太愿意利用，可能出于某种戒心。海尔的COSMOPlat现在可以提供跨行业服务。除了前面提及的智慧房车外，在纺织服装、建陶等行业也有成功应用。

一般而言，互联网公司开发的互联网平台，应用范围更广，因为其指向既有比较普遍的、基本的应用，如存储、计算、操作等；又含深层次的前沿技术应用，如人工智能、物联网等"元"技术应用。而一些制造企业营造的云平台，往往针对特定范围内的应用。即便如西门子，其优势在于IT与OT的融合；而海尔，COSMOPlat的几个重要应用目前多在个性化定制。

规模化的云平台的优点是显而易见的，一是有利于形成好的社会数字生态系统，二是有利于用户构建和扩展他们的数字生态系统，三是围绕规模化云平台所形成的数字生态系统，可能为平台拥有者带来巨大的增值效应。

4. 利用自媒体构建自身的数字生态系统

自媒体本身就是社会中存在的数字网络，它与社会方方面面的人联系在一起。对于以客户为中心的企业而言，既然自媒体联系了绝大多数人，就一定能够在自媒体中发掘出价值。因此，企业应该审视如何利用自媒体构建自身的数字生态系统。

如何通过自媒体平台与消费者沟通？优衣库进行了成功的实践。它们逐步形成与粉丝、消费者的双向、直接沟通，最后将沟通导入到线上线下，让消费者产生体验与购买的欲望。优衣库先后在微信、微博、nice等平台进行自媒体运营。以微信公众号为例，优衣库的内容多是以实用服务信息为主，主要分为3类：分享读者不知道的商品知识或创意，邀请读者尝试新设计，其他令读者能够享受、感到愉快和放松的内容。不刻意用微信推销产品，减轻消费者被人劝说购买的压力，用品牌故事、设计理念、互动游戏等形式与消费者沟通，让微信公众号粉丝实现爆发式增长。优衣库在微博和nice平台的运营，不再满足于单向沟通，而是更多地与用户产生交互体验，包括UGC(用户生产内容)、PGC(专家生产内容)体验，并从中获取消费者对商品非常具体的反馈，对于衣服样式、尺寸、店铺服务满意或不满意的原因等，然后进一步获得消费者大数据。经过近5年的运营，优衣库在数字平台的粉丝数量已经超过1亿，平均每月有近亿的阅读人次。而周累计页面浏览量则能破亿。如果改为广告投放，则需要投入大量资金。可以说，自媒体的成功利用帮助优衣库在营销方面节省了大量开支[9]。

百威啤酒在微信上构建了一个忠诚客户计划，以百威空间站(BUD SPACE)营造粉丝社群。通过微信App，邀请百威啤酒的消费者成为社群的一部分，并对他们进行细分，推送给他们最感兴趣的内容。比如对于喜欢音乐的人来说，会收到百威啤酒赞助的音乐节、电音节的信息，并提供体验入场券的机会；对于美食爱好者，百威啤酒经常与大厨合作，提供与百威啤酒搭配的美食，并解锁新菜品。百威啤酒基于不断细分的消费者人群特征，借助腾讯的数据与营销优势，提供各式各样的定制化内容，让百威空间站成为一个娱乐社区组织社群，人们可以参加自己感兴趣的活动，在畅享百威啤酒的同时能进行多种互动。推出不到5个月，百威空间站就吸引了约300万社群成员，而这些都是百威啤酒的忠诚消费者，具有很高的复购率。基于腾讯拥有的强大生态圈，百威亚太与腾讯在体育、社交、电子游戏、大数据、线上销售等多个领域进行了数字化合作。如大数据挖掘方面，在2018年的FIFA世界杯系列营销活动中，百威集团是世界杯30多年来的全球赞助商。百威与腾讯的团队一起，对中国足球迷按照他们最喜欢的国家球队进行分类，然后设计了8种特别版的铝罐啤酒，包括巴西、德国、比利时等，提供给该球队的球迷购买，产品推出后，很快就在电商渠道上脱销了。球迷们一边喝着特别版啤酒，一边和朋友观看自己最喜欢的球队比赛，无疑是一种特别的感觉[28]。

前面还谈道，小米在产品开发过程中也利用到自媒体。

总之，营销、产品开发等环节利用自媒体的例子不胜枚举。企业在构建自己的数字生态系统时，要尽量考虑是否可以利用自媒体中的某些要素。

5. 你中有我，我中有你

一个企业的数字生态边界在哪里？恐怕多数企业都难以回答此问题，因为不大可能存在一个清晰的边界。其实，很多企业之间，其数字生态是交织在一起的。前面介绍的很多中小企业利用某些云服务，还有大企业之间（如微软和罗克韦尔）在数字化网络化技术方面的合作，实际上说明了不同企业之间的数字生态有重叠交叉的部分。

即使是都拥有规模化云平台的商业巨头之间，也不能排除合作。

企业数字生态系统：你中有我，我中有你，这才是制胜之道。

通用电气和微软实现了Predix与Azure两大平台的整合。2016年7月，双方宣布将通用电气用于工业互联网的Predix平台登陆Microsoft Azure云平台以便为工业客户提供服务。于GE而言，那些使用微软Azure产品和服务的企业将可更方便地利用Predix平台，来分析它所连接的设备资产中所产生出来的数据，再使用这些数据构建应用；于微软而言，更多的工业用户将利用Azure平台。

SAP、日立（Hitachi）和摩根大通（JPMorgan Chase）也正携手开发区块链解决方案，作为超级账本（Hyperledger）联盟项目的组成部分。福特汽车和Lyft公司已联合承诺将在2021年开发出首批自动驾驶出租车。2017年，耐克宣布与亚马逊建立战略合作伙伴关系，率先通过社交媒体Instagram进行数字营销，获取了大量粉丝，实现销售快速增长。在生产领域，阿迪达斯与西门子开展含作，凭借后者先进的工程设计经验和软件，开发了数字化、自动化生产线"Speed Factory"，以更快速度、更低成本生产定制鞋款。安德玛公司（Under Armour）也在同IBM的Watson平台合作开展分析，改善其App和互联设备套件生成数据的实用性，为消费者深入挖掘数据中的医疗与健身价值[21]。

MindSphere于2019年4月正式部署在阿里云上并开始运营，目前已有数家中国客户开始基于MindSphere开发自己的应用程序和产品。针对中国客户一些独特的需求，MindSphere不仅仅提供云服务，同时也提供本地化相关服务。

全球行业领军者的这些举动表明，数字化技术正成为它们缔结合作关系的最好纽带。广泛的合作伙伴关系有助于各自建立更好的数字生态系统，使企业取得更大的成功。

6. 重视数字生态的基础工作

对于数字化转型的企业而言，基础工作至关重要，否则即使购置了好的软件、好的智能化装备也无济于事。

1）数据

数字生态系统最基础的东西是数据，所谓"业务数据化"，即企业的一切过程、活动、事务都应该数据化。

工业 4.0 或智能制造都需要人、机器和其他资源之间的互联，互联一定依赖数据。企业在实施智能制造的过程中，不能满足于好的软件工具或平台，基础数据至关重要。机器中的很多数据，生产过程中的数据，包括供应链环节中的大量数据，都要尽可能收集。如机器（产品或生产装备）上的数据，企业需要分析到底应该收集多少数据（不是越多越好，还需要考虑成本）。有些情况下，一台机器中要收集的数据量非常惊人。据《日本经济新闻》2015 年 4 月 16 日报道称，位于美国南卡罗来纳州格林维尔的 GE 燃气轮机工厂，它们在 1 台涡轮机上装的传感器数量约 5000 个。测试收集的数据量达 5TB，相当于（世界最大规模的）美国国会图书馆的印刷物约一半的信息量[22]。

2）5G

未来企业的数字生态系统中 5G 环境必不可少。智能制造过程中云平台和工厂生产设施的实时通信、大量传感器和人工智能平台的信息交互、人机界面信息的高效交互，加上极为苛刻的性能要求——企业需要引入高可靠的无线通信技术；自动化控制系统和传感系统的工作范围可以是几百平方千米到几万平方千米，数以万计传感器和执行器，需要通信网络的海量连接能力作为支撑；跨工厂、跨地域设备维护，远程问题定位等场景；对环境敏感高精度的生产制造环节、化学危险品生产环节等，传感器（如压力、温度等）获取到的信息需要通过极低时延的网络进行传递以实现高精度和安全生产作业的控制；云化机器人的应用……所有这些都表明 5G 注定将成为大多数实施智能制造企业的必然配置。5G 使得未来智能工厂的维护工作突破工厂边界。

3）App

App 是数字生态中非常重要的一环。没有难以计数的 App，苹果手机不可能有今天的地位。西门子亦深谙此道。为了打造世界顶尖的数字生态系统，仅有强大的 MindSphere 还不行，一定要有好的底层开发工具。2018 年 8 月西门子并购 Mendix。Mendix 是一款低代码的软件功能组装工具，通过可视化的软件功能组件的装配，通过模型化的驱动自动生成运行代码，特别适合于云环境的 App 开发，包括组装基于云的各种 API 及数据模型、UI、BPM 流程模型、消息流模型、数据处理算法模型等。西门子正在把旗下所有基于 Mindsphere 平台的工业软件进行云化，作为工业 App 推出。Mendix 的低代码开发能力正好有用武之地。借助 Mendix，用户可不必是专业的软件开发人员就可以编写应用程序，甚至可以成为一个接近解决问题的领域专家。应该说，Mendix 将与 Mindsphere 一起撑起西门子的工业物联网平台使命。在这个过程中，Mendix 起到了催化剂的作用，将更广泛的用户对象纳入 IT/OT 融合的进程中，这对于西门子的意义无疑是深远的[19]。

图 13-6 是西门子 MinddixApp 应用对象的示意图，包括各种各样的 App，如工程、流程、物联网等，面向的对象可以是工程师、供应商、客户、操作者、市场人员等。

控制系统的生产厂家，为了拓展自己的数字生态空间，也应该给用户和第三方提供 App 的开发方便。图 13-7 是华中数控的 App 开发平台，有了这个开放的平台，机床厂、用户、高校和研究机构都可以很容易进行二次开发。这也反过来拓展了华中数控的生态空间[24]。

4）API

在数字生态系统中，涉及企业伙伴之间的技术合作以及数字平台之间的融合，API（应用程序编程接口）非常重要。API 是一些预先定义的函数，或指软件系统不同组成部分衔接

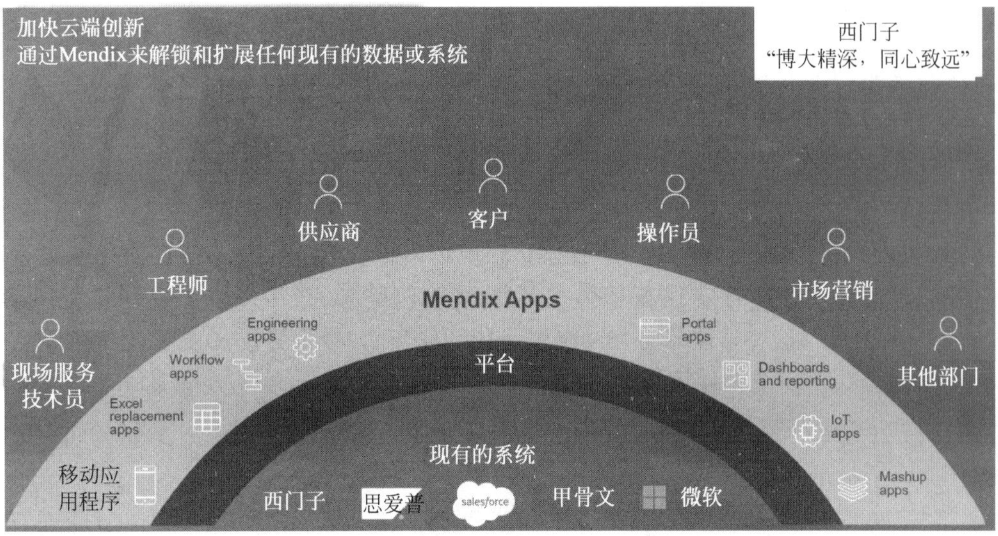

图 13-6 西门子 Mendix App 示意图[23]

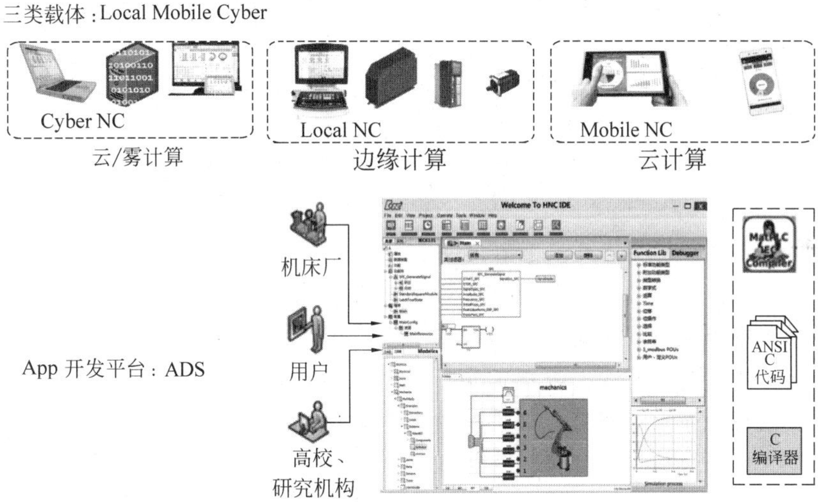

图 13-7 华中数控 App 开发平台[24]

的约定。目的是提供应用程序与开发人员基于某软件或硬件得以访问一组例程(某个系统对外提供的功能接口或服务的集合)的能力，而又无须访问原码，或理解内部工作机制的细节。API 是技术合作关系的核心，更是企业面向合作伙伴提供微服务(微服务是一个新兴的软件架构，就是把一个大型的单个应用程序和服务拆分为数十个支持微服务。一个微服务的策略可以让工作变得更为简便，它可扩展单个组件而不是整个的应用程序堆栈，从而满足服务等级协议)和数据的重要途径。沃尔格林公司的成功印证了微服务解决方案的可行性：将 API 建立在个人服务层面，实现其与特定服务的精确衔接，营造开放的开发环境，为潜在合作伙伴提供便利。微服务转型大潮之下，企业务必紧跟变革趋势。谷歌和奈飞(Netflix)等知名数字化原生企业也在积极探索微服务更广泛的应用[21]。

5）硬件加速器

企业若要改进处理能力拼节约能耗，则必须放弃使用传统的中央处理器（CPU）转而考虑硬件加速器——如图形处理器（GPU）、现场可编程门阵列（FPGA）、专用集成电路（ASIC）。广义而言，上述加速器在计算能效方面均比 CPU 高出一筹，但也需要更高成本。尽管开发和制造成本高昂，但专用集成电路今天仍被广泛应用。例如，微软混合现实眼镜 HoloLens 的全息处理单元就是一种专用集成电路的应用，这使得微软能够打造一款无须连接到计算机的头戴设备。当然专用集成电路和现场可编程门阵列并非仅有的硬件加速器。长期以来企业旨在针对特定任务重新设计图形处理单元，最终促成了通用图形处理器（GPGPU）的问世。这些处理器的普遍应用（包括安装在如今销售的大多数计算机中）以及易于编程的框架 ——统一计算设备架构（CUDA）、开放运算语言（OpenCL）和直接计算功能（direct compute），使 GPGPU 成为了现代硬件加速技术的主力[21]。

节点及关联

数字生态常用平台来源：云服务提供商，规模化数字生态，自媒体，自开发云平台；

数字化软件：供应链，ERP，MES，PLM，CAD/CAE/CAM……

数字生态的基础工作：数字孪生，App，API，微服务，硬件加速器，图形处理器（GPU），现场可编程门阵列（FPGA）。

问题：

（1）数字生态在企业生态中有什么意义？

（2）今后企业与供应商及客户的数字联系更需要什么？

（3）自媒体在企业数字生态系统中的作用是什么？

（4）云服务商应该注意哪些基础工作？

（5）企业构建数字生态系统的重要基础工作是什么？

（6）数字生态系统的一个重要策略是什么？

13.7 企业数字生态空间的广度和深度

企业的生态空间因数字化和智能化程度而扩大，数字生态空间决定了企业生态空间的大小。

数字生态空间广度：企业数字化触及的企业内部活动范围以及社会中相关事件和活动的范围；

数字生态空间深度：数据化的颗粒度以及企业中人和系统对物（设备、产品等）和过程的感知程度。

1. 广度

数字化应该尽可能覆盖企业内部全方位，这里不再讨论。可以从两方面看企业数字生态空间的广度：一是社会空间，二是社会特别事件。

1）社会空间

第3章中就提到，现代企业越来越注重使命和价值观。有品位的企业不再只顾追求利润，视野不只在自身和关联企业。渗透更广泛、交互更密切的数字化、网络化技术促使企业与用户、员工、政府和社会建立深层伙伴关系。通过清晰定义这种伙伴关系，新的企业社会契约自然而生。企业背负了来自于民众、政府和商业伙伴等双向关系所赋予的各种责任，企业在社会中的角色和身份被重新定义了。让技术成为生活和工作方式中不可或缺的部分，企业越来越靠近人们的生活，与之建立更加深刻而有意义的连接，以此推动业务持续增长。通过新产品与服务，企业不断重塑社会的运作、沟通，乃至治理方式[16]。欧莱雅正式撰写了严格的道德章程，并要求所有决策都以此章程为准则。欧莱雅甚至还根据这份章程选择与其志同道合的供应商，并只从同样严格遵守道德标准的供应商处采购。

华为非常重视生态系统的构筑，它们与ICT产业链上下游合作伙伴持续开展联合创新，聚焦网络基础设施、IT基础设施和数字基础设施，携手业界打造有竞争力的解决方案，推动产业链成熟。此外，华为还积极投入标准组织、开源社区的生态环境建设，推进ICT产业开放，帮助更多伙伴在华为的开放平台上更高效、便捷地开发行业应用，繁荣整个生态圈。华为致力共建全联接世界生态圈，推动运营商和企业的ICT转型[25]。作为一家跨国公司，华为的业务覆盖面本来就遍及世界。但从它们的生态空间拓展中却可以体现出华为使命感的驱使。“通过技术创新，华为持续为客户创造价值，消除数字鸿沟、满足人类联接需求，让所有人享受到普遍的、无差异的数字服务，为经济发展、社会进步做出自己的贡献。”为让数字技术惠及每个人、每个家庭、每个组织，华为推出了全球数字包容计划——TECH4ALL。2018年，仅华为RuralStar解决方案就已累计为4000万农村人口提供了网络覆盖。华为为尼日利亚等国偏远地区设计的RuralStar 2.0设备，自带6块太阳能板，不依赖其他电源，轻便，安装简单，很快覆盖了尼日利亚许多偏远地区。当地一名小学校长说：“我们再也不必乘车30km去教育局领取教学材料，无线通信提升了知识传递的效率和效果。”2018年年底，华为的RuralStar解决方案已经在加纳、尼日利亚、肯尼亚、阿尔及利亚、泰国、墨西哥等全球50多个国家和地区成功商用，落地110张网络。RuralStar穿越了平原、山丘、沙漠、海岛，服务4000万农村人口[26]。

可以看出，华为以高度的社会责任感使命感拓展其社会生态空间的广度，不是停留在空洞的口号上，而是融合在其技术及服务上；有些项目不是来自利润最大化的动力，而是使命感的驱使。

2）社会特别事件

社会中时有特别事件。一个真正有社会责任感的公司，不会袖手旁观。

撰写此节的时刻新型冠状病毒肺炎疫情还未结束。让我们把时间倒拨。2008年谷歌推出了“谷歌流感趋势”GFT（Google Flu Trends），这个工具根据谷歌汇总的搜索数据，预测流感疫情。2009年在H1N1暴发几周前，谷歌的工程师们在*Nature*上发表了一篇论文[27]，介绍了GFT，成功预测了H1N1在全美范围的传播，甚至具体到特定的地区和州，而且判断及时，令公共卫生官员们和科学家们惊异不已。但其后几年较之CDC报告明显的高估使GFT的预测失去了意义，一时间嘲讽之声不绝于耳。笔者依然认为谷歌工程师们的努力是值得称道的，失败只是说明技术还不成熟。拥有数字化、智能化技术的公司不应该对社会公共卫生安全事件无动于衷。

2020新年之后，史无前例的新型冠状病毒肺炎疫情席卷中国大地，而后又向世界奔涌而去。所幸的是，疫情最严重的时期，中国有一批企业迅速出手。他们不仅捐钱捐物，更重要的是把数字化网络化技术用到疫情控制。例如，阿里巴巴宣布为科研机构免费开放疫苗和新药研发所需一切AI算力；上线面向医护人员及患者的"心理援助专线"，首批提供专家超过200名；上线"防疫直采全球寻源平台"，全球商贸及生产企业上传的医疗物资供应信息可与平台发布的需求信息进行匹配；旗下盒马平台开启与餐饮企业"共享员工"的行动，解决线上订单激增，同时解决实体餐饮行业人员待岗困境[28]。

更难能可贵的是，有的制造企业不仅表现出它们的责任感，而且显示出它们的数字生态系统的活力。2019年2月14日，海尔COSMOPlat携手华住会、中国工业设计协会等16家生态合作伙伴共建"企业复工生态链群"。其功能包括：针对企业疫情防控和复工复产需求，定制人员返程安心住、全员防疫智能管理、复工实操指南等十大全场景解决方案；全流程保障企业安全复工、产能提升；可跨行业、跨领域打通全产业链，从原材料的供应到解决生产控制、细分部件质量等各类问题；能涉及企业的整个运转生态，包含衣、食、住、行、康、养、衣、教及金融保险、招聘培训等各环节的全流程协同，快速高效赋能，为企业疫情防控管理和复工复产提供保障[29]。

虽然上述行为主要是几家公司的价值观使然，但这里要强调的是它们构建的数字生态空间的广度能够覆盖到社会很多问题，一旦需要，能够针对特别事件快速应急反应。

2. 深度

企业应用数字化技术已成为广泛共识，可是数字化技术在不同企业深入应用的程度却区别很大。深入应用的程度当然与覆盖的范围（广度）有关，但主要体现在数字化技术对企业活动刻画的程度。

数据粒度和数据感知深度在很大程度上体现企业数字生态空间的深度。

1）数据粒度

先以一个机械加工的例子说明。在所谓的智能机床中，通常人们通过传感器实时获得加工尺寸、切削力、振动、关键部位的温度等方面的数据，以此反映加工质量和机床运行状态。但华中数控的做法显然更进一步，它们获取的数据有[24]：

（1）运动轴状态，如电流、位置、速度等；

（2）主轴状态，如功率、扭矩、速度等；

（3）机床运行状态数据，如PLC、I/O、报警和故障信息等；

（4）机床操作状态数据，如开机、关机、断电、急停等；

（5）程序数据，如程序名称、工件名称、刀具、加工时间、程序执行时间、程序行号等。

这里收集的数据不仅细目多，更在于数据之间特别关联。它们认识到，数控机床工作状态大数据与加工G代码指令密切相关，与零件加工质量、精度和加工效率之间也存在关联关系。它们基于大数据分析和深度学习技术，将从G代码中提取的切削参数、刀具信息和对应的车床加工过程指令域功率数据作为神经网络的输入和输出，建立了数控车床工艺系统的神经网络模型，如图13-8所示。

请注意，这里不只是满足于收集的数据更多更细，而且要把这些数据融合起来解决问题。通常，G代码指令与切削参数、功率、零件加工质量、精度和加工效率之间的关联是被忽

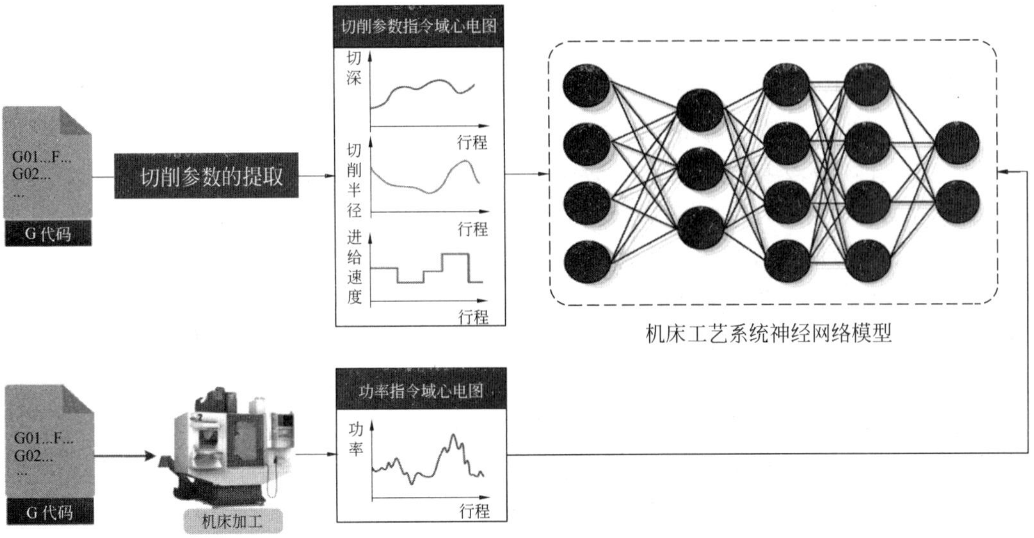

图 13-8　机床工艺系统神经网络建模及训练[24]

略的。正是通过数字-智能技术发现这些数据之间的关联规律，从而有效地控制机床。

【定义】 数据粒度：智能制造中的数据粒度是指为解决制造中特定问题而融合在一起的数据之细化程度。

此定义中，“融合”是一个关键词，意指数据的关联。如果数据之间缺乏关联，再多再细也是枉然的。融合起来的数据中，细化程度越高，粒度越小；反之，粒度越大。

生态空间的深度是体现在实体要素与数字要素的结合(而不是分离)上的。在数字化技术的帮助下，生产要素的粒度可以变得非常精细，同时各个要素组合、匹配、协作的关系变得越来越准确。例如，出行行业中优步(Uber)、滴滴等 App 的出现解决了对乘客、司机、出发地、目的地等信息实时数据化和大规模动态匹配的问题。通过地理定位、出行平台、派单算法等技术的注入，海量的位置、需求、供给等信息可以相互匹配，实现动态网络协同。既减少了乘客等待的时间，又缩短了司机空车行驶的距离，将出行效率提升到更高的水平[11]。

总之，企业中数据粒度越小，其数字生态空间的深度越大，自然意味着数字化水平也越高。

2) 数据感知深度

智能制造中的数字化和智能化系统时时刻刻自动处理着海量的数据。多数情况下，人并不清楚特定时刻处理的特定数据具体是什么。不能忽略的是，人是智能制造中的关键因素。既然如此，数据就不应该完全与人无关，毕竟在很多情况下数据需要易于被感知，以便于人的决策或与数字智能系统之间的交互。所以一个数字生态系统的水平也应该体现在数据易于被人感知的程度，即从另一个侧面反映数字生态空间的深度。另外，智能制造系统中包含众多实体、子系统、各种过程、活动等，不同的过程、活动和实体之间可能存在数据调用，某一个过程(或实体、活动等)的数据是否易于被其他过程等调用或“感知”，实际上也体现企业数字化的深度。下面阐述决定数字化系统感知深度最重要的两个方面。

一是扩展现实增强视角体验深度。

扩展现实技术(XR)的应用能够加大人的视角深度。XR 是 VR、AR 和 MR 的总称，亦称泛现实。它的沉浸式体验改变着人们获取信息、体验以及彼此联系的方式。融合了虚拟和增强现实等技术的扩展现实技术第一次弥合了与现实的距离，"重置"人们在时空中的关系。最后，扩展现实不仅消除了人们与信息的距离，还带来了新的洞见。层出不穷的扩展现实工具能够在3D环境中展示数据，更贴近人类实际观看和想象情境的方式，这为新的查看模式以及获取新的发现扫清了道路。BodyVR公司在传统平面医学影像（如CT扫描和核磁共振图像）的基础上创建了交互式的3D图形，从而能够更直观地查看病情。扩展现实改变的不只是对信息的访问，也包括观看者与信息的关系——人们如何从数据中解析、表述和提取价值[16]。

二是数字孪生增强人和数字系统的感知深度。

企业高水平的数字生态系统需要数据透明，数据透明不仅能提高数字化系统的效率，而且能创造更大价值。Phoenix Contact是一家德国制造商，专门提供工业自动化解决方案。它在最大程度上实现了数据的互联互通，并提升了数据的透明度。因此，它所创造的价值要远高于价值链上每个步骤创造的价值总和。Phoenix Contact借助多个RFID标签收集信息，同时建立数字孪生模型，确保数据在流程所有阶段都保持透明可见且易于获取，如图13-9所示。这种互通性确保了生产线的全天候运转，不仅提升了40%的绩效，还将生产时间缩短了30%。最终，Phoenix Contact以批量生产的成本实现了定制化产品的生产。该公司有效利用了数字化测试和数据共享。数字孪生包含所有测试参数，所有测试数据也都会被记录下来，供生产团队参考。此外，生产团队也能直接对接客户。他们可以获取客户信息，向客户实时传达订单状态和交付细节[29]。

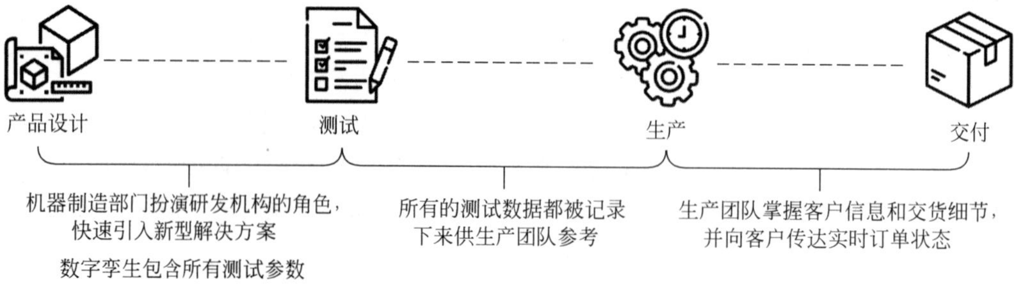

图13-9 Phoenix Contact使用RFID标签来确保数据透明且易于访问[30]

企业中最能体现感知深度的恐怕是数字孪生技术的应用。尽管XR技术能够给人带来非常直观的视角体验，但毕竟它在企业的应用场景有限。而数字孪生技术则需要应用在产品的全生命周期内，从企业内部到供应商、到客户的大范围内。

产品开发的早期论证（见图13-10）是数字孪生技术最基本的应用。数字孪生体是一个物理实体（也可能是想象中、设计中的实体）的数字表达，除最基本的三维结构外，还应该能够对产品的性能和物理过程进行表达。绝大多数产品的过程是多物理过程，因此还需要前面提到的多领域物理统一建模。只停留在三维表达不是真正意义上的数字孪生体。

图13-11是奔驰汽车与西门子合作把数字孪生技术用于汽车仿真。以前需要1年6个月的设计周期，现在10个月就可完成。噪声水平下降6～8dB，比原来下降30%。

生产系统的设计和运行中都需要数字孪生技术，如图13-12所示。设计过程中的生产线仿真能够让设计者直观地判断可行性，而运行过程中生产线的状态数据（都是数字孪生应该具有的功能）也容易被人和数字系统所"感知"，以保证产线的正常运行。

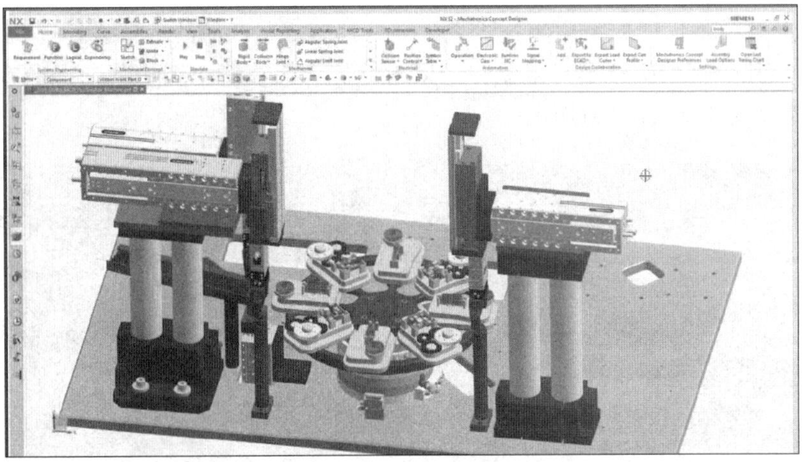

图 13-10　数字孪生应用于产品开发的早期论证[31]

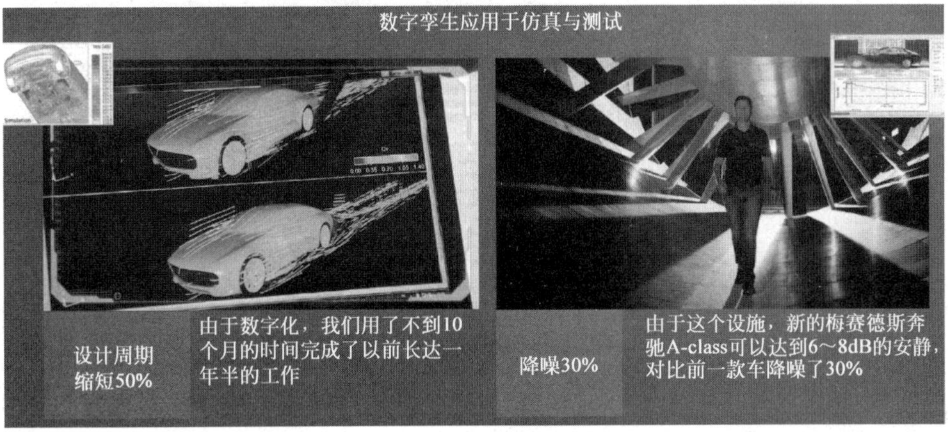

图 13-11　数字孪生应用于仿真[31]

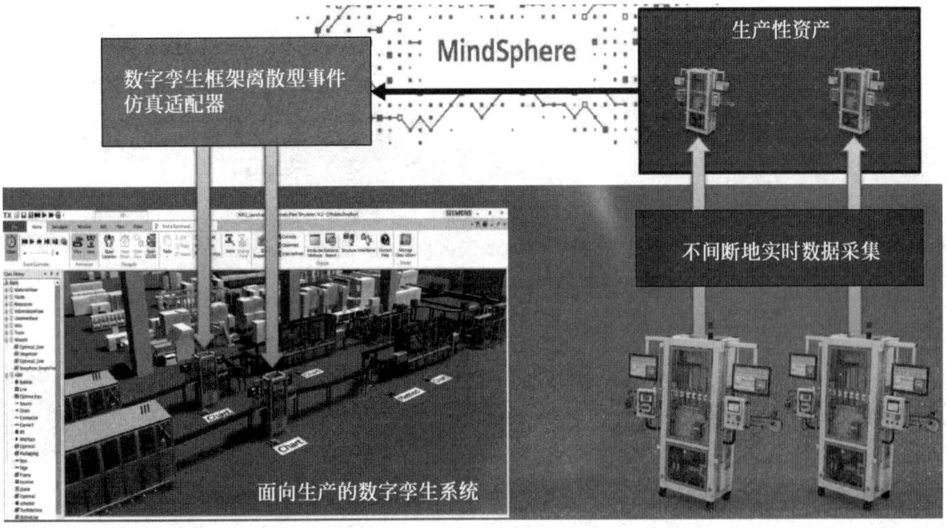

图 13-12　生产系统的数字孪生[32]

图 13-13 显示了借助数字孪生技术大大加快拥有全新产品的工厂设计以及生产系统的虚拟调试。应用数字孪生技术对机器和工厂进行仿真能够使全新一代的产品在 12 个月内上市，而通常需要 18～24 个月[31]。

图 13-13　通过数字孪生大大加速新工厂设计[32]

供应链孪生是数字化供应链新的发展趋势，它将有望在帮助优化供应链方面扮演一个重要的角色[33]。如图 13-14 所示，在整个供应链环节，从供应商到客户，从采购、库存、生产到产品交付，从供应商关系管理（SRM）、制造执行系统（MES）到客户关系管理（CRM），都应该应用数字孪生技术。应用数字孪生于供应链系统，就应该使人或供应链数字系统能够“感知”传统上被人忽略或无法获取的数据，尤其要注意下面几种数据：

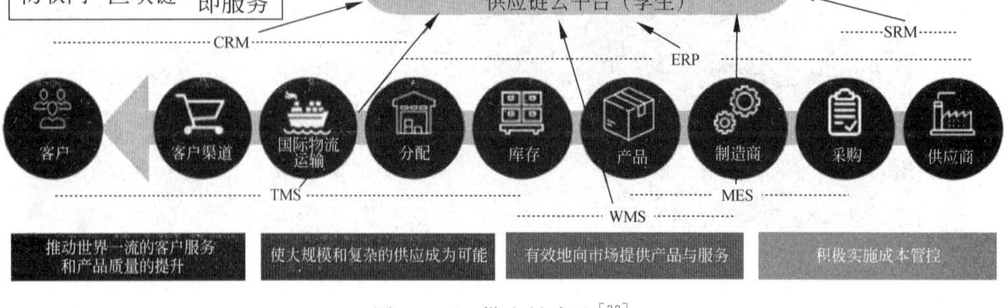

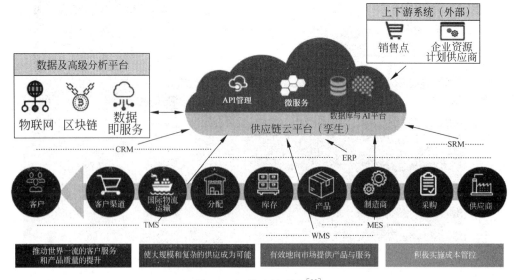

图 13-14　供应链孪生[33]

（1）实体的观测数据。如来自资产的传感器、日志或仪表数据，或从其他主要输入计算出的虚拟传感器等数据；从其他来源收到的数据，如卡车上所载货物的信息、设备所有者的姓名、设备序列号和历史维护记录等。

（2）衍生数据。由数字孪生内的逻辑衍生的数据，如有关事物环境（如环境温度、当地天气条件）或与事物间接相关的对象（如所有者的姓名和地址以及所有者身份之外的其他细节）的数据。这些数据不属于数字孪生本身，但属于数字孪生中的逻辑，或者使用孪生的应用程序中的逻辑，必要时可能需要访问这些数据。

（3）操作数据。操作数字孪生系统内的输入数据或存储在数字孪生系统外的数据。例如，数字孪生可以通过对卡车观察到的燃油水平、油箱尺寸和平均速度，应用公式来计算并存储卡车耗尽燃油前的剩余时间。此剩余时间是操作后获得的数据。

（4）调用外部数据。基于数字孪生在外部（物理上）实现的逻辑。孪生逻辑可以向外部决策服务调用 API，比如计算卡车预期到达时间的地理空间映射服务。这可以使用卡车当前位置和计划路线（下一个目的地的标识）上的数字孪生数据，并获取不在孪生中的外部信息（地图和其他系统中保存的实时交通信息）。

从上面的描述可见，需要把数字孪生技术与实体及其过程充分融合，以达到优化的目的。孪生的关键远不止三维表达，某种意义上反映实体和过程性能状态等数据更加重要。数据被“感知”的程度恰恰是企业数字生态空间或企业数字化的深度。

节点及关联

数字生态空间，企业生态空间；

广度：社会空间，社会特别事件，企业使命感；

深度：数据粒度，感知深度，视觉深度，数据融合；

数据：实体数据，观测数据，衍生数据，操作数据，数据融合；

数字化技术：数字孪生，供应链孪生，XR……

问题：

（1）车联网运行环境中的数字孪生包括哪些类物理数据？

（2）数字孪生的衍生数据有何意义？

（3）系统对数据的感知深度意味着什么？

（4）数字生态空间与企业生态空间有什么关系？

（5）数字生态空间对企业进化有什么意义？

13.8 生态系统下的商业模式创新

数字-智能技术的发展导致制造理念的变化，一定的理念（如“以客户为中心”）下又存在不同的企业运营模式，或者说商业模式。这里的“商业模式”包括制造业模式，并不纯粹指“商”。本节中有些案例也并非都来自纯粹的制造业，但和制造业有联系。

技术的发展促使产业生态环境的变化，一部分企业为了适应产业生态的变化，进行运营模式的调整或创新。另外，技术的进步使某些企业创造全新的运营模式，模式的创新又导致生态的进化。对现代企业而言，固守在陈旧的运营模式可能是危险的，即使不能模式创新，也应该思考如何调整和改变。

进入数字时代，人们已经感受到新的商业模式如风云变幻。进入 21 世纪之后，倏忽之间，人们突然觉得生活变了。你可以买到定制的服装、家电、汽车，你可以在家中购物、叫车，你可以手机支付……很多过去不可想象的事情闯进我们的生活，给我们特殊的体验。所以，有专家指出："商业模式是关于创造价值体验的过程。"说到底，体验还是技术带来的。多数民众不一定能想象到，制造商通过物联网可以真正观察到消费者是如何看待体验的——比如，当消费者路过一家商店时，如何发现产品，如何购买产品，之后如何使用产品，通过这些观察制造商最终可以弄清楚，他们还能做什么？什么样的服务能够优化用户体验并赋予产品新的生命？[34]

对于能够洞察前沿技术的前景的人而言，他们的思维模式一定有别于传统的思维方式。表 13-1 表示传统产品的思维模式与物联网思维模式的不同。无须进一步的解释，物联网技术不仅可以给我们带来一些新奇的产品，而且使企业有可能以新的方式（运营模式）服务于大众。

表 13-1　传统产品思维模式与物联网思维模式[34]

要素类别		传统产品思维模式	物联网思维模式
价值创造	客户需求	以被动方式满足现有需求及生活方式	以预测的方式解决实时的与紧急的需求
	产品/服务	单一产品，随着时间推移逐渐过时	通过线上升级的方式更新产品，并具有协同的价值
	数据的作用	利用单点数据满足未来产品需求	通过信息聚合提升当前产品与支持服务体验
价值获取	盈利途径	销售更多的产品与硬件	促进重复性收益
	控制点	有可能包括产品、知识产权及品牌优势	强化个性化与情景化特征；产品之间的网络效应
	能力开发	利用核心能力，现有资源与流程	理解处于同一生态系统中的合作伙伴如何盈利

第 3 章中曾介绍过个性化定制，此节中不再赘述。下面介绍商业模式创新的要素与形式。

1. 要素

导致产生新的商业模式的因素有很多。卡瓦迪亚斯等列举了 6 个关键要素：①定制化程度更高的产品或服务；②闭环流程；③资产共享；④基于使用定价；⑤合作性更好的生态系统；⑥具备敏捷性的自适应组织。有时候，具有其中一个要素，就有可能实现新的商业模式。如能够提供定制化程度更高的产品或服务，与主流模式相比可能更加贴合顾客个人的需求，如服装的个性化定制；一些创新能取得成功，是因为实现了昂贵资产共享，如 Airbnb 让房主与旅行者共享房屋（后面有进一步说明），Uber 让车主与他人分享自己的车。共享通常是借助双边在线平台，为两个群体解锁价值：我把空房出租赚钱，你得到更便宜

(或许还更舒适)的住处。共享也降低了多个行业的进入壁垒,因为进入者本身不必拥有所共享的资产,只须充当中介便可;如果建立了合作性更好的生态系统,就会有更好的供应链合作伙伴,能提高效率且降低成本,更合理地分散商业风险[35]。

图13-15表示技术趋势与市场需求中的创新关联。例如,价值主张中强调定制化,回应的是消费者偏好分散、对产品或服务要求更为多样化的市场需求;传感器通过云端互联设备收集数据,数据经过大数据解决方案的分析,转为推荐和提醒等服务,满足不同顾客的需求,定制化得以实现。创业者在创业之初构想某种商业模式,或者投资者对初创公司已有的商业模式进行评估以决策是否投资,都可以借用类似的图进行分析。下面是一个案例[35]。

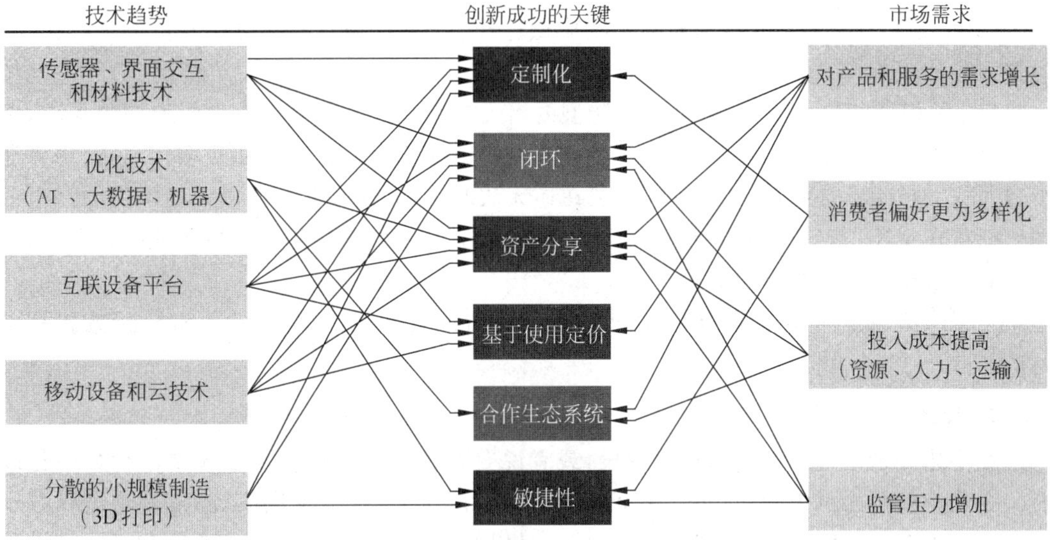

图13-15 技术趋势与市场需求中的创新关联[35]

Healx公司使用机器学习算法和计算生物学来识别罕见疾病的新型药物应用。Healx公司宣布,在以伦敦的风险投资公司Balderton Capital为首的首轮融资中筹集了1000万美元。

Healx主要针对罕见疾病患者的治疗,属于新兴的定制化医药领域。这个领域的医药公司面临的一大挑战是,罕见病市场非常狭窄,公司往往不得不开出天价。例如,治疗阵发性睡眠性血红蛋白尿症的药物Soliris,一位患者用药一年的开支约为50万美元。一些针对常见病的治疗方法有更大的患者市场,价格更低,倘若加以调整也能够用于治疗罕见病,但往往只对具有某类遗传特征的部分患者有效。

针对这样的局面,Healx建立了平台,利用大数据技术分析全球多个生命科学及医疗组织的数据库,为罕见病患者寻找合适的治疗方法。公司最初的商业模式具备六大关键要素中的3条。其一,Healx的价值主张是资产共享,比如提供临床实验数据库,里面有许多药物在多个治疗领域针对多种疾病(包括罕见病)的疗效记录;其二,针对个体寻找可以治疗罕见病的药物,这是定制化程度更高的表现;其三,Healx的商业模式在理论上可以建立合作性的生态系统,在大型制药公司与医疗机构之间建立联系——前者拥有治疗和实验数据,后者则有关于疗效、配伍禁忌反应以及患者个体基因组描述的资料。

Healx在6大要素方面的表现如何？定制化方面，对比了目前提供给罕见病患者的药物信息数量和Healx能够提供的信息数量。世界范围内现有7000种罕见病有正式的宣传团体，患者数量约3.5亿，其中95%目前得不到适当的相关药物推荐。Healx初始阶段涵盖了这7000种罕见病中的1000种。资产分享方面，考察了有关罕见病相关药物的已知数据中Healx能够获得的比例——公司创始阶段约为20%。合作生态系统方面，考察了所有大型数据持有机构中参与平台的比例——约1/4。

最近，Healx开发了机器学习算法，不仅可以利用患者的基因信息匹配对症药物，还可以精确预测药物在患者身上发挥疗效的水平。这样的发展将定制化发挥到了极致，且增加了便捷性：在基因信息和算法的帮助下，临床医师可以直接针对患者做出更合适的治疗决定，不必依靠固有经验在几种非对症药物中做选择。Healx通过这种方式支持去中心化、实时并准确的决策。

Healx模式的这个版本，推动行业转型的潜力更大。它表现出了六大要素中的4项，而且已经从客户身上获得了利润，就长期而言还可以在患者就医之前提供更多信息，让患者获得自主权。Healx能否充分发挥潜力，现在还无法断言，但这家创业公司无疑值得关注。公司已获得多个奖项，包括2015年年度生物科学公司奖和2016年年度剑桥毕业生创业奖，并且得到了多个国际基金可观的投资。

要素未必就是前述6项，实际中可根据情况而设定要素，但上述的要素分析方式是可行的。

2. 传统业务数字化

数字化制造是智能制造的初级阶段，或者说要实施智能制造至少首先要进行数字化改造。企业一般都能意识到，对于其关键业务，如设计、工艺、制造及供应链等，必须进行数字化改造。很多软件公司可提供相应的软件工具以及服务。而传统业务的数字化却很容易被企业忽视，容易被忽视恰恰就是机遇。

签名是再普通不过的事情，无论是企业中的商业交易还是人们日常生活中，都会经常遇到。如此平凡的小事居然可以滋养一个红红火火的公司——总部设在旧金山的DocuSign公司就是为了改变签名方式而成立的。通过DocuSign的服务，用户只需通过智能手机或平板电脑即可完成手写签名，免除了使用传真或邮件签名的麻烦。同时DocuSign还通过数字签名等方式验证用户的真伪，从而帮助企业用户安全地在网上获取具有法律效力的电子签名。DocuSign构建了网络效应，公司会引导客户在完成电子签名后进入程序里，以便于管理全部电子合同。它们从服务大企业入手，使得服务于大公司的小公司也沿用DocuSign签订合同。

据e-works数字化企业网2015年10月1日报道，2014年，微软与电子签名创业公司DocuSign正式达成合作协议，微软Office 365用户将能够直接使用DocuSign的服务进行电子签名和发送签名文档。DocuSign应用将被直接嵌入Office 365中，这样一来，Word、Outlook、SharePoint Online和SharePoint Server用户就可以直接用DocuSign在这些文档内进行签名。使用DocuSign电子签名过的文档将会自动保存在微软的OneDrive里，用户对这些文档有绝对的控制权。DocuSign创业团队通过与微软合作，不仅能够共享微软强大的平台和客户资源，更能够依托微软强大的品牌影响力快速提升初创企业的形象，获得更多的客户信赖。目前全球188个国家有超过10万家公司以及5000万个人都在使用

DocuSign 的电子签名服务。

DocuSign 也实现了企业的快速成长。2020 年 3 月 27 日 DocuSign(股票代码：DOCU)公布财报,公告显示公司 2020 财年年报归属于母公司普通股股东净利润为 2.08 亿美元,同比增长 51.14%；营业收入为 9.74 亿美元,同比上涨 38.95%。据互联网分析沙龙 2020 年 3 月 1 日报道,DocuSign 通过收购 Seal 软件在 AI 方面迈出大步。Seal 成立于 2010 年,被公认为是 AI 驱动的合同分析的先驱之一。它的技术还可以通过法律概念(而不仅仅是关键字)快速搜索大量协议,自动并排提取和比较关键条款和术语,快速确定风险和机会领域,并提供有助于解决法律和业务挑战的可行见解。通过收购,DocuSign 可以在整个协议云中更全面地整合 Seal 的技术和价值主张,从而为希望准备、签署、执行和管理对其业务至关重要的协议的公司提供更大的价值。有许多公司已经意识到在其协议流程中利用 Seal AI 的好处。例如,借助 DocuSign 和 Seal 技术,一家大型国际信息服务公司将法律审核时间减少了 75%。一家位于 EMEA① 的国际电信公司将客户协议的法律审核时间缩短了 80%以上。一位全球金融服务领导者自动分析了关键供应商协议中超过 260 万个合同数据点。

DocuSign 的例子告诉我们,一个普通的非专业的事项只因为数字化的需求而能形成一个专门的商业业务。其技术支撑需要先进的数字化、网络化及智能化技术,所形成的生态几乎能涵盖各行各业。签名及其相关业务给企业带来的便利也是原先未及料到的。

DocuSign 的商业模式给我们带来的思考是什么?

3. 互联与数据分享

互联是数字-智能时代最基本的特征。公司如果能够将自己的产品或平台与外部尽可能多的资源互联,且分享数据,则能产生更大的价值。

GE 的工业互联网以无所不在的数字化连通为基础。通过互联的笔记本电脑和移动设备,多数与信息相关的工作都已数字化。随着物联网的发展,现在数字传感器的应用随处可见,带动了过去的模拟任务、流程、设备及服务运营的数字化,并使之与网络相连。此外,云计算提供了价格低廉且没有上限的强大计算能力。所有上述因素形成合力,促使每个行业内的老牌公司和初创公司必须以新方式竞争[36]。

如果在传统模拟环境下工作,可检查现有资产是否能与新机遇接轨,也应关注其他行业和初创公司,寻找合作机会。客户资源尤为宝贵,所了解的客户需求以及积累的满足客户需求能力也同样重要。公司不能总想着如何淘汰老旧资产,可以思考如何与其联接,增强公司价值。Nest 就与公共事业合作分享数据,优化了整体能源使用。Nest 是谷歌旗下的一个公司,最初的产品就是恒温器,后来拓展到智能家居,尤其是家居安全,其基本思想也是基于互联。这里仅介绍通过使 Nest 智能恒温器与外部一些资源互联和分享数据而实现价值增长的商业模式[36]。

2014 年 1 月,谷歌以 32 亿美元的价格收购了智能恒温器和烟雾探测器公司 Nest。此举昭示着数字转型和物联即将越界,正朝着最传统的工业部门蔓延。从购买燃料温度、供能供暖直到空调系统,Nest 智能恒温器将家居温控流程全部数字化,并将其与 Nest 的云数据服务互联,从中创造价值。智能恒温器汇集实时能耗数据,将其分享给公共事业部门,帮助它们更好地预测能耗,提高能效。Nest 还将能耗开销信息推送给消费者,帮助他们节省开

---

① EMEA 是 Europe,the Middle East and Africa 的字母缩写,为欧洲、中东、非洲三地区的合称。——百度百科

支，比如："目前需求旺盛开销增加，未来两小时您的空调楼自动关闭。"Nest 如何捕捉所创价值？首先，其产品零售价是传统恒温器的 2～3 倍。其次，Nest 会根据能耗成果从电力公司赚钱。谷歌能汇集能耗模式数据，为电力公司提供服务，然后向其索要节能返点。其三，Nest 还可以将节约下来的部分能耗反馈给消费者。如此一来，Nest 不仅对价值 30 亿美元的全球恒温器产业产生了影响，还重塑了 6 万亿美元的能源领域。该公司还将数字云平台开放给其他供应商的设备和服务，从而影响更多部门。例如，目前 Nest 云平台连接惠而浦先进洗衣系统，可以避开高峰时段，安排洗涤和烘干时间。Nest 还与可穿戴设备公司 Jawbone 合作，在侦测到有人睡醒时，动态调整家居温度。恒温器还能与家居安保和消费电子产品挂钩：比如在无人看家时，通过恒湿器侦测是否有不速之客闯入；或当你在卧室时，提醒你是否关闭书房里的电视。新应用和服务的潜力惊人，大有可为。

4. 体验

11.5 节从产品进化的角度提到过用户体验，这里从商业模式进化的角度再介绍用户体验。

用户体验的概念在 20 世纪 90 年代中期就已经出现。当时，美国加州大学心理学教授唐纳德·诺曼(Donald Arthur Norman)提出了这一概念。诺曼不仅是一位优秀的认知心理学家，还具有计算机工程师、工业设计家的背景，曾在苹果和惠普公司担任高管。他先后出版了用户体验的经典名著《设计心理学》(*The Design of Everyday Things*)与《情感化设计》(*Emotional Design*)。中国高等学府中最早开设交互设计专业的是香港理工大学与江南大学，作为两个专业的创建者辛向阳教授有着自己对用户体验的理解："产品与服务的设计者必须关注使用者在某个场景中的真实需求，从经济学、行为学、心理学、社会科学等多个纬度去理解用户。一个完整的产品或服务，不仅需要满足使用者的功能性需求，还要增强人们在心理上的感受，让人们愉悦。"近几年来，移动互联网的不断发展以及体验经济的兴起，为更深入更全面的用户体验创造了环境，用户体验也因此得到了更多的重视和应用[37]。

长期以来，人们对体验的认识停留在 UI(用户界面)层面上，设计一直处于产品开发的下端；而体验思维关注用户的全局体验，有效帮助企业挖掘出更多用户价值。用户体验设计的核心和本质，就是研究目标用户在特定场景下的思维方式和行为模式，通过设计提供产品或服务的完整流程，去影响用户的主观体验，并让用户花最少的时间与投入来满足自己的需求。所以，用户体验的问题不仅仅是一个产品设计的问题，而且与产业和社会生态联系在一起。

首先介绍芝麻信用的例子。

芝麻信用是蚂蚁金服旗下独立的第三方征信机构，于 2015 年 1 月 28 日正式上线，是国内第一个，也是覆盖面最广的个人信用评分。为了让人和人、人和机构之间的关系因为信用而变得更简单，芝麻信用致力于信用数据的洞察、信用场景的连接和信用文化的传播，助力信用社会的建设，帮助用户更好地获取信用的价值，实现"让生活与生意更简单"。基于此，2015 年年初，芝麻信用与唐硕公司深入合作开始推行用户体验创新项目。项目启动之初，各类角色(决策者、行业专家、资深从业者、研究员、体验设计师以及服务设计师)就齐聚一堂，组成专注高效的项目团队，通过体验设计与服务设计的一整套思路及方法，规划出蓝图分析机会点与切入点。项目团队的第一步，就是去甄别哪些人可能是芝麻信用目前和未来的目标用户，从而能够全面了解这些目标用户的生活与工作场景，继而挖掘出各个场景中的芝麻信用服务机会点。项目团队首先在北京、上海、杭州、深圳4个城市对不同人群进行了访谈，结合芝麻信用前期所做的用户调查，按照用户对个人信用影响的认识、对互联网的认知与使用程度、目前所处的人生阶段、经济收入、职业类型、交易行为和所处行业的开放程度等特征，将芝麻信用的用户群进行分类。不同应用场景对应不同信用价值。有的人需要经济利益，有的人需要降低交易风险，有的人需要获得更优质、更便捷的服务等。通过深入细分信用人群、可应用场景，并积极接入场景方，项目团队挖掘出更深的产品价值，推动了用户对芝麻信用的青睐与应用。经过短短一年半的时间，公测期间的芝麻信用已经覆盖信用金融、信用租车、信用酒店、信用租房和信用婚恋等众多场景，让普通老百姓也能够简单、直观地感受到信用的价值和便利，为用户和商户都创造了价值。比如与永安公共自行车的合作中，用户可以免押扫码租车，免去了线下办卡的麻烦，缓解了城市公共交通和环境压力，现在每天有将近40万人次通过信用租车参与绿色骑行，而且3000万人次的租借仅有43人未归还，充分地显示出信用与场景结合所传递的价值，也体现了芝麻信用的意义所在[37]。

可见，芝麻信用的成功很大程度上在于通过体验设计和服务设计构建了良好的生态。

对于某些大公司而言，其产品的最终用户体验还会涉及一些运营商或服务商。在这样的情况下，欲做好用户体验需要生态的主宰公司去推动。

2016年年初，华为发布“全面云化”战略，该战略聚焦于ICT基础设施，把华为自身的定位锁定为数字社会和智能社会发展进程的推动者，企业云化、数字化战略的“使能”(enable)者，目标是帮助合作伙伴真正实现数字化转型、数字化运营，实现ROADS体验(Real-time、On-demand、All-online、DIY、Social)。

实现ROADS体验的核心挑战是运营商能否以用户为中心实现数字化转型。目前几乎所有运营商的运营系统都是内部导向的，这套系统是面向营业员、维护人员等内部人员设计的，虽然也实现了数字化，但它叫做内部IT。而运营商要想真正面向未来，单从技术和产品上进行数字化转型还远远不够。关键是要转型成为一个能为用户实现ROADS体验的数字化企业，让用户在购买产品和服务、享受产品和服务时，能够实现实时、按需、全在线、DIY以及社交化分享。因此，华为决心推动运营商把以“基于网络的体验”为中心的运营转变为以“基于用户体验”为中心的运营，把以“人工系统”为核心的运营模式转变为“实时的自治系统”。实现全联接之后，就可以基于大数据、人工智能进行运营，可以把实时决策融入业务流程中，使运营更加简单、高效和智能[38]。

基于用户体验思想，在华为的推动下，运营商实现了商业模式和生态系统的进化。

5. 生态中的企业边界求变

在某一个企业生态系统中，企业边界不是一成不变的。在不同的时期可能需要调整企业边界，简称设界。设界的视角是动态地处理企业与生态系统之间的关系，这需要企业的格局和智慧。随着生态系统的经济总量规模的不断增长，身处其中、扮演不同角色的企业也会有不同节奏的增长，这就需要企业不断调整自己的业务活动边界，在生态系统中扮演哪些角色、能够带来企业与生态系统价值的最大化就成了企业设计的关键。

高通公司的发展历程就是一个随着手机产业链生态发展的不同阶段，不断设界的过程。在2G时代，许多电信设备商对高通主导的CDMA(码分多址)技术并不感兴趣。怎样扩大CDMA的市场，并使之最终成为市场各方都采纳的3G技术，成为摆在高通面前亟待解决的问题。初期的高通大包大揽，集电信运营商、设备商、技术开发商、终端设备商于一体；做手机，做基站，既是高通的主动选择，也是无奈之举，高通希望由自己去催熟这个市场，先把蛋糕做大，自己才有希望得到最大的一份。在CDMA技术变为2G时代移动通信标准的过程中，高通将CDMA各种技术都申请了专利。因此，在3G时代，高通的CDMA技术和相关专利就成了所有通信标准绕不开的基础，几乎所有的手机厂商都要向高通缴纳专利授权使用费。高通又利用每家手机厂商都要缴纳专利授权费这一特点，为厂家提供优惠套餐，即使用高通的芯片就可以在专利使用费上打折，不断扶持自己的芯片项目。在获得高盈利之后，高通进而又对自身的业务进行梳理，一步步卖掉了非主要的业务，手机部卖给了日本京瓷，基站部则卖给了爱立信。即使是最核心的芯片技术，高通也是只研发不生产，高通只负责技术标准研发。进入到5G时代，高通依然是手机产业链生态中最具影响力的玩家之一。从全能冠军到单打冠军，高通抓住了整个生态中利润最丰厚的环节；在聚焦于知识产权技术标准的同时，高通的商业模式也经历了从重资产到轻资产的蜕变。手机生态系统越来越繁荣，高通的企业边界却越来越专注，高通的企业市值也一路走高。收放之间，是高通对生态系统与企业协同发展效果最优化的追求[39]。

当然，高通越来越专注的底气源于对标准和核心技术的掌握。

6. 新角色

增加生态系统新角色，又称补缺。补缺主要是针对现有生态系统运行时的痛点或机会点，通过新增一个业务活动角色，使得整个生态系统的效率都得到质的提升。补缺的模式创新机会，有赖于企业家能够以俯视生态系统的视角，以及对生态环境的敏锐洞察，针对生态痛点提出解决方案。如此一来，不仅补缺本身就是一个绝佳的商业机会，商业生态也得到了蓬勃的发展，企业也可以从中受益。

有时候对现有生态系统的仔细观察，或许能发现新的商业逻辑，进而发现存在新的商业模式的可能。企业基于新的商业逻辑，可以设计一套迥异的商业模式系统，以截然不同的成本结构、盈利来源和现金流结构，完成价值创造到价值捕获的闭环，从而推动商业生态走向结构性的多元化。

台积电的张忠谋就凭借自己对行业的独特理解重构了半导体芯片行业。在台积电之前，以英特尔和三星等为代表的半导体厂商，从前端的设计到后端的芯片生产，都是由厂商独立完成的，基本所有的半导体公司都有自己的晶圆厂。张忠谋则认为，投资建设一座晶圆厂的花费动辄以10亿美元计，而且技术更新换代的速度非常快，存在巨大的投资风险，所以全球只有几家公司拥有这样的资本筹集和风险承担的能力。但这些半导体大公司大多把晶圆制造作为副业，因为主业不是晶圆制造，而是设计和销售自己的产品，所以他们在晶圆制造方面就不够专业用心，这些因素都制约了整个行业的发展。但这里面也隐藏着巨大机遇，如果能够成为提供专业晶圆代工生产服务的芯片制造商，大量的IC(集成电路)芯片设计公司就不用在制造环节投入太多的资金。台积电就是在这一商业逻辑的指导下成立起来的：台积电专注负责中段的芯片制造，成了全世界芯片设计公司的“中央厨房”。如今，高通与台积电被誉为“无芯片厂的芯片设计公司＋代工”的合作典范。哈佛大学管理学教授迈克尔·波特称赞张忠谋对世界半导体业发展的新贡献：他一口气创造了两个产业。第一个是晶圆代工业，第二个是无晶圆厂的设计业。整个芯片行业也因此蓬勃发展，华为的海思芯片设计公司也是这一商业模式的受益者，成为台积电的重要客户[39]。

可以看出，当年张忠谋正是看清楚了原有生态系统中存在缝隙，使他有机可乘。台积电新角色加入后，就迅速重构了原先的生态系统，或者说也是半导体和微电子产业生态的一次重要的进化。

再看另一个新角色的例子。

爱彼迎（Airbnb）是一家联系旅游人士和家有空房出租的房主的服务型网站，它可以为用户提供多样的住宿信息。该公司创立于2008年，至今已经实现了惊人的增长，房间数量多于洲际酒店和希尔顿全球酒店集团。2016年，Airbnb在纽约酒店房间供应量中占19.5%，并在192个国家和地区运营，房间供应量占总数的5.4%（2015年是3.6%）。可以说Airbnb颠覆了酒店业的生态。

当初Airbnb创始人意识到，可以利用平台技术制定全新的商业模式，新技术使得挑战传统酒店业成为可能。Airbnb与传统的连锁酒店不同，公司本身没有房产，而是提供在线平台让房主用户出租可居住空间（可以是一个沙发，也可以是一座豪宅），将寻找住处的租客与有意愿分享自己住所的房主相匹配。Airbnb负责管理平台，并从租金中抽成。

因为收入并不取决于拥有或管理实物资产，Airbnb无须投入巨资扩大规模，因此收费更低（通常比酒店房费低30%）。而且房产的管理维护及可能提供的服务都由房主负责，Airbnb承担的风险比传统酒店低得多，运营成本就更不必提了。从顾客角度来看，Airbnb模式提供更个性化、更便宜的服务，从而重新定义了价值主张[35]。

不难看出，在互联网平台技术出现之前，改变酒店业毫无意义。但平台技术一经引入，任何公司只要利用该技术为顾客创造更具说服力的价值主张，就能对主流商业模式造成冲击。新商业模式充当着技术能力与市场需求间的接口。

7. 通过跨生态实现原业务价值增长

一个企业如果发现在自己现有的生态空间里其业务难以有进一步的价值增长，不妨审视一下，外部生态中还有没有可利用的资源。往往在这种时候，有的企业试图开拓新的业务，当然那不是一件容易的事情。即使在业务不变的情况下，企业还是可以思考是否存在可利用的外部资源。

"幸福西饼"已经成长为中国生日场景蛋糕的第一品牌，它起于线上销售与线下卫星工厂生产相结合的模式，为消费者提供新鲜现做的烘焙蛋糕，承诺下单后2～5h内极速专人送达，目前已经覆盖了全国242个城市。但如何为消费者持续创造差异化的价值体验、丰富生日蛋糕的产品组合，就成为一个亟待解决的事项。幸福西饼把眼光放到了生态系统之外，它先后与"小猪佩奇""熊出没"等当下火热的动画IP签订合作协议，让这些动画IP的卡通形象以不同的食材表达出来，呈现在蛋糕之上。对幸福西饼而言，开创了儿童蛋糕的新品类，一经推出就受到儿童消费者的青睐，而且提升了幸福西饼的品牌定位，显著拉升了单价水平。对于IP的持有方而言，与全国性的蛋糕品牌合作，在开拓新的收入来源之外，还让自己的IP形象（形象载体）延伸到了新的消费场景，丰富了IP形象与粉丝之间的互动形式，也让IP的生命力更加旺盛而持久。这种跨生态的合作，创造了一个全新的价值空间，幸福西饼与新的利益相关方的优势资源融合之后，被注入新基因的优势产品也得到了市场的热情回应[39]。

当然，跨生态之后，虽然幸福西饼的产品还是蛋糕，但其生态已不是原来的企业生态了，而是新的、经过拓展的生态空间。

8. 掌控大生态

一些大企业都希望能够掌控某一个大领域的数字生态，因为一个大而健壮的数字生态系统能使生态的主导企业(生态的主宰者)具有强大的竞争力。希望掌控生态的企业一定会跨生态，但与前述的跨生态模式不一样的是，它的目的不是为了实现原业务的价值增长，而是希望切入新领域的业务，从而形成一个更大的、跨领域的生态系统。

中国科技巨头阿里巴巴公司通过打造不断扩张且相互连接的生态系统而壮大自己的生态，从而达到掌控更大生态的目的。他们往往始于一个市场，在利用客户信息更好地了解客户需求后，再转移到下个市场。最初该公司名为 1688.com(批发市场)，接着打造了淘宝(C2C 市场)、天猫(第三方卖家 B2C 生态系统)，然后扩张到聚划算(零售和营销平台)。同时，公司部分控股蚂蚁金服——全球最有价值的金融科技公司，目标是“通过进入更多日常生活消费场景，扩展其生态系统”。当然，一般而言，有此想法的企业肯定不止一家。只要有条件的企业一定会觊觎那无比诱人的生态环境和市场，一定会在新生态的孕育和瓜分中跃跃欲试。这种态势下，最明显的结果是几家巨头开始掌控全国电子商务及数字化服务。在中国，另外两家巨头企业腾讯和百度与阿里巴巴竞争，3 家公司在很多方面很相似。西方类似的企业是谷歌、苹果、Facebook、亚马逊和微软。为了实现一体化服务，这些企业正在通过语音助手等无缝界面，向更多领域扩展。出行平台也类似，比如 Uber Eats(优步送餐服务)等优步提供的拓展服务，都表明该公司想整合多个生态系统，管理消费者服务界面。Grab(新加坡)和 Go-Jek(印度尼西亚)等东南亚出行平台也进入付费领域，目标是让自己成为最终用户不可或缺的存在[40]。

前面提到过，西门子正在打造其强大的数字生态系统，今天的西门子似乎不再只是一个制造企业了；GE 的工业互联网更是一个宏大的计划，GE 联手了其他几个巨头(如微软)，试图建立一个能够适合多领域的与机器设备相关联的数字生态王国。当然，2018 年媒体曾传出 GE 拟出售其工业互联网的核心资产 Predix 时，业界一片哗然。又有说 GE 只是调整策略而已，绝不是放弃工业互联网。不管其未来成败几何，可以断言的是，世界需要一些大的云平台，需要能在一定程度上掌控某些领域数字生态的公司。只是对于巨型数字生态系统，大概人们的期望不是一家独大，而是几足鼎立。

或许，当掌控生态的计划过于宏大的时候，计划本身是否就变得难以掌控呢？有无一种更现实、更易于掌控的方式呢？

生态的掌控者一定是云服务商。那些欲掌控生态的巨头，同时就是云服务商，如微软的 Azure、西门子的 MindSphere、GE 的 Predix、阿里的阿里云…… 但是云服务靠什么与应用端连起来呢？靠掌控者建立起的庞大商业帝国而雇用千千万万的软件工程师和服务工程师吗？那就真可能变得难以掌控了。

其实，他们都明白个中道理。“‘赢’不再仅意味着竞争，而是合作。”——GE Predix 平台在中国的官网上赫然几个大字。Predix 在生态构建方面已经做出了很多努力，前几年就已经有超过 33000 位开发者、300 个合作伙伴基于 Predix 平台进行应用开发，包括 GE 自身以及合作伙伴在内，已经构建了数万个数字孪生体。Predix 生态建设也是风生水起，2016 年 7 月，亚洲第一个 GE 数字创新坊在上海正式启用，用于支持中国本土数字工业创新和孵化。GE 上海数字创新坊投资 1100 万美元，其服务内容如图 13-16 所示。显然，数字创新坊的用意也在于营造生态。

图 13-16　GE 上海数字创新坊简介(来源：GE 数字集团)

近两年，时常看到类似“巨头 GE 陨落，折戟工业互联网”之类的消息。落笔至此，时值 2020 年 3 月 27 日，正值新型冠状病毒肺炎疫情肆虐世界之时，笔者好奇，GE 工业互联网近况如何？打开 GE 数字集团中文主页，跳入我眼帘的“热点”一下子抓住了我的眼球：

GE 诚邀您参与 2020 年 4 月 8 日 14:00《抓住“G”遇，共建数字工业新时代——GE 工业软件 Plant Application & Proficy Operations Hub 解决方案在线研讨会》。当前，全球抗“疫”攻坚战形式依旧严峻，但我们必须有“抓抗‘疫’，促生产”的思想准备，直至取得最后的胜利。在复工复产初期，当您准备好百分之百的热情与动力投入到工作岗位时，却被如何快速、高效地恢复并提高运营效率和盈利能力所困扰。e-works 数字化企业网特邀请到 GE 数字集团的两位专家与您实时互动交流、答疑解惑，并分享 GE 创新解决方案和典型应用案例。

令我惊奇的是，他们是受 e-works 之邀。e-works 是一个位于武汉的百多人的小公司，没有自己的软件产品，专门从事数字化服务相关的工作。如果说 GE 数字集团是一棵参天大树，e-works 则是藤蔓小枝。而 GE 数字集团丝毫未漠视 e-works 的存在，这是其理性和明智所在。也就是说一个大的数字生态系统，不仅要有参天大树，还要有众多的各色各样的灌木丛，甚至还要有无数的小草。有些个体的、从事小应用的软件开发者难道不是那些“小草”？ISV(独立软件开发商)何尝不是小草或藤蔓？

哪怕小草对生态的作用都是巨大的。

ISV 长期深耕于特定的行业，具备深刻全面的行业洞察，却缺乏行业所需要的前沿新技术的开发能力。在这一点上，云服务商与 ISV 形成天然的优势互补。对 ISV 而言，一些云服务大平台的云计算、大数据、AI 等技术对其业务拓展无疑是有力的推动。另一方面，数字平台的生态模式也更利于 ISV 寻找到商业模式创新路径。当 ISV 关注所在的生态系统时，就能发现合作过程中行业存在的机会和痛点，进而助推自身商业模式创新。数字经济中，ISV 不应割裂地审视自身的个体价值，而应该在动态发展的生态系统中寻求合作及创新机会，激发商业模式创新，在“云上”创造更大的市场。而对于大的云服务商而言，要真正掌控大生态，就得依靠那千万个 ISV。如果仅几棵参天大树，却寸草不生，那样的生态岂有繁荣之理！

中国的阿里岂能不晓此理！

阿里云是服务着制造、金融、政务、交通、医疗、电信、能源等众多领域的云服务商。2019 年 3 月，阿里云在首次发布生态倡议时明确提出“不做 SaaS、要‘被集成’”，承诺“守住业务边界，做技术底座”，输出阿里云的技术力，让大家做更好的 SaaS（软件即服务，即通过网络提供软件服务）。自阿里云首次提出建设“被集成”的生态意愿至今，已与约 800 家垂直行业的 ISV 合作推出 300 余款联合解决方案，其中约 100 个方案已经与终端客户签署商业合同。已落地的 100 个方案中有 80 个是具备可复制化、可市场化的普适性解决方案，对于企业尤其是 IT 预算有限的中小企业，开发周期短、费用低、功能稳定、立即可用的联合解决方案无疑是利好消息[40]。

正是因为阿里承诺被集成，只做技术底座，ISV 们纷至沓来。

微软作为一个领军者，更是着意打造其大生态。它构建了一整套生态系统服务体系，而不只是单点发力。微软不仅将自己的 IaaS（基础设施即服务）、PaaS（平台即服务）做到尽可能地利于 ISV 使用，还有相关配套的优惠政策，以吸引 ISV 加入到其生态之中。微软已形成从开发、部署、推广到运营、资本运作等 ISV 发展过程中所需要的各种服务体系。微软有共享客户资源、帮助 ISV 拓展客户的政策和团队，有技术支持的政策和团队，还有专门的扶植计划。

微软还特别重视在中国的生态。微软是中国政府的重要合作伙伴，希望扮演中国与全球非常重要的创新市场、创业生态的对接桥梁。

据综合报道，2015 年 6 月 12 日，微软与中国电信上海分公司正式签约并发布“中国电信 Windows Azure 云应用商店”，这也是首个面向 Windows Azure 公有云平台的大型商业云应用商店。微软当然意识到，要构建更好的云生态系统需要快速提升 ISV 等合作伙伴的服务能力。在微软“云伴计划”中，它们找了两个重要的合作伙伴共同推动。一个是中国电信，一个是中国软件网。中国软件网主要帮助微软一起搭建与 ISV 面对面的线下交流平台，从而吸引更多的 ISV 进入微软云生态。中国电信则和微软一起，构建“中国电信 Windows Azure 云应用商店”。一方面，软件开发商（ISV）可以在云应用商店展示及销售在 Window Azure 上开发、运行的在线应用程序和服务。另一方面，企业客户可以根据自己的实际需求，在云应用商店中选择和订阅由开发商提供的应用程序和服务。

至 2018 年，即微软-云暨移动孵化计划推出 3 年以来，在中国已设立了 26 家微软系孵化平台，其中 3 家国家级，4 家省级众创空间，为当地提供了良好的创业环境；累计孵化创新企业高达 600 多家，其中 2 家亿级独角兽，5 家入驻微软加速器，成就技术创新企业；入孵企业累计获得融资超过 15 亿元，市场估值总额超过 150 亿元。

GE、阿里和微软的例子都告诉我们：掌控大生态的前提是培育小生态！

9. 去中心化

在制造业和商业领域，人们开始意识到在很多场景可能需要去中心化。一个大的系统（如大的物流系统）如果完全通过中心控制，可能引起不稳定，或者效率低下。一般而言，中心化的系统中，是中心决定节点，节点必须依赖中心。去中心化是指在一个分布的、存在众多节点的系统中，每个节点都能高度自治。节点之间可以自由连接，任何一个节点都可能成为阶段性的中心，但不具备强制性的中心控制功能。去中心化，并非不要中心，而是由节点来自由选择中心、自由决定中心。

区块链技术的快速发展，为打造一系列互相连通的企业创造了新可能。这些生态系统中的成员不是通过某个枢纽企业联系起来，而是通过分布式计算机系统，也许由一家公司设计，但很多公司一起使用。例如墨西哥布兰科实验室的Nekso，它是优步在墨西哥城最大的挑战者。它的模式和优步不同，没有通过应用程序将司机与乘客联系起来，而是通过交互界面，让出租车公司聚合在一个网络系统中，乘客从中选择——通过去中心化的生态系统，提供和优步同样的无缝体验[41]。

与制造业相关的区块链技术将首先应用在物流方向。物流行业汇集了多个利益相关者——发货人、物流服务提供商、物流设备提供商和中介机构等，每个参与者对端到端价值链只有割裂的部分看法。对于所有相关者来说，缺乏对事实认知的单一来源会导致多方业务流程效率低下、引起争议和潜在的运输延迟。所有这些都会导致整个物流价值链中的高成本。在这种情况下，通过区块链将物流和运输过程中涉及的所有参与者相互连接起来，可以使交易更快、更安全、更容易审计，也有利于可追踪。SAP正与客户和合作伙伴共同进行物流行业的区块链案例创新，如[42]：

1）海运集装箱班轮

目标：通过减少耗时的运输文件核实工作及相关传输动作提高运输时效；

解决方案：使用以区块链技术为核心的国际贸易相关数据、文档处理及校验方案；

价值：减少运输延误，增加集装箱安全性，加强多方协同。

2）物流资产管理

目标：按照安全相关实施的要求，定期访问、控制、审计和记录资产；

解决方案：基于区块链技术的物流设备和设施的数字孪生；

价值：减少维保时间，提升可预测性。

3）跟踪可视化

目标：以近乎实时、可扩展的技术验证供应链内的货物移动；

解决方案：支持区块链的跟踪和查询；

价值：满足客户日益增长的货物可视化需求，增加供应链内各方的置信水平。

区块链技术应用于制造业尚在探索阶段。有些局部的应用前景被看好，如区块链技术与供应链的结合，以解决供应链上企业"贷款融资难"的问题。尤其是对于复杂产品（如飞机、汽车等）和某些新产品，当供应链链条很长而存在多级供应商时，时有出现贷款融资难的现象。区块链技术的应用有助于将核心企业信用及时释放到整个供应链条的多级供应商，提升全链条的融资效率，提高整个供应链上资金运转效率。

去中心化还应该表现在企业内部的组织管理上。管理上的去中心化的前提也需要数字化和网络化技术的支撑。

沃尔玛长期注重以科技创新引领零售变革。早在20世纪80年代，沃尔玛就斥巨资购买了自己的商业卫星，实现了全球联网。此后，沃尔玛第一个建立了全球性的零售大数据网络，协同遍布世界各地的数千家门店，自动记录每一件货物的库存、上架、销售、运输和订货等实时数据，对接所有采购和供应商，整合上游下游全产业链，想尽一切办法来降低整个供应链的成本，从而将商品锁定在最低价格。它最早推行射频标识技术（RFID即无须人工干预自动识别商品进行结账的技术)和24小时物流联网监控系统,最大程度节省物流成本。在推进数字化网络化技术的应用过程中,沃尔玛进行了内部科技组织结构的去中心化。零售企业的核心职能部门是采购部、财务部、业务发展部、门店运营部,但他们并不知道业务中蕴含着哪些科技资源;反过来,如果一个IT团队手中同时运作数百个项目,也难以看清这些数字化项目的价值所在。因此,沃尔玛的技术部门实行了去中心化组织架构,让数字化团队深入各个职能部门,清楚了解研发资源和资金,使科技能更好地支持业务,为公司提供更多的服务和价值[43]。

10. 平台与生态

很多企业已经认识到云平台的意义,至少平台对于形成一个良好的供应链生态是不可或缺的。于是,一些企业或则自己开发云平台,或则利用某些大公司的平台,以维系自身的生态。随着云平台的利用,发现伙伴多了,生态越来越繁茂;数据多了,养分也多了,生态的承载力也越来越高了。这时候,企业觉得似乎可以做点别的什么了,于是生态系统又进一步扩展繁衍……当然,一般的企业不必追求生态繁衍如前述的大生态情况,那只是极少业界巨头所能为。平台与生态,的确是企业生态进化必须权衡的,也是企业商业模式进化所需掂量的。

对于局限在平台的企业,其网络效应只局限在平台内部,在平台发展过程中,参与主体的类型基本保持不变,动力主要来自双边用户数量的增长。以早期的滴滴为例,虽然滴滴平台上有出租车、专车、快车等多种车型,但总的来说,滴滴提供的仍只有单一的用车服务,其用户种类为两类:司机和乘客。诸如补贴、开发不同车型等战略的目的是为了在数量上吸引用户,从而增强交叉网络效应。相比之下,由平台而发展生态系统的用户结构更加丰富,互补效应拓展到了原有平台之外,种类和强度都更强,其成长的动力来自两方面:一是用户数量的增长,二是参与主体类型的增加。由此可见,生态战略下企业的用户结构是多元化的。比如淘宝上大量的买家和卖家产生了很强的平台内的网络效应,而诸如为卖家提供网店管理、营销支持的客服团队,支持产品配送的快递员群体等则带来了巨大的平台外的互补效应[44]。

从平台战略转型为生态战略,美团点评就是一个典型企业。初期,美团作为一家连接餐厅和食客的团购平台发展起来,而目前的美团已经超出了传统平台的连接供应与需求的范畴,初步打造起了多元业务融合的生态系统,囊括核心业务如餐饮、娱乐、旅游、出行,以及很多支持性业务如物流配送、移动支付等。

互联网生态系统的价值网络一般以平台为基础,各个参与主体的互动与交易在这里完成。其嵌入资源则指生态系统基于价值网络产生的其他附加资源,主要包括:用户数据——用户保留和产生的如个人信息、用户偏好、消费行为等数据信息;商业信用——用户通过价值网络中的交易行为建立的信用关系,如芝麻信用体系就是一种衡量商业信用的指标;社交信任——用户在互动中通过建立或强化社交关系而产生的信任心理。生态系统的价值网络和嵌入资源保持着动态的更新与互动,互相促进、协同成长。

平台由于受到其用户结构的局限,只能掌握双边用户的相关数据,也只匹配一种固定的交易关系。而生态系统的参与主体更为多样、用户结构更为复杂,因此企业能够获得更多种类和更大量级的用户数据,从而大大提升企业进行需求分析的覆盖面和精准度,也使得企业能够高效匹配多种多样的交易关系。比如美团,不仅需要将消费者匹配给各类线下生活服务,如餐厅、电影院、美容院、司机等;还要把各类店家匹配给各自上游的供应商等,像针对线下餐饮商户推出的进货服务"快驴进货",可以根据餐饮店铺长期的运营情况来推荐上游的原材料供应商。总之，生态系统拥有更丰富和更精准的数据，使其在需求分析和交易匹配能力上更具优势，从而能降低市场上交易双方的信息不对称问题，提升交易效率，这是导致其赋能范围超出平台的边界的原因之一[44]。

例如海尔，其主业是家电，前些年它们打造了一个云平台，初期主要为自己的互联工厂和大规模可定制化生产考虑。但近几年海尔开始考虑更大的生态，已经推出一个“星际生态伙伴计划”，如图13-17所示，已经扩展到衣食住行等。

图13-17 COSMOPlat星际生态[17]

如今，COSMOPlat的经营者已是独立的海尔卡奥斯物联生态科技有限公司。它们将交互、设计、采购等7大模块进行社会化推广，可进行跨领域、跨行业的复制。目前已复制15个行业、12个区域。COSMOPlat为企业提供服务的方式有互联工厂建设大规模定制、大数据增值、供应链金融、协同制造、知识共享、检测与认证、设备智能维保等8大生态服务板块。这些板块可提供各种各样的服务。如海优禾农业板块可提供农业科技服务，能整合链接各类社会化服务资源，通过物联网智慧管控技术，从源头指导基地科学生产、智慧管理，安全溯源；智慧供应链服务则以数据为驱动，链接上下游资源，实现全链路无缝对接，确保农产品的高品质、快运输、低损耗。2020年3月下旬，正值春耕期间，又是新型冠状病毒肺炎疫情期间，海优禾为了降低疫情防控对正常农事活动的影响，在土地播种、播种时间、春耕潜在风险等方面为农业生产者提供科学指导，为农业行业提供从农田到餐桌全场景解决方案，助力农业生产者复耕增产、稳产增产。

可以看出，卡奥斯就是海尔从平台到生态战略转型而结出的硕果，也是生态战略所孕育出的商业模式。可以预期，随着App越来越多，应用越来越广泛，海尔和卡奥斯的生态会进一步繁衍。

商业模式创新和企业生态进化是相互依存和相互促进的。商业模式的形式当然还有很多，本书难以穷尽。关键是需要把握商业模式创新与生态进化的基本要素、形式以及支撑技术。

李培根. 云深不知处——工业互联网应用生态

节点及关联

商业模式创新与生态进化

基本要素：互联，体验，业务数字化，数据融合，共享。

基本形式：边界定位，个性化，新角色，生态战略，去中心化，服务。

技术基础：物联网，大数据，AI，区块链……

问题：

(1) DocuSign商业模式的成功说明什么？

(2) 体验设计的本质是什么？有哪些关键环节？

(3) 有些企业(如高通)异常专注的原因是什么？

(4) 如何通过窥视生态缝隙(如台积电、爱彼迎)而寻找新商机？

(5) 掌控大生态的条件是什么？意义何在？

(6) 大生态中“灌木”和“小草”的作用是什么？

(7) 制造业中去中心化的主要场景是什么？

(8) 平台视野与生态视野有哪些关联？区别是什么？

通过前面对企业生态系统进化的论述，可以总结如下：

(1) 企业生态系统最基本的环节是供应链，好的供应链系统需要数字化技术支撑，即数字化供应链，而数字孪生技术的应用是数字化供应链的趋势。

(2) 企业应与伙伴企业(不限于供应链上的伙伴)协同创新，即生态系统协同创新。现代企业的竞争不再限于平面的(同行的)竞争，而是立体甚至更高维度的竞争。

(3) 企业的生态战略至关重要。企业生态繁衍是企业可持续发展的重要保证；开放合作应该成为基本方略；生态进化与商业模式进化常常相辅相成。

(4) 数字生态系统是企业生态进化的技术关键。云平台是基础；要注意数据粒度和感知深度；与外部云平台的融合是明智之举，你中有我，我中有你，方是制胜之道；App、API等非常重要。

节点及关联

企业生态：供应链生态，企业内部生态，数字生态系统，商业模式进化，生态系统协同创新，生态融合。

供应链生态：数字化供应链，数字生态系统。

数字生态系统：云平台，自媒体，生态融合，生态空间广度和深度，元技术(物联网、AI等)，大数据，5G，App，API，数据粒度，感知深度，数字孪生。

问题：

（1）生态进化与产品及过程进化的关系是什么？

（2）云平台与产品创新、过程进化的关系是什么？

（3）数字生态空间的深度与智能制造的关系是什么？

（4）商业模式创新与生态系统的关系是什么？

（5）云平台对商业模式创新有什么作用？

参考文献

[1] 百度百科.生态承载力[Z].“科普中国”科学百科词条编写与应用工作项目审核.

[2] IANSITI M，LEVIEN R. The keystone advantage：what the new dynamics of business ecosystems mean for strategy，innovation and sustainability[M]. Boston：Harvard Business School Press，2004.

[3] 布鲁诺·罗奇.企业要实现新增长，必须和他人分享利益[J].哈佛商业评论，2020-02-17.

[4] 云中鹤.苹果与巨头竞争对手间的博弈：亦敌亦友，相爱相杀[J/OL].驱动中国. https://www.qudong.com/article/411157.shtml.

[5] 沃尔特·艾萨克森(Walter Isaacson).史蒂夫·乔布斯传[M].北京：中信出版社，2011.

[6] 汪鑫.传统采购模式数字化颠覆[J].哈佛商业评论，2017-10-02.

[7] MELEEGY A E，等.数字化供应链和制造[R].SAP 专题报告，2017.

[8] 廖琦菁.优衣库：数字化转型进行时[J].哈佛商业评论，2019-04-04.

[9] 迈克尔·波特，詹姆斯·赫普曼.物联网时代企业竞争战略[J].哈佛商业评论，2014-11-06.

[10] 陈春花，廖建文.重新认知行业：数字化时代的生态空间[J].哈佛商业评论，2020-02-10.

[11] 祖哥.大众 CEO：我们要成为一家软件驱动的企业！[J].数字化企业，2019-02-28.

[12] 罗克韦尔自动化.第 28 届年度自动化博览会(Automation Fair)，芝加哥，2019-11-20.

[13] 孙新波，李金柱.数据治理——酷特智能管理演化新物种的实践[M].北京：机械工业出版社，2020.

[14] 惠特妮·约翰逊(Whitney Johnson).你的企业需要学习生态系统[J].哈佛商业评论，2019-09-10.

[15] 陈笑冰，贾缙.2018 五大技术展望——智能企业构建社会新契约[J].哈佛商业评论，2018-03-08.

[16] 陈录城.工业互联网：换道超车智领未来，2019-06-22.

[17] Mitch Tulloch & Windows Azure 团队.Windows Azure 介绍[M].北京：微软出版社，2013.

[18] 王阳，黄培.当现在遇见未来：西门子数字工业软件战略观察[J].数字化企业，2019-09-16.

[19] 杨克，王晓红.百威亚太 CEO 杨克：“啤酒之王”的数字化之道[J].哈佛商业评论，2020-01-13.

[20] 埃森哲.智能企业共建新契约共赢无边界. http://www.doc88.com/p-8969159892587.html 微信号 e-works，2018.

[21] 王欢.日媒：GE 工业互联网是用 IT 削减时间[J].环球网，2015-04-16.

[22] KOK R，ROOS D. Accelerating innovation in the cloud[J]. Siemens Presentation，2019.

[23] 陈吉红.智能数控机床(iNC-MT)和智能数控系统(iNC)的思考与探索[J].华中数控报告，2018.

[24] 华为.开放合作 共建全联接世界生态圈[J].环球网，2015-04-22.

[25] 梁华.华为 2018 年可持续发展报告[R].2019-07-12.

[26] GINSBERG J，MOHEBBIMH，PATEL R S，et al. Detecting influenza epidemics using search engine query data[J]. Nature，2009，457(7232)：1012-1014，

[27] 刘玥，麻震敏.疫情当前，怎样的企业援助更有效？[J].哈佛商业评论，2020-02-06.

[28] 毕磊.海尔 COSMOPlat 构建企业复工生态链群[J].人民网，2020-02-18.

[29] BETTI F，de BOER E.全球“灯塔工厂”网络：来自第四次工业革命前沿的最新洞见[J].世界经济

论坛白皮书,2019.

[30] F S C ALEXANDRA,KURELICH D. Where smart engineering meets tomorrow[J]. Siemenspresendation,2019.

[31] FEUER Z, SEGALL T, WOLF R. Where smart manufacturing meets tomorrow [J]. Siemens Presendation,2019.

[32] 唐隆基. 数字化供应链的进展和未来趋势[J]. 罗戈研究,2019-03-05.

[33] 戈登·许. 物联网如何改变商业模式[J]. 哈佛商业评论,2014-12-26.

[34] 斯泰利奥斯·卡瓦迪亚斯,科斯塔斯·拉扎斯,克里斯托夫·洛赫. 新商业模式 6 大要素[J]. 蒋荟蓉,译. 哈佛商业评论,2016-10-01.

[35] 可·依恩斯,卡里姆·拉哈尼. 数字物联颠覆商业[J]. 哈佛商业评论,2014-11-06.

[36] 王晓红. 体验决定商业未来[J]. 哈佛商业评论,2016-10-01.

[37] 王丰. 独家专访华为轮值 CEO 徐直军:5200 亿背后的商业逻辑[J]. 哈佛商业评论,2017-01-05.

[38] 魏炜,张振广,汪鹏. 生态系统下的商业模式创新[J]. 哈佛商业评论,2019-10-11.

[39] 迈克尔·加可拜. 生态系统经济企业战略选择[J]. 哈佛商业评论,2019-10-11.

[40] 沈涛. 智在云端 势聚生态[R]. 阿里云峰会. 北京,2019-3-21.

[41] 何晓东. "区"动物流-当区块链遇上物流行业用效率创造价值[M]. SAP 白皮书,2019.

[42] 沃尔玛:一切创新都将围绕个性化顾客体验[J]. 哈佛商业评论,2019-01-25.

[43] 戎珂,王勇,康正瑶. 从平台战略到生态战略的 STEP 模型[J]. 哈佛商业评论,2018-10-08.

第4篇 智能制造精要及前沿趋势

本书希望给读者提供理解智能制造的不同视角。第1篇介绍的现代制造的理念是基于企业的使命目标；第2篇阐述的关键技术是企业实施智能制造的工具；第3篇从企业进化的角度看智能制造实际上是基于企业面临的问题。知道了问题，有了目标和工具，还不足以看清智能制造，这一篇则让读者了解智能制造技术的精要所在以及未来的发展趋势。

第 14 章

数据驱动

世纪之交的时候，比尔・盖茨写的一本书《未来时速：数字神经系统与商务新思维》引起过广泛关注。他认为，20 世纪 80 年代是注重质量的年代，90 年代是注重再设计的年代，而 21 世纪头 10 年则是注重速度的年代[1]。他的核心思想是企业的工作(或者说商务)需要一个数字神经系统，只有数字神经系统方能体现 21 世纪的时代速度。盖茨的话至今没有过时。今天，很多企业正在进行的数字化转型中不就包含了“数字神经系统”？只不过未必以其名冠之。当然更重要的是，技术发展到今天，数字神经系统的概念难以概全企业的智能制造，神经系统并非智能的全部。

数字神经系统的基本要素是万维网和数据，今天亦然。

14.1 数据流动与数据驱动

盖茨还提到当时的麻省理工学院(MIT)计算机科学实验室主任德尔图左斯的看法：企业中大部分工作是信息工作。在 20 世纪末，恐怕有很多人不信此言。在一个企业，尤其在车间之中，设备、在制品以及人们从事的工作都是看得见摸得着的，何以言多数是信息的工作？殊不知，那些看得见的工作都是基于信息的，如加工对象、加工尺寸、精度要求等都由信息规定。而产生那些信息的工作量可能远大于我们看得着或听得见的工人的操作和机器的轰鸣。工人操作之前已经产生的大量工作量表现在产品开发设计、工艺设计和生产计划排程的环节，其间伴随着大量的信息流动。所以，企业的绝大部分工作是信息工作，这是言之有理的。而信息工作最基本的特点是其流动性。

1. 数据流动

先看一个最简单的信息流动的例子。加工一个机械零件，当然要知道其工艺。工艺设计和产品设计之间肯定存在数据流动，工艺设计需要零件的制造特征设计数据作为输入源，主要包含特征类型、材料、尺寸规格、精度等级、粗糙度和加工阶段等，如图 14-1 所示。在确定加工特征的设计数据后，对该特征的工艺规划数据进行定义。加工特征的工艺规划数据包括该特征的加工方法、机床(机床代码、机床名称)、刀具(刀具号、刀具名称、刀具直径和刀具材料)、工装(夹具和量具)和切削参数(主轴转速、切削速度、进给量和切削深度)等相关数据。其中，特征的加工方法根据特征的类型、加工精度和表面粗糙度综合判断来获得；确定了特征的加工方法后，再根据特征类型、加工方法等数据获得所需要的机床、刀具、工艺装备和切削参数等数据[2]。这些数据都是确定的，而且是静态的。

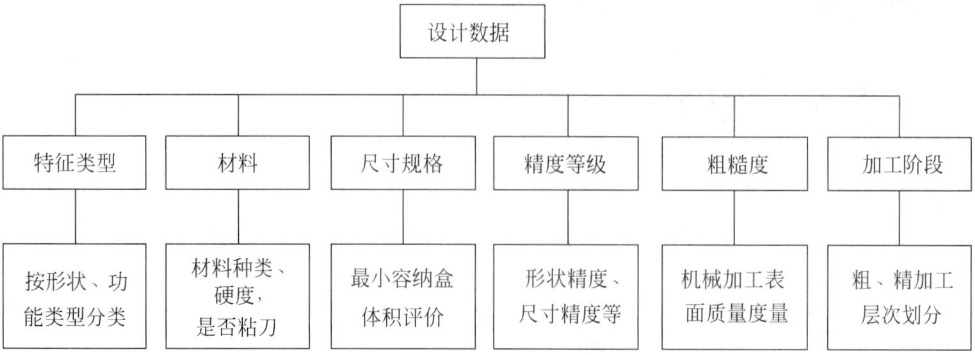

图 14-1 设计数据与工艺设计[2]

一个零件真正要投入生产，一定要根据生产计划。假如在一个车间里，决定加工某一个零件。进行生产准备时一定需要一些信息或数据，如生产计划信息（生产数量、完成时间、物料需求……）、CAPP 里传来的工序信息（各工序对应的尺寸、几何、精度、机床、刀夹具、量仪……）、数控程序信息等。有些信息还有进一步细分的数据，如刀具的编号、名称、类型、规格、厂家、磨损状态等，机床的换刀时间、等待时间、零件装夹时间、托板交换时间、运行时间、平均无故障时间……当类似的信息或数据具备时，就可以安排生产。同样，这些信息也都是确定的而且是静态的数据，数据的流动是单向的，它们各自按部就班地流向需要它们的地方。基于这种按部就班的数据流动而安排的生产计划工作似乎应该非常有序，这种有序是一种设计有序。早期推行信息化工作的企业也基本满足于此种状况，即信息化水平多停留在设计有序的层次。

然而，现实情况远没有这么简单。就车间生产而言，物流有可能突然出现异常；工装有可能出现异常；刀具可能磨损或崩刃；设备也可能出现故障；或许有临时紧急插件的情况；加工中出现质检信息异常；工人可能发生误操作；工人出勤状况临时变动……所有这些，只要有一个因素发生足以导致实际生产偏离设计的计划。在一个多品种小批量的车间里，发生上述某一两个因素应该是大概率事件。如果消极地等待异常情况排除后再按原计划执行，势必贻误生产，因此必须根据实际情况重新调整计划。如何调整？计划人员当然可以拍脑袋，但肯定不是最佳方案。如希望人工制定最佳方案，绝非易事。假设某设备发生故障，首先必须了解以下信息或数据：什么设备？什么异常情况？什么时间发生的？异常严重程度如何？有哪些可能的处理方式？如果此台设备问题不能迅速恢复，则需要考查 CAPP 的信息，考虑有无替代工序和替代设备。如果选择可能的替代设备，替代设备当前的工作状况是什么？对其他工作有哪些影响？在替代设备上加工对工夹具、刀具要求有什么变化？新的工夹具和刀具的实际供给状况如何？……当涉及的因素太多时，计划人员就会感觉犹如一团乱麻，不如拍脑袋了事。假如异常情况不止一个（在大的工厂或车间并不罕见），则复杂度呈现指数增加。

很容易看到：仅仅依据确定的、静态的数据及其单向的流动而产生的“设计有序”不能带来“运行有序”。

2. 数据驱动

数字-智能技术的发展当然不会止步于设计有序，因为企业生产的目标是希望运行有序。既然静态的数据不足以反映实际情况，为什么不考虑动态数据？既然单向的数据流动不足以反映出现异常后的事物关联，为何不通过数据的融合解决此问题？数字智能技术即通过动态的、融合的数据去驱动生产计划调度，从早期的确定性调度进化到随机调度，从静态调度进化到动态调度。确定性调度是指与生产调度相关的参数在进行调度前都已预知的调度。随机调度针对的情况是指诸如加工时间、交货期等生产调度参数中至少有一个是概率分布已知的随机变量。静态调度是指所有待安排加工的工件在开始调度时刻均处于待加工状态，即假定调度环境是确定已知的，因而进行一次调度后，各作业的加工即被确定，在调度执行过程中不再改变。动态调度是指作业依次进入待加工状态，各种作业不断进入系统接受加工，同时完成加工的作业又不断离开。与此同时，还要考虑作业环境中不断出现的动态扰动（设备损坏、作业加工超时、交货期提前和紧急订单插入等），需要在调度执行过程中跟踪车间的实际状况对调度方案进行修改和更新。图14-2是大数据驱动的车间生产智能调度方法架构。简言之，欲使生产真正运行有序，就必须考虑实际的、动态的变化，必须考虑那些不确定的因素。而这种考虑是基于动态多元数据的融合与关联分析，分析的基础不乏智能方法。

不妨把这种不同于确定的、静态的数据流动，而是通过不确定的、动态的数据融合与关联分析的方法视为数据驱动的方法。

可以推而广之，智能制造与早期的制造信息化最基本的区别恐怕在于数据驱动和数据流动。

3. 完整性与不完整性信息

数据驱动与数据流动的区别有时候在于是否能利用不完整信息。缺乏数据融合和关联分析的数据流动模式面对不完整信息可能束手无策。而具有数据融合和关联分析的智能方法却有可能通过不完整数据去驱动某一活动或进程。

早在20世纪末期，MIT的德尔图佐斯领衔的计算机科学实验室约有30名研究人员参加了一个与MIT人工智能实验室合作进行的、耗资数百万美元、历时5年的研究项目。他们希望那项计划能研究出一种全新的称为“氧”的硬件和软件系统，这一系统将根据人们的需求和应用要求定做，希望它将像空气一样无所不在。以一个简单的情形说明“氧”系统具有的一种小功能：你只需简单地对系统说一句“把一个月前到的那个红色大文件夹给我”，而不必详细说明作为参考信息的文件编号和其他线索。“氧”系统还会检查你的朋友和同事存储的信息（如果他们愿意与你共享这些信息，这就像是你在不知道某个问题的答案的情况下就会请教朋友或同事一样）。最后，“氧”系统将搜索万维网上存储的浩如烟海的信息并将它发现的信息与你和同事存储的数据库连接起来，从而形成一个“三角”关系[3]。显然，“把一个月前到的那个红色大文件夹给我”是一个不完整信息。这个例子告诉我们，不完整信息是有用的，大数据和智能方法使我们有可能利用不完整数据去驱动某些活动或进程。

我们通常掌握的社会中或工程中的很多信息其实是不完整的，大量的不完整信息实际上都未得到充分利用。在没有数字-智能技术手段的时代，如果得到一条不完整信息，因为难以进一步去了解更多的相关信息，于是这条不完整信息很可能就被忽略了。但是数字-智

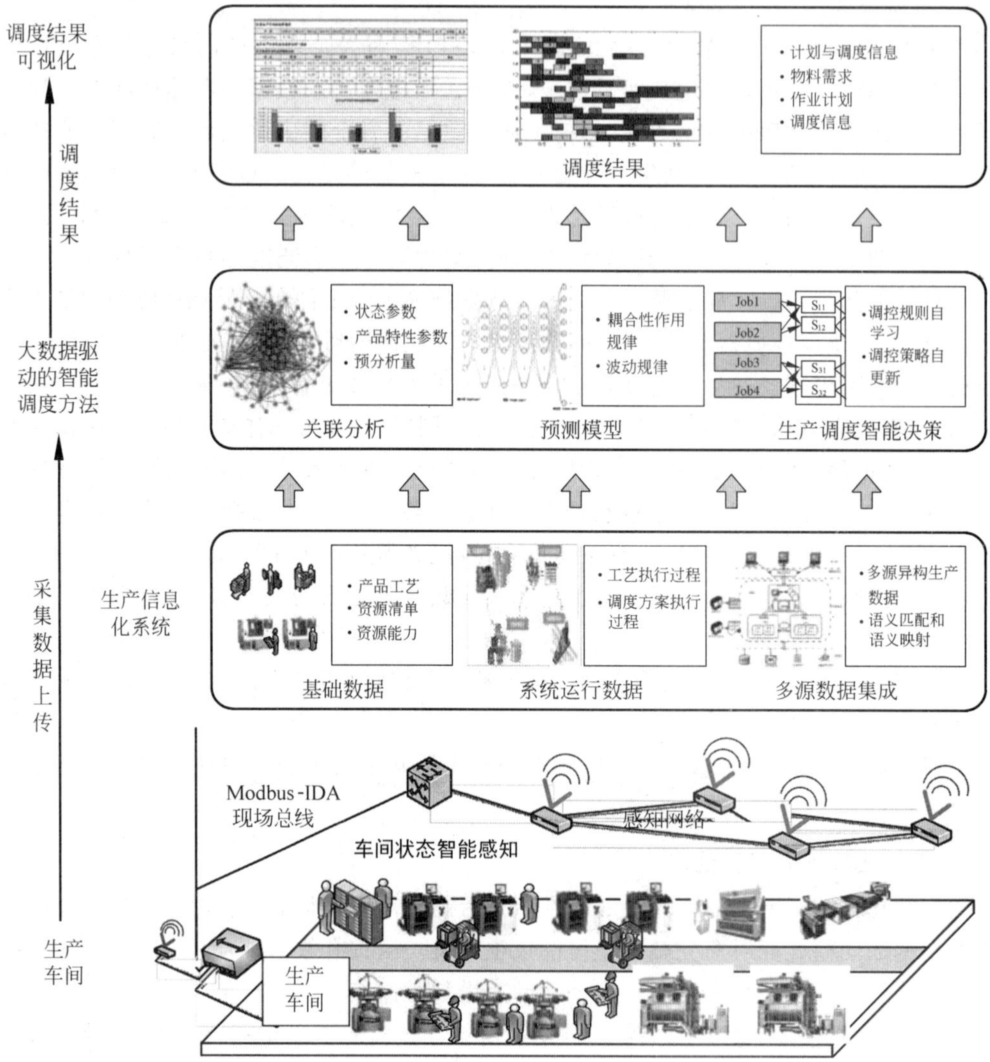

图 14-2　大数据驱动的车间生产智能调度方法架构[2]

能技术手段能够帮助人们进一步搜寻信息以使不完整信息趋于完整，此外通过对相关信息的进一步分析可以使人们得出难以凭感觉获得的认知或决策建议。

设想一个应用情景。在新冠病毒疫情之初，某企业（一个微电子器件制造商，OEM 代工，主要出口）CEO 提出一个问题：疫情对公司有多大影响？CEO 获得或感觉到一个信息，疫情将给企业带来不利影响。但这条信息是不完整的，什么样的影响？影响到何种程度？因为在疫情之初，影响并未充分显现出来，即便已经充分显现，CEO 或其他人也未必能进行详尽的分析。假如企业有一个“商业智能”（第 18 章将简单阐述）系统，可以搜寻疫情期间社会上很多相关的数据，它获得的信息就会完整得多。进而，它可以对搜寻到的相对更完整的大数据进行智能分析，可以比人更准确地判断疫情的发展趋势。于是它得出判断：因为疫情，政府可能要求公司停产；停产大概延续的时长；国际订单可能取消，取消数量的预估；由于各国防控疫情，国际航班大幅减少，使得国际快递的交付出现问题；本企业支付能力的可能变化……即便说,智能系统做出的某些判断,人也有可能感觉到,但人的感觉更模糊一些。而智能系统的判断因为基于更详尽的数据分析,推出的结果有定量的判断,比人的感觉更符合实际状况。随着疫情的蔓延,智能系统又可以对不完整的数据进行分析,预测疫情在国外蔓延后对本企业的影响。总之,智能系统总是比实际情况早一步提出预警,辅助企业针对形势的变化而作出正确的决策。

4. 预期的和非预期的结果

从效果层面看,数据流动的模式中,其产生的结果往往是既定的工作;而数据驱动的模式中,因为数据的融合而产生的结果往往是新的、非预期的,如前面所述对不完整信息进行智能分析后得出的判断。

5. 常规数据和非常规数据

在数据流动的模式中,企业所利用的数据都是其所需要的常规数据。数据驱动的模式则不然,某些看似和企业没什么关联的数据在某种特殊情况下有可能产生利用价值。如在2020年春季的中国,可以发现网络视频会议大大增加,中小学网课盛行,疫情带动了在线教育的“井喷”。此数据并非企业平常关心的数据,但在疫情的特殊时期,这样的数据对某些企业可能产生利用价值。如计算机的制造商和销售商都可以判断疫情间接地促进了PAD、便携电脑的销售,于是迅速清空了库存。计算机制造商可以加大生产计划,销售商可以加大采购量。

数据驱动与数据流动的区别见表14-1。

表14-1 数据驱动与数据流动的区别

数据流动	数据驱动
静态	动态
确定性	不确定性
数据完整性	不要求完整性
非融合	融合
单向流动	复合流动
输入数据有序	输入数据有序+无序
设计有序	运行(结果)有序
满足既有活动需要	可能驱动新的活动
常规数据	也含非常规数据

智能制造的关键之一就是要重视数据的驱动作用,而不能停留在数据流动的水平。简单地给一个不一定恰当的比喻:传统模式中,工业系统的数据是普通的原材料;而智能制造模式下,工业系统的数据就是原材料+石油。

问题:

(1) 数据驱动模式中含数据流动的成分吗?

(2) 若把数据流动模式中的数据视为线性流动的,那么数据驱动模式中的数据流动是什么?

(3) 为什么设计有序的数据流动未必带来系统运行的有序,而无序的数据融合反而使系统运行更有序?

(4) 数据驱动模式需要哪些支撑技术?

(5) 何种情况下需要关注不完整信息以及非常规数据?

14.2 数据驱动产品创新

为何说数据能驱动产品创新?我们从以下几个方面阐述。

1. 数字技术在产品上的直接应用

英国帝国理工大学副校长、著名创新领袖 David Gann 博士提出了“数据驱动创新的五种模式”[4],其中两种直接与产品创新有关。

1) 让产品产生数据(augmenting products to generate data)

在传统的产品上装上传感器,会使产品不仅具有使用功能,而且还能产生数据。数据通过无线通信技术传输到服务器,便能产生巨大的价值,如提高新产品设计、优化工艺、维保预测等。劳斯莱斯公司采用这一模式,成功实现了利润增长和商业模式变革。几年前,劳斯莱斯公司与四五家企业合作,在发动机里安装很多传感器。一台劳斯莱斯航空发动机里的传感器已多达 800 多个。通过这些传感器采集的数据,可以知道每个发动机零部件的生命周期。当一个零部件到了需要更换的时候,它就可以通知飞机整机制造商和航空公司,提供更换和维修服务。

另一个案例就是世界上著名的轴承生产商 SKF。通过在轴承上加载微小传感器,实时监测轴承的使用工况,提前预判轴承的使用寿命,并及时进行维保。

问题:

(1) 与企业的产品和使用相关的数据有哪些?

(2) 哪些是企业已经有的数据?哪些是需要开始获取的数据?

(3) 从这些数据中能分析出什么结论?

(4) 这些结论给企业的业务、客户、供应商、竞争者或其他行业带来什么新价值?

2) 产品数字化(digitizing assets)

伦敦的地铁采用了电子票以后,地铁公司的运营成本从 14%降到了 8%。对乘客来说,也不需要排队买票了。可谓一举两得。

血压计测量结果直接与手机联系,可以传到云中。这不仅方便数据的调用、存储,而且因为去掉了数显部分而降低了血压计的硬件成本。

在工业领域,可视化技术大大提高了制造业的设计水平。这些年兴起的 3D 打印技术更是一个把数字化产品转变成有形实体的逆向过程。

问题:

(1) 企业有哪些已经完全或基本实现数字化的产品?

(2) 怎样应用产品的数字化特性提高价值?

(3) 哪些产品可以全部或部分实现数字化?

2. 数字孪生驱动产品创新

第 11 章中介绍了产品进化,企业都希望能够提供智能产品。在很多情况下,智能产品常常是通过与大的计算平台和通信设施(云计算、IoT 等)的连接而满足用户所需的服务。

下一代智能制造系统(NGIMS)中一个很重要的概念是PSS(产品服务系统)[5]。此概念在20世纪90年代后期问世,创新的策略不仅仅聚焦于物理产品的使用功能,而且还包括在产品整个生命周期内的服务。Maussang 等认为PSS由物理实体(产品本体)和服务单元组成,物理实体即是承载系统基本功能的功能实体,而服务单元旨在保证系统有效运行[6]。通常,产品中嵌入的传感器收集数据,产品的数字孪生体要通过传感器收集的数据而呈现,通过基于云的产品支持环境进行分析后,产品运行的孪生数据驱动仿真以判断是否需要运维服务等。从新产品开发的角度,产品创新一定要收集产品的运行和服务相关的历史数据,在此基础上判断是否需要提升产品的基本功能和服务环境。即使对于原来已经有的PSS,在其系统孪生数据及其仿真的基础上通过分析也可以发现某些需要进一步改进或提升的地方,如是否需要收集新的数据,是否需要提升云支持环境中的某些软件(包括App)的功能等。产品创新的关注点不仅在于物理本体,而且也包括基于云的支持环境,所有这些创新内容都需要数据驱动。

特斯拉对每一辆售出的车都建立数字孪生体[7]。汽车收集的数据得到分析,问题能够被辨识,面对那些问题可能需要软件更新。通过互联网提供的软件更新让用户在无须请求服务的情况下继续使用他们的车,不断改善他们的驾驶体验。未来,特斯拉和其他汽车公司还会继续发展自动驾驶汽车。不难想象,驾驶条件的数据(白天/黑夜、天气等)、道路性质(弯道、上下坡等)、驾驶者行为以及事故发生情况等数据都将被聚合起来进行分析,从而驱动某一型号汽车性能的提升与改善。来自单辆汽车的数据被分析后可用来微调车辆行为。对于常规的非自动驾驶模式,除车的数字孪生模型外,还需建立驾驶者数字孪生模型,以便在困难情况下基于特定的驾驶者行为反应,能使驾车效果进一步微调。在汽车的新产品开发中,公司可通过其正在运行的具有千千万万里程的汽车数据去模拟汽车性能和驾驶者反应,以评估设计改变的效果。更一般地,收集产品使用数据和用户行为及反应数据可建立仿真模型,辅助设计决策,平衡不同设计方案的优劣,且预测市场接受的程度。总之,通过对各种情况下的车辆数据和驾驶者数据的聚集融合,并进行仿真,能够驱动汽车的新产品开发或创新设计。

顺便指出,从特斯拉的例子可以看出数字孪生的重要性,即数字孪生不仅体现在产品的设计和运行,而且表现在对产品创新和改进的作用。虽然本书前面已在多处提到过数字孪生,这里又可以发现数据的驱动作用很大程度上是通过数字孪生而表现出来的。

通常数字孪生可能包括以下数据(以汽车为例):①从数字孪生外部接收的外部数据,如道路状况、运行路线;②从物理部件接收到的观测事件,如视觉传感器数据、来自发动机的传感器数据、仪表数据;③从其他来源收到的数据,如交通状况、停车场数据;④衍生数据,如由数字孪生内的逻辑计算的数据;⑤指向链接数据的指针,如有关事物环境(如环境温度、当地天气条件)或与事物间接相关的对象(如驾驶者在车上使用过的App、处理过的事务)的数据。链接的数据不是事物本身的属性,因此不属于数字孪生。但是孪生中的逻辑,或者使用孪生的应用程序中的逻辑,可能需要访问这些数据。对大量汽车的孪生数据进行智能分析,可能为新车的创新设计提供依据。

3. 客户数据驱动产品创新

第12章的产品进化中已经谈到让客户(用户)参与设计,这里以一个具体的例子说明如何融合客户数据实现产品的创新设计[8]。

海尔天铂圆形的空调实际上是用户参与而交互设计出来的。最早与海尔交互的一个网名叫 DK 先生的用户提出了一个创意，要把首都鸟巢体育馆的外形设计成为一种空调。海尔有关人员经过讨论后认为有可能实现，于是把此创意发布在海尔 HOPE 设计平台上。通过虚拟设计的手段，做成数字化的样机放在平台上，由更多的用户去交互，同时也吸引了许多一流资源（如 3M 等）一起来设计方案，最终形成了天铂一代。他们在网上推出定制，通过网络客户大数据又可以实现持续的迭代。与传统定制不同的是，这不是一次性硬件定制，而是全周期持续地与用户交互，而且把碎片化需求整合进而形成用户圈。图 14-3 是用户数据驱动天铂空调创新的例子。从图中可以看出，天铂这一创新产品形成的过程中用户数据是如何发挥作用的。用户在众创汇发布创意交互数据，30 名发烧友进行众创设计，1700 多名用户支持，1 万多名用户响应。设计部门形成虚拟设计，持续与用户迭代。用户数据发生在创意、设计、生产、物流、服务的全流程。

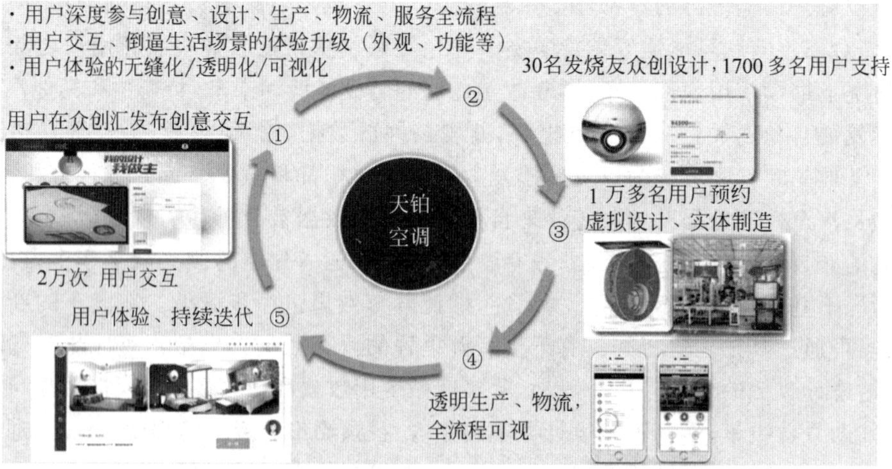

图 14-3　客户数据驱动天铂空调创新设计[8]

再来看一个用户数据驱动烤箱设计的案例。按照传统设计思维，其设计过程无非是先做用户调查（问卷、随机采访等），综合调研需求“设计”出产品投入市场。而设计师贾伟团队则去各个烘焙社区和微信群里当“卧底”，收集资深烘焙爱好者的切实需要，根据需要做出原型机送给种子用户测试、总结问题，再逆向提出针对性需求，反复修改方案。最终，他们设计出了更适合中国市场需要的单层烤箱，并创新性地在箱体内部加入高耐热摄像头，可以拍摄产品烘焙的过程（如蛋液的加热凝固）。与手机 App 连接，又契合烘焙群体进行社交分享的需求。用户的数据驱动了设计者的创意：用户购买的是烘焙的生活方式，一台可以“直播”的烤箱——整个过程可以直播，可以抓拍延时摄影。还有海尔做的烤圈 App，一款海尔烤箱出现了烘焙生态圈。图 14-4 是海尔内置摄像头的小焙 T3 嫩烤箱。

延伸阅读：

贾伟. 打造爆款产品的 10 大罗盘法则[J/OL].

https://www.sohu.com/a/194486644_114778，2017-9.

图 14-4　海尔小焙 T3 嫩烤箱(来源：海尔)

4. 产品数据关联驱动产品创新

福特公司内部每一个职能部门都会配备专门的数据分析小组，同时还在硅谷设立了一个专门依据数据进行科技创新的实验室。这个实验室收集着大约 400 万辆装有车载传感设备的汽车数据，通过对数据进行分析，工程师可以了解司机在驾驶汽车时的感受、外部的环境变化以及汽车的环境相应表现，从而改善车辆的操作性、能源的高效利用和车辆的排气质量。同时，还针对车内噪声问题改变了扬声器的位置，从而最大程度地减少了车内噪声。在 2014 年举行的北美国际车展中，福特重新设计了 F-150 皮卡车，使用轻量铝代替了原来的钢材，有效减少了燃料消耗。轻量铝就是团队进行数据分析和综合评估之后的选择。福特研究和创新中心一直希望能够通过使用先进的数学模型帮助福特汽车降低对环境的影响，从而提高公司的影响力。针对燃油经济性问题，这个由科学家、数学家和建模专家组成的研究团队开发出了基于统计数据的研发模型，对未来 50 年内全球汽车所产生的二氧化碳排放量进行预测，进而帮助福特制定较高的燃油经济性目标并提醒公司高层保持对环境的重视。针对汽车能源动力选择问题，福特数据团队利用数学建模方法，证明某一种替代能源动力要取代其他所有动力的可能性很小，由此帮助福特开发出包括 EcoBoost 发动机、混合动力、插电式混合动力、灵活燃料、纯电动、生物燃油、天然气和液化天然气在内的一系列动力技术。同时，福特团队还开发了具有特殊功用的分析工具，如福特车辆采购计划工具，该分析系统能根据大宗客户的需求帮助他们进行采购分析，同时也帮助他们降低成本，保护环境。福特公司认为分析模型与大数据将是增强自身创新能力、竞争能力和工作效率的下一个突破点，在越来越多新的技术方法不断涌现的今天，分析模型与大数据将为消费者和企业自身创造更多的价值[9]。

对产品本身的某些数据进行关联，可能导致新的产品功能。第 11 章中华中数控把“心电图”的概念用于数控机床的监测与控制，主要手段是把测量的主轴电流和功率数据与工件数据包括 G 代码等数据融合起来，能够判断加工状态以及质量信息。

尽管单个传感器捕捉的信息也有价值，但企业若能在长时间内收集不同产品上成百上千个传感器的信息，那么它们将从中辨认出一定的运行规律，从而获得极为重要的产品洞见。例如，汽车上有不同位置的传感器，包括引擎温度、节气门的位置、燃油消耗等，将这些信息综合到一起，企业就能发现引擎的运转信息如何影响整车性能。此外，将这些信息与故障关联到一起也极具价值。有时即便公司无法判断故障的根源，也可以根据长期积累的运行规律进行修理。再如，通过测量温度和振动的传感器，公司就能提前几天甚至几周发现即将损坏的轴承[10]。

把产品数据与外部某些数据关联以产生某种新功能。例如，Nest 公司开发的可自主学习的温控器，搭载的应用界面可以与其他产品进行信息交换，其中包括 Kevo 智能门锁。当房屋的主人回到家时，Kevo 门锁会向 Nest 温控器发送信息，后者会根据主人的偏好开始调整房间的温度。百宝力(Babolat)生产网球拍和相关装备的历史长达 140 年，公司推出了 Babolat Play Pure Drive 系统，将传感器和互联装置安装到球拍手柄中。通过分析击球速度、旋转和击球点的变化，将数据传送到用户的智能手机中，可以提高选手在比赛中的表现。

大数据分析能为企业带来一系列新的技术工具，帮助企业掌握这些规律。然而企业面临的挑战是，智能互联产品本身产生的数据以及相关的内外部数据往往都是非结构化的。这些数据的格式五花八门，包括传感器数据、地理位置、温度、交易以及保修记录等。传统的数据汇总和分析工具，如电子表格和数据库工具都无力管理格式如此繁杂的数据。一种名为“数据湖”(Data Lake)的解决方案正日趋流行，它可以将各种不同的数据流以原始的格式存储起来。在数据湖中，人们可以用一系列新型数据分析工具对这些数据进行挖掘。这些工具主要分为 4 种类型：描述型、诊断型、预测型和对症型[10]，见图 14-5。

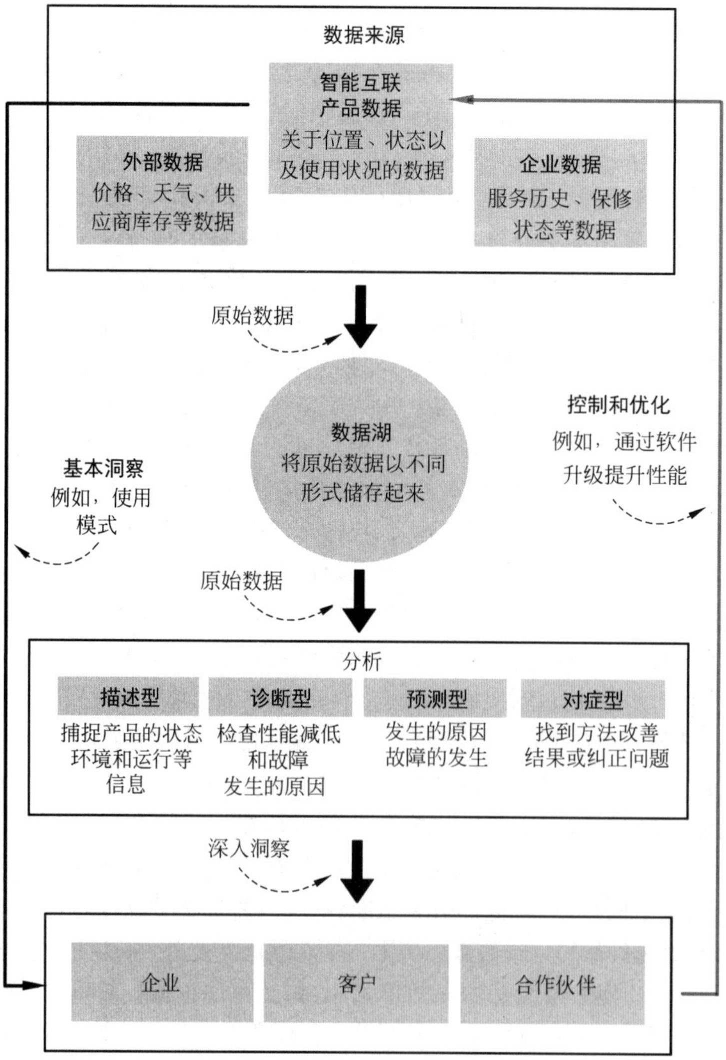

图 14-5　数据湖解决方案驱动产品创新[10]

节点及关联

产品创新设计：数据驱动，驱动形式，数据融合，PSS。

数据关联：产品自身数据，客户数据，外部数据，孪生数据，大数据分析，数据湖。

问题：

(1) 数据如何驱动创新？形式有哪些？

(2) PSS本身就是一种产品创新吗？

(3) 数字孪生数据在产品创新中有什么作用？

(4) 数据融合及关联分析需要什么手段？

14.3 数据驱动过程

企业中有各种各样的过程，第12章中强调过程进化是企业三大进化之一。这里以若干案例进一步说明企业的很多过程进化实际上是数据驱动的。

1. 数据驱动协同设计过程

协同设计是当下企业产品开发技术进步的一个重要方向，也是数字时代设计技术发展的必然趋势。它是把计算机支持的协同工作与先进制造技术相结合，对产品设计过程进行有效支持。协同设计不仅需要不同领域的知识和经验，还要有综合协调这些知识、经验的有效机制，来融合不同的设计任务。企业中某一项目的设计团队(成员可能来自企业中不同的部门)协同完成某一任务，项目的信息和文档从一开始创建时起就放置到共享平台上，被项目组的所有成员查看和利用。现在已经出现一些支持协同工作的软件平台，下面以Teambition为例。

Teambition成立于2011年，其iPhone应用还被苹果公司评为2015年度最佳应用。2019年3月26日被阿里巴巴全资收购。其主要特点如下：[11]

(1) 把标准流程执行到位，始终保持交付品质。使用Teambition为各类设计项目建立精细的标准化流程，每一个细分任务都可以执行到位。所有成员遵照标准流程来创作作品，保证客户体验和交付品质始终如一。

(2) 可视化的需求排期，随时协同进展。通过创建和指派任务，轻松管理全部设计需求，完成进度通过项目看板直观呈现出来，每位成员的工作量一目了然，随时同步项目进展。

(3) 每位成员都能合理规划工作时间。不必担心遗漏任务或者错过节点，每位成员可以在Teambition的“工作台”轻松查看所有手头任务，依据截止时间有序安排工作。

(4) 文件沉淀在项目中统一管理。别再让设计资产散落在邮件、云盘和个人电脑中，使用Teambition把文件沉淀在每一个项目中，所有成员都能轻松找到所需文件。使用“更新版本”与成员轻松同步最新文件，版本信息和更新记录都清晰可见。

(5) “圈点”让改稿沟通轻松直观。借助Teambition强大的“圈点”功能，设计部的协作效率大幅提升。jpg、png、sketch等多种格式的图片支持在线预览，可以直接把需要调整的部分“圈”出来，精准传达修改意见，如图14-6所示。

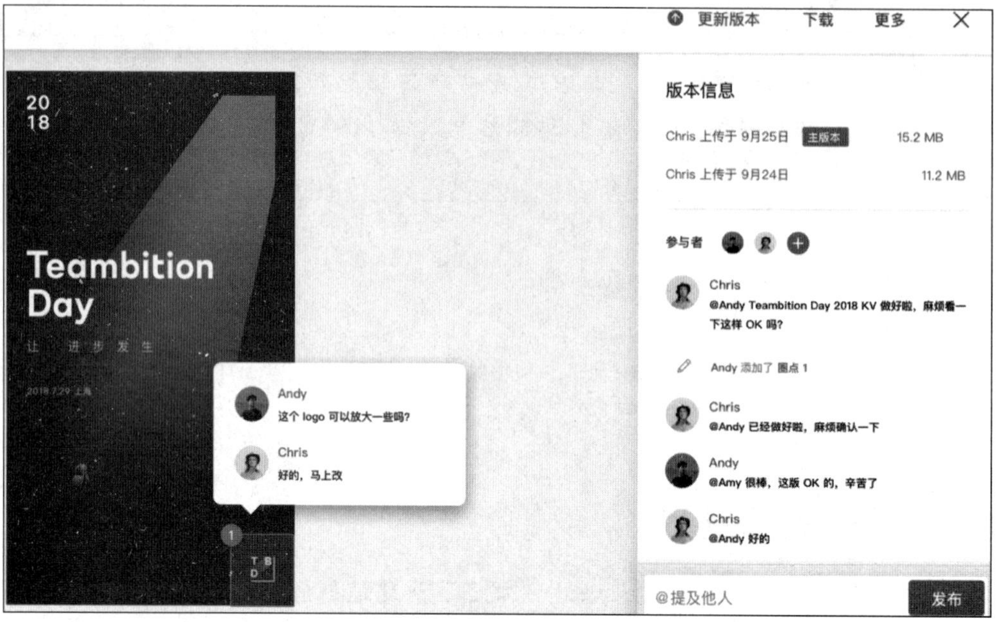

图 14-6　Teambition 的“圈点”改稿

看看小米应用 Teambition 的案例。

小米在上市之后加快了 IoT 领域的布局节奏，进一步推出小米温度计、空调、洗衣机……。随着小米跨入的品类愈加繁多，不仅背后的生态链企业愈加庞大，生态链以外的更多外部企业也加入到 IoT 平台，面临的协作效率难题也愈加复杂。IoT 平台部需要保障生态链上所有智能化产品的联网能力，这些软件项目管理工作需要跨企业、跨软硬件团队，工作条线复杂且涉及组织庞大。IoT 整个团队有 200 多人，最多的时候有 50 多个项目需要同时协作。为了让生态链的扩张变得有序且持续，小米在 2016 年引入了协作工具 Teambition。借助该工具，IoT 平台部开启了与数百家生态链伙伴的高效协作模式。以 IoT 平台上一款“智能晾衣架”项目的合作模式为例，其作为小米重点支持的合作伙伴，是位于浙江的一个只有 20 人的小企业，小米专门抽调出 10 位员工在北京支持，跨空间、跨团队协作的问题都通过 Teambition 解决。小米公司为这个外部团队开通 Teambition 的项目权限，双方加入其中，在同一个看板上一起工作，进展随时看得见，信息协同没有任何障碍。不仅提升了效率，而且免去了差旅，节约了成本。

IoT 平台部的项目几乎都需要与外部合作伙伴共同完成，小米团队可以把合作伙伴成员邀请到一个具体项目中，在统一组织体系中协作，Teambition 成为“一切协作开始的地方”。在可视化的看板上，按照项目流程建立任务阶段，小米和合作伙伴成员可以随时协同所有事务，知道在每个阶段具体做哪些事情、谁在负责、是否完成等。比如在“产品方案沟通”阶段，小米需要提供产品功能建议书，而智能硬件合作伙伴需要提供产品功能说明；产出物可以上传到任务中保存，随时查看。

从平台的特点和案例中不难想见，整个协同设计过程都靠数据驱动。不仅是最初的数据触发了协同设计活动，而且设计过程中产生的动态数据不断驱动设计过程。

2. 定制数据驱动设计和生产过程

红领集团(现酷特集团)是一家生产经营中高档服装的传统品牌企业,是中国服装十大影响力品牌,专注于服装规模化定制全程解决方案。

酷特经过10多年的定制订单大数据的累积,目前可定制产品有:男士正装全覆盖,包括西服、西裤、马甲、大衣、风衣、礼服、衬衣;女士有西服、西裤、大衣、风衣、衬衣;童装有西服、西裤、衬衣。可定制参数包括:款式包含驳头、前门扣、挂面形式、下口袋等,一共有540个可定制的分类,11360个可设计的选项;尺寸可定制参数有19个量体部位,90个成衣部位,113个体型特征;面料有1万多种可选择,支持客户自己提供面料全定制。

在客户定制数据的驱动下,通过服装版型数据库、服装工艺数据库、服装款式数据库、服装BOM数据库、服装管理数据库与自动匹配规则库等,实现个性化产品智能开发,同时自动生成产品的裁剪裁片、产品工艺指导书、产品BOM等。订单信息全程由数据驱动,在信息化处理过程中没有人员参与,无须人工转换与纸质传递,数据完全打通、实时共享传输。所有员工在各自的岗位上接受指令,依照指令进行定制生产,员工真正实现了"在线"工作而非"在岗"工作。每位员工都是从互联网云端获取数据,按客户要求操作,确保了来自全球订单的数据零时差、零失误率准确传递,用互联网技术实现客户个性化需求与规模化生产制造的无缝对接[12]。

在位于德国西南部的Kaiserslautern市,化工巨头巴斯夫(BASF SE)的智能化生产车间生产高度"定制化"的洗发水和液体肥皂。厂房的生产线上有十几台设备,一个个塑料瓶依次在传送带上灌装、封盖、包装。不同之处在于,每一个产品的标签上都有芯片,记录了不同的数据。智能生产的"大脑"可以指令生产线灌装何种颜色和成分的肥皂液,也能指令调配比例,还有包装的方式……,在中央控制系统中可以全程把控。生产系统的各个执行动作实际上源于动态的定制数据驱动[13]。

3. 数据驱动工艺过程

从2012年起,英特尔公司开始意识到利用历史数据,并着手将企业过去没有处理的数据收集起来加以利用。英特尔制造出的每一个芯片都要经过大量的、复杂的测试过程,包括一系列广泛的测试。而在新产品推出之前,更需要这些测试来发现更多的问题并加以修正。现在,英特尔首先收集前面批次产品的制造工艺,并在晶圆级对制造过程中收集到的历史数据进行分析,然后仅针对特殊芯片进行集中测试,而不是对每一个芯片进行19000个测试实验。通过这种方式,英特尔可以大大减少实验进行的次数和时间。这一预测分析方法的运用同时为英特尔带来了相当可观的经济效益。仅酷睿处理器单条生产线,2012年就为英特尔节省300万美元的制造成本。大数据分析过程也有助于英特尔及时发现生产线故障。由于芯片制造生产线具有高度自动化的特点,因此每小时产生的数据量多达5TB。通过捕获和分析这些信息,英特尔可以确定在生产线运行过程中从何时、哪个特定步骤开始加工结果偏离正常公差[9]。

4. 孪生数据驱动制药过程

某个实体的数字孪生数据并非都是其最初的设计数据,孪生数据的很大部分本身就是过程中产生的,过程中产生的孪生数据又会进一步驱动后续流程。

武田制药公司(Takeda)一直在寻求技术上的突破,希望可以为全球患者带来变革性的治疗方法。他们期望通过数字孪生实现端到端生产自动化。Christoph Pistek(武田技术科学、药学研发部门主任)团队将前沿研究思路转化为医疗产品,开发了一套指导制造商生产的流程。医药行业的质量把控和监管十分严格,任何创新都必须在开发实验室进行全面的合规性测试之后才可投入正式生产。一种新药的问世可能需要长达15年的时间。因此,他们一直都在寻找能加速实验进程和业务流程的方法。即使在数字时代,医药制造流程仍包含人工操作。例如,生产生物制品、疫苗和其他从活体中提取的医药产品都涉及生化反应,这些反应多变且难以测量,因此实现自动化无疑是一大挑战。迄今为止,还没有实现这些生产步骤的自动化。他们认为,真正的端到端的生产自动化就是这个行业的最高目标,其中数字孪生技术彰显了重要的作用。孪生技术可以帮助团队加速实验进程,开发新的生产方法,并生成数据以便做出更明智的决策和预判,从而实现复杂化学和生化过程的自动化。为此,武田的开发团队在实验室中构建了制造过程的复杂虚拟展示。团队为每一步都建立了数字孪生体,通过整体数字孪生将所有部分连接起来,实现了各步骤之间流程的自动化控制,从而完成制造过程端到端模拟。化学过程的建模虽然复杂,但生化反应的建模比之更甚,且无规律可循。很多情况下,实时传感器无法监测到期望的输出,并且输出结果的质量数小时甚至数天后仍然未知。因此,开发团队使用软测量或代理测量尝试预测生化反应完成所需的时间,并将该时间反馈至一个集成了AI和机器学习的数字孪生体中。"有一点很重要,就是数字孪生的架构体系让系统能够自行发展,"Pistek说,"每次我们都要额外测试一遍,比较软测量结果和从质量控制实验室发回的实际测量的结果,这样我们就能做出更加精准的预测。"一些制药公司认为,实现自动化的关键在于更好的设备、传感器或技术。但Pistek却不这么认为:"制药行业真正的驱动因素是围绕整个流程建立的控制架构,并且其基础是在发展过程中逐渐成熟的复杂的数字孪生体。"最终目标是建立一个无须人工干预即可控制并引导自动化流程的数字孪生体。在武田制药的开发实验室里,这种生态系统已经建成并运用于生物制剂上,涉及该企业发展最快的类别以及最复杂的制造流程之一。数字孪生体开始运作,架构已搭建,方法已就位——基础工作就完成了。现在,团队正在优化流程,以使其更稳健。Pistek期望这一自动化方法后期可推广至实验室的所有模式,并且在2~3年后,可以在生产车间中实现复杂的自动化。数字孪生中,对生物和化学反应的建模并不容易,并且难以复制[14]。

5. 数据驱动的服务

服务制造过程也是数据驱动的。在西门子成都工厂,服务的主要目标在于机器和车间的停工时间必须缩到最短,使整个价值链的效率和生产力达到最大化。西门子正在拓展服务领域的产品线,尤其是远程维护解决方案和基于云技术的服务,以应对持续增加的围绕数据分析的服务需求。例如,西门子工业领域提供与产品、系统及应用有关的全面定制化服务组合,可在产品的整个生命周期内为客户提供支持,确保西门子机器设备性能。西门子的"驱动链状态监测"服务包括对个别部件的运动分析和对整个驱动链的在线连续监测。西门子"数据驱动的服务"可以即时连续采集并分析过程数据和生产数据,对数据进行"能源分析",保护机器设备的可用性,令客户得以提前做好预防性维护[15]。

图14-7是PTC(美国参数技术公司)的智能服务示意图。设备上的传感器收集到的数据,通过PTC的物联网系统ThingWorx,分析设备状况,判断是否需要服务。一旦触发服务,通过服务知识库进一步确定设备具体状况及需要的服务行动,如图中④~⑦。服务的触

发需要设备上各种传感器所收集的动态数据，数据的传输要依赖物联网。基于物联网的服务系统中还要包括一些工具，如知识库、优化软件、某些 App 等。这些工具又会产生新的指导服务行动的相关数据。

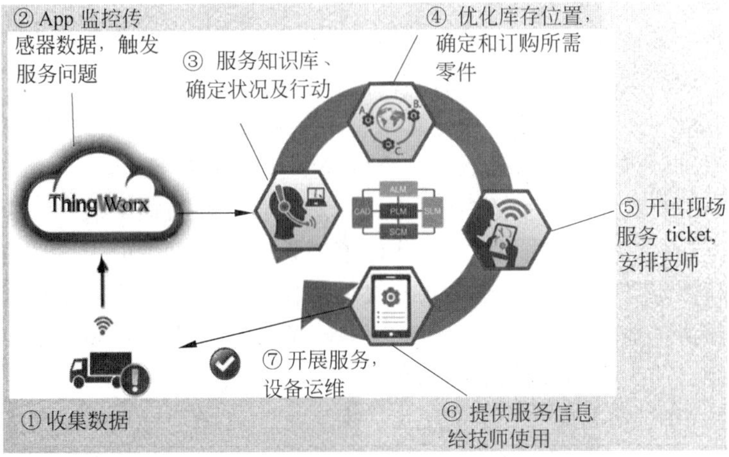
② App 监控传感器数据，触发服务问题
③ 服务知识库、确定状况及行动
④ 优化库存位置，确定和订购所需零件
ThingWorx
ALM
CAD
PLM
SLM
SCM
⑤ 开出现场服务 ticket，安排技师
⑦ 开展服务，设备运维
⑥ 提供服务信息给技师使用
① 收集数据

图 14-7　PTC 的智能服务(参考：PTC)

节点及关联

数据驱动过程：协同设计，工艺过程，流程制造过程，服务过程，定制生产过程……

技术关联：传感，动态数据，大数据，数字孪生，物联网。

问题：

(1) 为何说很多孪生数据本身就是过程中的数据？

(2) 孪生数据可以驱动服务过程吗？可以驱动哪些过程？

14.4　数据驱动工作流和新的业务活动

企业里存在大量的事务活动，如研发、工艺、设备、采购、销售、人事、财务……。在数字化时代，所有的工作业务活动都离不开数据。下面分别从数据驱动工作流以及新的事务活动两方面介绍。

1. 数据驱动工作流[16,17]

工作流(workflow)属于计算机支持协同工作(CSCW)的一部分，工作流管理是研究一个群体如何在计算机的帮助下实现协同工作的。关于工作流有不同的定义，这里仅引述其中两个。

工作流管理联盟的定义：工作流是一类能够完全或者部分自动执行的经营过程，根据一系列过程规则，文档、信息或任务能够在不同的执行者之间传递、执行。

IBM Almaden Research Center 的定义：工作流是经营过程中的一种计算机化的表示模型，定义了完成整个过程所需用的各种参数。这些参数包括对过程中每一个单独步骤的定义,步骤间的执行顺序、条件以及数据流的建立,每一步骤由谁负责以及每个活动所需要的应用程序。

从前述两个定义可以看出,工作流中的“流”其实是信息流或数据流,文档、规则、参数等各种不同的信息都是广义的数据。

工作流是涉及多任务协调执行的活动,这些任务分别由不同的处理实体来完成。一项任务定义了需要做的某些工作,它可以用各种形式进行定义,包括在文件或电子邮件中的文本描述、一张表格、一条消息以及一个计算机程序。用来执行任务的处理实体可以是人,也可以是计算机系统(比如一个应用程序、一个数据库管理系统)。

工作流模型是对工作流的抽象表示,也就是对经营过程的抽象表示。由于工作流需要在计算机环境下运行,因此建立相应的工作流模型就是必不可少的。工作流模型应该完整地提出支持工作流定义的概念,为建模用户提供工作流定义所需要的组件或元素。理想的工作流模型能够清楚地定义任意情况下的工作流,能够适应用户在建模过程中所提出的各种要求。然而到目前为止,人们虽然提出了不少有意义、有见解的工作流模型,但从模型的能力上看,距这一理想情况尚有一定的距离。由于工作流必须首先描述清楚一个经营过程是怎样进行的,因此,许多工作流模型都是从过程定义入手,比如流程图、状态图、活动网络图等。这一类基于有向图模型的优点是比较直观、容易理解,一般情况下,图中的节点表示过程中的活动或者状态,而有向弧则表示节点间的时序依赖关系。不少工作流产品正是采用了这种模型。但其缺点是比较简单,不能处理复杂的过程逻辑,缺乏柔性。有一种基于对话的工作流模型,是从客户方与服务方这两个角色之间的语言行为交互上对工作流过程进行定义的。人的语言不仅能够用来描述事物、交流信息,而且还能够进行行为的计划与协调,即通过语言能够承诺自己未来的行为,通过语言也可以协调自己与他人的合作。基于语言行为理论的工作流模型是由一系列闭合的工作流环相互连接而成的,每个工作流环都被4个语言行为(speech acts)分为4个阶段,包括需求阶段、协商阶段、执行阶段和满意阶段。Action Technologies的工作流产品Action Flow就采用了这种工作流模型。还有其他类型的工作流模型,如基于Petri网的工作流模型等。

由于工作流不仅需要明确地表达经营过程中的活动以及活动间的关系,而且还要对活动间所传递的信息、活动的执行实体、活动所需要的资源等方面进行定义。因此,人们便在工作流模型中加入了描述数据、组织、资源的部分。例如,工作流管理联盟就明确提出了工作流相关数据、工作流控制数据及工作流参与者、角色等概念。在很多工作流产品中也允许用户在一定范围内定义数据、人员等。为了使工作流模型在描述信息、组织与资源上的能力更强,人们逐渐把相关的描述部分扩充为一个个较为完整的模型来更有力地支持工作流的建模。比较典型的有,WIDE115项目中提出的由组织模型、信息模型与过程模型这3个子模型共同组成的工作流模型;在组织模型与信息模型中,分别定义了较为灵活的组织概念与数据类型来支持企业复杂的人员组织结构和丰富的数据形式。惠普实验室提出了一种资源模型,把包括人员、组织、硬件、软件等在内的各类“资源”纳入了一个层次化的树状框架下。在MOBILE和DOPAS原型系统中则提出了动态组织模式的概念,通过组织对象和组织关系这两类基本组件,用户可以定义自己的组织模式。

在实际应用中,由于工作流系统外界环境的复杂多变性,工作流实例在执行的过程中必然会出现各种异常情况,每种异常情况都可能最终导致工作流执行阶段的数据出现错误,这些数据覆盖了从工作流控制数据、工作流相关数据到工作流应用数据的全部工作流运行时的数据空间。对于工作流控制数据，可能会出现工作流实例、活动实例状态数据的不一致；对于工作流相关数据，工作流参与者可能会使用过期数据或者文档；对于工作流应用数据，则可能会导致在外部数据源中读出/写入错误的数据。因此，还需要采取有效的措施来保护工作流数据的一致性，以提高工作流系统运行时的可靠性，增强系统处理异常情况的能力。

由此可以看出工作流控制中数据的关键作用。

2. 数据驱动新的事务活动

企业中常常会出现一些新的问题，常规的数据流动很难解决新的问题或困难。

酷特寻求一种基于数据驱动的解决新问题或困难的运行方案[18]。当出现的困难和问题超出细胞单元能力范围或有新问题出现时，需求提出者会发布数据。如确属新问题或新需求，系统会自动发起一个临时的、专业的问题解决委员会，称为虚拟委员会。虚拟委员会由与该问题有关联的相关专业人员随机组成，共同商讨解决问题。当然，问题解决并不是虚拟委员会存在的最终目的，虚拟委员会将对问题举一反三，形成解决这类问题解决方案的算法或模型，经验证后，固化在系统中，形成保障系统高效运行的规则和机制，如图14-8所示。

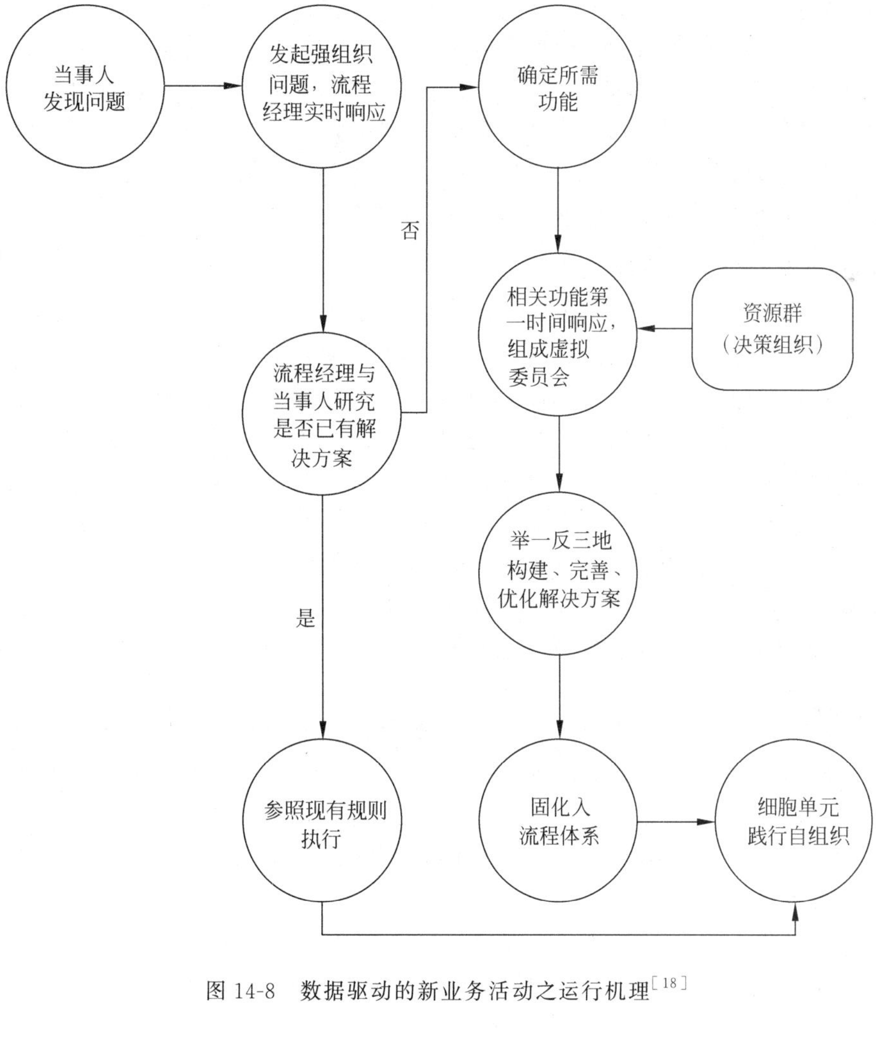

图14-8 数据驱动的新业务活动之运行机理[18]

酷特的这种运行模式有利于企业处理新的问题或产生新的事务活动。从此例可以看到，没有数字化和网络化技术的支撑，没有数据驱动，这种模式恐怕难以运行。

14.5 数据驱动企业战略和模式

技术对于企业而言固然重要，然而某些时候还有比技术更重要的东西，如战略与模式，因为其影响可能是更长远、更全局的。第13章中介绍过生态系统下的商业模式创新，本节讨论数据对战略和模式的作用与影响。

14.5.1 数据驱动企业战略

1. 数据驱动战略发展

战略涉及企业发展方向，当然存在不同层面的战略，如企业宏观战略、部门战略、生态战略、市场战略、产品战略等。

企业应该注意收集宏观层面的很多信息，以利于企业的战略决策。例如，伊利集团设立技术查新机构，及时获知行业前沿数据。集团建立了国际、国家、地方科技部门的信息、情报数据收集中心，能够灵敏地获知行业动态信息。数据中心的建立，使数据收集更为迅速、准确，内部信息共享更为及时，极大地服务了集团新产品的开发决策。在技术研发过程，研发部与国家食品安全风险评估中心、北京市营养源研究所、江南大学、内蒙古农业大学等高校及科研院所开展项目合作，并与康美、利乐、帝斯曼(DSM)、丹尼斯克、奇华顿、敏特(Mintel)等国际知名原料、设备供应商合作，引进、开发、消化及吸收国际先进技术[19]。

2. 让数据驱动成为企业战略[20]

对于西班牙连锁酒店依鲁尼恩(Ilunion)而言，数据已成为该企业解决问题的有力工具。自2017年1月起，为了让管理层和员工们作出更明智的决策，依鲁尼恩开始为他们提供关于客房预定和公司收入的详细信息。公司的系统整合了来源各异的1200万余个数据点，呈现在易于使用的状态界面上。例如，定价分析工具界面，能够根据实时供需信息为酒店房间的价格变动提出建议。另一个状态界面能够根据细分市场和渠道，显示每个分店的营收、平均价格和客房占用率等关键指标。如此一来，管理人员可以尽早发现问题并及时采取措施。现在，依鲁尼恩开始在其他业务领域(如公司的健康俱乐部和洗衣服务部门)开放相关运营数据，以提高决策能力，为流程创新带来灵感。他们已成功将数据分析融入企业的日常运转中，使企业具备了许多数字初创企业的核心能力：利用数据完善现有价值主张，或是提出新的价值主张。

对几乎所有行业而言，无论新老企业，这种数据驱动的方法已不仅仅是一种追求，而是正在迅速发展为一项战略要务，关乎企业客户留存、增加收入和保持竞争优势的能力。

普华永道最新全球CEO调研的结果也印证了数据驱动的重要性：77%的CEO计划在2019年提高运营效率以增加企业收入。有规则、有规划、全面而深入地使用数据，对于实现这一目标至关重要。

让数据驱动成为企业战略，即是说要成为数据驱动型企业。如何成为数据驱动型企业？想要完成数据转型，企业需自上而下明确数据对业务的决定性作用。在此基础上，正确的洞察应随时可供访问、解释和操作——这是技术支持之下才能达到的境界，也是一种"让数据易于访问"的企业文化。数字优先的企业明白数据驱动的必然性，并将其作为一切企业行为的组织原则。更成熟的企业，通过将数据与业务议程相关联、营造数据驱动的企业文化、将数据洞察灵活运用并建立必要的基础技术设施，也可以达成数据驱动。更详细的描述如下。

1）将数据与业务议程相关联

数据的力量取决于使用方式。企业须明确定义数据的用例（use case），将其运用于更广泛的议程中。成功的企业通常会确保其业务战略和创新计划是建立在数据驱动决策之上的。前提之一，是将数据视为一种资产，能够直接影响公司的业绩。Adobe 软件公司建立了一种数据驱动运营模式（DDOM），用于运营数字业务。DDOM 状态界面能够显示企业的整体经营状况，并记录客户发现、试用、购买和续约产品的全过程，如同一个数据驱动的涡轮增压 CRM 系统。通过 DDOM，Adobe 在建立详细客户模型的过程中，不仅可以基于交易记录，还可以基于行为习惯、经验洞察和数字触点。因此，企业可以更准确地预测客户会在什么情况下考虑更换供应商，或者考察某客户是否适用 Adobe 的其他产品，因而让公司采取正确的行动，如在正确的时机进行交叉销售或向上销售等。

2）培养数字文化

能否成为一个数据驱动的企业，取决于所有企业员工的支持，让每个人都根据数据调整自己的思维方式和工作方式。在更大的组织范围内维持员工的热情可能会很困难——尤其是，过程中往往需要说服那些不同意该模式的领导。将员工做决策时的思维模式从"基于直觉"转变为"基于证据"，绝非只是改变一下管理名词或者是简单培训即可实现的。这种转型，需要从根本上改变员工平日里的思考方式和工作方式，包括培养数据文化、加深员工对数据所有权的认知、使用数据来指导工作流程或质量改进等。Geotab，一家加拿大通信公司，提供用于跟踪和管理车队的 GPS 系统。公司将数据和业务的融合做到了极致。创始人 Neil Cawse 说："你不知道自己的盲区在哪，但数据可以告诉你。我们公司的业绩增长主要归功于对数据驱动的重视。"Geotab 并未设立集中的数据科学部门，而是在每个业务部门内部安插数据科学家，"目的是帮助销售组织、财务部门或客户中心更好地运营。"

3）在实际工作中运用数据洞察

数据访问不应仅限于管理人员，目标应该是把有效的数据输送到需要的地方和一线工作人员手中。为了真正将数据分析和应用嵌入主流思想和行为中，企业需要研究如何将数据洞察预先注入到现有的业务流程中。Geotab 的每个决策都是基于数据的。该公司监控生产状态和性能、产品的安全状态、账单结算（哪些客户尚未付款）等。一旦从这些数据中提取出有效信息和见解，它们就会被反馈到随处可见的公司大屏幕上，向需要的团队提供实时报告。更方便的是，团队可以在状态界面上进行查询和运行数据，这样就可以立刻获得他们所需要的信息和见解。若某个新的客户行为提示企业存在比表面看起来更严重的问题，那么其团队可以快速采取措施并解决问题，因为企业状态界面同时显示"树林和树木"——概述和细节。例如，某年8月，实时客户支持指标显示得克萨斯州突然出现异常。没过多久，客户支持团队就意识到供应商的 SIM 卡在该州的高温下弯曲变形，主要原因是使用了错误的塑料材料。Geotab 立即与制造商反馈了这个问题，使其快速得到解决，恢复了高品质的客户服务。

4）构建必要的技术支持和基础设施

选择合适的技术将对企业的数据运用能力产生重大的影响，特别是在提取有针对性的数据和运行方面——使它们能够打破“数据孤岛”，抓取底层数据，并将其与其他数据来源进行整合，以发现对企业有帮助和有意义的数据信息。另一个纳入考虑的因素则是使数据处理过程简易化的技术，如人工智能、机器学习和增强现实（AR）。在生成更细致入微的数据洞察和使用创新技术运行数据方面，这些工具发挥着关键作用。例如，人工智能和机器学习可与物联网相结合，以监控新增的大批量数据反馈，或者与社交媒体聆听工具相结合，旨在衡量不断变化的市场趋势和客户偏好。Sanitas 是保柏医疗保健集团旗下位于西班牙的一家医疗保健和健康服务公司，非常了解有效利用数据帮助企业实现更高效决策的重要性，公司已经围绕一个平台重新构建了自己的信息战略。只需点击一下，公司的任何一个员工即可访问所有数据。他们正在开发一个一键式数据平台（data-one-click），旨在不仅使数据访问大众化，同时也使通过数据分析带来的知识和见解更大众化，让用户能快速访问不同种类的数据以及让数据更易于分析，即避免烦琐的搜索过程并帮助提高决策效率。在这些平台的开发过程中，遗留工具和新技术共存，增大了转型空间，从而减少低效的业务流程。

3. 发现具有战略意义的项目[21]

对于一个企业而言，其业务可能成千上万，要善于发现具有战略意义的项目。某一看似常规的项目在特别时期可能具有不一般的示范作用，或者在特别时期要善于发现具有潜在战略意义的项目。欲做到这一点，就需要对数据的敏感性。美国参数技术公司（PTC）的工业互联网发展始于 2013 年对 ThingWorx 的商业收购。ThingWorx 平台是经过实际验证、可加快工业创新的出色平台。2020 年新冠病毒疫情期间，PTC 对疫情信息的关注使它们发现能够利用它们的技术为抗“疫”贡献力量，一方面是社会责任的驱使；另一方面，他们意识到特别时期的特别贡献所具有的战略意义。

2020 年 3 月初，罗氏诊断公司（Roche Diagnostics）宣布，获得美国食品药品监督管理局（FDA）为新的 COVID-19 测试颁发的紧急使用授权，Roche 的新测试方法将会在仅 3.5h 内为患者提供报告，比现有的测试方法大约快 10 倍。自 3 月起，Roche 开始运送用于 COVID-19 的 cobas® SARS-CoV-2 检测仪，每周向全美各地运送 40 万份检测盒，并计划在全球范围内每月提供数百万份检测盒[21]。

罗氏诊断公司是 PTC 的重要物联网客户，使用 PTC 的工业互联网平台服务已有 10 多年。在获得 FDA 批准的消息后，罗氏希望其应用的 PTC 平台能够具有可扩展性，包括添加和连接大量新的诊断系统，具有保障覆盖全球的工业互联网平台服务性能，并能保障所有测试系统的正常运行时间。PTC 组建了一支跨职能云服务快速响应小组，包括研发、产品管理、物联网卓越中心、软件更新管理、技术支持和客户成功管理等职能部门的 7×24h 响应团队，齐心协力地帮助罗氏进行远程设备监控、故障诊断及排除，并迅速解决可能出现的任何问题。

另外，PTC OnShape 助力 MasksOn 实现在 30 天内为抗“疫”一线医护人员提供 100 万人次/日的防护目标。MasksOn 是一项非营利性计划，由来自美国各地的医疗保健、学术界和技术公司的志愿者组成。其工作目标是为抗击 COVID-19 疫情一线的临床医生提供耐用的可重复使用、可消毒的个人防护装备（PPE）。MasksOn 当前首要的目标是创造出足够的面罩，在 4 月份内为临床医生提供 100 万个人次/日的防护能力。PTC 在得知 MasksOn 的需求信息后，迅速利用工业互联网平台服务、OnShape 产品设计和制造的服务能力为

MasksOn的项目实施提供了强有力的支持。借助云化的OnShape技术，简化了面罩协同设计、评审和BOM发布的过程，加速了零部件加工和交付的速度。在MasksOn面罩交付的过程中，项目每天的进展相当于传统标准流程3个月的进度。这让MasksOn团队能以每天1000个面罩的速度加紧生产。最终，该团队希望制造50000个面罩，在COVID-19危机期间为50000名临床医护人员提供防护，确保未来3～12周400万病患（该数据按当时病情发展情况预估）得到更好的治疗。

纯粹从技术角度而言，MasksOn的业务对于PTC而言并无特别难度。但在疫情的特殊时期，此项目引人关注的程度大不一样，为PTC带来的声誉也不一样。从此例得到的启示是，要善于挖掘某些数据信息，它可能使企业发现具有战略意义的项目。

4. 商业智能助力战略决策[22]

1996年高德纳公司（Gartner）提出了商业智能（BI）的概念，商界掀起了一股基于数据库的革命浪潮，真正的商业智能时代到来。BI的特征就是从数据分析入手。比如2007年，SAP收购法国Business Objects公司，推出SAP HANA商业智能方案。该方案由数据仓库、查询报表、数据分析、数据挖掘、数据备份等组成，帮助企业提升在财务会计、资源计划、产品生产与品质，以及供应链、客户关系等经营性管理上的效率。公开数据显示，《财富》世界500强中有80%以上的公司都运行在SAP管理系统上。

中国香港有一家叫DeepKnowledge Ventures（DKV）的风投公司，5年前聘请了一名叫作"瓦投"（VITAL）的AI董事，它是英国Aging Analytics公司研发的AI投资系统。AI董事的专长是基于大数据机器学习，能在毫秒内，分析、判断、决策那些无法被人类分析师观察到的趋势。公司高级合伙人德米特里·卡明斯基（DmitryKaminskiy）指出，瓦投把投资决策中复杂的尽职调查自动化了。也就是说，瓦投做了人们"直觉"做不了的"针对海量信息的逻辑分析"。这相当于靠强大的计算机直觉，确保投资决策"做正确事"。除投资决策外，AI董事还颠覆了传统投资管理流程。比如对相关项目融资、临床实验、知识产权以及前几轮融资等各种信息，AI董事负责分析、判断；之后，基于AI董事的数据分析，董事会全体成员（包括AI董事）投票；再就是，一旦涉及AI董事的专属领域——老年医疗，没有它发话，其他人类董事不作决策，这时的AI董事更像一个董事会主席。至今，在AI董事的帮助下，DKV已经完成多个项目的投资，包括Insilico Medicine、Pathway Pharmaceutical、Vision Genomics等初创公司。

需要指出的是，AI董事的智能是基于各种数据的，或者说也是数据驱动的。

14.5.2 数据驱动企业运营模式改变

商业运营模式这一概念所包含的范围也很广，大至企业运营的基本理念，如定制生产；小至经营中某一环节的具体模式，如租车服务中的接单模式。本节中要讨论的是，不管是已有的运营模式还是新的运营模式，多离不开数据驱动。

1. 通过对数据的投入驱动运营模式改善

早期的"快的"很重视争抢用户市场而忽略了数据应用，当它们意识到数据的重要性后，很快组成了一个专门的团队主要负责大数据体系、商业体系、基础架构与新业务等方向。这个三四十人的团队在最初的3个月，进行了数据导入、清洗、存储、结构化等一系列最基础的处理，最终建成了“快的”的大数据体系。后来进一步扩建后，团队的核心力量进行大数据2.0系统的研发。这套内部代号为“地平线系统”的大数据架构，克服了1.0系统中突出的数据数量与数据质量、处理速度之间的矛盾，实现了数据纯度、处理速度的跨越式升级。这个“超级大脑”支撑了快的大数据应用所需要的所有基础数据，在此之上是支持产品、商业、运营商业化的团队，每个团队配备了20个人左右。这样的架构实际上避免了基础数据和应用数据之间的“污染”问题，比如一个需求场景形成了A的画像集合，其中结合B行业又会出现一个AB子集，应用到特殊的场景C之后又会形成一个同时满足ABC的集合。如果每次都从基础数据抽取，就很容易影响基础数据的稳定性。清晰的数据架构对于“每秒(毫秒)都产生海量数据”的快的来说，重要性不言而喻。数百台机器支撑着的快的大数据系统就像是公司的“心脏”：业务规模越大，越是重要。正是在海量的数据基础之下，出行的需求被不断细分，而且是实时匹配。也就是说，运营模式在改变完善。例如，一个乘客下单之后，需求方的用户图像和需求同时被识别，结合供方的车辆条件和位置地图进行第一轮筛选，不过这个看似“正常”的订单却不一定符合实际，因为有一些订单发出来是司机不愿意接的，比如高峰时段的拥挤路段，那么在这个时候就要进行订单评估和内部调节，结合历史数据制定一些刺激措施，叠加“乘客自行出的小费”来诱导司机，这样一个符合供需双方胃口的“合理”订单就生成了。下一步要做的就是实时调度，要考虑当时的交通情况、车的朝向、车速、附近是否有突发性事件等因素，选择最为优化的方案。

当然，这种投入不是任何一个公司都能够负担的，却是每一个公司都应该及早想清楚的。过早投入，对精力和资本消耗太大；但如果前期缺乏考虑，后面就要做很多工作才能把之前错失的那些数据漏洞补回来。这一点需要企业权衡[23]。

2. 数据融合方式驱动运营方式改变

这里以两种情况为例说明[4]。

1) 跨行业数据的整合

大数据科学和新的IT标准提高了数据的集成能力，也使得数据跨行业的交互成为可能。智慧城市是进行跨行业数据整合(combining data within and across industries)的最佳案例。在伦敦，电动汽车的使用给城市带来一系列新问题，大量电动车同时充电会使电网产生峰值，影响城市用电。如果把电网和交通网的数据能整合到一起，就可以根据交通网的数据预测当天城市电网的情况，对电力的调配是非常有帮助的。反之，也能给交通管理提供信息咨询，更好地管理城市交通。另一个情况是，2012年奥运会之后伦敦交通堵塞情况比以前提高了8%，小型车数量日益攀升。研发发现，这与伦敦网上购物人数越来越多有关。人们在网上购物后，就使用小型车来运输这些商品。伦敦目前正在将网上购物数据和交通拥堵数据进行整合，分析原因，寻找创新的解决方案。

针对这种模式，有一些值得思考的问题。

问题：

(1) 企业的数据怎样和别人的数据整合在一起创造出新的价值？

(2) 能否扮演一个“催化剂”的角色，把别人的数据整合在一起创造新价值？

(3) 谁能从数据整合中获益？合作者对什么样的商业模式有兴趣？

2. 数据交易

数据交易(trading data)和买卖是数据时代一个典型的业态。沃达丰(Vodafone)是世界上最大的移动通信网络公司之一，它利用其手机客户端能够准确识别谁在开车、行驶在哪里、速度怎样。汤姆汤姆(TomTom)公司是一家提供卫星导航设备和服务的企业，它从沃达丰手中买来这些蜂窝数据，实现了对交通拥堵的精确定位。实际上，蜂窝移动电话数据对很多行业都有价值，如对客户精准地投放附近餐馆或商店的广告、车辆信息等。

3. 孪生数据驱动创新业务模式

数字孪生技术是普利司通转型之旅的核心。数年来，企业一直使用由传感器数据增强的数字孪生仿真模拟作为研发工具，以提升轮胎寿命和性能。普利司通的团队正在开发更复杂的数字孪生，以期最终在整个价值链上提供洞察，其目标是提升利润率、维持竞争优势、减少上市时间，并提供尖端的轮胎即服务(as-a-service)产品。欧洲车队正逐渐转向一种按千米数计费的(PPK)订购模式，以帮助车队运营商优化现金流，减少整体成本。尽管商业模式很简单，但为每千米设定合适的价格却绝非易事。轮胎的生命周期受各种因素影响，包括负重、速度、路面情况以及驾驶行为。数字孪生可以通过模拟不同的驾驶条件，洞悉这些相互关联的条件是如何影响轮胎性能的。但是，如果没有数字孪生体的真实数据输入，想要确定一个令人满意且具有竞争力的PPK价格——并且期望这一价格能够持续为企业带来利润——即使有可能性存在，也将十分困难。普利司通进入PPK市场可谓是战略飞跃，其产品的定价就是为了赢得大多数车队的业务。企业利用初始安装基础收集性能数据，再将这些数据用于高级分析算法中。既然已经有大数据了，为什么还要数字孪生——为什么不直接进行分析呢？虽然分析很重要，但它只是增强数字孪生的能力。数字孪生能够让人们从多个维度看到轮胎性能，也可以在尚无可用数据的时候应用于产品的开发。输入的传感数据被增强、净化和处理；而后应用数字仿真和分析获得洞察，从而为维护、更新等其他因素的决策提供依据，这些依据可以为普利司通及其客户带来更多价值。

为了持续发展数字孪生技术，普利司通2019年收购WebFleet Solutions，并开发了新一代的传感器，以实时了解汽车和轮胎的使用情况，帮助车队根据具体的驾驶条件选择合适的轮胎，并就如何减少轮胎磨损及避免故障提供见解。随着数字模型越来越精确，普利司通将更多关注PPK商业模式的高级应用。如今，普利司通正使用数字技术为其车队客户带来更多价值。随着时间的推移，企业计划扩大数字孪生技术的使用范围，包括从驾驶员到车队经理，到零售商、分销商、制造商等的整个价值链。企业管理者表示，鉴于未来可能使用无人驾驶汽车，可能还会涉及安全协议。他们确定已经抓住了引领走向未来的驱动因素，这便是数字孪生技术的用武之地[14]。

4. 数据驱动制造模式

企业宏观的制造模式需要数据驱动。前面提到过服务制造过程就需要数据驱动，也就是说，服务制造模式需要数据驱动。这里仅以定制模式为例加以说明。

"红领模式"通过对业务流程、管理流程的全面改造，建立柔性和快速响应机制，实现了个性化手工制作与现代化工业生产的完美协同。红领模式的关键是数据驱动。所谓数据驱动的智能工厂，就是从前端客户需求的采集到需求的传递、需求的满足，包括跟踪，全程是数据驱动的，实现用工业化的手段和效率进行个性化产品的批量生产。从产品定制、交易、支付、设计、制作工艺、生产流程、后处理，到物流配送、售后服务全过程数据化驱动跟踪和网络化运作[13]。

这种模式的基础是企业横向、纵向和“端到端”的高度集成，实现数据驱动全流程，使客户与工厂在网络内实现零距离。通过横向集成使企业之间通过价值链以及信息网络所实现的资源整合，实现各个企业间的资源协同；通过纵向集成打通内部信息孤岛，实现企业内部所有环节管理协同；通过价值链上不同企业资源的整合，实现从产品设计、生产制造、物流配送、使用维护等产品全生命周期的价值链协同。从图 14-9 中可以看出，驱动企业定制化生产的数据主要是两方面：一是直接从客户获取的需求数据；二是其数据库中包含的历史数据及其分类，如 540 个可定制的分类，11360 个可设计的选项，19 个量体部位，90 个成衣部位，113 个体型特征，1 万多种可选择面料，等等。正是这些数据的匹配、融合驱动了定制服装的设计和生产。

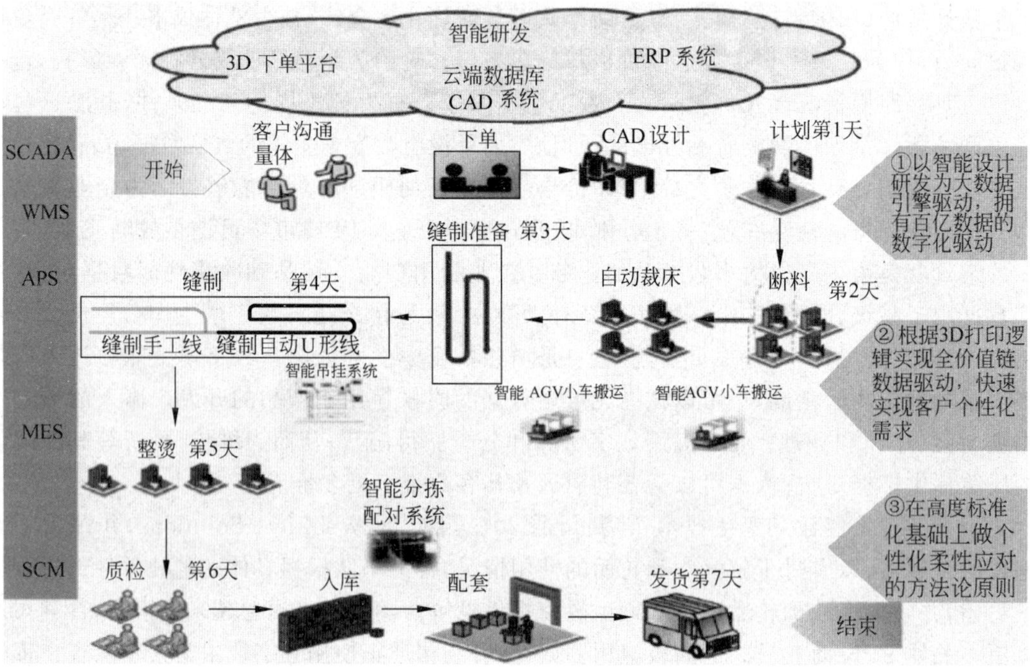

图 14-9　数据驱动的智慧工厂（来源：酷特）

> **节点及关联**
>
> **数据驱动运营模式改变**：数据孤岛，数据洞察，商业智能，战略决策，数据交易，跨行业数据整合，数据孪生。

问题：

（1）数据驱动本身就是一种战略吗？

（2）通过数据驱动如何发现有战略意义项目？

（3）商业智能如何助力战略决策？

（4）孪生数据何以驱动制造模式？

（5）驱动定制化生产的数据来自何方？

14.6 数据驱动的企业需要新组织架构

企业的数据驱动需要对业务尽可能数据化，与此同时，数据工作也应该业务化。也就是说，应该有专注于数据管理工作的新型部门。

在制造业信息化或数字化的转型过程中，很多企业不断探索业务流程重组以及组织重构的方式。在数字-智能时代更应如此。

对于实施智能制造的企业，到底应该有什么样的组织架构？领先的智能产品制造商都在不断摸索组织架构方式。首先是 IT 和研发部门之间的协作和整合正不断加深。假以时日，这两个部门以及其他部门都有可能合并。此外，企业开始设立 3 类全新的职能部门：统一的数据管理机构、研发运营部以及客户成就管理部门[10]，见图 14-10。同时数据安全职能正不断扩展，并切入到多个部门中，尽管它的最终结构现在还不明朗。最终，由于任务和角色发生了巨大变化，几乎所有传统的职能部门都需要进行重组。

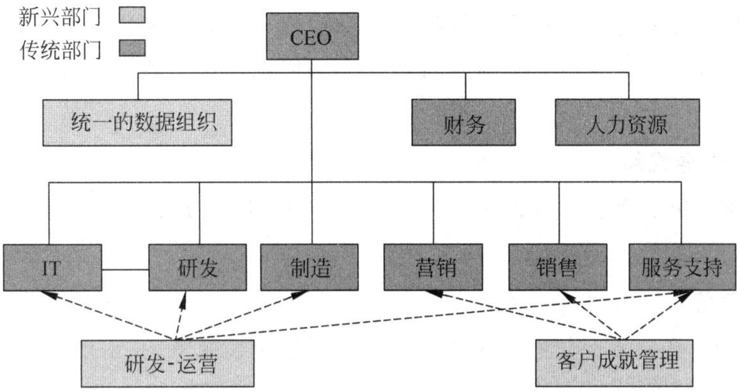

图 14-10 新组织架构[10]

1. IT 与研发部门之间的协作

在传统企业中，研发部门创造产品，而 IT 部门的职责是管理公司范围的计算基础设施，以及各个职能部门使用的软件工具，如计算机辅助设计(CAD)、企业资源规划(ERP)和客户关系管理(CRM)等。然而在智能互联产品的研发中，IT 部门必须扮演更加重要的角色，因为 IT 硬件和软件如今搭载在产品和整个技术堆栈中。问题是，谁应该对这些新的技术基础设施负责？研发部门、IT 部门还是两者共同？

目前只有 IT 部门拥有软件和智能互联产品需要的基础设施支持能力。现在不少企业的研发部门具有融合机械和电子部件的能力，它们开始掌握将软件搭载到产品上的方法。然而，鲜有研发部门在管理云计算设施和技术堆栈方面有丰富的经验。因此，今天的 IT 和研发部门需要持续地将工作融合到一起。然而这两个部门在产品开发上鲜有合作的经验，在一些公司中，很容易存在双方工作不协调的情况。

为了这种新的合作关系，出现了各种不同的组织架构。一些公司将 IT 团队融入研发部门中。另外一些则建立了包含 IT 代表的跨部门产品设计团队，但仍然保留独立的汇报线。例如，Ventana Medical Systems 公司生产智能互联的实验室设备，该公司的 IT 和研发部门在产品开发上进行合作，在选择哪些产品功能可以通过云端提供和软件升级的时机等决策中，IT 团队都有不小的发言权。在科学仪器巨头赛默飞世尔(Thermo Fisher)公司，IT 部门的成员直接在研发部门工作，并采用虚线汇报架构(dotted-line reporting)和目标分享机制。在设计与搭建产品云，安全捕捉、分析和保存产品数据，以及内部和客户间传输数据等工作中，这种结构大大提升了效率。

企业需要统一的数据管理结构。由于数据的容量、复杂性和战略意义都在提升，单个部门已经无力进行数据管理，自行发展分析能力或自行保证数据安全也非常不经济。为了从新的数据源中获得最大价值，许多公司建立了专门的数据部门，负责数据的收集、整合以及分析，并将数据中获取的洞察传递给不同的部门和业务单元。高德纳(Gartner)公司预计，到 2017 年 1/4 的大型企业将拥有专门的数据部门。

新的数据部门通常由公司的首席数据官(CDO)领导，向 CEO 或 CFO、CIO 汇报。CDO 的职责是统一管理公司数据，教育组织如何利用数据资源、监管数据权限和接入，以及推广数据分析应用在整条价值链上的应用。比如福特汽车公司最近任命了首席数据和分析官，负责开发并执行全公司的数据分析计划。CDO 将带领公司利用智能互联产品的数据来了解客户的喜好，指定未来的车联网战略并再造相应的内部流程。图 14-10 中的新兴部门有其相应的职责。

2. 统一的数据组织

由 CDO 领导负责企业的数据收集和分析，支持职能部门数据分析，在公司内分享信息和洞察。

3. 研发-运营

集合研发、IT 和制造部门的人才，监督产品升级、售后服务，并帮助缩短产品发布周期。由于智能互联产品持续的设计改进、产品运营支持以及升级等特性，企业需要研发运营(该名称源自软件行业，指跨部门的软件开发和部署方法)部。这个新部门负责产品离开工厂之后的性能管理和优化，既需要传统研发部门的软件工程专家(负责研发)，也需要 IT、制造和售后部门的产品运营人员(负责运营)。研发运营部门能缩短产品的发布周期，管理产品的升级和修补工作，并在售后提供性能改进以及新型服务。此外，它们负责将频繁的、微小的产品改进上传至云端，不影响客户对现有产品的使用。它们还能增强预测式维护以及产品的保养工作。

4. 客户成就管理

管理持续的客户关系，保证客户从产品中获取最大价值。客户成就管理是第三个新兴部门，同样源自软件行业。该部门的任务是管理客户体验，保证客户获得最大的产品价值。该部门对智能互联产品至关重要，尤其是那些采取产品即服务模式的企业。客户成就管理不一定替代传统的销售和售后服务部门，它主要负责售后的客户关系维护。它承担的是销售或售后服务部门无法或不愿完成的工作，包括监控产品的使用和表现数据，评估客户从产品中获取的价值，并尽力提高客户价值。这一新的部门并非独立的竖井，而是持续地与营销、销售和售后服务等部门协作。客户成就管理部门将改变企业的客户关系管理。长久以来，客户调研和呼叫中心是企业获取产品洞察和掌握客户关系的主要方式。公司通常无法意识到问题，直到问题无法解决导致客户向公司抱怨[10]。

酷特的服装定制生产是数据驱动的，其组织模式也有其特点。所有的员工都在一个工作平台上工作，从网络云端上获取数据，听从客户需求数据的指挥。员工间没有科层的区分，没有部门的隔墙，没有请示审批的环节，在“无为而治”的状态下，员工们只有一个共同的目标：快速满足客户的需求，及时获得应有的回报。员工如遇到困难，也没有部门限制，没有层级制约。家庭式的细胞单元组织，形成互相帮助的规则和契约以及高效的协同。酷特智能独创的组织模式让员工从思想无边界到工作无边界，所有员工都是一个大家庭的成员，爱企业，服务企业，员工的幸福感稳固提升。组织边界被打破后，企业管理层人数大大降低，生产成本、管理成本、研发成本也得到了最大程度的降低，生产效率得到了提升。无边界组织让员工的创造性和潜能得到最大限度的释放，使员工之间的关系变得愈加融洽，整体的工作效率得到了飞跃式的提升[18]。

酷特的“无边界组织”成功地打破了组织边界，让客户和企业经营需要的创意、信息、决策、人才、资源、行动、业务和服务顺畅地流动起来，在正确的时间、以正确的方式，流动到供应链节点最需要的地方，完成交互。它们通过“五去”打造点对点的网格化组织，打破企业内部边界。酷特智能清楚地意识到企业信息流通和及时反馈的重要性，繁多的组织层级、职能重叠的部门和复杂的审批流程必将影响信息的传递效率，抑制创新的萌芽。于是通过“去领导化、去科室、去审批、去部门和去岗位”的方式，打破企业组织的内部边界，形成了具有高活跃度的网络组织，如图14-11所示。

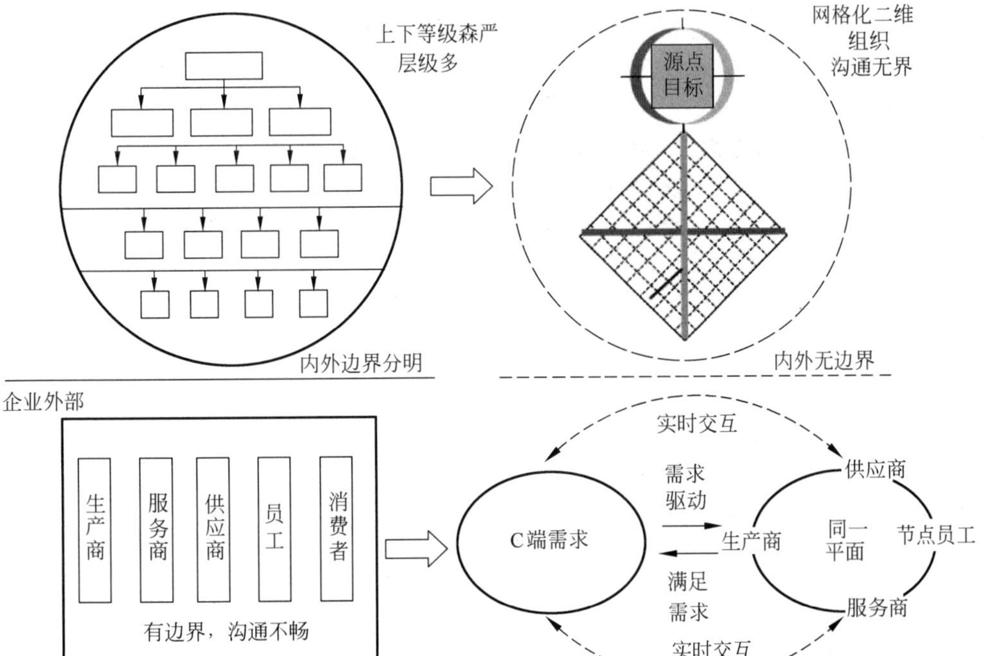

图14-11 企业内外边界打通[18]

“去领导化”的目的在于全员对应目标，用规范化、体系化取代领导化，领导的角色转变为对整个组织建立的标准、规范、体系和机制负责，确保整个体系的运转和优化。“去科室”的目的在于打破科室限制，实现互联网思维下的网格化组织架构和“点到点、端到端”的运作机制，从而达到强职能、弱管理的目的。“去审批”目标在于通过强组织解决新问题，固化流程，强化责任，全员创造性地按照标准化流程制度工作，强化过程管理，通过实时审计，防范风险发生。“去部门”可以增强组织横向协同，打破部门壁垒，在组织信息化和数据化的基础上，实现信息的高速流转，最终实现全员对应目标，目标对应全员，高效协同。“去岗位”的目的在于按能力和贡献设置薪酬，按每个细胞在组织中发挥的功能来设置工资，真正实现了义利的动态平衡。

酷特智能通过“五去”行为降低了组织水平边界和垂直边界的密度，形成了极致扁平的网格化组织，这种组织形式突破了传统企业层层审批、行动僵化、官僚化等阻碍，彻底打破部门墙与科层天花板，实现了企业运作的规范化、标准化、体系化、数据化和平台化。值得注意的是，去领导化、去科室和去审批并不意味着组织内部的完全自由化。为了更好地保障企业的管理运作，避免企业组织陷入崩溃。酷特智能充分运用虚拟委员会的决策机制来保障强组织的科学决策，不允许以个人意志实施决策。在网格化组织生态下的内部结构中，组织不再是一成不变的、相互割裂的职能部门，而是由员工功能体灵活集结而成的具备“自循环、自修复、自进化”的多个家庭式功能细胞单元，成员与成员之间、群体与群体之间自发形成共同目标结合体，最大程度降低水平边界密度，打通组织活性。该种组织形态下，员工实时对接客户的需求，数据时刻在组织内部流通，所有成员目标一致，信息、能力和创意等资源能够灵活地传递，一切计划和行为都是更好地满足客户的需求，彻底颠覆了传统组织内部职能部门各自为政，忽略组织总体目标的局面，水平边界得以打通。

节点及关联

组织重构：业务数据化，数据业务化，统一数据管理，首席数据官(CDO)，数据驱动。

新兴数据部门：研发-运营，客户成就管理，无边界组织，细胞单元，网格组织。

问题：

(1) IT 部门如何与传统部门融合？

(2) 谁该对数字技术的应用负责？

(3) CDO 负责什么？对谁负责？

(4) 酷特的无边界组织有什么特点？

(5)“五去”的前提条件是什么？

14.7 勿为迷幻的数据所驱动

前述的数据驱动作用对企业而言至关重要，那么是不是有了数据就一定能够发挥前述的驱动效应呢？有大数据及其智能分析工具，人的认知就不重要了吗？其实，一个很自然的问题会摆在我们面前，如果数据本身有问题呢？我们会为大数据所惑吗？其中，最基本的问题应该是，发挥数据驱动作用的前提是什么？

1. 数据质量与数据治理

在企业信息化应用的早期，一些企业常常发生这种情况：ERP系统不能发挥有效的作用。其中原因不尽相同，但通常不是ERP系统本身的问题。部分企业的ERP未能起到预期的作用，原因在于基础数据问题。

如果企业层的管理和底层设备运行管理之间存在一个断层，那么就很难向ERP系统及时提供其所需的数据。车间有很多数据（如设备运行时间、停滞时间、产能、废品原因、设备利用率、生产效率、有效率等）需要向ERP反馈，这些数据是不是都收集了？有的企业向ERP提供的信息可能不完整。另外，底层的车间数据反馈和上层的ERP系统的数据识别间的延滞到底有多少？信息的迟滞本身也是数据质量问题。一般来说，这些问题的解决需要一个好的MES系统。MES属于ERP计划层和车间层操作控制系统之间的执行层，主要负责生产管理和调度执行。它不单是车间生产系统的执行层，而且作为上、下两个层次之间信息传递且连结现场层和经营层的桥梁。它能够向上提供诸如订单执行与跟踪、质量控制、生产调度、物料投入产出等信息，保证ERP系统及时获取有效的数据，使工作效率更高。所以，可以设想，如果没有MES或者没有一个好的MES系统，ERP所需的基础数据质量就不能保证，ERP的作用发挥就会大打折扣。

除数据的缺失或不及时之外，数据失真也是企业中常见的数据质量问题。失真又称“畸变”。有时信号在传输过程中因为某些电子元器件本身的非线性特性或噪声干扰导致与真实信号或标准相比而发生偏差；有的数据失真是因为原始真实数据经过计算机或者人为原因的改变，造成数据结果与真实数据发生偏差。

企业中的数据最好是依据流程实时自动更新的，不是事后输入的或者加工过的。比如订单数据是与需求相连的，在采购系统上生成后围绕订单的入库及验收记录，一直到财务的付款记录都是在线批准后自动生成的。若是人为干预和单独输入，出错的可能性增大，且易发生信息迟滞。另外，数据应当尽可能依据标准化的流程而产生。有些公司和部门会强调所谓个性化和精细化的管理，往往制定所谓的“新的”流程，其实“新”已经意味着非标准化了，对于数据质量的保证也是不利的。第12章中谈到了流程再造，考虑流程再造的同时应该考虑尽可能简化数据获取的过程。

总之，企业中数据驱动作用发挥的前提是要有符合质量的数据。错误的、失真的以及其他形式的不符合质量要求的数据，就像迷幻的数据，只能产生迷失的结果。因此，企业的数字化或智能制造需要数据治理。

图14-12是数据治理体系的一般性框架。从数据治理体系中最顶层的管理策略，到中间层的核心管理内容，再到底层的系统和技术支撑，自上而下展现了数据治理体系的主要组成部分。

开展数据治理需要回答以下几个核心问题[2]：

（1）有什么数据？这是数据治理要回答的最基本的问题，但未必每个机构都能很好地回答并应对。机构都有什么样的数据，这是开展数据治理的对象。要想了解机构有什么数据，或者说需要什么数据，那么就需要梳理数据，建立数据需求统筹和管理机制。

（2）数据由谁负责？机构内有几种角色，即数据所有者、数据采集者、数据使用者、数据管理者、数据实现者。数据所有者一般是数据主管的业务部门，对数据质量负最终责任，但

图 14-12 数据治理体系的一般性框架[24]

同时也拥有对数据的最终解释权,是数据在企业范围内唯一的所有人。

(3) 对数据有何要求?完成数据的责任认定之后,就要对数据提出标准化和规范化的要求,应建立数据标准和规范。

(4) 如何保证数据达到要求?有了数据要求(数据标准)后,就需要保证在日常业务和经营管理过程中,数据能够遵循这些标准要求,应建立数据质量管理机制。数据质量管控应涵盖数据的全生命周期,包括数据的采集、处理和加工、传输和存储、应用和展现以及销毁和退出等。在各个阶段,都可在数据标准的基础上确定不同的质量控制规则(如采集规范、校验规则等),并按照这些质量控制规则进行数据质量监控,确保数据符合质量要求。

随着企业数字化程度的提高,越来越多的企业可能用到数据仓库。数据仓库是一个面向主题的、集成的、相对稳定的、反映历史变化的数据集合。它不是针对一个具体的业务,而是为企业所有级别的决策制定过程,提供所有类型数据支撑的战略集合,主要是用于数据挖掘和数据分析,为消灭信息孤岛和支持决策为目的而创建的。数据分析是基于业务需求,结合历史数据,利用相关统计学方法和某些数据挖掘工具对数据进行整合、分析,并形成一套最终解决某个业务场景的方案。数据分析要求数据是干净、完整的,而数据仓库最核心的一项工作就是 ETL(抽取-转换-加载)过程。其中涉及对脏数据进行清洗。如某种情况下,当一个事务正在访问数据,并且对数据进行了修改,而修改后的数据尚未提交到数据库中,另外一个事务也访问和使用原来的数据——脏数据,依据脏数据所做的操作可能是不正确的。

关于保证数据质量的内容,读者可以参考某些数据技术的著作,如参考文献[24]。

节点及关联

数据质量与数据治理:数据失真,脏数据,数据清洗,数据抽取,数据转换,数据加载,数据仓库。

2. 认知偏差

2018 年 8 月 9 日，哥伦比亚大学数据科学研究所副所长郑甜教授在哥伦比亚大学全球中心举办的人工智能系列论坛上发表了题为《统计思维为大数据应用注入智慧》的专题讲座，他以著名的“幸存者偏差”(survivorship bias)问题引入对于统计思维的理解。有一个与此相关的经典故事。第二次世界大战期间，美国空军想研究如何通过加固飞机的某些部位，而使得飞机更加安全。当时美军通过分析返回的飞机，认为弹孔越多的地方越应该被加固。然而著名统计学家亚伯拉罕·沃德教授(哥伦比亚大学统计系的创始人)却持反对意见。他认为这些返回的飞机都属于幸存者，正是因为他们已经幸存了，所以那些有弹孔的地方反而不应该被加固。在这个问题中，沃德教授通过幸存飞机表面弹孔的现象，总结出了他们背后幸存的实质原因。对实际情况的调查说明沃德教授的分析是正确的。所以什么是统计思维？那就是透过现象看本质，其中现象就是数据，本质就是规律，统计思维就是通过概率分布、数学模型等来系统地量化和分析数据背后的规律和随机性。统计是一个工具，但是当年故事中多数人的统计思维却存在认知偏差，即只看到幸存者，没有关注被击落的飞机[25]。现实生活中类似的例子比比皆是。如很多人以一些成功者所做的事情告诉人们成功的要素或经验，殊不知可能干过同样事情的很多人却并未成功。这就告诉我们：在利用数据的时候需要审视事物的本质或内在联系，不能被某些现象所迷惑。

3. 光荣与陷阱

谷歌的工程师们很早就发现，搜索某些字词非常有助于了解流感疫情：在流感季节，与流感有关的搜索会明显增多；到了过敏季节，与过敏有关的搜索会显著上升。2008 年谷歌推出了谷歌流感趋势(GFT)，这个工具根据汇总的谷歌搜索数据，近乎实时地对全球当前的流感疫情进行估测。2009 年在 H1N1 暴发几周前，谷歌公司的工程师们在 *Nature* 上发表了一篇论文，介绍了 GFT，成功预测了 H1N1 在全美范围的传播，甚至具体到特定的地区和州，而且判断非常及时，令公共卫生官员们和计算机科学家们倍感震惊。与习惯性滞后的官方数据相比，谷歌成为一个更有效、更及时的指示标，不会像疾控中心一样要在流感爆发一两周之后才可以做到。这个工具最初运行表现很好，许多国家的研究人员已经证实，其流感样疾病(ILI)的估计是准确的。2013 年 2 月，GFT 再次上了头条，但这次不是因为谷歌流感跟踪系统又有了什么新的成就。2013 年 1 月，美国流感发生率达到峰值，谷歌流感趋势的估计比实际数据高 2 倍。从 2011 年 8 月到 2013 年 9 月的 108 周中，谷歌开发工具超估流感流行高达 100 周。2012—2013 年与 2011—2012 年的同季节相比，它高估了流感流行趋势超过 50%[26]。

谷歌的尝试以及最初的成效无疑是光荣的！但 GFT 后续的表现又让我们看到了大数据的陷阱[27]。

陷阱 1：大数据自大

Lazer 等学者提醒大家关注“大数据自大(big data hubris)”的倾向，即认为自己拥有的数据是总体。这里的关键是，企业或者机构拥有的这个称为总体的数据，与研究问题关心的总体是否相同。在 GFT 案例中，“GFT 采集的搜索信息”这个总体，与“某流感疫情涉及的人群”这个总体，恐怕不是同一个总体。除非这两个总体的生成机制相同，否则用此总体去估计彼总体难免出现偏差。

进一步说，由于某个大数据是否为总体与研究问题密不可分，在实证分析中，往往需要人们对科学抽样下能够代表总体的小数据有充分认识，才能判断认定单独使用大数据进行研究会不会犯大数据自大的错误。

陷阱2：算法演化

相比于大数据自大问题，算法演化问题（algorithm dynamics）就更为复杂，对大数据在实证运用中产生的影响也更为深远。现实中大数据的采集也会遇到类似问题，因为大数据往往是公司或者企业进行主要经营活动之后被动出现的产物。以谷歌公司为例，其商业模式的主要目标是更快速地为使用者提供准确信息。为了实现这一目标，数据科学家与工程师不断更新谷歌搜索的算法，让使用者可以通过后续谷歌推荐的相关词快捷地获得有用信息。这一模式在商业上非常必要，但是在数据生成机制方面，却会出现使用者搜索的关键词并非出于使用者本意的现象。这就产生了两个问题：第一，由于算法规则在不断变化而研究人员对此不知情，今天的数据和明天的数据容易不具备可比性。第二，数据收集过程的性质发生了变化。大数据不再只是被动记录使用者的决策，而是通过算法演化，积极参与到使用者的行为决策中。在GFT案例中，2009年以后，算法演化导致搜索数据前后不可比，特别是"搜索者键入的关键词完全都是自发决定"这一假定在后期不再成立。这样，用2009年建立的模型去预测未来，就无法避免因过度拟合问题而表现较差了。

陷阱3：看不见的动机

在算法演化问题中，数据生成者的行为变化是无意识的，他们只是被"页面"引导，点出一个个链接。如果在数据分析中不关心因果关系，那么也就无法处理人们有意识的行为变化影响数据根本特征的问题。这一点，对于数据使用者和对数据收集机构都同样不可忽略。如今，大数据常常倚重的一个优势，是社交媒体的数据大大丰富了各界对于个体的认知。这一看法通常建立在一个隐含假定之上，就是人们在社交媒体分享的信息都是真实的、自发的、不受评级机构和各类评估机构标准影响的。但是，在互联网时代，人们通过互联网学习的能力大大提高。如果人们通过学习评级机构的标准而相应改变社交媒体的信息，就意味着大数据分析的评估标准已经内生于人们生产的数据中。这时，不通过仔细为人们的行为建模，是难以准确抓住数据生成机制这类的质变的。

从数据生成机构来看，他们对待数据的态度也可能发生微妙的变化。例如，过去社交媒体企业记录保存客户信息的动机仅仅是本公司发展业务需要，算法演化也是单纯为了更好地服务消费者。但随着大数据时代的推进，公司逐渐意识到，自己拥有的数据逐渐成为重要的资产。除可以在一定程度上给使用者植入广告增加收入之外，还可以在社会上产生更为重要的影响力。这时就不能排除数据生成机构存在为了自身的利益，在一定程度上操纵数据的生成与报告的可能性。比如在Facebook等社交媒体上的民意调查，就有可能对一个国家的政治走向产生影响。而民意调查语言的表述、调查的方式可以影响调查结果，企业在一定程度上就可以根据自身利益来操纵民意了。简言之，天真地认为数据使用者和数据生成机构都是无意识生产大数据，忽略了人们行为背后趋利避害的动机的大数据统计分析，可能对于数据特征的快速变化迷惑不解。

总之，在大数据应用的问题上，一定要意识到数据陷阱存在的可能性，要采取相应的措施避免落入数据陷阱。有的专家提出一些解决办法，如大数据和小数据齐头并进，有兴趣的读者可以进一步查阅有关文献，如参考文献[27]。

节点及关联

数据驱动：产品创新，过程，事务活动，战略，运营模式，新组织架构，数据治理。

数据陷阱：大数据自大，算法演化，看不见的动机。

问题：

(1) 需要怎样的数据治理手段？

(2) 需要组织重构吗？

(3) 在利用数据的时候是否忽略了审视事物的本质或内在联系？

(4) 真的拥有总体的数据吗？

(5) 算法演化改变了什么？

(6) 操纵数据有哪些形式？

李培根. 智能制造精要01 数据驱动

参考文献

[1] 比尔·盖茨. 未来时速：数字神经系统与商务新思维[M]. 蒋显璟，姜明，译. 北京：北京大学出版社，1999.

[2] 张洁，等. 智能车间的大数据应用[M]. 北京：清华大学出版社，2019.

[3] 迈克尔·德尔图佐斯. 计算的未来[J]. 科技文萃. 2000，000(002)：24-26.

[4] Miao 君. 思维开拓，一起聊聊数据驱动创新的五种模式[EB/OL]. (2017-11-28)[2021-03-16]. http://zhuanlan.zhihu.com/9/25472215.

[5] ROSEN D W. Thoughts on design for intelligent manufacturing[J]. Engineering，2019(5)：609-614.

[6] MAUSSANG N，ZWOLINSKI P，BRISSAUD D. Product-service system design methodology：From the PSS architecture design to the products specifications[J]. J. Eng. Des.，2009，20(4)：349-366.

[7] SCHLEICH B，ANWER N，MATHIEU L，WARTZACK S. Shaping the digital twin for design and production engineering[J]. CIRP Ann Manuf Technol，2017，66(1)：141-144.

[8] 海尔. 互联工厂创新实践，2016.

[9] 吴澄，范玉顺. 大数据技术的关键是数据分析[M]//中国工程院. 制造强国战略研究·智能制造专题卷. 北京：电子工业出版社，2015.

[10] 迈克尔·波特，詹姆斯·赫普曼. 物联网时代企业竞争战略(续篇)[J]. 哈佛商业评论，2015-10-13.

[11] Teambition. 如何做好设计管理. https://www.teambition.com/design.

[12] 张相木. 智能制造试点示范专项行动[M]//国家制造强国建设战略咨询委员会 & 中国工程院战略咨询中心. 智能制造. 北京：电子工业出版社，2016：267-274.

[13] 周韶宏. 工业4.0：人类社会的下一场生产革命[J]. 上海经济，2014(11)：45-46.

[14] MUSSOMELI A，等. 数字孪生连结现实与数字世界[J]. 德勤2020技术趋势报告，2020：59.

[15] 周安亮，屈贤明. 西门子公司发展智能制造实践经验[M]//中国工程院. 制造强国战略研究·智能制造专题卷. 北京：电子工业出版社，2015.

[16] 罗海滨，范玉顺，吴澄. 工作流技术综述[J]. 软件学报，2000，11(7)：899-907.

[17] 罗海滨，范玉顺，吴澄. 工作流数据的一致性保护框架[J]. 计算机集成制造系统CIMS，2002，8(4)：320-325.

[18] 孙新波,李金柱.数据治理——酷特智能管理演化新物种的实践[M].北京:机械工业出版社,2020.
[19] 周安亮,侯润峰,等.伊利集团液态奶数字化工厂实践经验[M]//中国工程院编:制造强国战略研究·智能制造专题卷.北京:电子工业出版社,2015.
[20] KUMAR P,SEDRA R. CASANOVA J.以数据驱动战略制胜. Strategy+Business[J].普华永道报告,2019-7-30.
[21] 工业互联网产业联盟. AII成员在行动｜PTC工业互联网解决方案为全球抗疫助力[R].2020-4-13.
[22] 吴霁虹,廖琦菁.从直觉到智慧决策[J].哈佛商业评论,2020-01-13.
[23] 孙静,等.大数据引爆新的价值点[M].北京:清华大学出版社,2018.
[24] 毕马威中国大数据团队.洞见数据价值:大数据挖掘要案纪实[M].北京:清华大学出版社,2018.
[25] 蔡主希.统计思维如何帮助大数据应用从人工走向智能? https://zhuanlan.zhihu.com/p/42204964.
[26] 赵斌.从谷歌流感趋势(GFT)出错看大数据发展之路[J/OL].科学网,2014-3-17.
[27] 沈艳.大数据分析的光荣与陷阱——从谷歌流感趋势谈起[EB/OL].(2015-10-28)[2021-03-16]. http://www.aisixiang.com/data/93292.html.

第15章

软件定义

1996 年 6 月 4 日，欧洲的阿丽安娜 5 型火箭第一次发射。在升空仅 40s 后，火箭偏离轨道后爆炸。这次失败造成的直接经济损失是价值 3.5 亿美元的火箭和卫星的爆炸；间接损失是：①该项目花费了欧洲空间局 10 年的时间和 70 亿美元的研发经费；②这次失败极大地延缓了欧洲空间局进入卫星商业发射市场。根据阿丽安娜 501 失败的材料和数据，事故调查委员会从火箭的毁坏开始，向前追溯主要的原因，建立了事故发生的事件链、内部关系和因果关系，最终确认了导致火箭爆炸的原因是软件——箭载计算机上的软件异常造成的。当一个水平偏差变量将 64bit 的浮点数转化成 16bit 有符号整型数值时，浮点数比 16bit 的有符号整型数值大，造成操作数越界错误。数据转换的指令(Ada 程序)没有对此操作数错误加以保护，虽然在同一处的类似变量类型转换加了保护[1]。

1991 年 2 月 25 日，海湾战争期间美国的“爱国者”(Patriot)导弹在沙特阿拉伯的达兰跟踪和拦截伊拉克的飞毛腿(Scud)导弹失败。飞毛腿导弹击中美军兵营，28 名士兵死亡，周围 100 人受伤。美国审计署(GAO)认定是爱国者系统的软件问题。其原因是时间计算得不够精确，属于典型的计算机算法精度错误[1]。

20 世纪 60 年代美苏太空竞赛打得不可开交，于是美国制订了著名的阿波罗登月计划。1968 年 12 月 21 日，执行绕月任务的阿波罗 8 号飞船升空第 5 天，宇航员犯了一个重大错误，误操作删除了所有导航数据，飞船无法返航。万分危急之时，玛格丽特・汉密尔顿带领 MIT 的程序员们连夜奋战 9h，设计出了一份新导航数据并经由巨大的地面天线阵列上传到阿波罗 8 号，让它顺利返航了。1969 年 7 月 20 日，阿波罗 11 号飞船登月前，危机再次发生。当年的计算机计算速度极慢，存储空间很小，整个系统只能存储 12KB 的数据，临时存储空间仅 1KB。飞船登月前几分钟，计算机出问题了，因频繁过度的计算，计算机系统几近崩溃。正是玛格丽特首创的“异步处理程序”软件，让阿波罗 11 号学会了“选择”：当计算机运行空间不足时，把最宝贵的存储空间只留给最关键的登月任务，其他任务暂停，由此而让登月舱成功降落在月球表面[2]。

从上面的例子可以看到，成功与失败之中，软件的作用多么重要！然而，这些例子依然难以概全软件在当今的地位。随着数字-智能技术的快速发展，软件似乎在“定义”世界，当然也“定义”制造。

15.1 华丽超越

2019 年 1 月，大众公司 CEO Herbert Diess 博士在达沃斯“世界经济论坛年会”上说过：在不远的将来，汽车将成为一个软件产品，大众也将会成为一家软件驱动的公司[3]。

2015 年 GE 公司成立了 GE 数字集团，在全球拥有 15000 名软件开发人员。GE 前任董事长杰夫·伊梅尔特希望 GE“到 2020 年成为全球十大软件供应商之一”，提出“未来每一个工业企业也必须是一家软件企业”。2008 年博世公司专门成立了软件创新业务部门，并通过收购 Innovations Software Technology 和 inubit 不断拓展软件技术和服务能力。面对未来，他们提出了以软件平台为核心的“慧连制造”解决方案。而这一切，都需要通过应用软件对整个生产流程进行云化和再造。看不见的软件，正帮助博世公司从一家重型工业企业向平台服务综合解决方案厂商转型。罗兰贝格公司的专家在谈到工业 4.0 时曾指出，未来的工业竞争存在两种可能的情景：软件革命和硬件进化。软件革命的情境是，来自硅谷的国际 ICT 巨头或新兴企业，以 ICT 产业领域的技术优势、竞争规则和商业模式重整制造业，通过构建制造业平台、解决方案和产业生态，掌控消费者、掌握制造业发展的主导权，美国通过强化这一领域自己独特的竞争优势将形成对传统欧洲制造企业的全面领先，也将对中国制造企业构成巨大挑战[4]。

在制造业中一直叱咤风云的西门子，如今已赫然位居全球十大软件公司之列，也是最大的工业软件公司之一。看看西门子的软件历程[5]：

2007 年，斥资 35 亿美金，购买了年利润仅 1.1 亿美金的 UGS 公司。通过结合西门子在实体领域的自动化以及 UGS 在虚拟领域的 PLM 软件方面的专业知识，西门子成为全球唯一一家能够在客户的整个生产流程中为其提供集成化软件和硬件解决方案的公司。

2008 年，收购德国的 Innotec，其主要功能是厂房布局规划及实际工厂的运行模拟。

2009 年，收购 MES 厂商 Elan Software Systems 公司。

2010 年，整合 Simatic IT。

2011 年，收购巴西 Active Tecnologia em Sistemas de Automação 公司，生物和制药行业的 MES。

2011 年，收购拥有领先的复合材料分析工具 Fibersim 的 Vistagy 公司。

2012 年，收购质量管理软件厂商 IBS AG 公司。

2012 年，收购产品成本管理解决方案公司 Perfect Costing Solutions GmbH。

2012 年，收购 Kineo CAM，其解决方案可通过优化运动、避免碰撞和规划路径等功能，帮助不同行业的客户实现生产效率最大化。

2012 年，收购 VRcontext International S. A.，提供 3D 仿真可视化浸入式现实(VR)来实现人机的交互。

2013 年，收购 LMS——唯一一家能够同时提供机电仿真软件、测试系统及工程咨询服务的解决方案提供商。

2013 年，收购 TESIS PLMware，其解决方案主要是实现 SAP/Oracle 和 TC 的无缝链接。

2013 年 6 月，并购英国 APS 厂商 Preactor，高级排程软件。

2014 年,发布“2020 公司愿景”,明确了专注于电气化、自动化和数字化增长领域,成立数字化工厂集团。加大了工业云和工业大数据的投入。

2014 年,收购美国 Camstar 公司,其特色在于大数据分析能力。

2014 年年底,搭建跨业务新数字化服务平台 Sinalytics。

2015 年 6 月,Omneo PA 大数据分析软件被正式推出,拉开了西门子大数据与云服务的大幕。

2016 年 1 月,收购 CD Adapco——在流体分析等领域有独到竞争优势的 CAE 软件供应商。

2016 年 1 月,收购 Polarion 公司,旨在增强对系统驱动的产品开发过程的支持。

2016 年 8 月,收购英国 3D 打印工业组件开发商 Materlals Solutions。

2016 年 11 月,收购 Mentor Graphics(美国公司)——EDA 三大巨头之一,扩展其现有的工业软件产品组合,提升西门子的数字化制造能力。

当然,在大力布局软件的同时,西门子也在一步步剥离非核心的硬件业务,不断瘦身。

一系列令人眼花缭乱的操作!仅 10 余年,蓦然回首,不知不觉之间西门子已经华丽转身。目前,西门子的软件实力已经涵盖设计、分析、制造、数据管理、机器人自动化、检测、逆向工程、云计算和大数据等领域,全面发掘包括制造业在内的数字化发展潜力。

软件使他们华丽超越!

15.2　软件定义的含义

“也许大海给贝壳下的定义是珍珠,也许时间给煤炭下的定义是钻石。”——纪伯伦,《沙与沫》。

2011 年,NetScape 创始人 Marc Andreessen 说:Software eats the world!(软件吞噬世界!)C++语言发明人 Bjarne Stroustrup 也曾说:人类文明运行在软件之上[6]。的确,数字比特的海洋(软件)似乎正在成为当今世界的主题。越来越多的人相信,软件定义世界,软件定义一切。数字比特的海洋会给制造下什么样的定义?但对于很多从事制造业的人们而言,当听到软件定义制造之类的话,总觉得类似表达是不是太极端了,有人甚至明确地表示不屑。从事机械、制造以及 OT 领域的一些专家学者对“软件定义”之类的话多有排斥,亦事出有因。的确有少数 IT 出身的专家在谈论智能制造及软件定义之类的话题时,没能落到实处;还有少数制造或传统自动化出身的专家在谈论数字化和智能化技术的时候“忘记了回家的路”。这两种情况当然是应该避免的。说软件定义一切,当然不是说世界上的阿猫阿狗都是软件定义的;说软件定义制造,肯定不是指扳手、螺丝刀都是软件定义的,也并非说设备和工艺不再重要。无论数字-智能技术多么先进,基本的工艺和装备永远是重要的,因为产品要靠它们生产出来;人也是最重要的,甚至某些传统的手工工艺未必都能去掉。日本某先进的机床公司里,在应用数字-智能技术的同时,却存在原始的手工刮研工艺,而且是用在高精度要求之处。

有制造领域的学者建议,不要提软件定义制造,只说软件使能制造。笔者认为,“软件定义制造”不能算一个严格的学术概念,但作为技术意识或观念,作为一种描述趋势的定性说法则可以被接受。在当今学科和技术交融的时代,机械、制造及传统自动化领域的学者和专家们更应该欣然融合来自异学科的新概念或理念，只要其主体思想是合理的。当然自己要清醒的是，不要忘了回家的路！如果把语义绝对化，“软件使能制造”同样存疑，因为扳手和螺丝刀不是软件使能的。之所以说软件定义制造，不只是因为制造中要用到很多软件，而是软件在制造中的作用越来越关键，软件越来越体现产品和企业的竞争力。只要我们略为细察，软件的确已经渗透到制造的方方面面，且成为其核心能力。只要看看今日智能产品和装备中软件的作用，就能领略其言之真。图 15-1 是制造中所用到的部分软件。

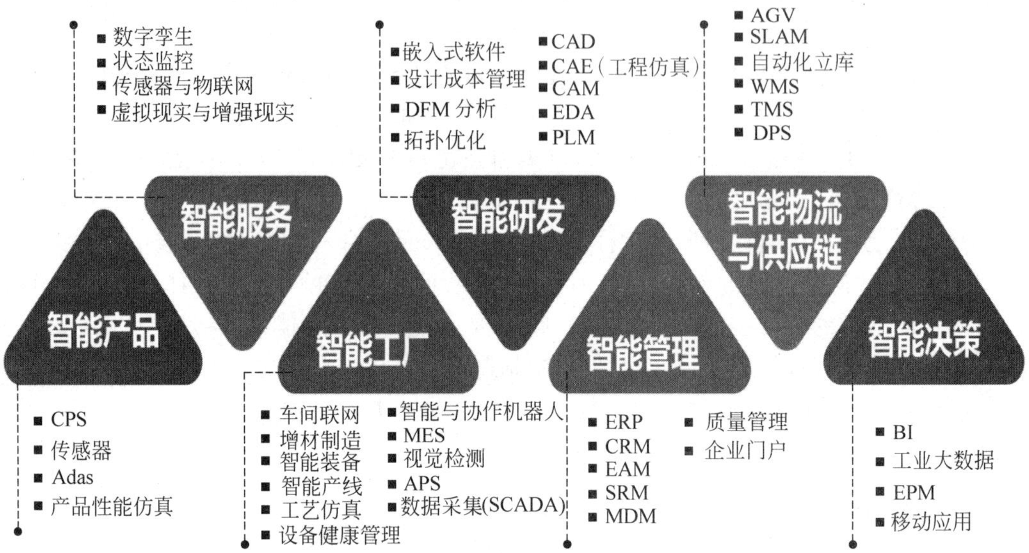

图 15-1　软件支撑智能制造（提供：黄培）

的确“软件定义”这一术语起源于计算机学科领域，“软件定义制造”之说则是行业融合的自然结果。一般认为，软件定义的说法始于软件定义的网络（SDN）。传统的网络体系结构，网络资源配置大多是对每个路由器/交换机进行独立的配置，网络设备制造商不允许第三方开发者对硬件进行重新编程，控制逻辑都是以硬编码的方式直接写入交换机或者路由器的，这种“硬件为中心”的网络体系结构，复杂性高、扩展性差、资源利用率低、管理维护工作量大，无法适应上层业务扩展演化的需要。2008 年前后，美国斯坦福大学提出“软件定义网络”并研制了 OpenFlow 交换机原型。OpenFlow 中，网络设备的管理控制功能从硬件中被分离出来成为一个单独的完全由软件形成的控制层，抽象了底层网络设备的具体细节，为上层应用提供了一组统一的管理视图和编程接口（API），而用户则可以通过 API 对网络设备进行任意的编程从而实现新型的网络协议、拓扑架构，而不需要改动网络设备本身，满足上层应用对网络资源的不同需求。2011 年前后，SDN 逐渐被广泛应用于数据中心的网络管理，并取得了巨大的成功，重新“定义”了传统的网络架构，甚至改变了传统通信产业结构。在 SDN 之后，又陆续出现了软件定义的存储、软件定义的环境、软件定义的数据中心等。可以说，针对泛在化资源的软件定义一切（SDX）正在重塑传统的信息技术体系，成为信息技术产业发展的重要趋势。

实现 SDX 的技术途径，就是把过去的一体化硬件设施打破，实现硬件资源的虚拟化和管理任务的可编程，也就是把传统的一体式（monolithic）硬件设施分解为“基础硬件虚拟化及其API + 管控软件”两部分：基础硬件通过API提供标准化的基本功能，进而在其上新增一个软件层替换一体式硬件中实现管控的“硬”逻辑，为用户提供更开放、灵活的系统管控服务。通过软件定义，底层基础设施架构在抽象层次上就能趋于一致。换言之，对于上层应用而言不再有异构的计算设备、存储设备、网络设备、安全设备导致的区别，应用开发者能根据需求更加方便、灵活地配置和使用这些资源，从而可以为云计算、大数据、移动计算、边缘计算、泛在计算等信息应用按需“定义”出适用的基础资源架构[7]。

软件定义概念融入各个领域的同时正在不断“泛化”，软件定义正在向物理世界延伸。在工业互联网、工业4.0和我国制造强国战略的发展蓝图中，软件定义将成为企业核心竞争力的战略需要。伴随着软件定义的泛化与延伸，软件将有望为物理实体定义新的功能、效能与边界。

在制造中，软件的作用越来越大。智能产品需要软件；产品设计中结构的创成需要软件(如衍生式设计)；加工过程的控制、优化需要软件；管理调度优化需要软件；从采购到销售的整个供应链系统的优化需要软件……几乎在制造的所有方面都离不开软件。不妨把软件定义的理念引申到制造中，但“定义”主要不是表现在“需要”，不是局限于应用软件后提高效率。而是若没有软件，产品的某些功能可能根本不存在；过程的高性能、高质量无法达到；企业的目标不可能实现；某些市场也可能不存在……。现在可以回答，数字比特的海洋(软件)能为制造下的定义：人力或传统自动化不能实现的功能、性能、高质量……。

软件定义制造：

- 如果软件在制造系统的某些产品/过程中所发挥的作用是人力或传统自动化不可企及的，则说产品/过程是软件定义的。
- 如果软件在制造中的关键作用是人力或传统自动化不可企及的，则说软件定义制造。

软件定义制造，并非说所有的软件都能定义制造。能定义制造的软件主要是工业软件，而非一般的IT软件。工业软件绝不是一般互联网公司可以涉足的。仅就代码行数而言，Windows软件甚至不及某些复杂产品(如飞机)中用到的工业软件。可见，工业软件承载的是何等大尺度的工程量！工业软件还不能容忍哪怕一点瑕疵，比如发射火箭，若控制火箭动作的软件有某个细节不对，火箭立即失控。普通IT软件则不然，如Windows软件出错，重启系统不致有太大问题。工业软件中沉淀了大量工厂场景数据、知识及很多人的经验、才智[8]。这就表明，软件背后潜藏的人的经验、才智、数据、知识等定义了制造。另外，现在人工智能的发展已经在局部领域超越人的智能，在制造中融入了人工智能的某些软件(也需基于制造某个领域的知识)完全有可能在制造的特定方向超越人的能力，如感知、计算、推理能力等。这就是软件有可能“定义”制造的技术背景。

软件定义制造的内涵：真正定义制造的是软件中所沉淀的人的经验、知识、才智以及由数据驱动的人工智能等。

及此，从事制造以及传统自动化的专业人士就可明白，绝非IT技术定义了制造，IT/软件只不过是制造领域专家定义制造的一个工具而已。

文献[9]中的一段话不乏道理：“不是软件来定义制造，而是制造的工艺知识凝聚，软件仅为载体，但是，如果只是个载体，那就不能称为定义。”只不过，当我们知道个中含义的合理性后，不必以概念去较真概念。有些情况下，对于来自不同学科且在一定程度上代表制造发展趋势的、非严格学术意义的理念，不妨受之纳之。重要的是，要真正认识到软件定义制造的内涵。

某些软件在制造中表现出的关键作用非人力或传统自动化所能企及，意指即使增加人力也不可能达到某些软件的作用或效果。不是所有的软件都能够“定义”，如普通的 CAPP，虽然它能够大大提高工艺设计的效率，但如果没有它，人还是有可能设计出相应的工艺流程，只不过要花费更多的人力。所以还不能说普通的 CAPP 软件定义了工艺。企业中也不是所有的实体或过程都是软件定义的，之所以说软件定义制造，是希望通过软件创新实现人和传统自动化都难以企及的某些功能和性能。也就是说，软件定义制造——反映了制造中的一种趋势，一种期盼，一种境界。

在数字-智能时代，企业应该建立强烈的“软件定义”的意识，争取让软件能够定义产品，定义质量、性能，定义企业目标，定义市场……。后面几节将有进一步的讨论。

李培根. 闲话“软件定义制造”

问题：

(1) 软件定义这一术语的起源是什么？

(1) 软件定义网络的实质是什么？

(3)“软件定义一切”的语义环境是什么？

(4)“软件定义制造”的内涵是什么？

15.3 软件定义产品功能和性能

软件定义产品的功能和性能，主要表现在两个方面：一是产品中由软件定义的产品功能和性能，二是仿真软件定义产品的功能和性能。第 11 章产品进化中已经有一些与此有关的介绍。本节详细讨论第一个问题，第二个问题在虚实融合(第 16 章)中再作进一步讨论。

1. 汽车与软件

既然 Diess 博士说汽车将成为一个软件产品，我们不妨从汽车说起。

1976 年汽车开始装入软件，20 世纪 90 年代中期计算机迅速地用于汽车中。到 2006 年，宝马 7 系列汽车上有 270 个与用户交互的功能，部署在 67 个嵌入式平台上，软件二进制代码有 65MB 之多。汽车软件具有其特别性。汽车是一个具有大众化使用、灵活多变、批产和车型分散等特性的领域。具体表现在以下几个方面：①不同的用户(包括司机、乘客、保养人员)具有更广泛的要求；②车辆和使用人员会提出特定的维护情景；③用户越有钱，对安全关键功能和舒适程度要求越高；④从城市、乡村道路到野外，对系统运行环境具有不同的特殊要求，期望汽车中的软件能自动适应；⑤功能的多样性，从嵌入式实时控制到信息娱乐(infotainment)，从舒适功能(如空调)到辅助驾驶，从能源管理到软件下载功能，从安全气囊到自动诊断和错误日志，等等[1]。

汽车软件复杂性、广泛性、对环境的适应性上的需求越来越大，导致了汽车对软件工程的特定的要求，主要体现为如下的非功能要求。①多媒体、信息通信、人机界面(HMI)：这类系统一般是软实时的，并能够通过事件离散或数据处理与车外的 IT 系统交换信息；②人体/舒适软件：由控制程序主导的典型软实时、时间离散处理；③安全电子系统的软件：硬实时的、基于事件离散的、严格的安全需求；④动力传动系统和底盘控制软件：硬实时的、控制算法主导的离散的事件处理，严格的可用性；⑤基础软件：软实时和硬实时，基于事件的软件，对车辆的整个 IT 系统进行管理，如诊断软件或软件升级系统等[1]。

时至今日，汽车的车载软件已经日渐增多。图 15-2 所示为宝马的汽车车载软件示意图。

图 15-2　汽车车载软件

随着智能互联、自动驾驶、电动汽车及共享出行的发展，软件、计算能力和先进传感器正逐渐取代发动机的统治地位。与此同时，这些电子系统的复杂性也在提高。以当今汽车包含的软件代码行数(SLOC)为例，2010 年，主流车型的 SLOC 约为 1000 万行；到 2016 年达到 1.5 亿行左右。软件在 D 级车(或大型乘用车)的整车价值中占 10%左右，预计将以每年 11%的速度增长，到 2030 年将占整车内容的 30%。数字化汽车价值链上的所有企业均在尝试从软件和电子技术带来的创新中获利(见图 15-3)。软件公司和其他数字技术企业正从目前的二级、三级供应商逐步成为整车企业的一级供应商。它们超越了功能和应用程序(App)的范围，进一步涉足操作系统，加深在汽车“技术栈”中的参与度。同时，传统的汽车电子系统一级供应商正在大胆进入 IT 巨头所在的功能与应用程序领域[10]。

2. 软件定义产品的功能

技术在发展，人们对汽车功能和性能的追求似乎没有止境，近些年来，汽车行业对自动驾驶乃至无人驾驶的探索即是如此。

自动驾驶及无人驾驶给汽车增加了诸多新的功能，几乎所有的新功能都是靠软件“定义”的。尽管功能的执行需要硬件，但决策却是软件，正是在此意义上，软件定义了那些新功能。如一个自适应巡航系统，汽车需要根据前车位置和速度来决定自己的跟车速度，以及要

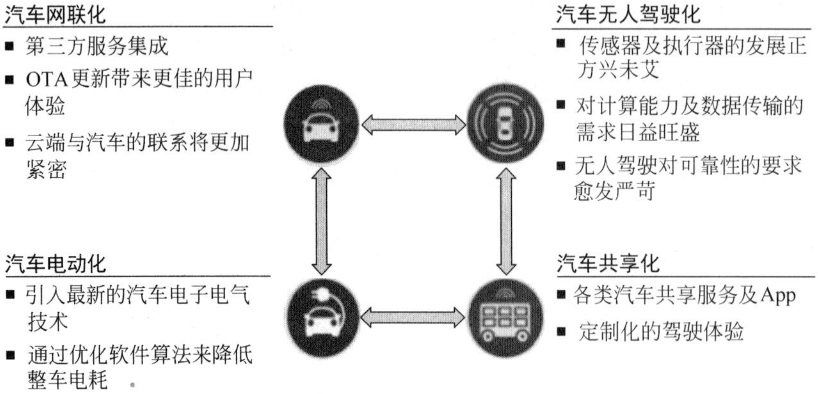

汽车网联化
■ 第三方服务集成
■ OTA更新带来更佳的用户体验
■ 云端与汽车的联系将更加紧密
汽车无人驾驶化
■ 传感器及执行器的发展正方兴未艾
■ 对计算能力及数据传输的需求日益旺盛
■ 无人驾驶对可靠性的要求愈发严苛
汽车电动化
■ 引入最新的汽车电子电气技术
■ 通过优化软件算法来降低整车电耗
汽车共享化
■ 各类汽车共享服务及App
■ 定制化的驾驶体验

图 15-3 软件推动汽车行业关键创新[10]

不要切换跟车目标，其决策过程就是逻辑判断，都要依靠软件。现在的汽车中一般都有电子控制单元（ECU），被有些人称为“行车电脑”，其用途就是控制汽车的行驶状态以及实现其各种功能。ECU 主要利用各种传感器、总线的数据采集与交换，判断车辆状态以及司机的意图，并通过执行器来操控汽车。ECU 中又有很多软件系统：发动机管理系统（EMS），主要控制发动机的喷油、点火、扭矩分配等功能；自动变速箱控制单元（TCU），常用于某些自动变速器中，根据车辆的驾驶状态采用不同的挡位策略；用于稳定控制的系统，如博世公司的车身电子稳定控制系统（ESP）（可以使车辆在各种状况下保持最佳的稳定性，在转向过度或转向不足的情形下效果更加明显），日产的车辆行驶动力学调整系统（VDC），丰田的车辆稳定控制系统（VSC），本田的车辆稳定性辅助控制系统（VSA），宝马的动态稳定控制系统（DSC），等等。不难看到，这个时代的汽车电子创新多数属于软件创新。至于汽车中那些五花八门的新功能，如娱乐、语音控制、汽车与手机的交互、远程解锁、辅助驾驶、AR 导航、自动泊车等，背后全是软件支撑。

从汽车的部分功能可以看出，软件的作用远不只是提高效率，还能够产生新的功能，或者是行为逻辑判断的决策者。因此说软件定义了汽车的新功能，则是言之有据了。

3. 软件定义产品性能

汽车的很多性能取决于软件。图 15-4 所示为发动机燃油喷射控制示意图。ECU 中软件设定两种注油模式：分层注油和均匀注油。如果发动机低速或中速运转，采用分层注油模式，此时节气门为半开状态，电磁喷射器喷出少量的油雾，与进入的气流一起在火花塞周围形成油雾浓度较高的球状油气混合物，容易点燃，而燃烧室其他空间由空气含量较高的混合气填充，这种分层注油方式大大节省了燃油；而当发动机高速运转，节气门完全开启时，就采用均匀注油模式，大量空气高速进入气缸，与活塞顶部凸面形成较强涡流并与汽油均匀混合，让油气混合

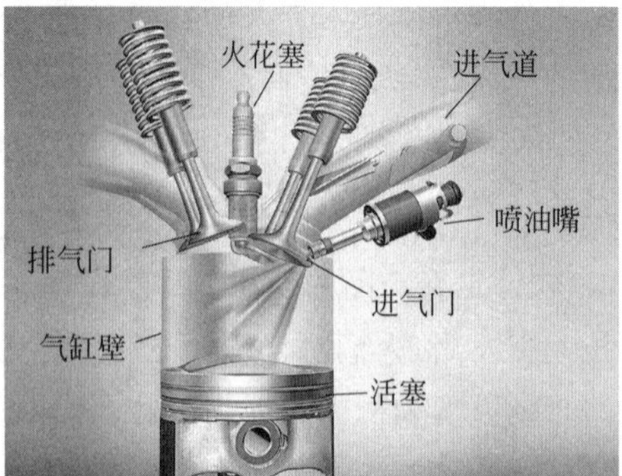

图 15-4 发动机燃油喷射控制示意图[2]

物充分燃烧，有效提高发动机动力输出，降低了排放。一个发动机，两种油气混合模式，用车载软件很好地解决了低速和高速行驶的喷射供油问题[2]。

汽车安全当然是用户最关注的性能，而安全性能在很大程度上受软件制约。汽车安全相关的软件与一般性的软件很不一样。如互联网应用软件中如果发现 bug，只需后台进行推送更新升级就行，不至于造成大的损失，最多造成短暂使用不便。而涉及汽车安全的软件则不然，一个小的 bug，轻则因为安全问题误事，重则会造成生命财产损失。考虑汽车安全的软件设计还可能包括功能安全的冗余设计，防止可能的软件故障造成无可挽回的后果。当然，类似于安全这样苛刻的性能要求都会给汽车软件开发者更多的条条框框和更严格的流程。因此，软件定义汽车的性能，由此可见一斑。

4. 嵌入式系统和软件

很多智能产品中往往有嵌入式系统。嵌入式系统面向应用，以 ICT 技术为基础，强调硬件与软件的协同性与整合性，软件与硬件可剪裁，以此满足系统对功能、成本、体积和功耗等的要求。而嵌入式软件则是基于嵌入式系统设计的软件，也是计算机软件的一种。应用软件是嵌入式系统中的上层软件，定义了嵌入式设备的主要功能和用途，并负责与用户进行交互。应用软件是嵌入式系统功能的体现，如飞行控制软件、手机软件、MP3 播放软件、电子地图软件等，一般面向特定的应用领域。由于用户在使用过程中对时间和精度上的要求，有些嵌入式应用软件需要特定嵌入式操作系统的支持。嵌入式软件具有通用软件的一般特性，但它与普通的个人计算机应用软件还是有一定区别的。下面介绍几个与嵌入式系统密切相关的特点[11]。

(1) 规模较小。在一般情况下，嵌入式系统的资源多是比较有限的，要求嵌入式软件必须尽可能地精简，多数嵌入式软件都在几兆字节以内。

(2) 开发难度大。嵌入式系统由于硬件资源有限，使得嵌入式软件在时间和空间上都受到严格的限制，需要开发人员对编程语言、编译器和操作系统有深刻的了解，才有可能开发出运行速度快、存储空间少、维护成本低的软件。嵌入式软件一般都涉及底层软件的开发，其运行环境和开发环境比个人计算机复杂。嵌入式软件是在目标系统上运行的，而嵌入式软件的开发工作则是在另外的开发系统中进行，当应用软件调试无误后，再把它放到目标系统上去。

(3) 高实时性和可靠性要求。具有实时处理能力是许多嵌入式系统的基本要求，实时性要求软件对外部事件作出反应的时间必须要快，在某些情况下还要求是确定的、可重复实现的，不管系统当时的内部状态如何，都是可以预测的。同时，对于事件的处理一定要在限定的期限之前完成，否则就有可能引起系统崩溃。航天控制、核电站、工业机器人等实时系统对嵌入式软件的可靠性要求是非常高的，一旦软件出了问题，其后果非常严重。

(4) 软件固化存储。为提高系统的启动速度、执行速度和可靠性，嵌入式系统中的软件一般都固化在存储器芯片或微处理器中。

手机电子地图就是嵌入式软件应用的例子。人们希望有一个能够互动搜索自动导航的电子地图。只要用户输入想要找的目标名称，马上在地图上面自动定位，使用起来非常简单、快速。主流的手机地图软件有谷歌地图、高德地图、百度地图等，均属于嵌入式应用软件。

5. 软件定义智能互联产品

数字-智能时代产品的重要特性之一是智能互联。原先单纯由机械和电子部件组成的产品，现在已进化为各种复杂的系统。硬件、传感器、数据储存装置、微处理器和软件，它们以多种多样的方式组成新产品。请注意，智能互联产品中真正的“智能”主要体现在其软件上。互联产品的基本组成是硬件加软件，软件包括内嵌的操作系统、搭载的软件应用、用户交互系统、产品控制部件等。智能互联产品的上一层可能是“云”，其中的应用平台含有执行和开放应用程序的开放环境，用户可实现智能互联应用软件的快速开发。

智能互联产品的基本功能是监测、控制、优化、自动。智能互联产品能对产品的状态、运行和外部环境进行全面监测。在数据的帮助下，一旦环境和运行状态发生变化，产品就会向用户或相关方发出警告。监测功能还能让公司或客户追踪产品的运行状态和历史，更好地了解产品的使用状况。人们可以通过产品内置或产品云中的命令和算法进行远程控制。算法可以让产品对条件和环境的特定变化做出反应。例如，当压力过高时，自动关闭阀门；当车库流量表达到一定级别时，打开指示灯；通过内置或云搭载的软件对产品进行控制。再如，飞利浦照明的多彩灯，用户可以通过智能手机进行开关，还可以设置程序，当有人闯入时发出红色闪光。有了丰富的监测数据流和控制产品运行的能力，公司就可以用多种方法优化产品，过去这些方法大多无法实现。人们可以对实时数据或历史记录进行分析，植入算法，从而大幅提高产品的产出比、利用率和生产效率。以风力发电涡轮为例，内置的微型控制器可以在每一次旋转中控制扇叶的角度，从而最大限度捕捉风能。人们还可以控制每一台涡轮，在能效最大化的同时，减少对邻近涡轮的影响。迪堡公司(Diebold)能检测多台自动取款机的使用状况。一旦侦测到早期故障预警信号，公司就会对取款机的状态进行评估，进行远程修理。如果需要实地修理，公司会向维修人员提供详细的故障诊断、维修流程建议和需要替换的部件。和其他智能互联产品一样，公司的自动取款机也可以通过升级来提升性能，通常升级都是通过远程软件更新完成的。将检测、控制和优化功能融合到一起，产品就能实现前所未有的自动化程度。最简单的产品有 iRobot 公司的真空扫地机器人 Roomba，它内置软件和传感器，能对不同结构的地面进行扫描和清扫。更先进的产品则具备学习能力，能根据周边环境分析产品的服务需求，并根据用户的偏好进行调整。自动功能不仅能减少产品对人工操作的依赖，更能实现偏远地区的远程作业，提升危险环境下的工作安全性[12]。

实现上述基本功能，软件起到关键作用。这些基本功能又决定了产品的应用功能与性能，换言之，产品的应用功能与性能为软件所定义。

另外，除产品的决策智能外，软件还可以替代部分物理配件，或者使一个物理装置在不同条件下运行。在有些产品中，公司可以通过用“软件”替换物理部件来降低售后服务成本。例如，飞机驾驶舱内的 LCD 显示屏替代了过去的机械刻度盘和电子仪表，而 LCD 显示屏可以通过软件升级。产品使用数据也可以帮助企业进行以服务为导向的设计——降低设计的复杂性，替换那些容易发生故障的配件，从而让产品维护变得更简单。某种意义上，软件定义了产品服务。

节点及关联

软件定义产品：

产品创新；

嵌入式系统，嵌入式软件；

智能互联：传感，数据，监测，控制，优化，自动；

产品开发：仿真软件，数字孪生。

15.4 软件定义加工生产

第 12 章中介绍了过程进化。加工生产当然是最具“制造”特征的过程，也就是把原材料转换成有用物品的基本物理或化学过程。智能工厂中，加工和生产的控制也是软件定义的。

1. 软件定义加工

说到加工，离不开工作母机(机床)。定义加工的软件自然多与机床相关。移动互联网、大数据、云计算、物联网等新一代信息技术日新月异、飞速发展，这些技术进步也为机床智能化、加工智能化提供了重大机遇。智能机床是利用自主感知获取机床、加工、工况、环境有关的信息，通过自主学习与建模生成知识，并能应用这些知识进行自主优化与决策，完成自主控制与执行，实现加工制造过程的优质、高效、安全、可靠和低耗的多目标优化运行。图 15-5 是智能机床的示意图[13]。

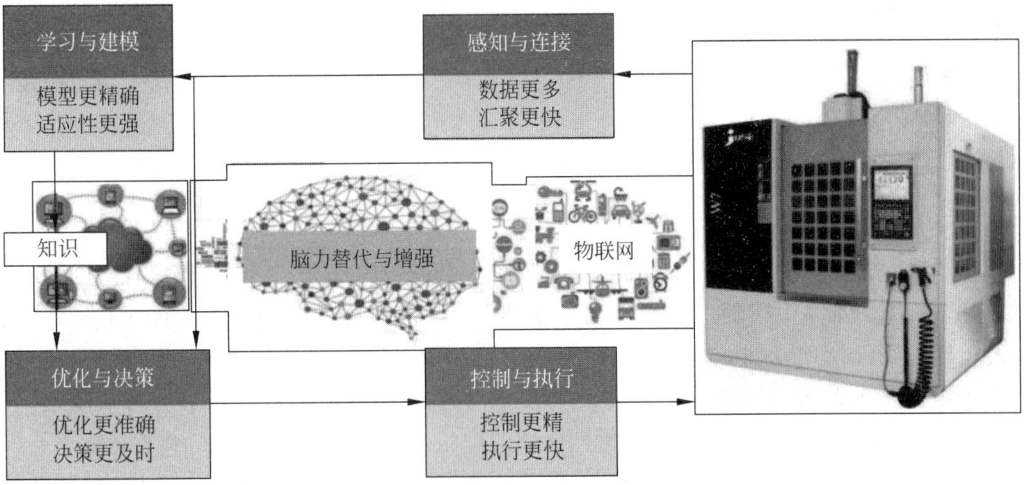

图 15-5 智能机床示意图[13]

智能机床中的几大模块，如感知与连接、学习与建模、优化与决策、控制与执行，其关键都在于软件。以工艺参数优化为例，工艺参数影响着零件的加工质量、效率、机床和刀具等制造资源的寿命等。华中数控公司把智能数控系统(INC)配置在 BL5-C 智能车床上，利用数控加工过程数据，建立车床的工艺系统响应模型，验证基于大数据的加工工艺知识学习、积累与运用方法的可行性与有效性。其具体过程为[13]：

以 BP 神经网络作为描述该车床工艺系统响应规律的模型，模型的输入端为切削深度、切削半径、材料去除量、进给速度、切削线速度 5 个工艺参数，输出端为主轴功率，如图 15-6 所示。选择该型车床实际生产常见的零件进行加工，记录加工时的指令域大数据。从其中的主轴功率数据中分离出稳态数据作为神经网络的输出端训练样本，生长出一个仿真该机床车削主轴功率的模型。新的加工零件(形状和工艺参数都不同的零件)在实际加工前，先在该模型中进行仿真、迭代、优化。对表 15-1 所示零件，以最大允许主轴功率及功率的波动为约束条件针对加工效率进行优化。结果表明，在满足约束条件的情况下，优化后的加工时间较优化前缩短了 27.8%。

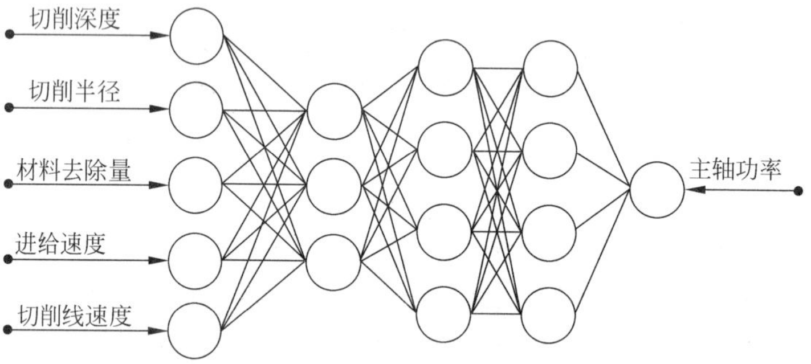

图 15-6 表征工艺参数-主轴功率响应的 BP 神经网络模型[13]

表 15-1 优化结果

优化零件	优化前加工时间	优化后加工时间	加工效率提升
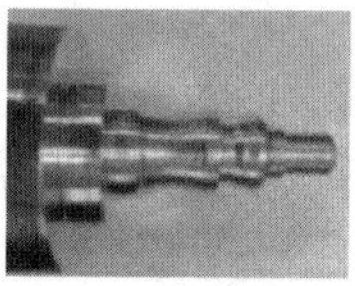	3min7s	2min15s	27.8%

软件对工艺的影响不止于常规的 CAPP，因为普通的 CAPP 主要是提高工艺设计的效率。但软件用于某些工艺的仿真却能够给出人力难以为之的工艺方案。图 15-7 是某个新款工业过滤器，内部形状结构极其复杂，用传统的制造工艺无法造出来的，因此制造商采用 3D 打印(增材制造)工艺做这个过滤器。但是在增材成形过程中，在网状结构与顶端连接的部位出现凸起变形，造成产品超差问题。合理的想法自然是在凸起的地方预先缩细一点，若如此需要通过大量的反复试错来调节，且工艺不稳定，易造成高废品率。在安世中德公司指导下，采用增材仿真的方式实现了一种更加快速且成本很低的方法。工程师利用 ANSYS 增材仿真模块分析该过滤器的增材制造过程，预测了过滤器的变形与残余应力，包括原始结构、变形前后以及去除支撑前后的差异，而且还给出了自动补偿，自动调节几何结构，让过滤器壁面向变形的相反方向移动，最后完全满足了设计要求[2]。

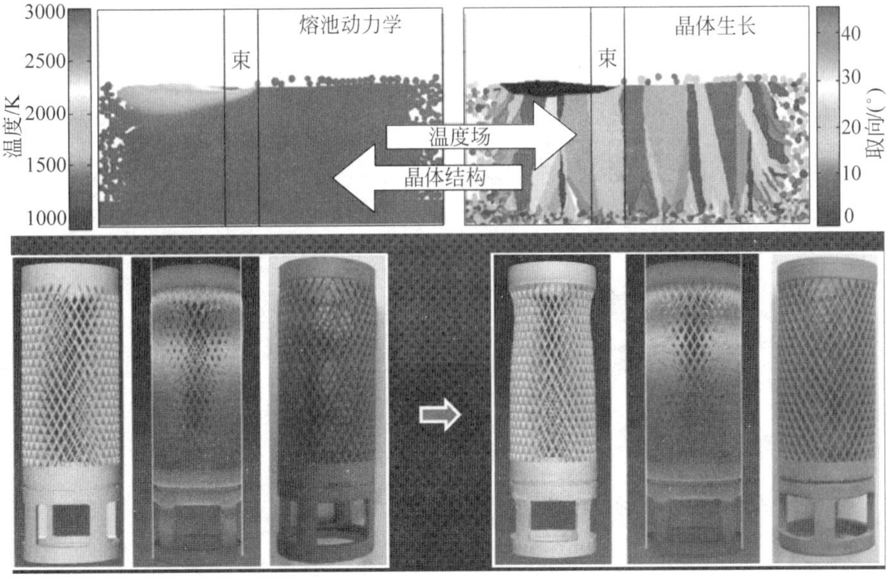

图 15-7
(彩图)

图 15-7　3D 打印过滤器[2]

图 15-8 所示为是一个冲压件的挤压成形过程仿真。产品的内部应力是不可见的，过去很多质量问题是不可控的。从图 15-8(b)的仿真结果可以看出，冲压成形后，突出的边缘应力集中严重，材料过多拥挤在此。从图 15-8(c)下图可以看出，不仅有局部压力集中，材料挤压在了一起，而且还有局部拉力集中。因为是用“粒子法”而不是有限元划分模型，可以看出，材料颗粒之间呈现出很明显的彼此分离现象。这样的挤压成形会造成局部裂痕、裂缝等重大质量问题。而华成经纬公司用 CAE 软件对模具重新设计后，在模具形状和成形步骤都作了优化调整，较好地解决了问题。可见，CAE 软件能够使“问题”无处遁形[2]！

(a)　(b)　(c)　(d)

图 15-8
(彩图)

图 15-8　挤压成形仿真[2]

图 15-9 所示为考虑工艺优化的智能注塑机的例子。华中科技大学李德群教授团队开

展智能技术用于塑料注射成形工艺及机床的研究，基于数据驱动，通过学习认知，将模具、装备和工艺有机结合，实现高效、高精与节能成形。

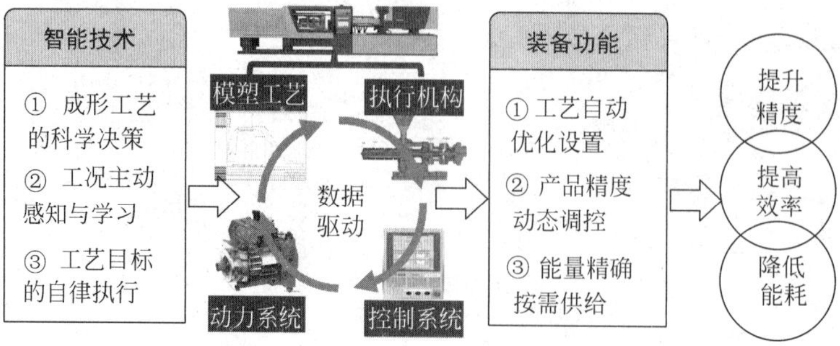

图 15-9 塑料注射成形智能化(来源：李德群)

2. 工控软件定义工业过程控制

下面介绍工业过程控制中常见的工控软件[11]。

工控软件的出现是伴随计算机技术用于工业控制开始的，经历了用二进制编码、汇编语言、高级语言编程，进而发展到组态软件，以致今天的用 AutoCAD 直接采用标准的过程控制流程图和电气原理系统图的组态软件。采用 AutoCAD 的工控软件是直接在屏幕上设计过程控制流程图和电气原理系统图，然后由计算机(工程师站)自动生成执行程序，这样就不要求控制工程师有很多计算机软件编程的知识和技巧，甚至可以说不需要以前的严格意义上的软件设计工作，就可以完成工控软件的开发。这不仅使工控软件开发的质量和效率大大提高，而且可以使控制工程师无须将大量的精力和时间耗费在烦琐的编程工作中，而是把更多的注意力放在控制策略和工厂自动化的需求分析和研究中。尽管当前许多自动化系统的工控软件还是采用文本或专用图形的组态方式，但无疑采用 AutoCAD 的工控软件将成为工控软件的主流。

以前，绝大多数工控软件是由各自动化系统设备制造商针对其特定的硬软件环境下开发的。在一个工厂中有各种不同的生产工艺和设备，要求根据不同的对象选用不同的自动化系统设备，如工控机、PLC、DCS 等，即使同类的自动化系统，设备制造厂商不同，其工控软件也不相同，往往一个部门或一个人要同时了解和掌握几种本质或功能都基本相同的工控软件，这给用户购买、集成、开发、维护带来极大的不便，增加了人力资源的消耗和投资。能否在大家熟悉的 Windows 操作系统下开发出一种不受硬件制约、适用于广泛的自动化系统设备的工控软件？这样对用户来说可以根据不同的对象选择不同的自动化系统设备，但对软件的开发者和维护者来说只需要熟悉一种或少数几种工控软件，于是软 PLC、软 DCS 的思想和产品就诞生了。20 世纪 90 年代以 Wonderwue 公司的 InTouch 为代表的人机界面可视化软件开创了在 Windows 下运行的工控软件的先例，到今天已发展成为能提供从工厂底层操作人员开始的自下而上的工厂信息系统。归纳起来，工控软件的发展方向有如下特点：

(1) 集顺控、模拟量调节、计算功能为一体；

(2) 全面采用 AutoCAD 编程技术；

(3) 工控软件与工厂信息化有机结合；

(4) 工控软件的通用化。

工业控制软件中有一款软件被称为监控组态软件（SCADA 数据采集与监视控制系统），它是调度自动化系统中的重要组成部分，在石油行业中被称为 e 时代管道“千里眼”。SCADA 系统包括以下子系统：①人机界面（HMI）显示系统，方便操作员监控及控制程序；②监控系统，可以采集数据，也可以提交命令监控程序的进行；③远程终端控制系统（RTU），通过程序中使用的传感器采集数据并进行 D/A 转换传送给监控系统；④可编程逻辑控制器（PLC），用作现场设备或者特殊功能的远程终端控制系统；⑤通信网络，用来提供监控系统及 RTU（或 PLC）之间传输数据的管道。图 15-10 所示为典型的 SCADA 系统结构。

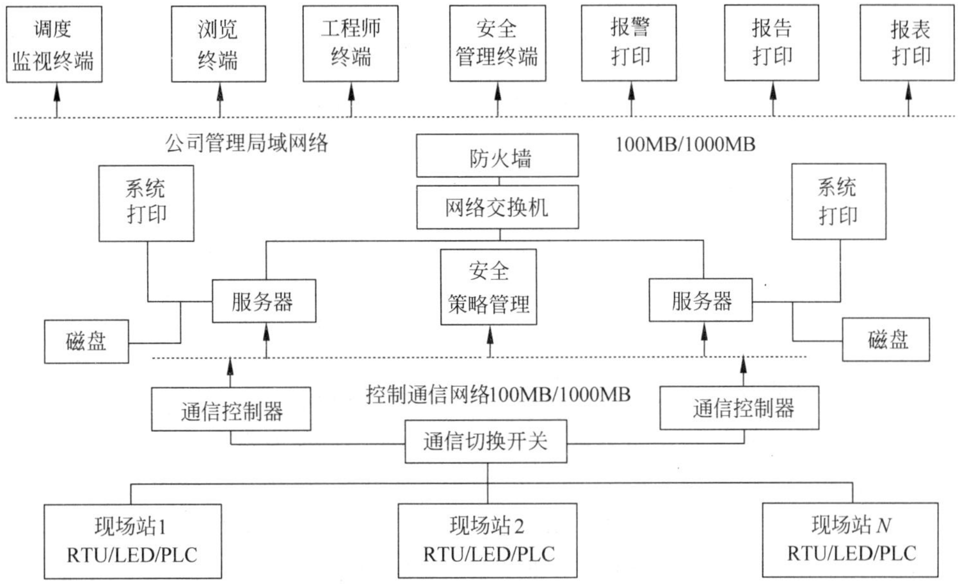

图 15-10　典型的 SCADA 系统结构[11]

高质量的 SCADA 系统必须具有高灵活性、高可靠性和可扩展性，同时还应该具有开放的数据访问方式、轻松便捷的组态以及实用的数据分析控件。SCADA 系统在流程工业领域的应用十分广泛，是能源产业自动化过程中重要的监控力量。图 15-11 是石油化工 SCADA 系统的拓扑图。石油化工生产过程具有易燃、易爆、有毒、有害的特点。为了保证长期稳定生产，大量采用 SCADA 作为生产过程管理自动化控制系统成了一个趋势。在广州石化公司，上位机系统的 SCADA 软件主要采用 Wonderware 公司的 InTouch 和西门子公司的 WinCC，下位机系统平台则是各主流厂家的各种型号的 PLC 控制系统。在该系统中，SCADA 操作模式主要有 3 种：远程操作、就地操作和自动操作。除石油行业外，其他能源行业也都采用 SCADA 系统。例如，上海大众的燃气 SCADA 系统由罗克韦尔公司提供，监控范围包括 3 个储配站、23 个数据采集站点，监测通信量为每分钟近 8MB 数据流量，需要形成完整的、相对独立的远程实时监测网络。

常见的组态软件还有 RSView 32 和 Honeywell Plantscape 等。RSView 32 工控组态软件是美国罗克韦尔公司生产的标准 PC 平台上的一种组态软件，它是以 MFC（微软基础

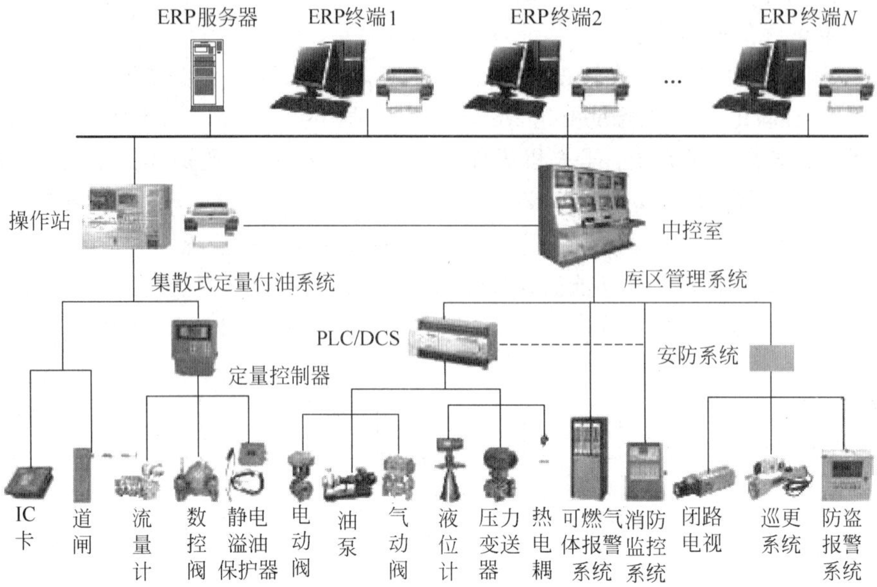

图 15-11 石油化工油库的 SCADA 系统结构拓扑图[11]

级)、COM(元件对象)技术为基础的运行于 Microsoft Windows 9X、Windows NT 环境下的 MMI(人机接口)软件包。该软件用 VBAScript 语言编制的结构化程序,可方便地与其他 Windows 应用程序和数据库进行数据交换。此外,VBA(Visual Basic 宏语言)的用户程序也可以在 RSView 32 中实现用户所需的特殊控制功能。另外,RSView 32 可以使用数万个具有程序标准接口的 Active X 控件,其扩展功能十分强大,同时还支持 OLE(面向对象的连接与镶嵌),能与 Microsoft Office 或 BackOffice 这些产品完美统一。在制作中,该程序采用基于 MS Windows 的标准图形工具编制、编辑及显示画面,该程序在基于面向对象的图形库基础上实现了拖放、剪切、复制甚至动画功能,极大地方便了用户绘图,使绘图及配置更加简单化。

Honeywell Plantscape 系列组态软件是由霍尼韦尔国际(Honeywell International)公司开发的。该公司是一家多元化的先进制造企业,业务涉及航空、建筑、汽车、机械、材料等多个行业,其工业控制技术也达到了世界领先水平。Honeywell Plantscape 组态软件是该公司代表性的产品。同前文的 RSView 32 相似,Plantscape 组态软件也是基于 Windows NT 4.0 系统的,应用了面向对象技术,支持 Active X 空间和 OLE。Plantscape 组态模式灵活,界面简洁,操作方便。它在通信功能、安全功能方面都有独特之处。

3. 软件定义车间生产

前面章节中已经有一些涉及车间生产的讨论。此处仅简单介绍软件尤其是 MES 在车间生产中的作用。

离散制造业中车间生产呈现相当的复杂性,尤其是多品种中小批量的生产。图 15-12 所示为某开关厂智能工厂信息流图。可以看出,智能工厂/车间的信息数据交流非常复杂,工厂/车间的运行需要很多软件系统支撑,如智能 MES 系统、智能物流系统、智能生产监控中心、设备在线监测与控制系统、智能运营管理平台(包括 ERP)、大数据分析平台、PLM 等。没有这些软件的支撑,即使投入再多的人力,工厂/车间也只能在低水平运行。

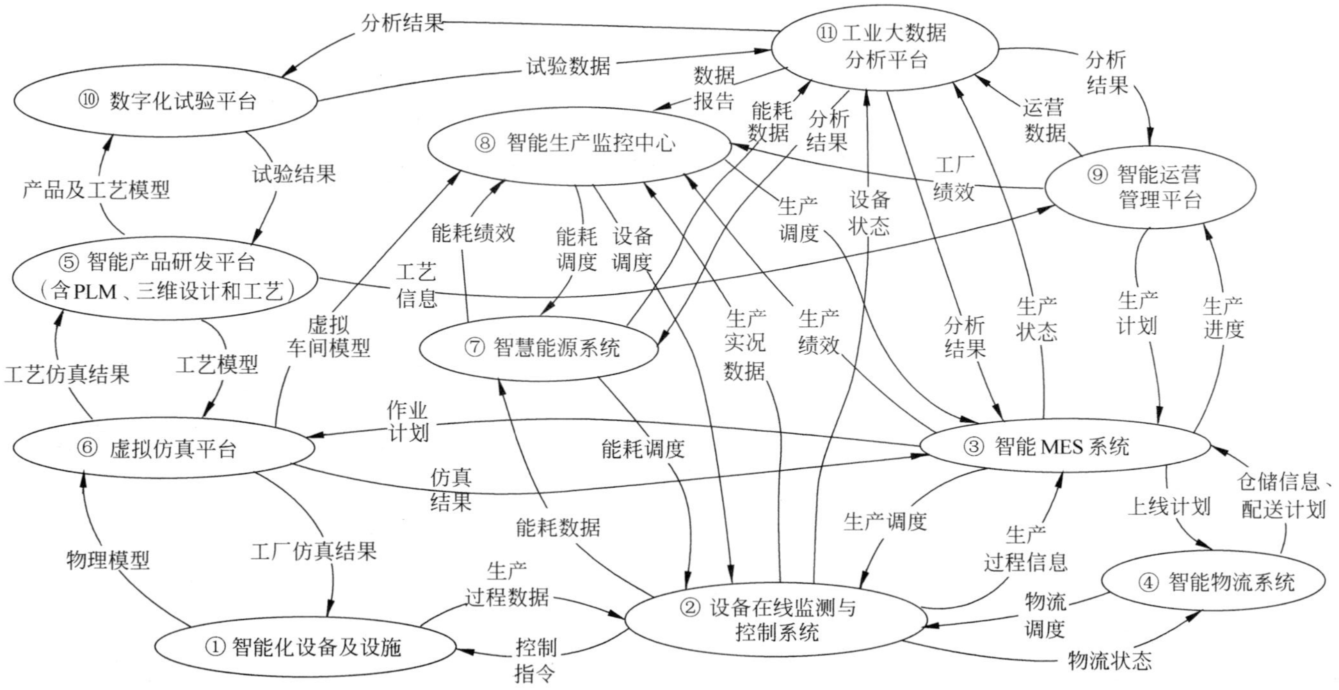

图 15-12 某开关厂智能工厂/车间信息流图（来源：朱海平）

车间生产中MES的作用尤其重要，仍以汽车为例。不同于以前的大批量流水线生产模式，现代汽车生产中往往需要考虑多品种混流生产，这给生产计划带来了很大的困难。这种情况下更需要“软件定义”。汽车多品种混流生产导致的难题主要在于：汽车上线排序变得复杂，不同车间有不同的优化序列，需要通过缓冲区进行转序；汽车精准的物流配送变得极其重要；如何防止品种经常切换时的装配错误，需要通过软硬件系统来保证。艾普工华科技有限公司(EpiHust)的MES已在十几家汽车企业应用，能够满足汽车混流生产管控需求。

图15-13所示为某汽车厂生产计划制定的基本流程，其中MES的主要流程包括：

(1) 定时获取ERP的主生产计划；

(2) 生成车间日生产计划(焊装、涂装、总装)，并拆为日生产工单；

(3) 设定排程规则，系统自动将日生产工单分解成工单生产序列；

(4) 自动排程后也可通过手工微调工单序列；

(5) 排序完毕后选择工单进行发布，对发布的工单生成VIN(车辆识别号码或车架号码)；

(6) 将排程完毕的工单返写ERP，供ERP进行其他业务处理；

(7) 对未上线的工单支持撤单、拆单、插单、冻结等操作。

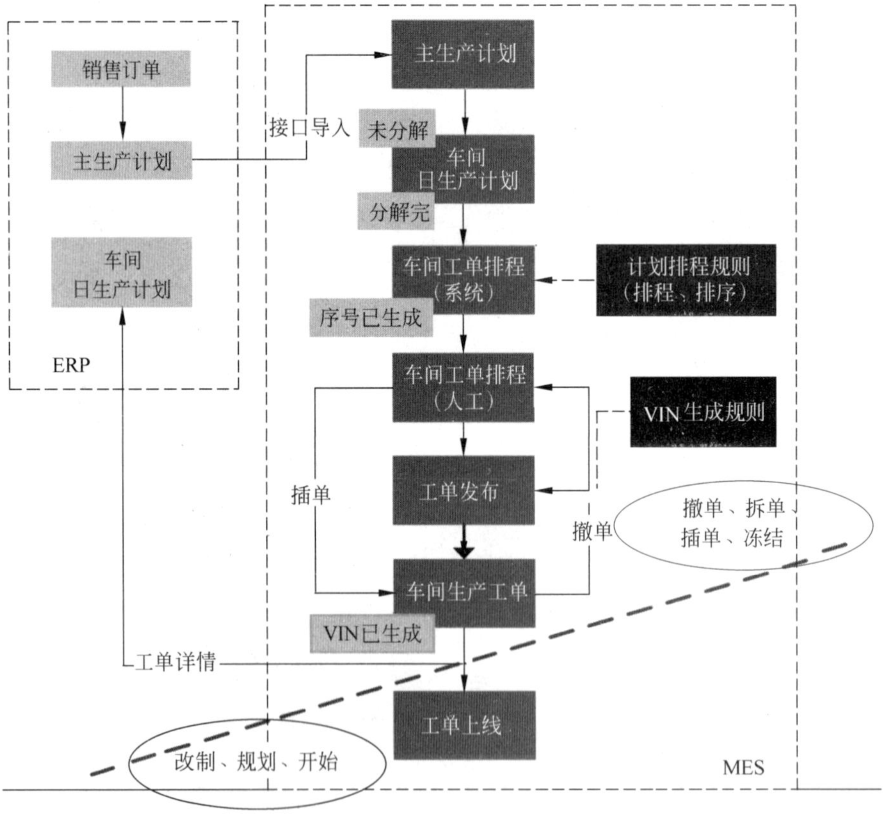

图15-13 某汽车厂生产计划制订的流程(来源：EpiHust)

整个计划，以ERP的主生产计划为源头，基于不同排产规则，形成MES中的总装车间生产计划队列。影响因素包括交货期、计划紧急程度、不同车型的间隔规则、不同颜色的连续数等。以MES中的总装上线计划为核心，基于实际生产需求、BOM以及不同车间排序规则，分别形成MES中的涂装、焊装车间生产计划，形成一体化协同作业计划，其中还要考虑以总装上线为核心的前拉后推计划，如图15-14所示。

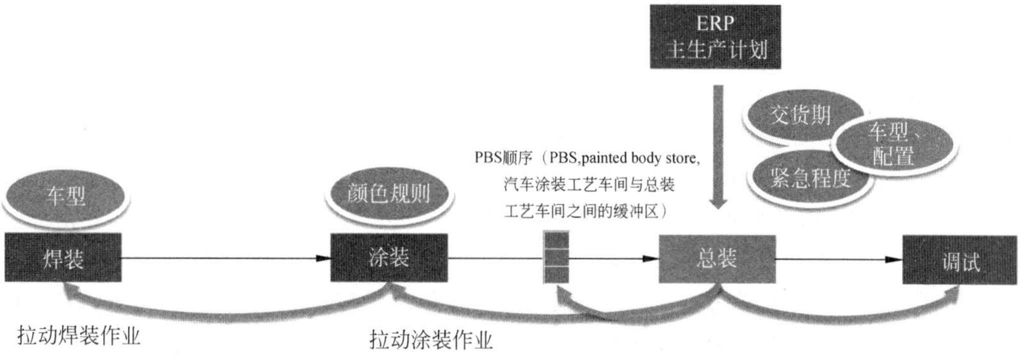

图15-14 以总装上线计划为核心的前拉后推计划(来源：EpiHust)

以上只是关于车间生产计划安排极为简略的介绍，其他诸多工作如质量管理、工具管理、物料精准配送、能源管理等都需要数据驱动和软件"定义"，今天任何一家汽车公司的生产都离不开软件了。

节点及关联

软件定义加工：感知与连接，监测，工艺参数优化，自动补偿，人工智能，神经网络，学习，优化，仿真，智能数控。

工控软件：传感，监测，软PLC，软DCS，监控组态软件，SCADA，面向对象。

软件定义车间生产：多品种，中小批量，混流生产，计划调度，物料精准配送，计划调度，MES，智能物流，智能生产监控，设备在线监测与控制，ERP，大数据分析平台，PLM……

问题：

(1) 软件与数据驱动有什么关系？

(2) 软件在加工和生产中的哪些作用是人力无法企及的？

(3) 大批量多品种混流生产的难点是什么？

(4) 无软件时代的制造和现在的制造的主要区别是什么？

15.5 软件定义市场

世纪之交，互联网浪潮滚滚，冲击着一些行业，冲击着市场。但互联网的效用，都需要靠软件去实现。软件对市场的作用很多，本书仅从4个方面阐述。

1. 软件和互联网定义市场

在20世纪末，年轻人杰夫·贝佐斯(Jeff Bezos)在车库里创造了亚马逊公司(Amazon)。他从小就喜欢科学，动手能力极强。1986年，贝佐斯从美国名校普林斯顿大学毕业，很快就进入纽约一家新成立的高科技公司。两年后，贝佐斯跳槽到一家纽约银行家信托公司，管理价值2500亿美元资产的计算机系统，25岁时便成了这家银行信托公司有史以来最年轻的副总裁。1990—1995年，贝佐斯与他人一起组建了世界上最先进、最成功的套头基金交易管理公司，1992年成为该公司最年轻的资深副总裁。1994年，在一次上网冲浪时，贝佐斯偶然进入一个网站，看到了一个数字——2300%，互联网使用人数每年以这个速度在增长。当时西雅图的微软已经逐渐长大了，贝佐斯看到这个数字后眼里放光，希望自己像微软一样，在IT行业取得成功，做网络浪尖上的弄潮儿。贝佐斯列出了20多种商品，然后逐项淘汰，精简为书籍和音乐制品，最后他选定了先卖书籍。书籍特别适于在网上展示，而且美国作为出版大国，图书有130万种之多，而音乐制品仅20万～30万种；图书发行业市场空间较大，这个行业年销售额为2600亿美元，但拥有1000余家分店的美国最大连锁书店，也是全球第一大书店的年销售额也仅占12%。几周后，他拒绝丰厚的待遇，踏上了创业之路。

贝佐斯用30万美元的启动资金，在西雅图郊区租来的车库中创建了全美第一家网络零售公司——Amazon(亚马逊)公司。在公司起步阶段，为了让亚马逊在传统书店如林的竞争压力中站稳脚跟，贝佐斯花了一年时间来建设网站和数据库。同时，他对网络界面进行了人性化的改造，给客户舒适的视觉效果、方便的选取服务，当然还有110万册的可选书目。而在设立数据库方面，他更是小心谨慎，仅软件测试就用了3个月。时间证明了贝佐斯的做法极其正确。凭着这些优势，1995年7月，亚马逊正式打开了它的“虚拟商务大门”。从一开始，亚马逊就面临着许许多多的挑战，其中最强大的就是来自传统巨人巴诺书店的竞争。即使不想与之争夺市场但也不得不面对，因为巴诺书店绝不允许一个凭空产生的、“虚幻生存”的对手夺取自己的市场。从另一个方面来说，这是一场传统与现代的争夺。在市场的争夺中，亚马逊的优势渐渐显出。首先，亚马逊是最便宜的书店之一，它天天都在打折，几乎是世界上最大的折扣者，有高达30万种以上的书目可以进行购买折扣优惠。的确，它不像传统的书店经营，少了中间商抽成剥削，促使亚马逊销售的书籍或其他商品有着较为平实的价格。当然也有另外少数几家书店价格更便宜，但差价很小。因为最便宜并不是最重要的，重要的是这里的书又便宜又多又方便，所以顾客甚至不愿再为了一点小小的差价去别处寻找，而只选择亚马逊。此外，它有远比传统书店更方便快捷的服务、更全的书目。在亚马逊网上购书，因为有强大的技术支持，一般3s之内就可得到回应，大大节省了顾客的时间。相对于巴诺书店最多只能有25万种不同的书目，在网络上，亚马逊可以拿出250万种书目来。贝佐斯说：“如果有机会把亚马逊所提供的目录以书面的方式印制出来的话，大概相当于7本纽约市电话簿的分量。”速度也同样表现在库存货物的更新上。亚马逊除200册的畅销书种外，几乎不存在库存。但即使有这个库存，亚马逊更新的频率还是让人吃惊。有数据显示，亚马逊每年更换库存达150次之多，而巴诺则不过3～4次。这个数据不仅反映了亚马逊的速度，也反映了它的销量[11]。

亚马逊彻底打乱了原来的市场。贝佐斯的故事让我们看到互联网的神奇。但是，再深层次地观察，软件的力量甚为关键。

网站和数据库的建立要靠软件；网络界面的人性化、舒适的视觉效果靠软件实现；方便的选取服务也靠软件体现……

软件的这些作用，“定义”了在市场中被接受的程度。

2. 软件定义定制市场

产品个性化定制已成为制造业发展的重大需求。

海尔推出了可以按需定制颜色、材质、功能等要素，具有面料颜色智能识别、体感感应和自动开盖等智能洗衣机生产模式。

宝马的客户可以通过菜单，根据自己的需求选择定制，从外观到内饰，从驾驶动态到舒适功能。宝马根据客户的订单进行生产，客户即可以拥有一款纯正的、体现个人风格的专属宝马座驾。宝马还为客户提供全生命周期的精致服务。

红领集团（现酷特）实现了完全的服装个性化定制。从产品个性化设计，到生产、供应链等全生命周期需要诸多软件支撑，如图 15-15 所示。仅就实现个性化产品的智能研发而言，就需要通过建设服装版型数据库、服装工艺数据库、服装款式数据库、服装 BOM 数据库、服装管理数据库与自动匹配规则库。产品的裁剪裁片、产品工艺指导书、产品 BOM 都由系统智能生成，从而减少人工错误，提高产品设计研发速度。相应的各种管理，如研发、工艺、质量、工作流、项目任务等均是软件[14]。

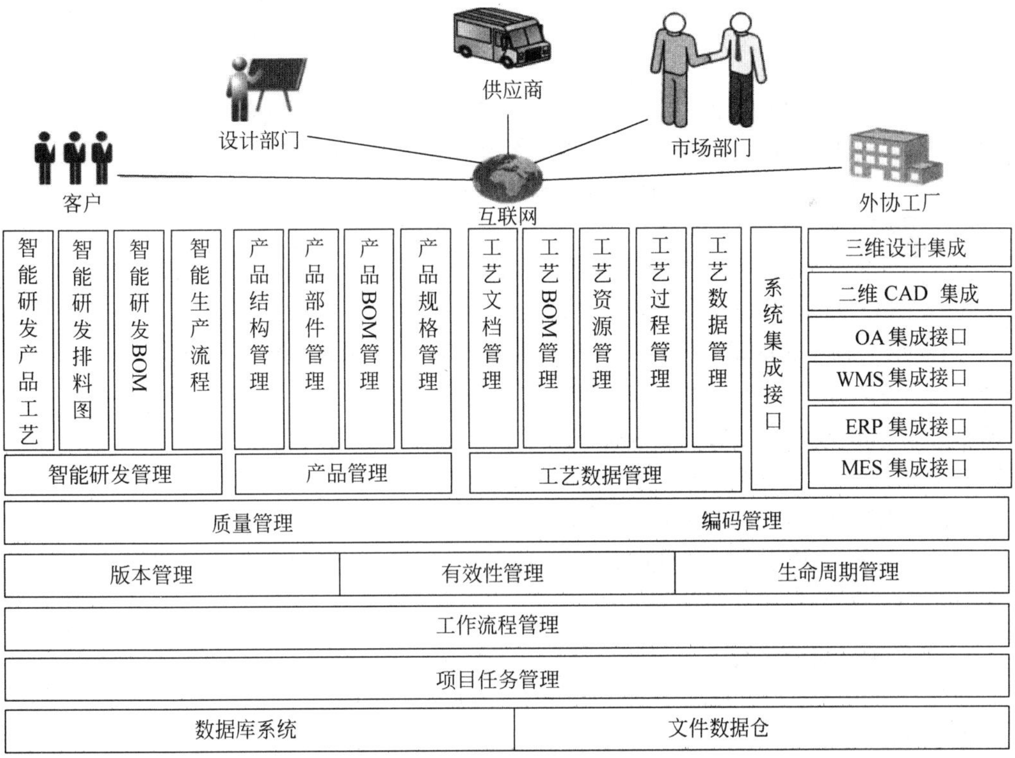

图 15-15　红领产品全生命周期管理系统架构[14]

3. App 定义市场

只要看看手机市场，就能明白 App 的作用。安装在智能手机上的 App 软件，能够完善原始系统的不足与个性化。使手机功能更丰富，为用户提供更好的使用体验。现在世界主要的手机操作系统有苹果公司的iOS和谷歌公司的Android(安卓)系统。它们都有各自的App生态。如图15-16所示，2019年App Store的年度用户总支出达到了创纪录的542亿美元，比2018年的466亿美元增长了16.3%，这一年，iOS上用户支出的总金额比同期Google Play上用户支出的293亿美元高出了85%。但是，两个平台之间的支出差距相比2018年缩小了3个百分点。足见App形成的市场之大。

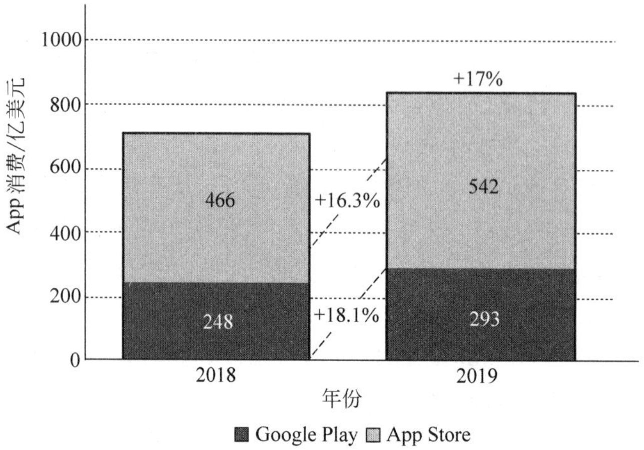

图15-16　2018年和2019年谷歌和苹果移动App消费(来源：SensorTower)

可以想象，仅有好的手机硬件系统，没有能够形成好的App应用生态，是很难在手机市场中立足的。这就是苹果、谷歌等都非常重视App应用生态的原因所在。

对于一些细分领域的市场，App的作用也非常重要。2016年5月，谷歌在I/O开发人员会议上发布Awareness API技术。2017年2月6日，谷歌的开发团队宣布引入Snapshot API技术，这款技术能够追踪和收集用户的日常活动信息，包括到访地点、餐馆甚至天气。Coded Couture也采用了这项高科技实现功能，能通过研究用户的生活方式和日常活动等信息，定制出个人专属的裙装。用户可以自由选择服装的材质、颜色、装饰和廓形以及穿衣场合等。谷歌与Ivyrevel团队花了一年多的时间来开发这款应用程序。在此之前，从未有公司真正实现服装领域类似形式的数字化定制。这是一个跨时代的项目，通过数据分析将用户的个性和偏好植入服装设计过程中，这在整个时尚行业都是独一无二的。这款基于安卓系统的应用程序命名为“数字高级时装定制(coded couture)”，通过谷歌的Awareness API和Snapshot API进行数据追踪[15]。App的应用对于扩大时装市场显然有相当大的作用。

4. 软件定义用户体验[16]

前面章节中曾提及用户体验，用户体验是市场的重要关切。

很多产品都有人机交互界面，这种情况下界面设计在很大程度上“定义”了用户体验的优劣。什么是软件产品的灵魂？用户体验就是产品的灵魂，是产品的最终评判者。被用户认可是一款成功软件的最基本条件！无论对于个人级还是企业级甚至是行业级的产品，其灵魂就是价值和品质。用户体验是指用户在与系统交互时的感觉，是产品在真实生活中的行为和被用户使用的方式。Twitter界面设计师对自己这样描述：“我不是网页设计师，而是用户体验设计师。”例如，面向少年儿童的网站要考虑是否有趣和引人入胜，是否富有启发性；面向年轻人的网站要考虑是否有时尚感和趣味性，是否有美感和愉悦感。人类通过感知系统、认知系统和反应系统进行信息处理并做出行动。再如，在界面设计时应考虑感知系统的特点，图形界面应尽量减少用户不必要的眼球移动，设计易于浏览的格式和布局等。良好的设计应尽量减少用户反应系统的负荷，如减少鼠标和键盘间的过多切换等。

用户体验概念的内涵之一是“以用户为中心”，以用户为中心的设计(UCD)是在设计过程中以用户体验为设计决策中心，强调用户优先的设计模式。用户体验的宗旨是满足用户需求并方便用户使用，因此对用户的研究和用户需求的分析成为设计流程中的重要部分。

情感化界面设计很重要。比尔·莫格里奇曾阐释：技术不是交互设计的本质，使用者在交互过程中获取的情感体验更为重要。理解用户的情绪和情感，对于创造和再现用户体验是必要的。情感呵护体验层面是指在用户使用完软件界面后，对使用经历产生的美好回忆、满意度、品牌印象、价值认同感等情感因素。情感化界面设计的终极追求和目标是“使人愉悦”，这是设计情感化的思想价值所在。

情感化界面设计的一个重要概念是视觉思维。美国心理学家鲁道夫·阿恩海姆在《视觉思维》一书中提出了视觉思维理论。他认为，“任何一种思维活动，都能从知觉活动中找到”。视觉思维也称为审美直觉心理学，它在设计中的作用如下：

(1) 视觉思维引导信息获取。在复杂的环境中，视觉思维引导人类通过最短路径进行有效信息的选择和获取。如果界面中的信息元素搭配不当，会使用户产生错误的视觉意象，产生视觉思维误导。所以，如果在界面中加入过多的视觉信息元素，信息呈现没有主次，使用户难以对信息进行准确选择，将会导致思维中断。

(2) 视觉思维促使意象的形成。人类通过短暂的视觉记忆，对视觉选择后的有效信息进行信息关联，形成有助于理解信息的意象。例如，看到“文房四宝”4 个字，脑海中就会呈现毛笔、墨、宣纸、砚台的形象。因此，在软件界面设计中，应注意信息呈现是否清晰；是否有可能导致用户思维上的混乱，难以形成正确的视觉意象。

(3) 视觉思维启发用户联想与想象。人类能够凭借视觉感知和生活经验，对形成的视觉意象进行分析、简化、概括、加工、整理、联想与想象。

软件界面也是通过视觉元素组合，如文字、造型、色彩、材质等，来向用户传递设计理念和情感。如果设计中能融入用户所渴望的情感，就能从视觉情感方面吸引用户，这个设计也就有了生命。美好的界面设计体现的是软件工作者的心境高度，唤醒的是人们从内到外的美好感觉，是软件工作者与用户之间超时空心灵契合与心灵对话。

延伸阅读：

申艳光，申思. 软件之美[M]. 北京：清华大学出版社，2018.

节点及关联

软件定义市场：个性化定制，App，工业互联网，用户体验，用户为中心，情感化界面设计，视觉思维。

问题：

(1) App 对市场的作用主要体现在哪两个方面？

(2) 软件在工业互联网中起什么作用?

(3) 软件和互联网对市场有什么影响?

15.6 软件定义企业能力

实施智能制造的企业都会关注企业转型,有的企业的转型会涉及经营模式、理念、产品战略等。几乎所有企业都要面临的转型则是能力转型。企业若不能赋予自身新的能力,则很难应对瞬息万变的市场竞争。

一个企业有好的设备和产品,这当然是能力的表现。不妨把以设备、产品等为载体而形成的能力称为硬能力,硬能力是设备、产品等的外在表现。进一步进行分析能感觉到,还存在一些表现在很多方面的能力。例如,产品快速开发,对机器或系统的感知进行分析、处理、决策优化,连接物理、人、信息系统并发现隐性规律,柔性生产,敏捷供应,动态适应变化的环境(市场、客户个性、机器系统环境等),企业文化……。可以把这些非硬件所决定的能力统称为软能力。不难看出,软能力要素中除企业文化外,都与工业软件有关!即使体现硬能力的先进设备和硬件产品,如前所述,可能还是软件"定义"的。一般来说,硬能力是显性的,看得见,摸得着;而软能力则是隐性的。而且企业中外在表现的硬能力部分是软能力支撑的,如设备和产品中的软件,也就是说软能力助长硬能力。

在数字-智能时代,一个优秀企业的能力主体应该是软能力。可能有很多人对此不以为然,但细思,甚是有理。就像图15-17所示的冰山,它浮在水面的是显性的,但却不是冰山的质量主体。真正的质量主体是在水下的,即隐形的部分。

图15-17 冰山的质量主体是隐形的部分

在当今软件似乎定义一切的时代,企业家和工程技术人员都应该意识到这样的事实:企业正在越来越大的程度上运行在软件之上。既然如此,企业应该有意识地形成更强的软能力,让软件形成更强的软能力,让软能力增强硬能力。换言之,让软件"定义"企业能力。

如何让软件定义企业能力,其实前面章节已有零星的介绍。这里仅粗线条地介绍企业软件战略的若干思考原则。

（1）围绕企业目标，即目标使能。企业的工作始终应该明确达到何种既定目标，如高效、低成本、质量、绿色等。方如此，才不致使软件投入无的放矢。

（2）明确范畴。第 3 篇中企业进化的三大方面（产品，过程，生态）理所当然地应该成为软件的使能范畴。

（3）明晰软件工作内容。例如，利用软件增加新的功能或提高性能，即所谓功能使能和性能使能。

（4）数据驱动（如第 14 章中介绍的）。数据驱动也要靠软件实现。

（5）互联集成。即如何使数据在不同的部门、不同的软件中无缝流动。

（6）利用合适的工具，即工具使能。如仿真软件，数字孪生体，工业互联网等。

（7）虚实融合，见第 16 章。

（8）整体联系，见第 17 章。

综上所述，需要正确理解“软件定义”一词的含义，不能使其绝对化。要使软件在企业发挥更关键的作用，就应该尽可能让软件“定义”某些产品、过程、活动等，也就是说软件发挥的关键作用是人力无法企及的。但不能反过来说，制造中未经过软件定义的实体或活动等就不重要；另外，即使是“软件定义”的产品中，其硬件的质量一样很关键。

只要真正发挥软件的“定义”作用，则通过软件的应用定能使产品、市场、企业的目标达到新的高度。

企业的能力在更大的程度上取决于软能力。工业软件是形成软能力的关键。软能力助长硬能力，最终也表现在企业的硬能力上。

问题：

（1）“软件定义”一词的泛化可能产生什么歧义？

（2）所有的软件都有“定义”的作用吗？

（3）软件与互联网有什么关系？

（4）数据驱动与软件有什么关系？

（5）API、App 的作用是什么？

（6）企业应该有什么样的软件文化？

（7）嵌入式软件在产品中的形式和作用是什么？

（8）软件能在哪些节点上提升企业的能力？

李培根. 智能制造精要 02 软件定义

参考文献

[1]　王安生. 软件工程化[M]. 北京：清华大学出版社，2014.

[2]　赵敏. 软件定义制造——重新认识工业要素[R]. 智能制造公益讲坛，2020.

[3]　祖哥. 大众 CEO：我们要成为一家软件驱动的企业！[J]. 数字化企业，2019-02-28.

[4]　安筱鹏. 重构：数字化转型的逻辑[M]. 北京：电子工业出版社，2019.

[5]　杨春晖，等. 企业软件化[M]. 北京：电子工业出版社，2020.

[6]　梅宏. 软件定义的未来世界[J]. 卫星与网络，2018(06)：28-33.

[7]　梅宏. 步入软件定义的时代[M]//杨春晖，等. 企业软件化. 北京：电子工业出版社，2020.

[8]　周倩. 工业软件，短板中的短板！[J]. 数字化企业，2020-4-30.

[9] 宋华振. 请保持对制造业的敬畏之心[J]. 中国机械工程学会. 说东道西,2020-4-29.
[10] 管鸣宇,等. 软件和整车电子架构正重新定义汽车行业[J]. 麦肯锡报告,2018-9-17.
[11] 覃征,等. 软件文化概论[M]. 北京:清华大学出版社,2014.
[12] 迈克尔·波特,詹姆斯·赫普曼. 物联网时代企业竞争战略(续篇)[J]. 哈佛商业评论,2015-10-13.
[13] 陈吉红,等. 走向智能机床[J]. 工程(英文), 2019,5 (4): 679-690.
[14] 周韶宏. 工业 4.0:人类社会的下一场生产革命[J]. 上海经济,2014(11).
[15] 申艳光,申思. 软件之美[M]. 北京:清华大学出版社,2018.
[16] 凤凰艺术. Google 与时尚品牌 Ivyrevel 合作推出数字时装定制 App_设计[J/OL]. http://art.ifeng.com/2017/0208/3242707.shtml,2017-2-8.

第 16 章

虚实融合

16.1 CPS 和虚实融合

工业 4.0 的核心理念就是 CPS，即数字空间（也称为赛博空间、虚拟空间）与物理空间的深度融合。

2006 年，美国国家科学基金会（NSF）举办了第一届 CPS 研讨会，会上第一次对 CPS 的内涵进行了阐述：CPS 是赛博空间（cyber space）中的通信（communication）、计算（computation）和控制（control）与实体系统在所有尺度内的深度融合。CPS 的狭义内涵：实体系统里面的物理规律以信息的方式来表达；其广义内涵：对实体系统内变化性、相关性和参考性规律的建模、预测、优化和管理。CPS 的基础在可见的世界中包括物联网、普适计算和执行机构，它们定义了实体系统的功能性，是感知和反馈的基础；在不可见世界中的资源（resource）、关系（relationship）和参考（reference）构成了实体系统运行的基础，是 CPS 在赛博空间中的管理目标。CPS 中的通信、计算和控制是管理可见世界的技术手段，而建立面向实体空间内的比较性（comparison）、关系性（correlation）和目的关联性（consequence）的对称性管理是核心的分析手段。而 CPS 的最终目标，是在赛博空间中对实体空间中 3V 的精确管理，即可视性（visualizability）、差异性（variation）和价值性（value）[1]。

一般而言，可见空间中的实体包括两个世界：一是可见的实体，二是不可见的、体现实体内涵关系和规律的虚拟世界。如人作为一个实体是可见的，但又有不可见的一面，如他在微信空间中建立的关系世界以及他的内涵、特质等。产品也有实体和虚体两个世界，实体是可见的，但内含的某些关系、特质、物理规律往往是不可见的。因此，只有虚实融合，才能真实地反映一个实体。实体空间是构成真实世界的各类要素和活动个体，包括环境、设备、系统、集群、社区、人员活动等。而赛博空间是上述要素和个体的精确同步和建模，实现 CPS 的镜像基础。赛博空间不只是对实体的几何描述而形成的几何空间，还包括反映实体的特质、内涵的物理规律以及实体的动态状况等所有数字比特的集合。一个产品的设计数据、运行的动态数据、分析和优化后的衍生数据以及人为构建的数字孪生体等，均在赛博空间之中。需要特别注意的是：

只有在数字空间（赛博空间）才能真正反映实体的内涵、特质、动态等。

这也就是为什么 CPS 被认为是工业 4.0 以及智能制造的核心理念。

那么数字空间(赛博空间、虚拟空间)的主要形式是什么？一切由数字系统形成的空间可被认为是数字空间或虚拟空间，如大数据、物联网等形成的数字空间。这里特别阐述与企业产品紧密相关的数字孪生、仿真和虚拟现实技术。

1. 产品的数字孪生体

促成数字孪生技术应用所需基础要素的部署一直在加速[2]：

(1) 仿真。构建数字孪生技术所需工具的能力和成熟度都在不断提高。现在，人们可以设计复杂的假设仿真情景，从探测到的真实情况回溯，执行数百万次的仿真流程也不会使系统过载。而且，随着供应商数量的增加，选择范围也在持续扩大。同时，机器学习功能正在增强洞察的深度和使用性。

(2) 新的数据源。实时资产监控技术如激光探测及测距系统(LIDAR)与菲利尔(FLIR)前视红外热像仪产生的数据，现在已经可以整合到数字孪生体内。同样地，嵌入机器内部的或部署在整个供应链的物联网传感器，可以将运营数据直接输入到仿真系统中，实现不间断的实时监控。

(3) 互操作性。过去 10 年里，将数字技术与现实世界相结合的能力已经得到显著提高。这一改善主要得益于物联网传感器、操作技术之间工业通信标准的加强，以及供应商为集成多种平台集成所做的努力。

(4) 可视化。创建数字孪生体所需的庞大数据量可能会使分析变得复杂，如何获得有意义的洞察就变得更具挑战性。先进的数据可视化可以通过实时过滤和提取信息来应对该挑战。最新的数据可视化工具除拥有基础看板和标准可视化功能之外，还包括交互式 3D、基于 VR 和 AR 的可视化、支持 AI 的可视化以及实时媒体流。

(5) 仪器。无论是嵌入式的还是外置的物联网传感器都变得越来越小，并且精确度更高、成本更低、性能更强大。随着网络技术和网络安全的提高，可以利用传统控制系统获得关于真实世界更细粒度、更及时、更准确的信息，以便与虚拟模型集成。

(6) 平台。增加功能强大且价格低廉的计算能力、网络和存储的可用性和访问是数字孪生技术的关键促成要素。一些软件公司在基于云平台、物联网和分析技术领域进行了大量投资，紧跟数字孪生潮流。其中部分投资正在用于简化行业特定数字孪生应用的开发工作。

近年来，数字孪生技术已经引起越来越多的学者和企业的关注，其基本的应用肯定是围绕产品，生产系统的数字孪生体于设备制造商而言也可认为是围绕产品的。数字孪生技术在产品的全生命周期都能发挥作用，其展现的虚拟空间与生产设备等形成的物理空间的融合正是智能制造的关键所在。前面章节已有关于数字孪生技术的介绍，此处不再赘述。

2. 仿真

企业的很多工作都可以在仿真工具的虚拟空间中预先进行模拟，如产品设计、工艺过程、装配等。图 16-1 所示为利用 ANSYS 系统进行整车气动性能分析的画面。

整车气动性能分析是从空气动力学角度分析汽车动力性、经济性和操纵稳定性，致力于降低空气阻力、改善气流升力和车身稳定性。ANSYS 高效率的外空气动力学解决方案，帮助用户快速获得精确的整车气动性能，优化气动设计。

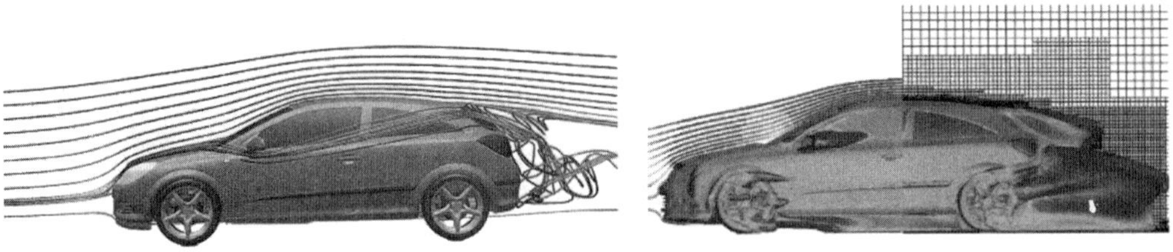

图 16-1 整车气动性能分析[3]

3. 虚拟现实等

虚拟现实(VR)乃至泛现实(XR)显然是典型的虚拟空间。

虚拟现实就是通过各种技术在计算机中创建一个虚拟世界,用户可以沉浸其中。增强现实(AR)技术通过对摄影机影像的位置及角度精算,加以图像分析技术,屏幕上的虚拟世界能够与现实世界场景进行结合、互动。而混合现实(MR)技术,能结合真实和虚拟世界,创造新的环境,能让物理实体和数字对象共存,实时相互作用,从而将现实、增强现实、增强虚拟和虚拟现实混合在一起。

现在已有一些虚拟现实的开发工具。Gravity Sketch 开发了一款特定的智能面板来绘制 3D 模型,用户可以在触摸屏和 Wacom 手写板上绘制设计 3D 模型,然后通过 VR 虚拟现实设备,使用 VR 手柄在立体空间中进行模型设计。Gravity Sketch 甚至能将 VR 技术与 3D 打印结合,为用户带来一次全新的神奇体验。这个设计工具的直观性使设计师走进自己的创作世界。设计师们甚至可以进一步合作,实现想法的无缝沟通,进入共同创作的虚拟环境中。通过 Gravity Sketch 进行模型设计,可以带来非常极致的沉浸感。用户可以在 VR 的虚拟立体空间中尽兴地展现现象力。Gravity Sketch 整合了 3D 输出端口,用户可以将自己的设计成果通过 3D 打印机直接制作,从设计理念到制作成品,Gravity Sketch 让 3D 打印变得非常便捷[4]。图 16-2 所示为 Gravity Sketch 的一幅示意图。

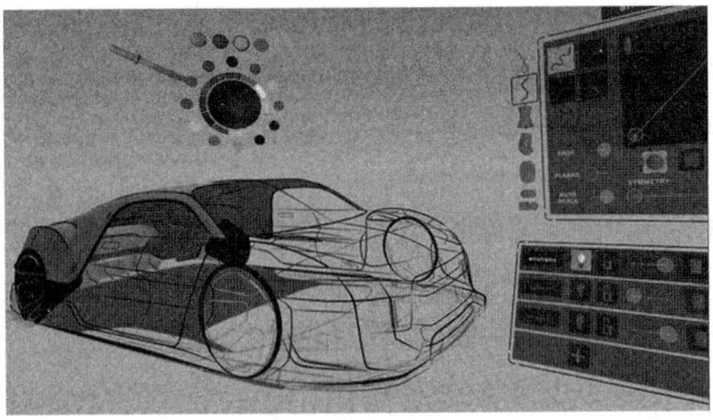

图 16-2 Gravity Sketch 的一幅示意图[4]

广义的虚实融合即建立在 CPS 概念上。

狭义的虚实融合是建立在虚拟现实、增强现实、混合现实或称为泛现实或扩展现实(XR)之上的。当然,XR 也是 CPS 理念的具体表象之一。

节点及关联

CPS

数字空间/赛博空间/虚拟空间：数字化技术，物联网，大数据，传感，建模，仿真，数字孪生体，VR，AR，MR，XR。

16.2 虚拟空间中的产品状态及场景

几乎在产品的全生命周期都有相应的工作需要在数字空间（或虚拟空间）中完成或展示。本节仅从3个方面举例说明：虚拟空间中产品的设计开发（三维建模、VR、仿真等）；虚拟空间中对产品运行状态的检视；虚拟空间中产品运行系统场景。

1. 虚拟空间中产品的设计开发

在产品设计开发阶段所形成的数字模型，就是产品最初的数字孪生模型。数字孪生技术逐渐成为优化整个制造价值链和创新产品的重要工具。数字孪生功能最初是工程师工具箱里的一种选择工具，它可以简化设计流程，削除原型测试中的许多方面。通过使用3D仿真和人机界面，如AR和VR，工程师可以确定产品的规格、制造方式和使用材料，以及如何根据相关政策、标准和法规进行设计评估。数字孪生可以帮助工程师在确定设计终稿之前，识别潜在的可制造性、质量和耐用性等问题。因此，传统的原型设计速度得以提升，产品以更低成本，更有效地投入生产[2]。

设计者想象的产品形态特别适宜于在虚拟空间中展示。例如，VR家装设计分别帮助家装设计师和家装公司解决其关心的家装设计作品呈现、客户引流和签单等问题。家装设计师需要让客户认可自己的设计才华；广大家装公司更看重VR+家装软件能否吸引更多业主前来咨询，以有效提升签单率。VR家装设计除高效便捷展现真实的场景式整体家居效果外，还能对企业用户提供诸如人员管理、供应链管理以及沉浸式效果体验等方面的服务。VR家装设计软件是类似CAD、3ds Max的室内设计软件，但不同的是，它不仅能作室内设计效果图，还能实现VR交互，实时渲染，让业主身临其境地体验室内装修的效果，如果不喜欢还可自主定制或一键更换。VR家装设计直接让顾客看到虚拟空间中的场景，同时还可通过录视频、拍照等方式，将体验的“真实”场景带回家中与家人朋友一起参考，实现社会化营销。因此，VR家装设计可大大缩短销售周期，顾客感知装修效果后，可以加快顾客购买决策，让成交变得更简单。VR+家装可以吸引有家装需求的业主，通过多产品、不同套系、不同主题的一键切换，业主可随时查看到“真实”的装修效果。VR家装设计示意图如图16-3所示[3]。

在产品的设计过程中，自然需要尽可能考虑产品运行中的某些特别状态，如汽车行驶中可能发生的碰撞。良好的设计也应该基于对特别状态尽可能准确的认识基础之上，为此需要在仿真的虚拟空间中模拟特别状态。在汽车被动安全性研究中，其安全评价的主要目的是确保乘员的生存空间，缓和冲击，防止火灾等。汽车碰撞是瞬态大变形非线性问题，碰撞过程极为复杂。图16-4所示为ANSYS LS-DYNA程序进行的汽车碰撞仿真。它具备模拟汽车碰撞时结构破损和乘员安全性分析的全部功能，其内置安全带、传感器等单元，以及气

图 16-3 VR 家装设计示意图[3]

囊和假人模型，可高效仿真汽车在发生碰撞或紧急制动时安全带系统和安全气囊系统对乘员的保护情况，从而优化安全保险装置的设计，提高汽车的安全性能[4]。

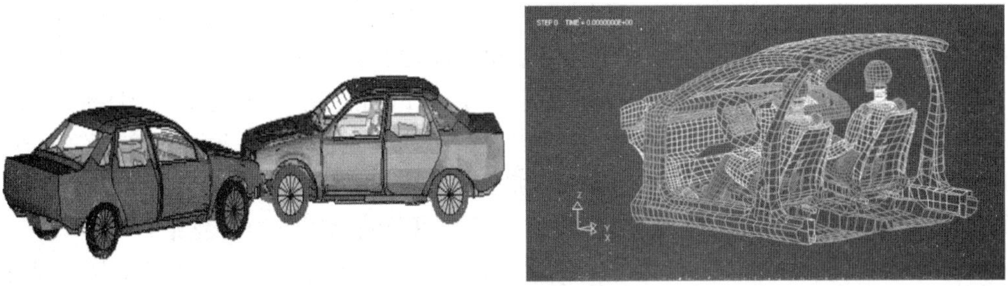

图 16-4 汽车碰撞仿真[4]

在自动化或智能化生产单元的设计开发过程中，也需要建立其数字孪生体的虚拟空间，尤其是融合 VR 技术的数字孪生体。在虚拟空间中，设计者更容易获得直观体验，又便于设计者之间的协同交流。此外，还能进行某种仿真验证。图 16-5 是结合 VR 的数字孪生技术用于新型可自我重组的工作单元[5]。

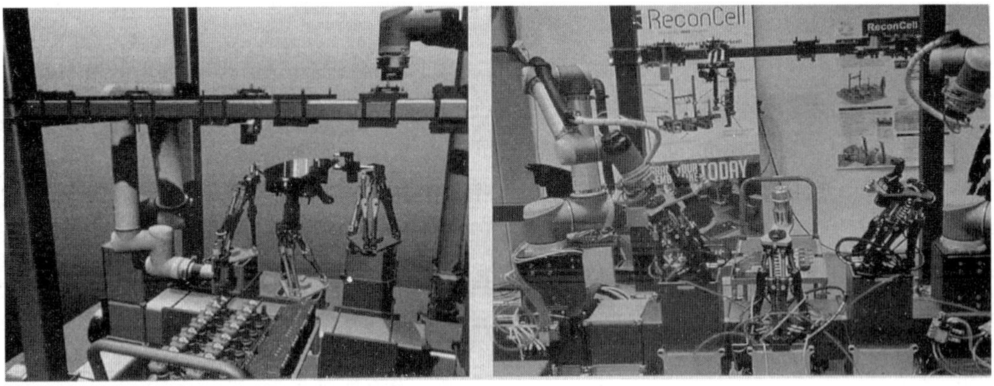

图 16-5 数字孪生技术用于新型可自我重组的工作单元[5]

2. 虚拟空间中对产品运行状态的检视

很多情况下，产品在运行过程中的某些状态是不易为人所察觉的，尤其在某种初始萌芽状态。通过在数字空间的分析使人们有可能捕捉到萌芽中的非常状态。下面是一个轴承健康管理的案例。

轴承是一种很普通的产品,但在装备中的作用尤其重要。轴承的运行状态直接影响装备的性能,轴承的故障往往也是装备故障的主要原因之一。轴承运行状态的监控是轴承制造商、装备制造商乃至用户都非常关注的问题。此问题在可见的实体空间无能为力,必须通过虚实融合才能解决。美国辛辛那提大学 IMS(智能维护系统)中心在十几年的研究和应用经验的基础上,开发了针对轴承健康管理的"Virtual Bearing"分析平台,并将其部署在 AWS(Amazon Web Services)云计算平台上。此平台上整合了面向轴承振动监测的信号处理与特征提取算法包,并根据 IMS 中心的研究经验配置了针对不同故障模式的特征选择经验库。在健康评估、故障模式识别和剩余寿命预测方面,IMS 中心将常用的数十种机器学习算法模型进行模块化封装后在平台上进行了部署,支持可视化编程调用和快速验证及部署。他们用的数据驱动的预测与健康管理(PHM)方法正是通过对高维大数据的融合分析来建立健康状态模型。这些特征之间存在着一定的相关性,其变化情况也有若干种不同的组合,将这些组合背后所代表的意义用先进的机器学习和人工智能方法破解出来,即是进行数字建模和预测的过程。因此,利用数据驱动的 PHM 建模方法能够对温度、振动、声学、轨道动力学等不同监测手段所产生的信息进行融合分析,以提高故障预测和诊断的准确率。从分析的实施流程来说,数据驱动的智能分析系统采用的分析流程框架包括 7 个主要步骤:数据采集、特征提取、性能评估、性能预测、性能诊断以及结果同步和可视化[1]。

IMS 中心还与 PARC 实验室合作,将深度学习神经网络运用在了轴承的故障特征选择及剩余寿命预测方面,与传统的机器学习和时间序列预测相比,可使精确度得到大幅提升。在应用方面,IMS 中心的轴承健康预测技术已经被成功运用在风电、电机、机床、直升机等多个场景。

3. 虚拟空间中产品运行系统场景

有些产品的运行与产品所处的系统及其环境有关,如风电的风场。为了更好地优化其运行,需要对系统运行场景有更清楚的了解。此情此景,仅在实体空间中是无济于事的。下面是一个智慧风场的例子[1]。

过去的 10 年中,中国的风电行业飞速发展。在计算风电的经济效益时,业界常用的两个指标是平均化能源成本(LCOE)和能效因数(energy factor),前者衡量的是每一度电的成本,后者则是通过实际发电量与最大发电量之间的百分比来衡量能源效率。因此,在对风机进行智能管理和使用时,都需要以改善这两个指标作为最终目的。降低成本有两个主要的途径:一是降低制造成本;二是降低运维成本。在过去十几年的竞争中,风电企业原始设备制造商(OEM)在降低生产成本方面做了大量的努力,继续降低成本的空间已经不大了;但是风机在使用阶段的运维管理依然是比较粗犷的模式,对风机健康管理一直比较忽视,对运维策略和计划缺少精细的管理,现场值守和维保服务的操作也比较混乱,这些都为通过数字-智能技术的使用来降低运维成本提供了很大的机会空间。而能效因数的提升也与智能技术使用有直接的关系,一方面可以通过减少风机的停机降低所造成的发电损失,另一方面可以通过优化风机的控制和调度策略来增加风机对风功率的捕获效率。

风场的数据环境是非常典型的多源异构数据类型,主要的数据源包括数据采集与监视控制系统(SCADA)以及状态监控系统(CMS)。其中,SCADA 为每台风机的默认监测系统,CMS则根据客户需求安装。SCADA所采集的数据包括风机的工况信息、控制参数、环境参数和状态参数等,数据维度非常广,但是采样频率较低。而CMS则是从风机关键零部件(如齿轮箱、轴承等)上采集振动数据,采样频率在数千赫兹以上。除此以外,风场的数据源还包括电网的调度、工单系统人员管理、维护资源状态等信息。在对风机进行精确的状态评估,以及对风场的运维和使用进行智能化管理时,需要综合分析和应用上述信息。除风机单机的状态评估外,风机集群的状态评估也是风场运行需要考虑的问题。

风场的维护是一项非常复杂的工作,尤其是建设在海上的风场,维护需要调用船舶、直升机、海洋工程船等特殊设备,成本更加高昂,且维修周期更长。由于风机运行环境较恶劣、风资源的随机性以及风场多地处偏远地区等客观因素,进行人工的状态监控和维护排程难以实现风能利用的最大效率。风场的运维策略和排程的优化需要综合考虑许多因素,包括风机的当前健康状态、维护机会窗口、对未来几天内风资源的预测、维护资源的可用性、维护人员的数量和技能、船舶的路径和成本、海上天气状况等多个维度的因素。风场维护排程优化的基础是对风资源的精确预测,在此基础上结合维护需求信息,尽可能选择在风资源较弱的时刻进行维护,而在风资源较强的情况下尽可能运转发电。针对每个维修任务,可以由多个可用的维修团队选择乘坐多个可用的维修船只进行维修,这增加了系统维修排程安排的灵活性,有利于降低成本;且扩大了可行解的搜索和推演范围,使问题变得更加复杂。

对排程策略进行优化过程中最复杂的地方,在于当关键信息(健康状态、风资源预测、维护时间、海上天气等)不确定性时,需要动态制定任务分配和排程策略,使这些不确定性对整个风场的发电损失和安全运行的影响降至最低。影响因素的多样性也是一个重要的挑战,比如一个风场可能有2~3个工作船舶,有十几个拥有不同技能的工程师,工单系统中有数十项待办任务,而这些任务执行的顺序和时间、人员与船舶的任务分配、船舶在不同时间应该去接送哪些人员等问题,其决策的复杂度已经超过了传统运维学模型的能力范畴。

为了解决上述难题,IMS中心与上海电气集团中央研究院合作开发了面向海上风场中短期运维计划排程的解决方案,该项目对传统优化模型的框架进行了非常大的变动,采用了多层次化的决策体系,取得了较好的效果。详细情况可参考文献[1]。

此例中,无论风机单机或集群的状态评估,还是风场的维护决策,都需要在数字空间(赛博空间)中进行。正是多源的数据以及相应的模型反映和描述了实体的风机以及实境的风场,从而能对风机和风场的维护作出正确的决策。

问题:

(1) 在产品的设计过程中虚拟空间的主要作用是什么?

(2) 产品运行状态的检视为何主要在虚拟空间?

(3) 产品及系统运行的场景涉及哪些因素?

(4) 上述问题中虚实融合体现在何处?

16.3 产品中的虚拟空间

数字-智能技术越来越多地直接用到产品上,因此很多产品本身的功能直接或间接地体现在其数字空间(虚拟空间)中,如产品远程操控所关联的虚拟空间,有些产品的附加功能体现在数字空间中,还有的产品本身带有XR系统而产生的虚拟空间。下面简单介绍。

1. 产品远程操控所关联的虚拟空间

有些产品需要远程操控，尽管它需要面对的是实体空间，但其操控的数据获取、分析以及控制却离不开虚拟空间。图 16-6 是挖掘机远程操控的原理示意图。车载的某些传感器、摄像头以及采场的球机可抓取现场的一些数据，通过信号接收处理单元的分析处理，发送到远程控制中心，控制中心发出相应的控制信号和指令。其控制可作用于发动机、铲斗、斗杆、大臂、转向、左履带、右履带等。这里数据的传感和通信、数据处理和分析、控制决策等都是在数据采集、物联网系统、控制系统等构成的挖掘机远程操控的虚拟空间中完成的。此虚拟空间的形成建立在一些较高的技术要求之上，如高可靠稳定数据传输的网络要求、高清视频大带宽的网络要求、数据实时处理及传感快速接入的要求等[6]。

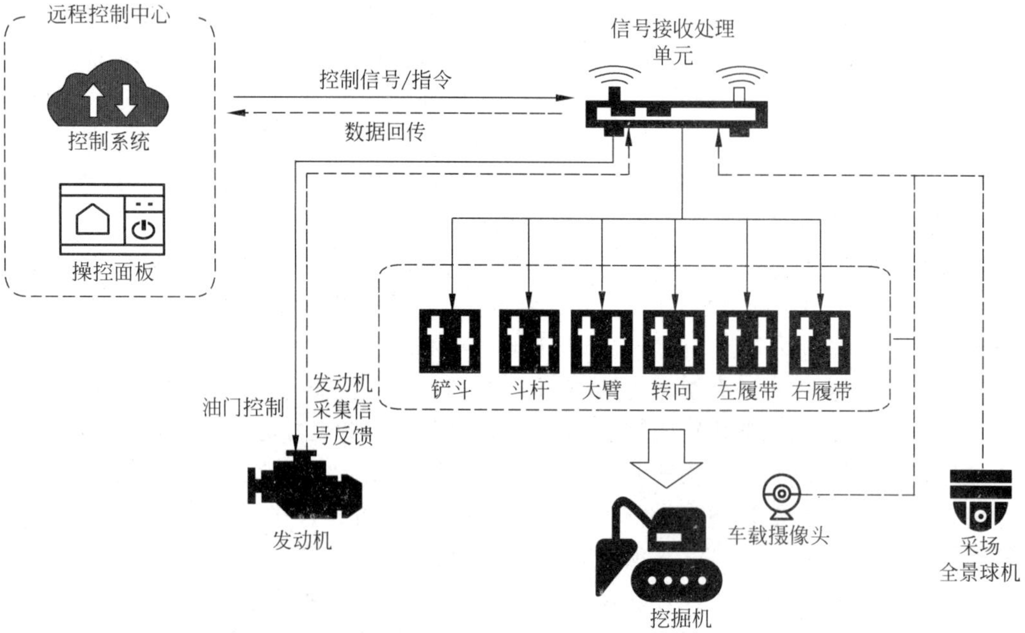

图 16-6 挖掘机远程操控原理[4]

2. 数字空间中展示的产品附加功能

因为数字-智能技术的应用，某些产品除其看得见、感觉到的基本功能外，还能在虚拟空间中显示一些附加的功能。以智能冰箱为例，制冷是其基本功能，可是在其虚拟空间中能够表现出一些特别的功能：

(1) 食品管理功能，包括了解冰箱内的食物数量、了解食物的保鲜周期、自动提醒食物保质期时间、提醒饮食合理搭配。

(2) 物联云服务功能，包括通过 Web 在线查询冰箱内食物信息、设置购物清单以提醒用户购买食物、通过手机短信接收冰箱食物信息。

(3) 分时计电(电费一目了然)。

(4) 其他功能等。

以上这些功能都不是冰箱的基本功能，一般情况下也不一定显示出来。往往只是在人希望了解的时候，在数字空间中展示出来。

3. 带有 XR 的产品本身所拓展的虚拟空间

XR 技术正在快速走进工业界和我们的生活。随着人们生活水平的提高，有健身需求的人越来越多，然而能够坚持锻炼的却是少数人。总部位于德国慕尼黑的初创公司 Icaros GmbH 发现了一种新的方式来激发人们锻炼身体的积极性。这个结合了现实世界和虚拟世界的健身系统，让用户在锻炼身体肌肉的同时，还可以成为视频游戏里的主角。该公司希望这套系统可以让人们一劳永逸地解决健身问题，还能免去跑体育馆锻炼的麻烦。Icaros GmbH 提供了新的创意，并且加入了新的形式——虚拟现实头显。由 HYVE Innovation Design 公司主导设计 Icaros（VR 运动器械），该公司曾经提出碳纤维 Gridboard 和电动滑板的解决方案。Icaros 外观看起来像是折磨人的或是变态的机器，但是它只是一个正常工作的体育器材而已。使用时放心地把肘部和膝盖放在支架上，跪在 Icaros 上面，然后抓紧把手即可，如图 16-7 所示。Icaros 能够提供多维的运动，可达到不同的运动效果，如全面的肌肉锻炼——颈部、胸部、肩部、腹肌、肱四头肌等，此外还能帮助训练平衡、注意力和反应。其运动器材配套的 VR 游戏有滑雪、水下游泳、太空飞行等。由于高度的沉浸感，用户会真的觉得身临其境，极具趣味性。目前，Icaros 公司已经开始向第三方开发者提供 SDK（软件开发工具包），未来会有更丰富的 VR 游戏以供选择[4]。

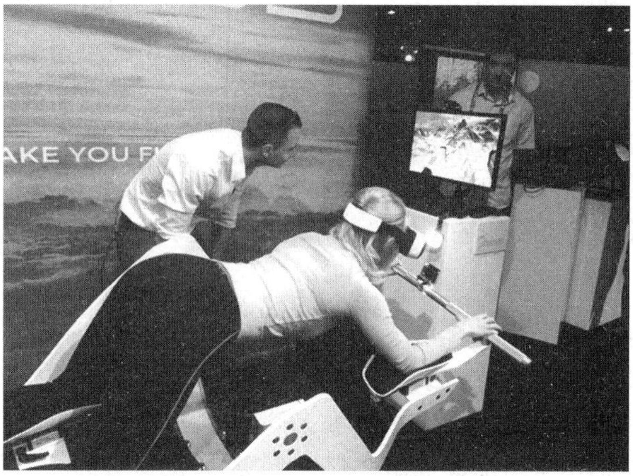

图 16-7 Icaros 示意图[4]

节点及关联

产品的虚拟空间：CAD，CAE，工艺设计，数字供应链，产品运行优化，产品运行维护。

技术：三维建模，仿真，数据采集，物联网，大数据分析，数字孪生，XR。

问题：

（1）数字孪生体对运行中的产品有何作用？

（2）产品的数字孪生体需要哪些基础技术的支撑？

（3）带有 XR 的产品中，XR 的关键作用是什么？

（4）XR 与数字孪生的关系是什么？

16.4 虚实空间的叠加和融合

因为 AR 和 MR 技术的发展，人们有可能把虚拟空间和现实空间叠加或融合在一起。

AR 是基于现实环境的叠加数字图像，具有一些动作追踪和反馈技术。但与 VR 明显的不同是，用户会看到现实的景物，而不是双眼被罩在一个封闭式头戴中。AR 设备的表现形式通常为具有一定透明度的眼镜，同时集成影像投射元件，让用户在现实环境中看到一些数字图像。目前消费市场中的 AR 设备有微软 HoloLens 全息眼镜、谷歌探戈项目（project Tango）平板电脑等。从技术门槛的角度来说，VR 的技术门槛比 AR 低一个数量级，VR 技术只要把人类的眼睛用头显蒙住就能沉浸到虚拟世界，而 AR 技术要解决隔离问题，将头显透明化（甚至去头显化），让人类可以在真实世界里随意加入虚拟世界的东西[7]。

AR 和 MR 的相关技术包括三维注册技术、标定技术和人机交互技术等[4]。

1. 三维注册技术

如果想让图像准确地叠加到真实环境中，就必须有很好的跟踪定位技术。为了实现虚拟信息和真实环境无缝结合，将虚拟信息正确地定位在现实世界中至关重要，这个定位过程就是注册（registration）。三维注册技术在一定程度上决定了增强现实系统的性能优劣。其目的是准确计算摄像机的姿态与位置，使虚拟物体能够正确地放置在真实场景中。三维注册技术通过跟踪摄像机的运动计算出用户当前的视线方向，根据这个方向确定虚拟物体的坐标系与真实环境的坐标系之间的关系，最终将虚拟物体正确叠加到真实环境中。因此，解决三维注册问题的关键就是要明确不同坐标系之间的关系。

2. 标定技术

在 AR 系统中，虚拟物体和真实场景中物体的对准必须十分精确。当用户观察的视角发生变化时，虚拟摄像机的参数也必须随之进行调整，以保证与真实摄像机的参数保持一致。同时，还要实时跟踪真实物体的位置和姿态等参数，对参数不断进行更新。在虚拟对准的过程中，AR 系统中的一些内部参数始终保持不变，如摄像机的相对位置和方向等，因此需提前对这些参数进行标定。

3. 人机交互技术

AR 技术的目标之一是实现用户与真实场景中的虚拟信息之间更自然的交互，因此人机交互技术成了衡量 AR 系统性能优劣的重要指标之一。AR 系统需要通过跟踪定位设备获取数据，以确定用户对虚拟信息发出的行为指令，对其进行解释，并给出相应反馈结果。

有关 AR、MR 技术的更详细的内容，读者可参考相关文献。

AR、MR 技术在制造中的典型应用是装配维修。

应用 AR 技术于装配指导，企业需要通过复杂装配的 3D 可视化提升生产系统的效率和品质。在带有 AR 指导的装配过程中，需要装配引导信息传递、对动作的捕捉、对动作的开始和结束状态的精准识别以及对装配结果的校验等。这些信息的传输与反馈加载、存储与反馈，都需要强大的网络通信给予支撑。AR 用于装配作业的指导过程中，需要将大量数据(图像、视频、音频、文字、模型等)和计算密集型任务转移到云端,如图 16-8 所示。AR 眼镜的显示内容必须与 AR 设备中摄像头的运动同步,以避免视觉范围失步现象(反应时间小于 20ms)。无线网络的双向传输时延在 10ms 内才能满足实时性体验的需求,LTE(长期演进)网络无法满足,通常需要 5G 支撑[6]。

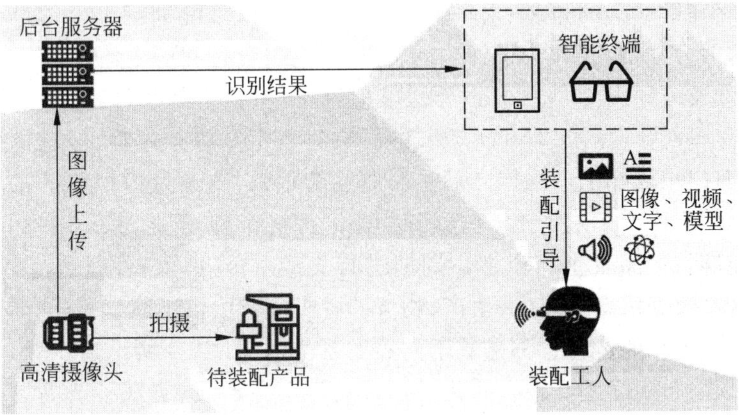

图 16-8 AR 装配指导[6]

蒂森克虏伯电梯与微软合作把 MR 技术用于电梯的维保。他们探索出了最具针对性的 HoloLens 应用软件,以满足电梯维修的具体要求。此应用就需要把现场实景与用于维修指导的虚拟指示融合在一起,工人在 HoloLens 及相应系统的帮助下,可大大提高工作效率。2015 年,蒂森克虏伯电梯推出业内首个预测性维保解决方案 MAX,这是蒂森克虏伯电梯与微软的首次合作。利用微软 Azure 物联网技术的 MAX 解决方案可以提供更省时的解决方案,每年可新增 950 万 h 的电梯运行时间。MAX 解决方案现已运用于全球数千部电梯,而通过云平台与 MAX 相连的标志性建筑也包括纽约新世贸中心一号楼。根据预测,电梯维保服务的全球收益每年将以 4.9%的速度增长。因此,HoloLens 和 MAX 的推出是非常及时的。利用物联网技术,推出类似 MAX 和 HoloLens 的解决方案,蒂森克虏伯电梯向着数字时代迈进了一步,而这也有助于革新电梯行业的传统维保方式[8]。

AR、MR 在工业中的应用将越来越广泛,未来会成为很多企业的刚需。通过对虚实空间的融合,人们有可能更方便地阅读和操纵工业现实世界。制造、装配、巡检、维修、操作培训等可能是 AR 和 MR 在制造业中的应用增速最快的领域。

16.5 虚拟过程

第 12 章中专门论及过程的进化,指出关乎企业发展的三大进化之一便是过程进化。企业数字化和智能化必然导致数字-智能技术在企业各种过程中的应用,进一步而言,即是在数字空间中的虚拟过程定义或优化了实际的物理过程、设计过程、经营过程等。虚拟过程是指完全由数字系统定义或模拟的、没有人参与的过程。产生虚拟过程的数字化工具主要是部分数字化软件、仿真工具、数字孪生以及 VR、AR 系统等。

1. 软件生成虚拟过程

数字技术问世以来，逐步成为设计过程、工艺过程以及生产计划排程的辅助工具。如计算机辅助工艺设计软件 CAPP 自动生成工艺过程当然是虚拟过程，尽管 CAPP 软件不排除人工干预；生产计划排程所生成的生产过程亦是虚拟过程。但本书中所言的虚拟过程并非泛指一切带有数字辅助工具的过程。例如，利用一个 CAD 系统进行设计的过程就不能视为一个虚拟过程，因为 CAD 仅作为设计中的辅助工具，设计过程的主体是人。

有些软件所涉及或导出的过程未必全是虚拟过程，但其中某些过程可能是虚拟过程。如 PLM(产品生命周期管理)，并非其所涉及的所有过程都是虚拟过程，但它的确能够导出某些虚拟过程。西门子成都工厂采用产品生命周期管理软件，通过虚拟化的产品设计和规划，实现了信息的无缝互联，使工厂全面透明化。整个流程通过采用 Siemens PLM Software 系统，能够将产品及生产全生命周期进行集成。每生产一件新产品，都会产生自己的数据信息，这些数据信息在研发、生产、物流的各个环节中被不断积累，实时保存在一个数据平台中，而整个工厂的运行也都是基于此数据系统，如图 16-9 所示。

数字化产品规划与实际生产融合简化了传统的复杂生产线，实现了产品的高效、快速、柔性输出，产品的一次通过率可达到 99%以上，与西门子在中国的其他工厂相比，西门子成都工厂产品交货时间缩短 50%，减少产品上市时间至少 30%[9]。此例中，西门子成都工厂的 PLM 系统所生成的生产计划即是虚拟的生产过程，实际的生产过程自然是由虚拟的生产计划所驱动的。

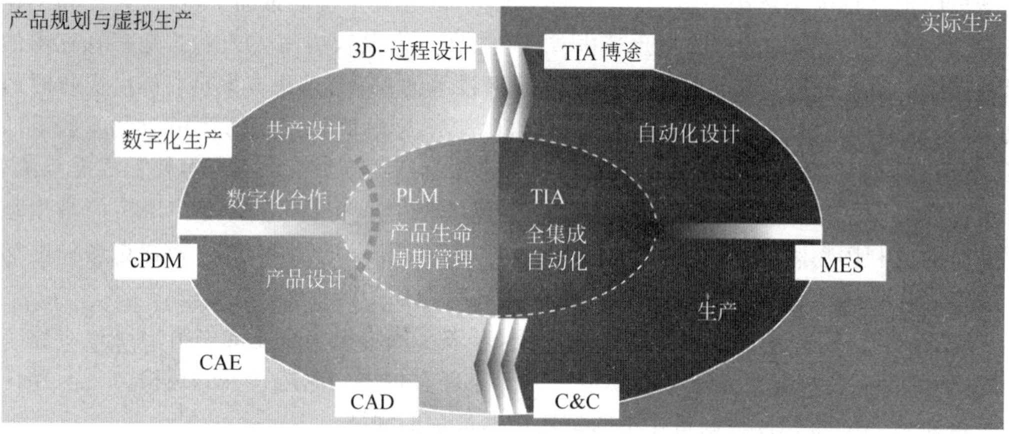

图 16-9　西门子数字化产品规划与实际生产融合[9]

2. 仿真软件生成虚拟过程

很多虚拟过程是由仿真软件生成的。产品的设计开发中，为了判断所设计的零部件在运行时(包括特殊的运行条件下)的状态，需要对过程进行仿真。图 16-10 所示为 ANSYS 软件用于轮毂弯曲、冲击试验仿真。轮毂是汽车上最重要的安全零件之一，轮毂的质量和可靠性不但关系到车辆和物资的安全性，还影响车辆在行驶中的平稳性、操纵性、舒适性等性能。在汽车轮毂批量生产之前，必须通过冲击试验、径向滚动疲劳试验和弯曲疲劳试验，通过试验可避免大批量的产品报废。借助 ANSYS 软件可在轮毂设计之初，对轮毂的弯曲疲劳寿命、径向疲劳寿命、冲击强度进行可靠的预测，为轮毂产品的设计开发人员提供重要的设计依据，缩短开发周期[3]。

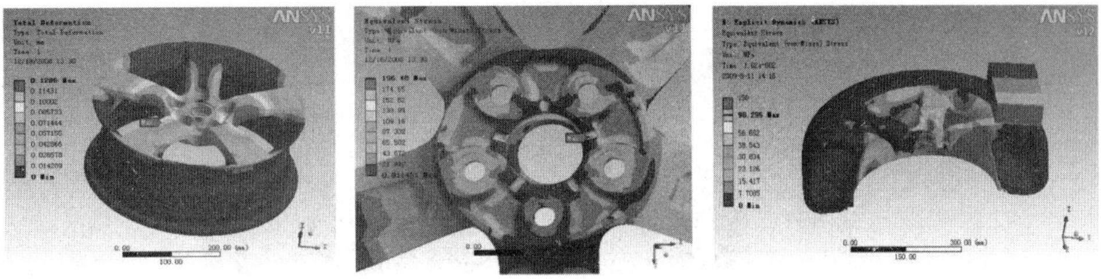

图 16-10
（彩图）

图 16-10 轮毂弯曲、冲击试验仿真[3]

欧特克推出了一整套仿真产品，通过优化和验证设计帮助用户预测产品性能，如图 16-11 所示。借助 Autodesk® Simulation 产品系列和欧特克数字化样机解决方案，可以将机械、结构、流体流动、热力、复合材料以及注塑成形仿真工具集成到产品开发过程中，从而降低成本、缩短产品上市时间。欧特克提供了一系列灵活的解决方案，让用户既可以在本地求解，也可以在云端求解，帮助提高工作效率[10]。

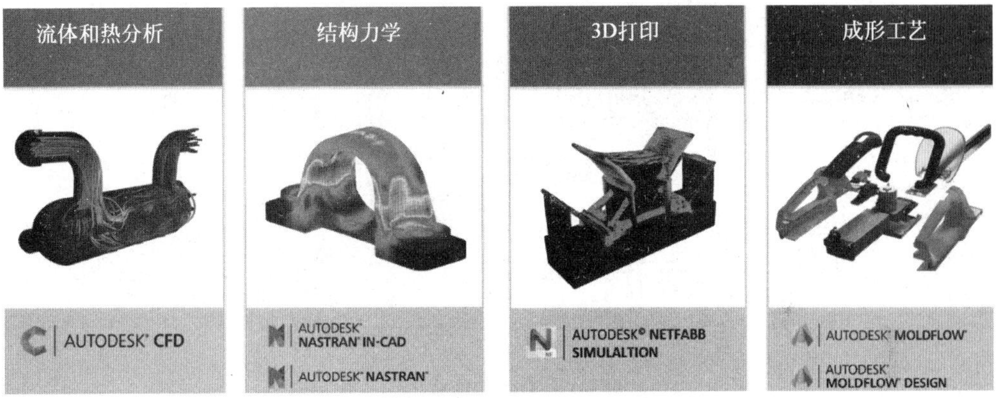

图 16-11 Autodesk 的一些仿真产品[10]

仿真软件在成形工艺领域取得了很好的效果，虚拟的成形过程有助于设计者设计出合理的结构，并且能使工艺人员获得最满意的工艺。Autodesk 的 PAN 能够预测、仿真增材打印过程中的温度、位移、应力等情况，可模拟 3D 打印的加工过程来预测零部件在实际制造时的变形，如图 16-12 所示。如此可减少所需迭代次数，节约生产费用，缩短交付周期等[10]。

前文也提到过，仿真软件不仅用于零件的设计和制造工艺中，而且用在产品的全生命周期。图 16-13 所示为是 ANSYS 软件在洛马公司应用的基本思想，通过数字线程实现数据连续性（包括仿真），结合各设计环节及现有平台，形成数字化挂毯，实现产品全生命周期数字化平台。也就是说，从产品的概念设计、详细设计、加工制造、装配一直到产品运行，数字化工具所生成的虚拟过程大大推进了整个流程的优化，且缩短周期、提高质量并降低成本。

3. 数字孪生体生成虚拟过程

产品的数字孪生体不是仅仅在设计阶段产生的，对于一个运行中的产品，其数字孪生体的作用恰恰表现在它对运行的指导作用。既然如此，产品在运行过程中所收集的各种数据

(a)　　(b)　　(c)

图 16-12　预测 3D 打印变形过程[10]

(a) 设计几何；(b) 仿真预测变形；(c) 产品生产结果

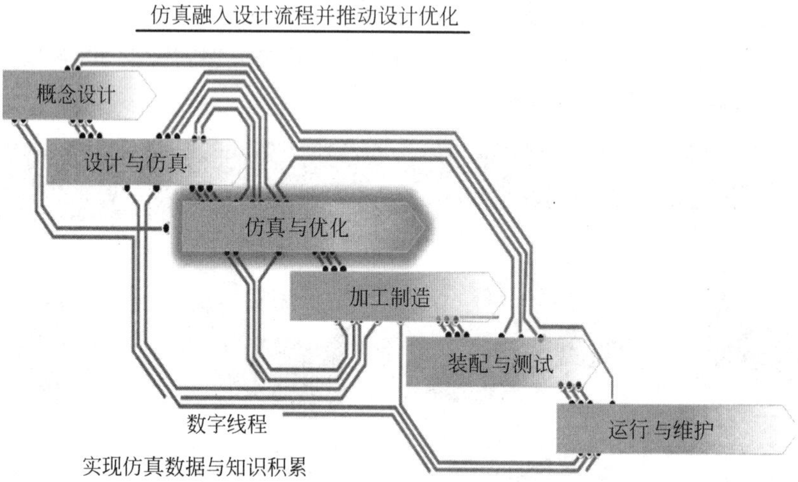

图 16-13　产品全生命周期中的仿真应用[11]

就成为其数字孪生体的一部分。在一个设备的运行过程中，通过对加工状态，如工艺参数、生产环境数据的监控，建立状态改变对于加工质量影响的数学分析模型，通过趋势分析预测加工质量的异常，并能够迅速采取措施，调整设备工艺参数，形成监控—分析—调整—优化的闭环，防止废品、残次品产生。如某酵母企业，对原料发酵过程的温度、湿度、酒精含量、pH 值等指标进行采集，一个工段上设置 1000 多个数据采集点，每 5ms 采集一次，一个生产批次的发酵周期为 15h，数据量多达上亿条，该企业基于海量数据，通过大数据分析确定"黄金批次"的最佳工艺参数，以还原生产的最佳工艺条件，用以控制和优化工艺[6]。这些采集的数据及其分析和仿真结果都是形成设备数字孪生模型的基础。

荷兰皇家壳牌公司(Royal Dutch Shell)启动了一项为期两年的数字孪生计划，以帮助石油及天然气运营商更加高效地管理海上资产，加强工人安全保障，探索可预见的维护时机。数字孪生有助于优化供应链、分销和运营。全球快消产品制造商联合利华(Unilever)启动了一个数字孪生项目，旨在为旗下数十家工厂创建虚拟模型。在这些工厂内，物联网传感器被嵌入到机器内部，向 AI(人工智能)和机器学习应用程序反馈机器性能数据，并进行分析。分析后的操作信息再输入到数字孪生体中，从而帮助工人预测机器维护的时机，优化产出并提高产品合格率[2]。

上面的数字孪生模型均是反映实际的物理实体的运行情况。

一个设备之完美的数字孪生体应该能够生成基于实际物理过程数据的虚拟过程，能够展示其性能数据，并且能够向物理系统反馈可优化其运行的控制参数。

4. VR、AR 等系统生成虚拟过程

用于装配、维修等场合的 VR、AR 系统能够指导工人按照展示的虚拟过程一步一步地操作，提高工作效率和质量。

16.6 虚实融合的交汇点：人的体验

想象一位从事企业智能制造的资深人士，时而徜徉在虚拟世界中，时而又沉入制造的现实世界里，尤其看到令他惊讶无比的效果时，突然眼前一片模糊，脑海里一片空白。许久蹦出一个问题：数字世界和物理世界是两个平行世界吗?

的确，在现实世界中的无奈，在虚拟世界中的彷徨，在虚拟和现实世界中不知如何来回切换……仿佛虚拟和现实世界是两个平行的世界。其实，两个世界显然是能够融合的，因为虚拟和现实世界交汇于人的体验。

前面章节中已有关于体验的零星介绍，这里再进一步归纳几种情况。

1. 日常现实体验

下面是“日本社会 5.0”中人们思考的若干情景[12]：

(1) 无人机送货。在偏僻地区有些孤寡老人可能遭到社会的抛弃。针对这种情况，通过无人机送货，不仅可以提高物流的速度，更重要的是可以给偏僻地带、交通不便的人们提供最为便捷的送货服务。——这是给偏僻地区老百姓的体验。

(2) AI 家电普及。家电远程调控，回家前使用智能手机下达指令，到家后饭菜、浴缸热水均备好。电冰箱里缺什么？还剩多少？过期了吗？——冰箱门上显示。口述指令，电冰箱会直接下单给送货公司，做到“缺什么补什么”。——给城市中产人士的日常生活体验。

(3) 智能医疗与介护。利用高智能的护理机器人，让病瘫者能生活自理，解除老年人或病人寂寞。通过远距离监护，掌握老人健康、精神状况。测血压，通过智能化坐便器测血糖值、尿酸值等，从粪便与尿液中检查有否得了癌症等。——给老年人、病人的健康体验。

(4) 全自动驾驶。将交通事故消灭为零，通过网约车系统，打造“共享汽车”社会。全自动驾驶巴士 24h 服务。即使在偏僻乡村，无人驾驶巴士可提供最便捷与不间断服务。孩子上学，老人外出，无人驾驶巴士将成为人们的生活伙伴。——给老百姓的出行体验。

某种意义上，“日本社会 5.0”就是基于老百姓体验的基础上。给老百姓美好的体验，就是满足老百姓对美好生活的向往。我国已经有一些企业意识到满足用户体验的重要性。海尔强调以用户体验为中心，通过工业互联网平台整合用户的碎片化需求，以开发出让用户有良好体验的(甚至是个性化的)家电产品。

不仅制造商要立足用户体验，经销商也可以从用户体验中寻找销售商机，如购车体验[4]。

奥迪经销商提供的基于 HTC Vive 和 Oculus Rift 的虚拟购车服务，能够让用户体验

VR购买过程。戴上VR眼镜，用户能以自己喜欢的方式定制奥迪提供的52款汽车中的任意一款，可以选择不同颜色、款式和配置的车型，这些在制造商网站上以图片显示的车型，通过VR，变成可以近距离观察和了解的真实形态。用户能够打开车门和后面的发动机箱，甚至能看到引擎真实的细节，再配上环绕立体声的耳机，还能听见虚拟场景里打开车门、发动机启动等声音。除此之外，用户还能模拟驾驶员，从驾驶员的角度环顾整个车体内部的设计。EVOX images 日前发布了"豪车模拟(RelayCars)"的6.0版本，这是一款让喜欢汽车的粉丝们能够足不出户就可以在其中由内到外地探索多达700多辆豪华汽车的VR体验，是基于三星Gear VR的游戏。在游戏中，整个场地被分成了6个不同的虚拟展示厅，用户可以在其中观赏市面上的各种不同的豪华汽车(从SUV到美式肌肉车)，当然也有之前提到的保时捷。此外，捷豹和特斯拉等也是一应俱全。

哪怕是老百姓找房，也能从中挖掘体验。"贝壳找房"即利用VR和AI技术，提升购房者的预览体验。基于房屋的空间信息及全景照片，利用VR的结构光三维重建技术，还原出原房屋立体的虚拟空间，并在此基础上辅以AI算法，将户型图与智能设计结合，通过家具、风格的实时渲染和拼接，为消费者即刻提供具象的装修方案。借助AR和5G技术的共同影响，企业能够打破地理空间限制为用户提供个性化生活体验。需要注意的是，个性化服务模式不能纯粹以技术驱动，而要尊重用户的真实期望，技术要赋能协作，让用户有参与感[13]。

2. 专业体验

数字化和智能化的企业中，很多智能软件或产品是供专业人员使用的。这种智能软件或产品当然应该基于专业人员的体验。

很多软硬件产品的设计都强调应该统一考虑人-机器-环境系统总体性能的优化，也就是说要使机器的设计符合人的生理、心理特点，有利于人安全、高效、舒适地工作。有一些专门的学术方法支撑类似的考虑，如人类工效学(ergonomics)是研究人在某种工作环境中的解剖学、生理学和心理学等方面的各种因素，还有类似的人因工程学(human factors engineering)或人的因素学(human factors)等。这些都与人的体验相关。但这些基于人的因素或人机关系的方法还不能完全覆盖本书中所指的专业人员体验问题，因为专业人员对某一专业领域问题的体验涉及其对专业问题的洞察。因此，对于专业人员而言：一个好的产品带来的专业体验不仅是环境舒适之类的感觉，更重要的是使之对专业问题有更深的洞察，以有利于其创造性的发挥。

例如，CAD系统能够帮助设计者快速地进行三维建模，能够免去传统设计中大量查手册的繁冗工作，能够进行某些工程分析(如有限元)等，这些都能给设计者带来不错的体验。但是智能CAD系统则不会止步于此。根据对设计者的设计目标的理解，系统能够快速地展示各种相关的可重用系统；它能够根据约束条件和优化目标自动地进行结构拓扑优化和性能分析；或许它还能与设计者对话，提示和扩展设计者的联想，更容易获得创新的设计等。也就是说，这样的智能CAD系统具有在特定的领域超越人类专家对特定专业问题的洞察。

再如设备的维修，一个维修人员的水平很大程度上取决于其经验的积累。现在，带有AR的智能系统逐步进入工业应用。但大部分的解决方案只是简单地利用AR提高效率，只有极少数有意识地进行关于员工的大数据采集和专业经验沉淀。智能维修系统则通过

AR对获得的工业大数据进行采集、过滤、沉淀、清洗等一系列处理操作，或从云端服务器处理获取分析处理结果——进行经验的沉淀及流程的优化，同时也帮助维修人员体验和凝练维修知识与经验。这里的AR系统对于工业大数据的意义在于：打通人和机器的物理隔离；走完了大数据采集和输出的“最后一米”；能够客观地采集到工作中人的大数据[14]。读者需要注意的是，这里的“体验”水平主要不是体现在AR带来的直观、快速定位、提高效率等，更重要的是在于维修经验的沉淀。人类专家不是一样可以沉淀维修经验吗？不同之处在于智能系统具有更高的感知能力，对数据具有更精细的过滤、清洗能力，对数据中潜藏的知识具有更强的挖掘能力……，这些都是人类专家的能力所不及的。人类专家从这样的智能系统中所获得的专业体验自然也在更高的层次上。

还有些专业体验是针对特殊环境的训练和学习。图16-14显示的是真正的宇航员在德国亚琛工业大学的AixCave系统的虚拟国际空间站上进行他们的训练[5]。特殊环境的构建本身就需要基于对特殊环境的深刻体验，如此而形成的地面虚拟空间站方能给受训者真实的体验。

图16-14 供宇航员训练的虚拟国际空间站[5]

3. 尘世中的超现实体验

几千年前，我们的祖先就有关于月球的遥想，有嫦娥奔月的故事。人们既有对广寒宫仙境的遐思，又不甘广寒宫的清冷幽静。嫦娥应悔偷灵药，碧海青天夜夜心。

要是能够遨游于太空，又能以神仙的视角俯视我们生存的大地，让我们在尘世中尽享超现实的体验，那才是最美妙的！

VR能给我们如此的体验[4]！

谷歌公司开发了一款免费应用——Google Earth VR，给了人们一个坐在家里就能上天入地、周游全世界的机会。这款虚拟现实软件就是Google Earth软件加上VR体验功能的结果，实际效果从官方的1′4″的宣传片中可以看得很清楚——我们只需戴上Vive头显，然后启动程序，呈现在我们面前的便是可以自由定位、旋转与缩放的VR景观，“世界任我遨游掌控”俨然已经变成了现实。虽然这款VR应用没有任何打打杀杀的成分，但对于所有从伊卡洛斯时代就在渴望摆脱重力向往天空的人类来说，Google Earth VR显然让人们向着梦想中的目标又迈近了一步。Google Earth VR中，开发团队为用户插上了能在天空自由翱翔的翅膀，因此用户大部分时间都会以“上帝视角”俯瞰地球。考虑到用户在“飞行”途中，四周的物体都会迅速移动，很多人可能会因此产生眩晕。技术团队利用“隧道视野”的方法，将视线聚焦在中心区域，模糊外围的景物，降低晕眩感。与人们熟悉的传统 2D“谷歌街景”大不一样，Google Earth VR 采用了精准的建模识别度和贴图渲染技术。开发团队依据专题、城市、自然风貌等进行分类，重点还原了那些全球著名景观建筑。开发团队不仅基于真实的地形数据还原了山川湖泊，还用摄影测量法和航拍建筑物等方式，对它们进行 3D 建模，最后制造出了影院般沉浸式的逼真视觉效果，用户穿行其中完全如同身临其境。

世界上第一家虚拟现实太空旅游平台——初创公司 Space VR 和 NanoRacks 两家公司共同规划发射卫星 Overview 1。他们正在和 Elon Musk 合作，将使用 SpaceX 的猎鹰 9 号火箭搭载卫星上太空，通过卫星上的装置回传视频。Overview 1 上装着的 VR 相机拥有 4K 分辨率，用户戴上三星 Gear VR 或 Oculus Rift 等 VR 设备就可以看到其拍摄的地球全貌，还有整个宇宙空间。不仅如此，该 VR 相机拍出来的照片还可以合成为超高分辨率的 360°图像，让每个人都有机会去感受宇宙的无边无际。

前不久谷歌发布的 Access Mars 帮助用户通过“浏览器＋VR”的组合就能登陆火星。据外媒介绍，体验者通过鼠标可以变换当前景观，并且在某些区域还有白色标记，用户可以查看更多细节。这得益于此前火星探测器付出的努力。Curiosity（好奇号）原名火星科学实验室（Mars Science Laboratory），是美国国家航空航天局（NASA）的第三代火星探测中，也是目前为止最大的一台探测器。“好奇号”在火星进行的探测任务包括采集样本，因此用户能够看到的画面将更加真实、具体，并非一扫而过。通过开发者的不懈努力，未来这款应用或将进一步丰富，在交互体验上也将有所提升。

4. 人感体验[15]

设想一个情景：在你驾车回家的最后一段路程，车里内置的摄像头、麦克风、传感器监测你的面部表情、声音以及你使用汽车功能的方式，并通过计算机视觉、语音识别和深度学习等技术实时分析这些数据，判断你是否正处于疲劳或分心的状态。它观察到你颇显疲态，作为回应，这些基于 AI 的工具会调低恒温器的温度并调高收音机的音量，而语音助手则会温柔地提醒你靠边停车，或者在前方 3km 远的一家餐厅喝杯咖啡，稍作休息。

过去，机器受限于固化的互动规则。如今，系统将遵循规则，判断人的情绪，推测人的需求，并根据情境和情绪以合适的方式进行回应。目前，无数能够检测身体状态，比如警觉性的技术正被越来越多地用于推断人的情绪状态。现在，越来越多的 AI 驱动解决方案——被称为“情感计算”或“情感 AI”——正在重新定义体验技术的方式。这些体验绝不仅仅局限于汽车领域。零售商正在将 AI 机器人与用户细分和客户关系管理（CRM）系统相结合，以实现个性化的客户互动。作为新兴的人感体验平台趋势的一部分，未来将有更多的公司通过加大技术的投入，更好地理解人类，给出更恰当的回应。系统用户愈发期待他们所依赖的技术能够与他们有更强的连接——这是一项不容忽视的需求。Deloitte Digital 最近对 800 名消费者进行的一项调查表明，60％的长期客户使用带有情感的语言来描述其与所青睐品牌的关系。同样，有 62％的消费者认为他们与品牌之间有联系。可信赖度（83％）、正直（79％）和诚信（77％）是消费者眼中与所爱品牌最相关的 3 个情感因素。

回顾历史，计算机一直无法将事件与人类的情感或情感因素联系起来，但这种情况正因为创新者目前大规模地将“情商”（EQ）添加到技术的“智商”（IQ）中而发生改变。通过使用数据和人本设计（HCD）技术，再结合目前用于神经学研究以更好地理解人类需求的技术，情感系统将可识别人的情绪状态及背后的情境，然后作出适当响应。早期趋势参与者认识到风险很高。但对于企业发展而言，利用情感智能平台识别并大规模使用情感数据，将成为企业未来最大、最重要的机会之一。Deloitte Digital的研究表明，专注于人感体验的公司在3年内收入增长的概率比同业公司高出2倍，而收入增速可以达到其他公司(不关注人感体验的)的17倍之多。此外，AI应用往往让人觉得缺乏感情，不够人性化，迟钝导致更多的“经验债务”和用户疏远。很有可能，你的竞争对手已经在为此努力了。研究和市场预测，全球情感计算市场的规模将从2019年的220亿美元增长到2024年的900亿美元，这意味着年复合增长率将达到32.3%。如何为客户、员工和商业合作伙伴打造具有情感洞察力的人感体验呢？

人感体验平台覆盖的范围会有扩大的趋势，不仅包括客户，还包括员工、商业合作伙伴和供应商——基本上包括互动的所有对象，从而进一步满足对深刻洞察和情感联结的需求。除数据之外，人感体验平台还利用情感计算，如自然语言处理、面部表情识别、眼动追踪、情感分析算法等技术，识别和理解人们的情感并作出回应。情感计算可以帮助实现颠覆性变革：能够在很大范围内都体验到人性。具体什么意思呢？目前，真正的人与人的连接还受限于一个空间内所能容纳的人数。类似手机或者网络摄像头这样的技术能够让人与人之间互联，但这只是一个通道而已，人们可以通过这些通道彼此联系，但能传递的情感却是有限的。那么，如果技术本身能够变得更加人性化，一切又会如何呢？如果面前的屏幕上出现的机器人能够感受到人们情绪和情感的细微差别，就像我们所期望的真正的人类互动那样，生活会怎样变化？设想一下，如果你走进同一家店，屏幕上的机器人认出了你，还喊了你的名字。技术以人性化的方式与你互动，而你在这家店铺的体验就会变得非常特别，也更加自然。人工智能和情感技术可提供极其人性化的体验，并且影响整个商业环境。

人感体验平台趋势颠覆了传统的设计方法，它首先确定我们想要实现的人性化和情感体验，而后决定使用何种情感和AI技术组合能够达成这一效果。企业将面临的一大挑战是，如何针对不同的客户群体、员工群体和其他利益相关者，确定能引起他们共鸣和引发他们情绪的具体响应或行为，并进一步开发情感技术，使其能够识别和复制某一段体验中的特质。

现在已经有一些企业开始应用虚拟代理。客户或员工需要帮助或信息的时候，往往第一时间接触到的就是虚拟代理。一些企业正在尝试整合虚拟代理的问题解决能力和人类代理所能提供的情感联结能力，这使用户的期望也开始随之改变。这些企业越来越多地为开发复杂的虚拟支持平台投入资金，这些平台将智能系统和情感计算结合在一起——有人称之为“认知代理”。认知代理最有价值的地方在于可以帮助建立信任。如此一来，人们就会利用它来处理更加复杂的问题。认知代理想要有效建立信任关系，需要有效执行3个步骤：表示理解、归类问题以及选择适当的后续步骤。在许多企业环境中，人工客服和认知代理都经过培训，能够在回答问题和请求时遵循设定脚本。人工客服能够本能地对来电者进行镜像回应，表达相应情绪，表示理解。比如，他会说“对此我非常抱歉”，或“哇，那真是太好了”！在情感镜像回应之后，人工代理会试图进入到设定好的下一步。认知代理则利用情感分析等高端的AI技术来监测并镜像回应来电者的情感，然后再进入下一个步骤。认知代理可以通过AI文本分析以及自然语言处理(NLP)进行学习，自动识别并归类问题。通过情节记忆，认知代理能够在之后的对话中回忆起所需的信息，避免重复提问同一问题或者需要假设信息的情况。借助NLP的最新改进，认知代理将可以处理新的短语、表达和俗语。

总之，这些将帮助认知代理更好地理解和归类问题。最终，随着企业逐渐开始信任认知代理对潜在问题的归类及选择合适应对方式的能力，将客户转交给到人工客服处理的情况会越来越少。

计划使用认知代理的企业仔细观察和学习他们最高效的人工客服在不同场合回应不同背景客户的方式，研究他们如何遵守规则，给出预设的回答，以及如何回应客户的情绪，进而从中得出训练模型，并设立认知代理的标准操作流程。要给经验丰富的员工以及认知代理更大的自由，让他们作出主观判断。经过适当的培训，认知代理可以和人工客服的表现相当，甚至更好，因为认知代理能够比人工客服接触更多的客户和情景并进行学习。认知代理能够全天候工作，并且仅是增加它的运算能力，它便能回应更多的需求。

从以上的介绍可以看出，虚实空间的融合是智能制造的核心问题，而人的体验则是虚实空间融合的交汇点。因此，无论从智能产品的开发，还是数字-智能技术的应用，抑或是智能制造的推进，人的体验都是最基本、最关键的要素。

节点及关联

主要体验类型：日常体验，专业体验，超现实体验，人感体验。

关联技术：数字化软件，物联网，大数据，AI，认知技术，数字孪生，虚拟代理，智能机器人（无人机），XR，人因工程学，人机工程学。

综上，CPS是"工业 4.0"和智能制造的核心理念，即赛博空间与物理空间，或称虚拟空间与物理空间的融合。

融合首先表现在产品相关的全生命周期，产品开发中的大量工作是在数字工具形成的虚拟空间中完成的；产品运行状态及场景的检视、运行优化控制都是在虚拟空间中完成的。

很多产品本身的功能直接或间接地体现在其数字空间（虚拟空间）中，尤其是带有 VR、AR 的产品。

AR、MR 技术可以使虚拟空间和现实空间叠加融合在一起，典型的应用场合是装配与维修。

制造中很多过程的模拟、优化是在虚拟空间中进行的。数字空间中的虚拟过程定义或优化了实际的物理过程、设计过程、经营过程等。产生虚拟过程的数字化工具主要是部分数字化软件、仿真工具、数字孪生以及 VR、AR 系统等。

虚拟空间和现实空间融合的真正交汇点是人的体验。无论是智能产品的开发还是企业智能制造的推进都应该高度重视人的体验。要重视培育和挖掘用户体验，尤其是消费类产品。针对专业应用的产品，其专业体验不仅是环境舒适之类的感觉，更重要的是使之对专业问题有更深的洞察，以有利于其创造性的发挥。

问题：

(1) 为何说在数字空间（赛博空间）才能真正反映实体的内涵、特质、动态？

(2) 虚拟空间（赛博空间、数字空间）的主要形式是什么？

(3) 支持产品开发的虚拟空间的主要技术是什么？

（4）产品及系统运行的场景涉及哪些因素？

（5）仿真软件可用于哪些虚拟过程？

（6）为何说人的体验是虚实空间融合的交汇点？

（7）对于专业应用的产品而言，关于体验的最高境界是什么？

（8）“人的体验”应该成为智能产品开发以及智能技术应用的基本出发点吗？

李培根.智能制造精要03虚实融合

参考文献

[1] 李杰，等. 新一代工业智能[M]. 上海：上海交通大学出版社，2017.

[2] MUSSOMELI A，等. 数字孪生连结现实与数字世界[J]. 德勤2020技术趋势报告，2020：59.

[3] Ansys. AUTO Applications[R]. ANSYS 报告，2016.

[4] 吕云，王海泉，孙伟. 虚拟现实：理论、技术、开发与应用[M]. 北京：清华大学出版社，2019.

[5] Schlase M，Priggemeyer M，Atorf L，et al. Experimetable digital twins-Stream lining simulation-based systems engineering for industry 4.0[J]. IEEE Transactions on industrial informatics，2018，14(4)：1722-1731.

[6] 张荷芳. “5G+云”在智能制造的应用场景深度洞察报告[R]. 德勤报告，2019.

[7] 甘开全. VR 新秩序：虚拟现实的商业模式与产业趋势[M]. 北京：清华大学出版社，2017.

[8] Thyssenkrupp. 新全球电梯维保方式[J/OL]. https://www.thyssenkrupp-elevator.com.cn/cn/press/press-releases/press-release-data-source-2-66304.html，2016-10-14.

[9] 周安亮，屈贤明. 西门子公司发展智能制造实践经验[M]//中国工程院. 制造强国战略研究·智能制造专题卷. 北京：电子工业出版社，2015.

[10] 朱戈. 欧特克仿真分析软件[J]. Autodesk 报告，2017.

[11] 舒仕臣. 数字化变革中的仿真连续性及与设计协同[J]. ANSYS，2019-11-29.

[12] 徐静波. 日本构建“5.0社会”到底是怎回事？[J/OL] http://blog.sina.com.cn/s/blog_4cd1c1670102yh8j.html，2019-01-27.

[13] Sweet J，Daugherty P. 技术展望2020：新数字时代的人与技术[J]. 埃森哲报告，2020.

[14] 苏波. AR说|工业4.0：目前AR杀手级应用场景[J/OL]. https://www.sohu.com/a/214893918_732038. 2018-01-05.

[15] Cibenko T，等. 人感体验平台——情感计算改变了互动规则[J]. 德勤技术趋势报告，2020.

第17章

整体联系

《大涅槃经》卷三十二："譬如有王告一大臣，汝牵一象以示盲者。尔时大臣受王敕已，多集众盲以象示之。时彼众盲各以手触。大臣即还而白王言，臣已示竟。尔时大王，即唤众盲各各问言，汝见象耶？众盲各言，我已得见。王言，象为何类？其触牙者即言象形如芦菔根，其触耳者言象如箕，其触头者言象如石，其触鼻者言象如杵，其触脚者言象如木臼，其触脊者言象如床，其触腹者言象如瓮，其触尾者言象如绳。……象喻佛性，盲喻一切无明众生。"这是著名的盲人摸象的故事，说明只见局部，不见整体。

从事智能制造的技术和管理人士，虽为有识之人，然时常如"无明众生"。

17.1 整体观和系统观

人体之神奇，难以言说。腰痛难忍，可是在与腰似乎毫无关系的地方扎上几针，俄顷病除。其中的联系是什么？科学回答不了。如果把人放到社会和大自然中，即处于更大系统、更大的整体之中，其联系又如何？科学如此发达的今天，我们对人体的认识依然有限。恐怕到人类寿命完结的那一天，人类大概也不会获得对人体的终极认识。

产品或设备都是人设计和制造出来的，但人未必对其具有充分完整的认识。倘若把设备放在企业的大系统中，设备运行的环境、条件、参数与质量、成本等之间有何关联？工程师和企业管理者很难说清楚。至于把产品放到社会的大环境中，又和外界产生何种联系？这就更复杂了。

不在系统中观察，不考虑整体中的联系，就不可能清楚地认识系统，更不可能持续地改善系统性能。

1. 中国传统文化中的整体观

中国传统文化是注重整体联系的。

中国古代的阴阳学说，认为"阴阳化合而生万物"。浩瀚宇宙间的一切事物和现象都包含着阴和阳，它们之间既互相对立又相互依存。天地之道，以阴阳二气造化万物。天地、日月、水火、山泽，以及雌雄、刚柔、动静，万事万物万象，莫不分阴阳。人体经络、五脏、六腑，乃至七损八益，莫不合阴阳之理。中国古代的物质观还认为，天下万物皆由五类元素组成，即金、木、水、火、土，彼此之间存在相生相克的关系。五行学说中的相生和相克两者是紧密联系、不可分割的整体，无相生则无事物的产生和发展；无相克，则不能维系事物之平衡协调。

道德经中“人法地、地法天、天法道、道法自然”，庄子之“天地与我并生，而万物与我为一”，这些都表明中国古代思想家的整体观。

整体观也是中医的基本思想。中医不仅表现在把人看成一个整体，而且把人与天地、四时等自然联系起来，视为一个更大的整体。人顺天道，以天为常。

易学在中国传统文化中有特殊的地位。《易传·系辞上传》有言：“易有太极，是生两仪，两仪生四象，四象生八卦。”《周易》把世间万事万物，无论是自然现象还是社会关系，都统一纳入到六十四卦的体系中。六十四卦中的任何一卦，都代表了一个具有独立性的小天地、小宇宙。六十四卦的每一卦都体现出了天、地和人一体的宇宙整体观。《周易》认为自然和人是相互联系，又相互矛盾的有机统一的整体，因此世间万物都不能孤立地存在，而是相互联系、相互影响、相互统一同时也存在对立的，但是共处于和谐的整体之中。“太极”是世界万事万物组成的整体的最原始的状态，其初态是混沌一片的。

中国传统文化中的整体观显然有闪光之处，尽管缺乏严密的逻辑和实证，不能算科学理论。但毕竟是人们在社会实践的过程中，通过对事物表象变化的观察和推敲，然后定性为事物发展简单朴素的理论。虽然它不能精确、定量地解决一些具体问题，但作为一种理念、思维方式在很多方面都能体现其价值。

如企业的经营之道，可以认为企业之大道在于“人的存在”，恰如企业之“太极”。对于企业经营而言，考虑人的存在，则应该基于“客户”和“员工”(太极生两仪)，如图17-1所示。从客户考虑，制造(包括产品设计等活动)、商业活动都应该以客户为中心，这是现代企业的基本理念，企业的战略也应该围绕客户中心展开；与员工直接关联的是员工的业务活动以及业务流程和组织的管理，这是企业内部管理的出发点，此即“两仪生四象”。对某些企业的“制造”而言，则有“个性化(柔性)制造”和“客户数据驱动”，也就是说，欲以客户为中心，就需要个性化制造，但一定要辅以“客户数据驱动”。这里个性化制造是“阳”，数据驱动为“阴”，此乃“四象生八卦”的层面，如此等等。按此一条理思考企业经营管理之道，对于把握企业经营的宏观脉络、梳理其整体联系无疑有莫大的好处。

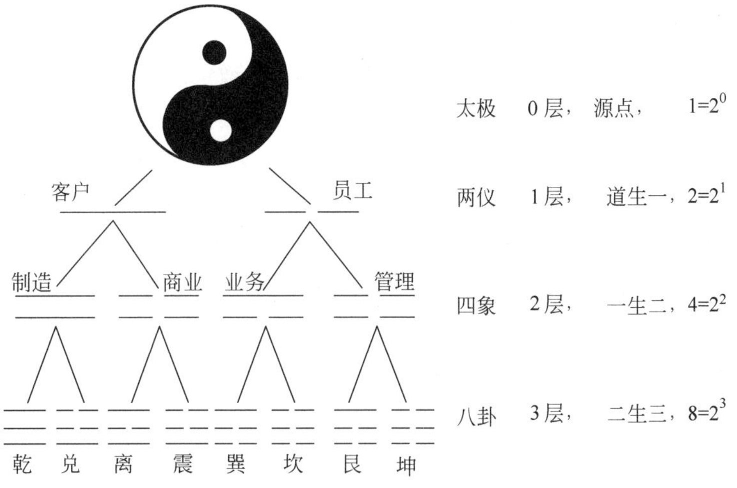

图17-1　企业经营管理之道

虽然整体观的思想简单而容易被接受，但由于它在解决一些具体问题（如加工精度控制、设备的性能）的局限使之在工程实践中常常被忽视。在数字-智能技术迅速发展的当下，传统的整体观思想能否焕发出新的生命力？答案是肯定的。思想应用的广度一定是与工具联系在一起的。既然大数据和人工智能技术可以帮助我们探索和认识一些无法以数学模型描述的事物或活动之间的关联，人们就应该在工程领域加强整体观的意识，通过利用数字-智能工具而发现一些新的规律或知识。后面将举例说明整体联系的思想结合数字-智能技术在工程实际问题中的应用。

2. 系统观

系统思想源远流长，但作为一门科学的系统论，人们公认是美籍奥地利人、理论生物学家 L. V. 贝塔朗菲（L. Von Bertalanffy）创立的。1924—1928 年，贝塔朗菲多次发表文章表达"一般系统论"的思想，提出生物学中有机体的概念，强调必须把有机体当作一个整体或系统来研究，才能发现不同层次上的组织原理。可以认为，一般系统论是关于"整体的一般科学"，是对整体或整体性的科学探索。一般系统论这一术语有更广泛的内容，包括极广泛的研究领域，其中有 3 个主要的方面：关于系统的科学，又称数学系统论；系统技术，又称系统工程，即用系统思想和系统方法来研究工程系统、生命系统、经济系统和社会系统等复杂系统；系统哲学，即研究一般系统论的科学方法论的性质[1]。

1）自动控制[2]

虽然一般系统论提出的时间已经很长了，但实际应用很有限。在工程中真正应用较多的、与系统论有关联的还是自动控制理论。中国大学多有自动化专业（国外大学一般不设此专业），学生学习和研究的主要问题有 3 个基本方向：建模、控制和优化。自动化专业人士似乎能够意识到"系统"观念的重要性。但另一方面，现实中自动化专业一个很大的问题是重视控制理论而轻视系统技术，和工业界实际有所脱节。很多学生学习线性系统理论分析、最优控制、先进控制等，到了工厂以后，发现直到今天用得最多的控制方法还是 PID（比例积分微分）控制。

18 世纪就已经出现用在风车、织布机控制的离心调速器。1788 年，吉姆斯·瓦特成功地改造了离心调速器。离心调速器是一个比例控制器，因此会产生稳态误差。蒸汽机与调速器的广泛应用推动了第一次工业革命。如何设计一个稳定的调速器成为一个极富挑战的科学难题。麦克斯韦（Maxwell）开始了调速器的理论研究。麦克斯韦推导出三阶线性微分方程来描述调速系统，同时发现可以通过闭环系统特征方程的根确定系统的稳定性。紧接着，数学家劳斯和赫尔维茨建立了一般线性系统的稳定性判据，这些工作奠定了控制理论的基础。19 世纪初，Sperry 发明了陀螺驾驶仪，应用于船舶驾驶。陀螺驾驶仪可以调整控制器参数，也可以设置目标航向。该控制器是一个典型的 PID 控制器。PID 控制不仅广泛应用于上述领域，而且应用于电力工业，推动了第二次工业革命。如何选择 PID 控制器参数使控制系统具有良好的性能的研究吸引了大量的工程师和科学家，直到 1942 年，Ziegler Nichols 建立了 PID 参数的整定方法。

为了解决长途电话的失真问题，贝尔实验室的 Harold Black 工程师发明了负反馈放大器。1932 年，亨利·奈奎斯特（Harry Nyquist）建立了"奈奎斯特判据"。1943 年，贝尔实验室的伯德领导的小组设计 M9 火炮指挥控制系统，采用了伯德发明的设计反馈控制系统的工具 Bode 图。上述成果奠定了经典控制理论的基础。

20 世纪 50 年代末到 60 年代初，航天技术的发展涉及大量的多输入多输出系统的最优控制问题，用经典控制理论已难以解决。数字计算机的出现使得亨利・庞加莱(1875—1906)的状态空间表述方法可以作为被控对象的数学模型和控制器设计与分析的工具，于是产生了以极大值原理、动态规划和状态空间法为核心的现代控制理论。然而，现代控制理论难以应用于工业过程。工业过程往往是由多个回路组成的复杂被控对象，难以用精确数学模型描述。大规模工业生产的需求、计算机和通信技术的发展催生了一种专门的计算机控制系统逻辑程序控制器(PLC)。1969 年，美国的 Modicon 公司推出了 084PLC。该控制系统可以将多个回路的传感器和执行机构通过设备网与控制系统连接起来，可以方便地进行多个回路的控制、设备的顺序控制和监控。1975 年，Honeywell 和 Yokogawa 公司研制了可以应用于大型工业过程的分布式控制系统(DCS)。以组态软件为基础的控制软件、过程监控软件的广泛应用使得生产线的自动化程度更高，推动了第三次工业革命。

可以看出，前述问题都是能够以数学模型描述的，也就是说自动化科学与技术本质上是数学模型驱动的。本书第 2 章中就已经指出，企业中稍微复杂一点的系统普遍存在不确定性、非结构化和非固定模式问题，基于数学模型的控制理论，不管是经典控制理论还是现代控制理论都显得无能为力。

大数据驱动的人工智能技术取得了革命性进步。大数据、移动互联网、云计算为人工智能驱动的自动化开辟了新途径。

2) 系统论

系统工程的基础学科主要有运筹学、控制论、信息理论、基础数学和计算机科学。20 世纪 60 年代以来，系统工程发展的显著特点是开始突破自然科学和工程技术领域，向社会科学领域不断渗透。随着 70 年代的"大系统理论"的兴起，使系统工程与社会科学的联系更加密切了。80 年代，系统工程发展的显著趋势是巨大化、复杂化、社会化，但系统工程的理论在工业中的实际应用依然极其有限。

系统论与控制论、信息论，运筹学、系统工程、电子计算机和现代通信技术等新兴学科形成了相互渗透、紧密结合的趋势。

尽管在工程实际中贝塔朗菲的一般系统论几乎被人遗忘，但在数字-智能时代，当我们重新学习一般系统论，又可发现其闪光之处[1]：

技术的发展使人们不再按照单个机器，而是按照"系统"去思考。对于在各自专业中受过训练的工程师来说，解决蒸汽机、汽车或无线电等方面的问题，是胜任有余的。但是，事情到了弹道导弹或太空飞行器就不一样了，它们必须由机械、电子、化学等不同性质的技术中产生出来的各种部件装配而成，在生产、商业和军备之中就产生了大量的问题。于是，一种"系统方法"就成为必需的了。某个目标被提了出来，为了找到实现它的方法和手段，需要系统专家(或专家小组)去考虑种种可能的解决办法，并在极其复杂的相互作用网络中选出那些预期效率最高而成本最低的最佳方案。

不同的制造企业，情况不同，解决某类问题存在某种"系统方法"吗？

近几个世纪以来人们都在研究系统，但是现在增加了某种新的东西……把系统作为一种统一体，而不是作为诸部分的拼合物来研究，这是与现代科学不再把现象隔离于狭窄的封闭的状态中，而开始考察它们之间的相互作用并考察越来越大的自然界对象的倾向相一致的。在"系统研究"(以及它的许多同义词)的旗帜下，我们也目睹了当代很多专门的科学发展会聚的形势……这些研究工作以及很多其他的研究工作正在交织成一种共同的研究事业，它涉及科学与工程学科的日益广泛的领域。我们正在参与或许是最全面的事业，以达到现有科学知识的综合。

系统理论试图建立前所未有的科学解释和理论，它要比各门专门科学具有更高的一般性。一般系统论是与暗藏于种种学科中的潮流相符合的。系统论常常被看成与控制论和控制理论是一回事，这也是不正确的。作为研究技术与自然中控制机构的理论的控制论是建立在信息和反馈的概念基础上的，它不过是一般系统论的一部分。控制论系统尽管重要，却只是自动调节系统的一个特例。因此，一般系统论看来是一种有用的工具，一方面，它提供模型，可在不同领域使用并在领域间转移；另一方面，它又防止模型陷入那些常常危害该领域进步的似是而非的类比。

建立在大数据、人工智能等技术基础之上的一般系统论能够成为一种有用的工具吗？

因此，一般系统论是关于"整体"的一般科学，在此之前整体被人们看作是一个不明确的、模糊的和半形而上学的概念。一般系统理论的精致形态可以说是一门数理逻辑学科，它以自己的纯粹的形式适用于各种经验科学。它对于同"有组织的整体"有关的学科的意义，可以说类同于概率论对于同"随机事件"有关的学科的意义。概率论也是一门形式上的数学学科，它能够应用于许多不同的领域，如热力学、生物学和药物试验、遗传学、人寿保险和统计学等。一般系统论的主旨是：

(1) 各种不同的学科，包括自然科学和社会科学，有着走向综合的普遍趋势；

(2) 这样的综合看来要以系统的一般理论为中心；

(3) 这样的理论可能成为非物理领域的科学走向精确的科学理论的一种重要方法；

(4) 这一理论通过寻找出能统一"纵向地"贯穿于各个单个科学的共性的原理，可使我们更接近于科学大统一的目标；

(5) 这一理论能够导致迫切需要的综合科学教育。

每一个生命有机体本质上是一个开放系统。它在连续不断地流入与流出之中，在共组分的不断构成与破坏之中维持自己，只要它是有生命的，就永远不会处于化学的和热力学的平衡状态，而是维持在与平衡状态不同的所谓稳态上。这是通常所说的新陈代谢这个基本生命现象的真正本质，是活的细胞内部化学过程的真正本质。这是怎么回事呢？显然，传统的物理学公式，原则上不适用于作为开放系统和稳态的生命有机体。

企业实际上也是一个开放系统，经典的数学、物理以及自动控制理论在企业的系统层面基本上无济于事。

一般系统论述应是科学中重要的调节手段。不同领域存在着结构相似的定律，就有可能把比较简单、比较熟悉的模型运用到比较复杂、不易处理的现象上去。因此，从方法论上说，一般系统论应是刺激和控制人们把一个领域的原理转移到另一个领域的重要方法；再没有必要在彼此隔绝的不同领域，一再重复地去发现同一原理。同时，由于阐明了确切的标准，一般系统论能够防止表面的类比，这种类比在科学上是无用的，在实际结果上是有害的。这就要求确定一个范围，在这个范围内，科学中的"类比"是可以允许的，而且是有用的。

一般系统论旨在以科学的方法探索不同领域的某些共性的系统方法，其思想诚如中国传统文化的系统观一样很有价值。但过去同样因为缺少具体工具，在实际问题中鲜有应用。在数字-智能技术逐步普及的未来，系统观结合数字-智能技术一定能够焕发新的生命力。

17.2 产品的整体观

产品的整体观有不同的表现形式，分别从以下几个方面简单介绍。

1. 功能与结构设计时的整体观

设计产品时要从系统的角度考虑问题，局部最优不等于整体最优，这是最简单的道理。第 12 章中曾介绍通过多领域物理建模进行仿真从而对产品进行系统设计和优化。图 17-2 显示在德国亚琛工业大学的新卫星概念的虚拟仿真平台上，综合考虑了轨道力学、喷射模拟、刚体动力学、激光传感器模拟、相机模拟、机器人模拟、驱动模拟、接触模拟、有限元方法等要素，以达到系统设计和优化的目的[3]。

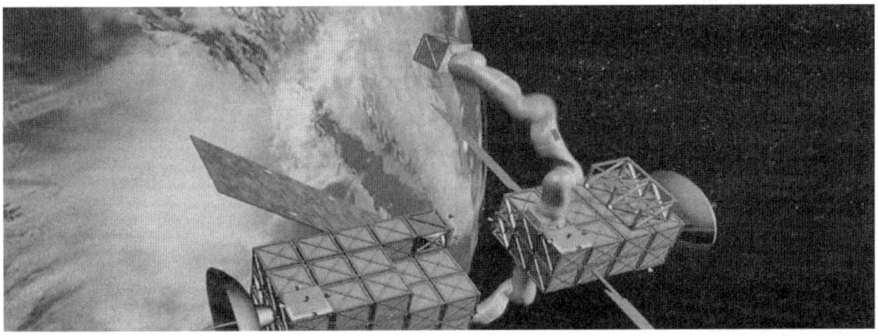

图 17-2 新卫星概念的虚拟仿真平台：系统设计和优化[3]

在大多数公司，CAE(计算机辅助工程)是作为一个独立的活动在一个单一的功能团队或工程学科中执行的。然而，产品的性能、安全性和可靠性受到这些学科之间相互作用的极大影响。一些仿真软件公司针对这种情况作了相应的努力，如海克斯康的 MSC 模拟仿真软件能够为用户提供联合仿真[4]，使设计者在设计中更好地考虑整体性能。联合仿真通过将多个仿真过程耦合在一起，为工程师提供了一个独特、更完整和整体的性能洞察力。从声学到多体动力学(MBD)，从 CFD(计算流体动力学)到结构分析，以及明确的碰撞动力学，一切都可以在 MSC 中连接在一起，如图 17-3 所示。

利用 MSC 联合仿真技术，工程师可根据分析的类型通过两种方式使用 MSC 解决方案：联合模拟(同时将多个物理应用于模型)或链式模拟(将荷载情况结果从一个分析传递到下一个分析)。MSC-CoSim 引擎是为了提供一个多物理框架下不同求解器/学科直接耦合的协同仿真接口而开发的，它使工程师能够在 Adams、Marc 和 scFLOW 之间建立联合仿真模型。用户也可以用链式仿真方式。链式仿真使不同部门的 CAE 工程师能够顺序集成多个学科，提高整体仿真精度。例如，将道路荷载数据从 Adams 整车模型传递到下游 MSC-Nastran 模型进行应力和耐久性分析。

2. 把产品放在应用环境的整体中考虑

11.5 节提到过海尔“5＋7＋N”智慧家庭方案，其基本思想是把产品放在家用电器的大整体中去考虑，此处不再重复。

SmartThings 公司生产日趋流行的智能家居系统。公司对自己产品的定位是：客户和

图 17-3　MSC 联合仿真方案[4]

制造商都易于使用的智能家居平台。该平台的用户界面十分简洁,并且提供一系列标准传感器,可以测量湿度、烟雾、温度和运动量等指标。这些传感器可以安装到任何家居用品中,包括照明系统、安保系统和储能设施。该平台可以方便地与其他公司的家用电器相连。公司建立了广泛的生态合作系统,目前已可兼容超过 100 种家电产品[5]。

要考虑运行环境中的产品,就应该实时掌握产品性能和使用数据,这样公司就可能大幅减少实地修理的成本,提高备用部件的库存管理效率。公司还能预判出零件或部件失灵的发生,减少产品停机的概率,提高售后服务日程管理效率。设计团队能从数据中提取有价值的信息,未来就能降低产品的故障概率,减少售后服务需求。产品使用信息还可以用作保修证明,杜绝售后纠纷。在有些产品中,公司可以通过用"软件"替换物理部件来降低售后服务成本。例如,飞机驾驶舱内的 LCD 显示屏替代了过去的机械刻度盘和电子仪表,而 LCD 显示屏可以通过软件升级。产品使用数据也可以帮助企业进行"以服务为导向的设计"——降低设计的复杂性,替换那些容易发生故障的配件,从而让产品维护变得更简单。这些变革大大改善了价值链中的售后服务活动[5]。

3. 重新定义产品的行业边界

若在产品应用的更大体系内考虑整体联系,则有可能自然地突破产品的行业边界。

仅仅考虑单个产品系统的整体联系是不够的,智能时代使我们有可能从单个产品系统进化到包含多个产品子系统的产品体系(system of systems)。于是把不同的产品系统和外部信息组合到一起,相互协调从而整体优化,就像智能建筑、智能家居甚至是智能城市。约翰迪尔公司(John Deere)和爱科公司(AGCO)合作,不仅将农机设备互联,更连接了灌溉、土壤和施肥系统,公司可随时获取气候、作物价格和期货价格的相关信息,从而优化农业生产的整体效益。智能家居是另一个例子,它包含多个子系统,如照明系统、空调系统、娱乐系统和安全系统等。如果一家公司的产品对整体系统的性能影响最大,那么它将取得主导性的地位,并分得利润蛋糕中最大的一块。约翰迪尔、爱科和久益,它们正有意识地扩展和重新定义行业边界，这会带来新的竞争对手和新的竞争基础，企业需要具备全新且更广泛的能力。业内的其他公司将受到这种趋势的威胁，如果它们无法适应这种变化，它们提供的传统产品将逐渐被淘汰。那些高瞻远瞩的公司则将进化为系统整合者，取得行业的统治地位。图 17-4 是约翰迪尔公司优化农业生产的整体效益的示意图。在设计拖拉机这个产品时，要考虑拖拉机与其他产品（如播种机、旋耕机、联合收割机）之间的联系。更进一步，则把拖拉机置于更大的产品体系中考虑。这个体系包含了农机系统、灌溉系统、种子优化系统、气候数据系统等。在这样的思路下，约翰迪尔的行业边界就会继续扩展[5]。

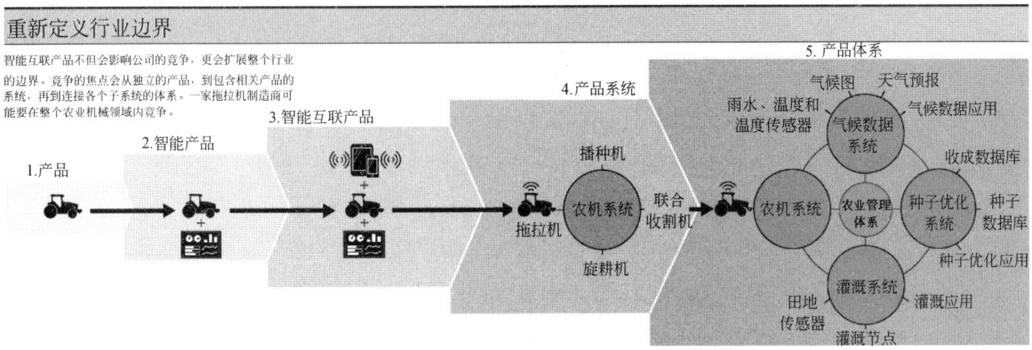

图 17-4 约翰迪尔公司优化农业生产的整体效益[5]

在边界快速扩张的行业，行业整合的压力会更大。单一产品制造商很难与多产品公司抗衡，因为后者可以通过系统优化产品性能。

4. 通过智能互联实现多种产品的整体联系

随着智能互联技术的飞速跃进，行业的进入壁垒反而会降低。有些在位公司不情愿采用智能互联技术，妄想保持自己在传统产品上的优势和高利润的产品或服务，这无疑为新进入者敞开了机会之门。例如，OnFarm 公司“没有产品”，通过收集各种农业设备数据为农场主提供信息服务，帮助他们作出更好的决策。虽然 OnFarm 根本不是设备制造商，却让传统设备制造商坐立难安。在智能家居领域，快思聪（Crestron）公司也采用类似的战略，它提供界面丰富的一体化家居中控系统。一些公司还要面对非传统竞争对手的挑战，比如苹果最近发布了以手机为中心的互联家居控制系统[5]。

5. 考虑产品的全生命周期

在产品的开发阶段就应该考虑产品全生命周期的问题，如制造、装配、运行优化、维护，甚至报废时的拆卸问题。有些软件中包含有相应的功能（如 DFM、DFA）解决制造装配中的问题；传感、物联网、数据分析、数字孪生等技术都能应用于产品的运行优化、维护等问题。这些问题在前面已有所提及，此处从略。

6. 产品开发的其他整体考虑

产品开发中考虑的问题越全面，产品的性能越好，产品开发成本越低，运行成本越低，产品的竞争力也就越强。尤其是智能互联产品，需要一些新的设计原则。例如，怎样通过软件使硬件系统更标准化？如何满足个性化需求？如何使产品实时升级更方便？如何加强和预判远程服务？如何将产品硬件、电子部件、软件、操作系统和互联部件融合到一起？如何构建企业的系统工程和软件敏捷开发能力？诸如此类的问题需要在产品开发设计阶段通盘整体考虑。传统制造业中鲜有企业掌握上述能力，需要在数字化、智能化转型过程中有意识地加强能力建设。

节点及关联

产品关联节点：功能，结构，产品应用环境，产品应用体系，大类产品，运行优化，运行维护，个性化，标准化，全生命周期，行业边界。

技术关联节点：仿真，传感，大数据，物联网，优化，多学科物理融合，人工智能。

问题：

(1) 为何要把产品放在更大的产品应用环境和产品体系中考虑？

(2) 重新定义产品行业边界的实质是什么？

(3) 产品之间的互联可能产生什么效果？

(4) 某个产品环境或体系中产品整体联系的关键是什么？

(5) 关于产品开发，企业能力建设中应该有怎样的整体考虑？

17.3 数字化、智能化生产系统中的整体联系

这里的生产系统泛指生产线、车间、工厂等。

影响一个生产系统的因素繁多，要分析生产系统的整体联系，必须从不同的角度，因为不同情况下的整体联系的内容和形式都会有所不同。这里仅从几个最主要、最常见的视角说明整体联系的思想。

1. 生产工艺视角的整体联系

过去设计一条加工自动线，先要从工序图开始，工序图涉及工艺方法、加工基本参数、节拍、所需刀具、夹具等；在明晰了工序之后，要设计整体自动线的尺寸联系图，其中包括各个部件的尺寸关系；其后再设计各部件的装配图；然后设计零件图……。看起来传统的自动化系统设计方法中也体现了整体观，只不过整体的考虑还很不够。因为一条自动线并非仅仅是一个机械系统，除机械之外尚有电、液压等系统，而且这些系统是耦合在一起的。限于以前的技术水平，人们只能相对孤立地分别考虑机械、电、液压等系统的设计。例如，第16章中所述的基于多物理场的方法就可以用在自动化生产系统的设计中。

现代生产系统的设计中，工艺过程一定要考虑非常周全。因为仿真技术的应用，大大提高了设计效率和质量。工艺仿真是将车间的物理试验搬进计算机中。通过虚拟仿真技术预先评估工艺方案的可行性和不同工艺方案的优劣，可以减少后期物理试错的次数，节省开发成本并缩短开发周期。面向金属加工工艺的模拟仿真为制造商提供了加速证明其切割、冲压和装配操作的方法，通常精度接近100%。这种能力对于提高传统加工工艺和新的增材制造工艺效率至关重要。通过实现所有相关工艺步骤和相关接口的工艺链模拟，可以预先

评估工艺方案的可行性以及不同工艺方案的优劣，从而减少后期实际生产出错的概率，节省成本，提高开发效率，利用更稳健的工艺窗口来检测生产过程中必须监控的主要影响参数[4]。

2. 功能视角的整体联系

对于一个智能工厂系统，情况就更为复杂。海克斯康涉足智能工厂的解决方案，它们志在成为全球传感器、软件和数字信息技术的领导者，其解决方案涵盖产品生命周期的每一个阶段，从设计工程、生产制造到计量测试。通过遍及制造业每个环节的测量与测试专业技术和经验，为全球制造业提供完善的质量保证方案。当这些核心能力与其设计仿真、生产制造技术融合在一起时，在充分利用数据和信息的基础上，其协同和整合价值将会得到成倍的增长。未来的智能工厂是一个自主连接的生态系统，可以跨越包括供应商和客户在内的产品生命周期中的多个物理位置，并且使用数据连接这些位置，从而创造了一个虚拟空间——建立智能的数字现实，使设计工程、生产制造和计量测试等流程协同工作，从而提高效率、质量和生产力，最终交付成本更低、品质更好、更多样性的产品。需要丰富的技术组合和强大的平台效应为不同规模的企业提供可扩展、更智能的选择，帮助客户实现渐进式的智能工厂构建，并将随着时间的推演，推动企业实现根本性的数字变革[4]。

海克斯康贯穿设计工程、生产制造和测量测试等制造业三大技术，其智能工厂解决方案涉及：

(1) 加工编程与NC仿真验证。以编程和仿真连接设计与制造，涵盖设计、加工编程、加工模拟到工厂自动化的解决方案。

(2) 模具设计制造与试制。涵盖模具设计制造全过程，实现建模、分析与模型验证、电极设计、NC编程，并可实现铸件检测、试模合模分析、电极自动化、制件验证等测量应用。

(3) 加工生产。利用现场测量与统计分析技术，监控并优化生产制造过程，并确保批量生产的稳定性。

(4) 制造装配。扫描、激光、白光、光学影像……利用在线自动化和各种传感器技术实现为高质量的制造与装配提供指导。

(5) 计量测试。涉及多领域、多场面的几何量计量测试方案，确保高质量的产品制造与数据反馈。

(6) 企业运营管理。为企业产品质量、生产运转、设备利用、人员效率等状况提供可视化的信息与洞察，并包括对于程序以及设计制造数据的有效管理与利用。

(7) 质量管理。挖掘制造质量数据的价值，利用先进的质量管理方法和手段，优化质量运行绩效，提升质量管理水平。

(8) 车间管理。执行车间的生产运行管理，对订单、生产计划排程、设备、质量等项目进行实时管理与监控。

3. 特定目标视角的整体联系

生产实际中，哪怕是一个机器系统，影响其效能的因素也是非常复杂的。如果希望机器系统能够达到某一个特定的目标，需要尽可能考虑可能的、潜在的影响因素，也就是要进一步从系统、整体层面发现未知的影响因素及其规律，从而对生产系统施加相应的控制，以达到预定的目标。下面以酒钢集团应用大数据、物联网于高炉炼铁的例子说明。

2017 年，酒钢与专业大数据研究院形成了高炉智能互联平台建设合作联盟，双方共同为酒钢炼铁迈出大数据应用的第一步。它们率先在宏兴股份公司炼铁厂建设智能互联平台。在高炉外部的不同位置安装几千个传感器，在约 200 座高炉接入数据。每座高炉安装 800 多个传感器、800 多个热电偶，约 2000 个数据。这些传感器像 CT 扫描一般实时监测高炉，每天收集 600MB 以上的数据，通过水温、水压等参数，准确预测炉内情况。高炉相关生产数据可实时传输到云端，随时随地用于监测生产情况，定期提供高炉生产数据并进行专业生产指导[6]。

以前炼铁高炉就像一间封闭的“黑屋子”，看不到里面的情况，高炉运行状态时常出现波动，甚至发生生产事故。由于不能直接观察到高炉内部的气流变化、料面分布、溜槽运行等状况，高炉工作人员只能凭借多年积累的经验，靠“猜”去估计高炉内部的运行情况进行原料生产。有了物联网大数据平台后，情况大不一样。高炉各项运行参数和影像在电脑屏幕上都清晰可见，成功实现了定量化、精细化、标准化生产，以前封闭的“黑屋子”变成了透明的“玻璃罐”，以前看不见、摸不着的某些“联系”被清晰地展现出来。

它们还开发了依托炼铁大数据平台的炼铁手机 App。通过点击炼铁 App，可实现炼铁高炉运行在线监测、高炉体检、报表查询、工艺计算、实时预警、质量追溯、炉长报告、专家咨询等。App 使工人的工作变得更加高效、便捷[7]。

炼铁大数据平台产生了显著效益，降低了炼铁异常工况及燃料消耗，降低了 CO_2 排放，节能减排。已应用的炼铁厂平均提高劳动生产率 5%，降低冶炼燃料比 10kg/t 铁，降低成本 15 元/t 铁，单座高炉创效 2400 万元/a。倘若全行业推广后，直接经济效益将达到 70 亿元/a。

4. 考虑客户的整体联系

即使对于一个生产线，除生产线的功能、质量等的一般要求外，还有可能需要考虑其他的复杂因素以及与外部系统的关联。下面以海克斯康与宁波拓普合作解决拓普生产系统的自动化和数字化问题为例说明。

拓普集团股份有限公司是一家技术领先的汽车零部件企业，主要致力于汽车动力底盘系统、内饰隔声系统、智能驾驶控制系统等领域的研发与制造，拥有支持全球项目的研发中心和技术领先的试验中心，生产减振产品线、内饰产品线、底盘产品线、电子产品线、结构件产品线等 5000 多种产品。拓普集团与国内外多家汽车制造商建立了良好的技术合作关系。其中来自特斯拉和沃尔沃的订单对生产能力要求非常大，周生产能力在 20000 件以上。其待测零件数量多，人力成本不断增加，测量机需要强化其自动化程度。同时，特斯拉要求全程三坐标加全检模式，实现对产品尺寸的百分之百全检，并将检验数据传输到客户指定的位置。通过自动零件识别系统，系统可自动调用测量程序，测量完成后，自动实现测量结果的上传，向客户 MES 系统按要求格式传输测量的数据和测量的判别结果。专门设计的测量机用户界面操作系统满足了自动、半自动和手动测量模式，整个过程实现了测量程序的封装和测量机的自动启动测量，检测效率提升了 3 倍。双料盘自动旋转切换实现人停测量机不停，提升了机器的使用率，减少了不必要的人工成本。凭借来自海克斯康的自动化测量技术方案，宁波拓普成功地将测量系统融入到制造单元，实现了批量零部件的现场控制。每天的检测合格率实时显示并上传特斯拉工厂，数据可追溯。此套方案给拓普集团解决了很多测量上的问题，匹配 CNC(计算机数控)机加产能，提升品控自动化水平，并且能够很好地满足客户对产能的要求。

值得注意的是，此项目不仅考虑了拓普生产系统在拓普工厂自动化系统层面的整体联系，而且考虑了与拓普客户——特斯拉之间的联系。这就说明，对于一个自动化生产系统，当考虑其关联要素时，不能仅限于车间工厂内部，甚至涉及与客户等外部的联系。

节点及关联

生产系统：生产线，车间，工厂；刀具，工夹具；工艺方法，工艺参数；加工，装配；测量，质量。

目标：高效，高质量，节能，减排。

技术：物联网，大数据分析，传感，测量，仿真，MES，ERP……

问题：

(1) 发现工艺问题影响因素的主要手段是什么？

(2) 生产系统与企业的管理信息系统如何联系？

(3) 生产系统与客户之间有什么联系？

(4) 生产系统整体联系的基本手段是什么？

17.4 企业战略中的整体联系

企业战略涉及宏观层面，更需要从整体视角审视。企业的大战略，如市场定位、进军新领域、并购扩张等，不仅要考虑自身的整体情况，还要了解市场整体情况，甚至宏观经济发展走势。大战略中的整体考虑自是不言而喻，本节仅以企业的一般战略为例略加说明。

1. 战略伙伴选择中的整体考虑

一般而言，企业都有自己的战略合作伙伴。企业要从整体上考虑问题，理所当然地与合作伙伴有关。

为了达到产品的高质量和客户满意度，从技术需求的整体联系上选择战略合作伙伴，这一点至关重要。下面以AE航空公司为例说明[4]。

AE航空位于英国伯明翰，是航空航天行业精密零件和组件市场的重要供应商，为世界各地的许多民用和军用飞机企业提供精密的零部件，比如机体、动力装置和机翼/旋转翼等，这些零件或组件的生产制造涉及从简单的小垫圈加工到复杂的五轴加工。AE航空的客户覆盖航空航天行业的中高端客户，包括：劳斯莱斯和CDS、UTC驱动系统、穆格、庞巴迪、伊顿、BAE系统公司和利勃海尔等。不管采用哪种加工方式，AE航空和海克斯康的EDGECAM智能化解决方案的默契配合都使产品的加工效率和加工质量达到很高的新境界。AE航空近年来的业务能力在业界首屈一指，不管是产品的加工质量还是交货期的管控以及成本的控制方面，都在客户那里得到了印证：AE航空被劳斯莱斯公司纳入供应商发展计划，被UTC公司列为金牌供应商。AE工程部一直在努力通过提高加工技术、减少加工时间、改善编程时间等方面缩减每个零件的成本。在选择合作伙伴方面AE也比较谨慎，确保所有系统的兼容性、确保生产加工的效率。它们采购了 EDGECAM 软件，因为 EDGECAM 不仅能轻而易举地对复杂零件进行离线编程，还能和最新款的马扎克 VariAxis 5 轴铣床和 Integrex 5 轴车铣复合机床无缝协作配合，大大提高了生产效率。使用 EDGECAM 进行编程可以事先设定刀具路径，计算生产周期，并以此为基础精确地帮助客户计算生产成本。这一点非常重要，意味着只需要和客户进行简单的沟通就能为客户计算出精确的成本，可以很快地与客户达成合作意向，使公司更具竞争力。因此，EDGECAM 对 AE 来说不仅仅是编程软件，更是与客户谈判的利器。此外，EDGECAM 与世界知名的刀具供应商 Seco 是多年的商业合作伙伴，它们的密切协作可以为 AE 提供最佳的加工方案。

可以说，AE 航空和它们选择的 EDGECAM、马扎克以及 Seco 形成了一个理想的精密加工生态，从而使 AE 更加赢得了客户的信任。AE 航空的例子说明，公司在选择战略合作伙伴时，不仅要顾及伙伴的实力，还应该从技术，尤其从数字技术的整体需求进行考虑。

2. 供应链战略中的整体考虑

供应链战略也是企业战略考虑的重要环节。供应链融合被认为是供应链的最高境界，包括供应链网络在横向和纵向上全方位的融合。横向融合就是要把大部分还是高度分割的供应链部门(计划、采购、制造、物流、仓储等)统一在一个满足企业供应链战略的框架下，以改进整个流程，优化供应链整体效益。这里还包括各种供应链管理相关的执行系统，如 ERP、S&OP(销售和运营计划)、SCP(供应链计划)、WMS(仓库管理系统)、TMS(运输管理系统)等的融合。纵向融合则包括两大方面：供应链网络与其他系统的融合；新兴数字化技术与整体供应链的深度融合，如 IT 和 OT 的融合、实体/物理供应链与虚拟/数字供应链的融合。“融合”使供应链所有方面全局收敛到一个最佳的供应链，也就是数字化的智慧供应链，以达到使企业和产业增加利润、降本增效的目的。此外，只有实现数字化供应链转型，供应链融合的概念才真正能获取它变革全球供应链所需的动力和能力，并使其成为现实[8]。显然，这里的“融合”体现了企业部门之间、企业之间以及新兴技术之间的整体联系。

在物流方面，物联网、高级分析技术和区块链的出现有可能为客户持续提供新的服务。联邦快递始终保持技术前瞻，它们正在测试的新型可嵌入小型传感器(只有一包口香糖大小)可通过低功耗蓝牙(BLE)实现动态即时连接，这使它们可以大大扩展收集的日期、时间和位置标记之外的货运数据量，包括温度、速度和许多其他测量值。基于这些数据的实时分析实现了运输网络透明化、物流状态的自动预测，并可规避运输路线的拥堵。物联网、分析技术和区块链的有机结合则为现行监管体系带来了新的可能。当某一快件由供应方运至需求方时，嵌入的物联网传感器能够将数据上传至某区块链账本，承运方、监管者和客户均可追踪货物来源，打击违法或假冒产品，跨境物流也因此得以简化。最终，期望这些技术的影响不仅仅停留在货品物流的层面，还可以扩展应用于产品的整个生命周期，贯穿整个供应链。通常需要高效敏捷的框架，当市场有需求的时候，能够快速迭代，迅速适应、部署和运行。例如，早在 10 余年前，联邦快递就发行了 SenseAware 设备，尝试在物流过程中加入传感器。起初，此类传感器基于移动网络部署，之后将其升级为低功耗蓝牙网络技术，事实证明，后者更加有效。由于之前的传感器体积大、价格高，因此需要回收并重复使用。物联网不断发展成熟，性价比越来越高，就可以批量使用体积更小、价格更便宜的传感器了[9]。

简单地说，既要从供应链相关的部门和企业生态的整体，也要从数字化技术的整体去考虑供应链战略。

3. 从更大的整体联系中寻找机遇

在数字-智能时代，由于数据技术的应用，使企业有可能在外部的数据联系中发现新机遇。如果在行业以前从未关注的外部联系中率先开展数据互联和分析，可能会获得意想不到的商业机会。

快递是一个快速数据创新的肥沃产业。例如，像联邦快递（FedEx）和联合包裹（UPS）这样的行业领导者利用交通数据、天气模式等来实时优化物流和路线，现在还进一步满足客户需求。随着新的创新进入市场，你只需要打开一个应用程序并作出改变，软件将有效地调整所需的路线，即使快递包裹已经交付[10]。这样的行动显然大大增加了它们业务的竞争力。

4. 数字化、智能化战略中的人才整体考虑

企业数字化转型的过程中，需要从整体上考虑数字化、智能化的战略。在以前的推进制造业信息化的时期，强调信息集成，现在则强调互联。信息集成和数据互联互通本质上是一样的，都需要企业中的各种信息/数据能够无缝连接。人才的整体考虑也是数字化、智能化战略能否成功的重要因素。下面以富士康旗下的“工业富联”为例说明[11]。

推动工业人工智能，仅仅依靠数据科学家的力量显然是不够的。工业富联在探索人工智能落地的征程中领悟到，只有打造一个融合了运营技术（OT）、信息技术（IT）和分析技术（AT）等各领域人才的跨职能敏捷作战团队，才能有效赋力人工智能项目的迭代开发。其中，OT 专家是团队中的“工匠”，主要负责描述业务。他们凭借丰富的生产和运营经验准确判断业务痛点和用户需求，在精益改善和流程优化方面发挥重要作用。IT 专家是团队中的“器匠”，主要负责整合数据。他们懂得如何快速采集、清洗并整合数据，包括跨部门、跨地区的系统、设备、人员和第三方数据，为人工智能提供全面、高时效性的数据土壤。AT 专家则是团队的“智匠”，主要负责生成洞见。由他们来执行算法策略设计和模型开发，在大数据的海洋中捕获具有业务意义的洞见信息。与此同时，三类人员彼此间的合作和反馈也必不可少。

在工业富联，OT 人员的业务需求决定了 IT 人员的数据清单；IT 人员的数据质量将显著影响 AT 人员的分析效果；而 AT 人员的模型验证和调校也需要 OT 人员的经验输入。工业富联的成功经验表明，为了推动工业人工智能成功落地，工匠、器匠、智匠概不能少。

企业的人工智能之路并非闭门造车的孤独之旅，而是结交良朋益友的共创共赢。工业富联的人工智能“朋友圈”兼具深度、广度与灵活度。在深度上，工业富联纵贯工业物联网架构，从工业应用、功能平台、系统整合、智慧产品到关键零部件，在各技术堆栈中储备了丰富的技术伙伴资源，确保逾千应用和数十万台联网设备能够稳定服务各类型用户。在广度上，工业富联积极筹划“政产学研用”的深度融合，一方面协助区域工业智能产业升级，另一方面通过联合国内外高校和研究所进行人工智能的研究和试点，以期在技术供应生态圈之外形成更加广泛的工业人工智能合作环境。在灵活度上，无论行业专家、互联网新贵还是初创先锋，都可以成为工业富联欢迎的“AI 之友”，工业富联也在积极运用战略合作、投资和并购等多种方式拓展人工智能“朋友圈”。先做到技术生态纵向整合，继而推进“政产学研用”全盘融合——工业富联打造的极具品牌领导力的人工智能“朋友圈”，成为它持续保持工业人工智能竞争力的重要保障。

17.5 整体联系的关键是数据分析

企业的整体联系一定需要数据，而且是经过分析的数据。不管从哪个角度审视企业的整体联系，都需要基于数据分析。

通过对产品使用数据的累积和分析，公司能更好地理解产品如何为客户创造价值，因此能更好地对产品进行定位，将产品价值传递给客户。在数据分析的帮助下，公司能以更先进的方式对营销活动进行分层，为不同的客户定制不同的产品和一揽子服务，为客户提供更大的价值。此外，公司还可以对这些产品和服务进行更合理的定价，捕捉更多的利润[5]。

在亚马逊的推荐系统中，根据所有用户的购书或是浏览记录，item-to-item 协同过滤算法自动为当前用户推荐它可能会感兴趣的书，整个亚马逊网站的销售额中，有近三分之一来自于这个推荐系统，而在推荐时，系统并不需要为当前用户推荐这些书籍的原因何在，它只是根据所有的用户记录，从用户行为和这本书籍的购买之间发现了相关关系的蛛丝马迹而已。全球最大的零售商沃尔玛公司在对过往交易系统中的数据库进行整理、分析后发现，每当季节性飓风来临之前，不仅手电筒的销售额增加了，POP-Tarts 蛋挞的销售额也会增加。因此，即便无法直接了解飓风和该品牌蛋挞之间的因果关系，但是沃尔玛公司依然决定在下一次的季节性飓风来临前把蛋挞放在靠近飓风用品的位置。在以前，人们通过理论假设来建立世界的运作方式模型，并通过数据收集和分析来验证这些模型，从而形成通用的因果规律。而在大数据时代，不再需要在还没有收集数据之前，就把分析建立在早已设立的少量理论假设的基础上，人们可以在海量数据的帮助下直接发现数据之间的规律而不受限于各种假设。也正是因为不再受限于传统的思维模式和特定领域里面所隐含的固有偏见，大数据才能为人们提供更开阔的视野，从数据中挖掘出更多的价值[12]。

整体联系的目的是发现某些未知的因果关系或规律，从而挖掘新的价值。只有借助数据分析方能使人摆脱认识局限或固有偏见。

在传统的数据分析领域，大部分的数据分析者只能掌握某一领域的相关数据。例如，保险公司可以收集用户的基本信息（年龄、性别、职业等）并用来对用户的消费行为进行预测，天气预报部门可以根据过去天气的信息进行未来天气情况的预测，超市可以根据不同商品被同时购买的记录向新的用户推荐产品。虽然这些使用单一类型的数据进行分析的行为可以给人们提供许多有意义的结论，但是，跨类型、跨领域的多数据集关联分析却没有得到广泛的应用。这一方面是由于跨领域的数据相对于单领域的数据更加难以获得，大部分的数据可能会因为涉及个人隐私或是商业机密而没有进行公开，而那些公开的少部分数据集也因为数据存储方式的问题而难以被数据分析过程直接使用；另一方面则是因为数据分析能力的限制，假如需要对数据集进行合并关联分析，那么究竟该选取什么样的数据集？使用什么样的数据集可以得到有意义的结论？这些都是跨领域数据分析中需要解决的问题。

大数据技术和思想的发展使得跨类型、跨领域的数据分析成为可能。

随着政府、企业等社会组织对于数据分析的重视和对于数据共享意识的提升，越来越多的公开数据可以被获取，取得跨领域的数据集并用于数据分析变得比以前便利得多。而基于海量数据分析的技术使得用户可以对海量的数据进行相关分析，而不用将自己的精力花在讨论因果关系上，这样使得用户可以输入品类繁杂的大量数据，并最终得到“有趣”的相关关系结论。正是这样的变化使得数据分析的视野得到了空前的扩展，人们可以将任意类型的、来自不同领域的数据组合到一起，使用最先进的数据分析方法去探索那些原本在单一数据集里无法呈现的关联关系，并将这些关联应用到实际的生活中。因此，人们才能获取用户的社交网络数据去进行信用评级，使用朋友圈中的有效信息得到对于个人生活的更精准描述，从而减少个人贷款发放的风险；而谷歌的工程师们才能够将种类繁多的输入词语和流感爆发的数据库进行合并分析，并最终发现两者之间的关联。人们所生活的世界原本就是一个由紧密关联的众多要素所组成的复杂系统，在这个系统中，要素与要素之间的联动最终使得事物以人们所看到的模式而运行。传统的单一类型、单一领域的数据集的分析方式就像是盲人摸象，只能帮助人们在无法得到足够多的数据、无法进行大规模的分析时以管窥豹，试图对现实中的规律形成认识。然而，原本这些数据之下所蕴含的规律本来就不是相互割裂的方式而彼此独立存在的，大数据的出现使得人们可以更好地完成不同类型数据之间的联合分析，而这样的分析过程无疑也将更加完整准确地呈现出世界的本来面目[12]。

17.6　知识分工：也是一种整体联系[13]

回顾历史，伴随着生产力水平的不断提升，产业分工不断深化，大致经历了5个阶段：一是部门专业化，即农业、手工业和商业之间的分工；二是产品专业化，即以完成的最终产品为对象的分工，如汽车、机械、电器产品的生产；三是零部件专业化，即一个企业仅仅生产某个最终产品的一部分；四是工序专业化，即专门进行产品或零部件生产的一个工艺过程，如铸造、电镀等；五是生产服务专业化，即在直接生产过程之外，但又为生产服务，如物流配送、金融服务。今天正在进入分工的第6个阶段：知识创造的专业化分工。早在1936年，哈耶克在《经济学与知识》的演讲中就提到了“知识分工”(division of knowledge)，之后哈耶克不断呼吁和强化知识分工的重要意义。

集成电路产业分工格局的变化，呈现出了鲜明的特征，可以认为是代表了知识分工1.0阶段。2010年，美国国防高级研究计划局(DARPA)提出自适应运载器制造(AVM)计划，这一计划的关键词是“重新发明制造”。DARPA调查发现，从1960年至今，随着系统复杂度增加，航空航天系研发成本投入复合增长率为8%～12%，汽车系研发成本投入增长率4%，但集成电路研发成本复合增长率几乎为0，复杂度增加并没有带来设计、生产周期的明显增加。这一现象形成的原因是多方面的，其重要原因在于集成电路产业分工水平明显高于其他行业。集成电路产业的产品设计、仿真、实验、工艺、制造等活动，全部都在数字空间完成，待产品迭代成熟后再进入工厂一次制造完成，从而大幅缩短研制周期、降低研制成本。但更重要的原因是，集成电路产业形成了基于知识的产业分工新体系。

集成电路产业分工的深化，经历了全产业链集成—材料设备独立—IC(集成电路)设计独立—IC制造独立—设计制造IP(知识产权包)独立的演进历程。1991年英国ARM公司成立，同时逐渐涌现出一批专注于集成电路IP的设计、研发公司，集成电路产业开始兴起架构授权的Chipless新商业模式，这标志着基于知识创造的专业化分工独立出现在集成电路产业链中。IP的本质是集成电路工业设计和制造过程中各种技术经验和知识的代码化、模块化、软件化封装。大量的设计、制造工业知识被封装为IP，固化在赛博空间，可以被重复调用、使用和封装，并催生了IC设计、仿真、试产、制造等环节的工业知识交易市场，设计生产过程中70%～80%的工作变成对现有的IP进行调用、拼接，大幅提高了芯片设计、仿真、制造、测试的效率及产品良品率。目前IP的来源主要由大型EDA公司、制造业企业、专业IP设计公司研发提供。当专有的工业知识通过被封装为代码化的电路，得以脱离有形的硬件产品，开始作为独立的产品、商品进行传播、使用和交易时，基于知识交易的新业态就逐渐显现了。

基于知识的分工，也即知识作为一种商品参与到市场交易中，并涌现出一批基于知识进行交易的企业或个体，进而发展出一套基于知识创造、传播、复用的产业体系。可以从两个维度来观察，一是在企业内部，知识的创造、传播成为一个独立的部门；二是在企业之间或个体之间，知识的创造、传播、使用成为一个独立的产业部门，参与到社会分工和协作中。

人类历史最早的知识承载和传递，靠的是口口相传、师傅徒弟、书籍文字，到了工业时代，专利标准、文献资料等开始发展起来。到了今天的智能经济时代，以工业互联网为例，可以发现，工业App、微服务组件等，正在成为新的知识承载的载体。工业互联网平台构建了一个工业技术和知识的交易体系，促进工业技术、知识、经验在更大范围、更宽领域、更深层次上呈现、交易、传播和复用。工业App面向特定工业应用场景，通过调用微服务，推动工业技术、经验、知识和最佳实践的软件化，构建起工业知识创造、传播、复用的新体系。

自英国产业革命以来，基于产品的分工演进已进行了几百年，今天基于知识的分工才刚刚开始，尽管智能经济、工业互联网的出现加快了这一进程，但整体上来看，基于知识的产业分工仍处于星星之火阶段，有待各界的共同推进。

(1) 从交易对象来看，互联网平台为工业知识的App化、微服务化创造了条件，实现了工业知识的产品化封装、平台化汇聚、在线化开放。

(2) 从交易主体来看，工业互联网平台构建了一个工业技术和知识的交易体系，它为工业App、微服务组件、模型算法等交易对象的呈现、交易、传播和复用提供了统一的场所，促进了工业知识、技术的供给方(大型企业、科研院校、开发者)与使用方(大中小企业)等交易主体在线显现、明确需求、激活交易。

(3) 从交易过程来看，通过在线化评估、标准化计量确定交易价格，实现知识交易方式由传统线下长流程交易转变为在线短流程交易，大幅降低了客户发现、知识定价、契约签订、交付监督的交易成本。工业互联网平台通过构建工业知识创造、评估、交易体系，提高工业知识的复用水平和效率，不断催生新技术、新模式，基于知识的产业分工新业态不断涌现。

必须看到，整体联系与知识分工是紧密关联的。知识分工本身就是整体联系视角下的产物，而知识分工又能提升整体的效率和能力，使整体更和谐。

李培根.智能制造精要04整体联系

问题：

(1) 多年前的调查发现，相较航空航天和汽车，集成电路研发成本复合增长率几乎为0。这一现象告诉我们什么？

(2) 整体联系与知识分工之间的关系是什么？

(3) 工业App、微服务组件等的本质是什么？

(4) 工业互联网平台发挥什么作用？

数据驱动，软件定义，虚实融合，整体联系，这16个字、4个方面，实乃智能制造的技术精要。

这4个方面就是围绕智能制造的核心(工业4.0的核心)CPS(数字/赛博空间与物理空

间的深度融合)而展开的。赛博空间与物理空间的融合是虚与实的融合,融合一定要通过数据驱动,要通过软件而实现。另外,对于一个企业而言,不管是在一个机器系统,还是车间、工厂乃至更大的企业生态系统,都需要从整体联系的角度考虑分析问题。整体联系就是系统思维,其联系主要体现在数字/赛博空间。很容易看出,4个方面是互相糅合在一起的,你中有我,我中有你。其中,数据驱动是其他3个方面的基础。之所以说软件定义,是指智能制造的方方面面都需要软件去实现,非但如此,软件的很多工作是人力所无法企及的,而数据驱动、虚实融合及整体联系都要靠软件去实现。所谓虚实融合,企业的智能制造的目标和实现当然要体现在产品、设备等实体上,但从分析、决策到执行的大多数工作都是在数字空间进行的,即需要数据去驱动,需要软件实现,需要集成系统/整体的信息。至于整体联系,没有数据、软件及其与物理对象的融合就无从谈起了。

关于智能制造,此16字箴言,若能融会贯通,概能得其要领,悟其真谛。

参考文献

[1] 冯·贝塔朗菲. 一般系统论——基础、发展和应用[M]. 林康义,魏宏森,等译. 北京: 清华大学出版社, 1987.

[2] 柴天佑. 自动化科学与技术发展方向[J]. 自动化学报,2018,44(11): 1923-1930.

[3] Schluse M, Priggemeyer M, Atorf L, et al. Experimentable digital twins-Streamlinigng simulation-based systems engineering for industry 4.0[J]. IEEE Transactions on industrial informatics, 2018, 14(4): 1722-1731.

[4] 海克斯康. 慧心智造——推动以质量为核心的智能制造. 待出版,2020.

[5] 迈克尔·赫普曼. 物联网时代企业竞争战略(续篇)[J]. 哈佛商业评论,2015-10-13.

[6] 李淑芳. 酒钢智能互联平台建设开启我国大数据炼铁时代[N]. 酒钢日报,2019-8-23.

[7] 张文博. 大数据时代这样炼钢铁[N]. 甘肃日报, 2019-2-8.

[8] 唐隆基. 数字化供应链的进展和未来趋势[J]. 罗戈研究,2019-03-05.

[9] BRIGGS B,等. 宏观科技力量,审视过去、现在和未来的创新支柱[J]. 德勤技术趋势报告,2020.

[10] 孙静,等. 大数据引爆新的价值点[M]. 北京: 清华大学出版社,2018.

[11] 侯文皓,尤晨. 工业人工智能: 赋能未来制造业的全新引擎[J]. 麦肯锡季刊,2020-5-19.

[12] 吴澄,范玉顺. 大数据技术的关键是数据分析[M]//中国工程院. 制造强国战略研究·智能制造专题卷. 北京: 电子工业出版社,2015.

[13] 晓坪,等. 智能经济: 迈向知识分工2.0[J]. 阿里研究院报告,2019.

第18章 下一代智能制造

随着人工智能、5G、大数据、云计算、物联网等技术的进一步发展，以及在新基建推动数字化转型的背景下，在下一代智能制造中，机器人与人的关系将由协作转向共融，云机器人会借助云上“大脑”达到感知智能层级，数字工程师将处理某些专业领域的工作并与人进行交流，商业智能也会应用得更加广泛。

18.1 人机共融

18.1.1 人机共融的概念与发展

人机关系将由协作转向共融。

人机协作诞生后，随着人工智能的发展，人机不再只是单纯的协作关系，可以是共融关系。1996 年，美国西北大学的两位教授 J. Edward Colgate 和 Michael Peshkin 首次提出了协作机器人的概念[1]，即机器人通过建立虚拟曲面来约束和指导人的操作，与人协作。2009 年，Universal Robots 公司推出了首款协作机器人，人机协作得到了应用。协作机器人在与人协作过程中会有一定的精度、速度和协调性，但不会拥有人的学习、思维和推理能力。人工智能的发展，使机器人拥有了较强的感知能力、数据处理能力和自我学习能力，于是人与机器人产生了一种新的关系——共融关系。

【定义】 人机共融：在同一自然空间内，充分利用人和机器人的差异性与互补性，通过人机个体间的融合、人机群体间的融合、人机融合后的共同演进，实现人机共融共生、人机紧密协调，自主完成感知与计算。实现人机共融后，机器人与人的感知过程、思维方式和决策方法将会紧密耦合[2]。

人机共融的发展还属于起步阶段。虽然在人机共融中应用较好的外骨骼机器人可以协助残疾人行走、帮助患者康复、助力工人搬运，但大多数机器人受材料、加工、驱动、控制、能源、计算速度的限制，在柔韧性、轻量化程度、力度与精度、续航能力、灵敏度上未达到理想要求。例如，机器人运动时，为了避免刚性冲击和提高能量利用率，在关节处需添加柔性材料，起到缓冲和储能的效果，但市面上很少见到能同时满足线性度高、行程长、刚度适中、可拉伸又可压缩的材料。虽然增材制造得到了一定发展，用拓扑优化技术设计出的金属零部件有着质量轻、强度高的特点，但加工成本高，精度很难保证。在机器人领域应用最广的是电机驱动和液压驱动，电机驱动精度高、调速方便，但出力小，往往需要外接减速器进行扭矩放大；液压驱动出力大，但系统成本高、可靠性差，并且还有可能出现漏油现象，污染环境。目前，锂电池是机器人的主要动力源，但它的续航能力不能满足一些机器人的需求，需要反复充电。例如，具有代表性的ASIMO双足机器人，电池只能满足半小时左右的行走。氢氧燃料电池续航能力强，但生产成本高，安全性无法保证。近几年在人工智能算法和计算机硬件性能上都有所提高，但在某些特定的环境对机器人进行控制时，一些动作需较长时间计算，影响机器人的灵敏度。因此，大多数机器人不能与人进行全方位、多层次的交互，离人机共融还有一段距离。

所谓人机共融是人与机器人关系的一种抽象概念，它有以下4个方面的内涵：

(1) 人机智能融合，人与机器人在感知、思考、决策上有着不同层面的互补；

(2) 人机协调，人与机器人能够顺畅交流，协调动作；

(3) 人机合作，人与机器人可以分工明确，高效地完成同一任务；

(4) 人机共进，人与机器人相处后，彼此间的认知更加深刻。

人与机器人的关系也会朝着这4个方面发展。

18.1.2 人机共融的特点

人机共融具有3个特点[2]：人机个体间的融合；人机群体间的融合；人机融合后的共同演进。

1. 人机个体间的融合

机器人具有数据储存、搜索、计算、排序等技术思维的优点，人具有联想、推理、规划、总结等发散性思维的优点[3]。在复杂的工况条件下，将人的不断自我规划能力与机器人的计算能力相结合，进行人机协作，充分利用二者的优势，实现更强的感知与计算。

在工业界，人提供应用场景、设计需求、评价指标，机器人进行产品设计，最后共同完成产品制造；在服务行业，机器人提供研究、文娱和新闻资料，人对信息进行提炼、处理和反馈；在特殊环境中，机器人做到相对自主，与人协作，进行装配工作。

2. 人机群体间的融合

机器人与机器人之间需要了解，人对机器人群体需要了解，机器人对人群体需要了解，人机共融也要体现群体智能，群体之间相互感知、共同认识和进行博弈，实现群体间的互联互通互融。

机器人与机器人进行通信和感知，各自分工明确，形成集群机器人，提高工作效率；人与机器人群体交互，时刻掌握其发展动态，更好地协作；机器人通过大数据分析了解团队成员的思维方式和行为习惯，促进机器人与成员间的配合。

3. 人机融合后的共同演进

随着人工智能的不断发展，我们不希望机器人的智能超过人类，否则无法保证人类的安全。人机共融的目标是：人与机器人可以相互理解、相互感知、相互帮助，实现人机共同演进。

机器人可以将人的知识不断输入，自主学习，变得更加智能与高效；机器人也可以与机器人之间信息共享，相互博弈，不断进化。人应主动了解机器人，通过机器人的反馈，提升人的认知能力。

18.1.3 人机共融的关键技术

人机共融的三大关键技术是：传感器技术；人工智能技术和人机交互技术。

1. 传感器技术[4]

传感器是支撑机器人获取信息的重要手段，不同类型的传感器在机器人上应用的越常见，机器人获取信息也就越丰富。这些信息可能有嵌入的、绝对的、相对的、静态的和动态的。降低传感器的生产成本、提高传感器的测量精度和减小传感器的体积大小是市场的发展趋势，传感器在机器人本体的应用也会更加全面。传感技术是智能制造的重要组成部分，能推动人机共融的发展。

以双足机器人为例。机器人的部分关节用电机作为驱动元件，通过谐波减速器减速输出，精准的位置控制需要角度位移传感器测量电机和谐波减速器的转动角度；动力学分析是机器人稳定、快速行走必不可少的环节，通过六轴力矩传感器测量脚踝处的力和力矩来推算脚底压力中心点的位置，从而判断机器人是否稳定并对其进行步态控制；激光雷达是机器人的眼睛，具有测量精度高、测量距离远、稳定且对周围环境适应性强的特点，用其感知外界环境可为机器人的路径规划提供依据；碰撞检测传感器可以让机器人与外界进行交互时理解环境，判断是否继续运动，保证机器人与人的安全。

以智能穿戴为例。六轴惯性传感器通过测量设备的加速度和方向来判断人的运动状态，达到记录步数的目的，从而计算出运动消耗的卡路里，为人的运动提供数据，实现智能穿戴最基本的功能；光学心率传感器应用于智能手环中，由于血液是红色的，吸收绿光，反射红光，心脏跳动瞬间吸收的绿光多，心跳间隙吸收的绿光少，当电容灯光射向皮肤时，反射回来的光被光敏传感器接收，从而依据血液的吸光率来测算人的心率；环境光传感器是智能手表的标配，它可以感知周围光线情况，并告知处理芯片自动调节显示器背光亮度，降低产品的功耗，提高其续航能力；智能手表中的 MEMS 麦克风可以消除外界噪声，识别人的语音，有助于人与智能手表间的通信。

2. 人工智能技术

人工智能技术主要为：

(1) 深度学习——利用多层神经网络，对大数据进行分析处理，模仿人脑机制对数据进行解释；

(2) 强化学习——在未知的情况下，以“试错”的方式进行自主学习；

(3) 对抗神经网络——两个人工智能系统以对抗的形式创造逼真的声音和图像，使得机器拥有创造力和想象力，并减少对数据的依赖。

人工智能是机器人的大脑，也是人机共融的核心，目前，人工智能中的深度学习与强化学习得到了很好的应用。

深度学习被广泛应用。在人脸识别中，由于光线、姿态、表情和年龄等因素引起的类内变化和由个体的不同产生的类间变化是非线性的，且十分复杂，用传统的方法很难解决，通过深度学习可以尽可能保留类间变化，去除类内变化。在语音识别中，由于深度学习能够从大量的数据中自动提取所需要的特征，而不像高斯混合模型需要人工提取特征，这样就大大降低了语音识别的错误率[5]。深度学习应用于无人驾驶，进行物体识别时，可以提高物体识别的准确率；进行可行域检测，做场景理解解时，能够精准检测可行驶区域的边界；进行行驶路径检测，做路径规划时，能解决没有车辆线和车辆线模糊的情况。同时，深度学习也应用在了文字识别、医疗、金融等领域。

下面举几个强化学习应用的成功案例[6]。

谷歌 DeepMind 人工智能团队成功掌握了高难度的 Atari 游戏，激发了人们对强化学习的热情。AlphaGo 击败了世界围棋冠军，为强化学习的研究树立了一座里程碑。DeepStack 作为世界第一个在"一对一无限注德州扑克"上击败了职业扑克玩家的 AI（Artificial Intelligence）和 Libratus 作为在双人无限注德扑中击败人类顶级选手的 AI，其背后的强化学习技术同样具有里程碑意义。强化学习也应用于产品和服务，如 AutoML 尝试降低 AI 门槛，Google Cloud AutoML 提供神经网络架构、设备摆放和数据增强的自动化服务，亚马逊推出了实体强化学习测试平台——AWS DeepRacer。同时，强化学习在机器人、教育培训、医疗健康等领域也得到了应用。

3. 人机交互技术[7]

人机交互技术主要体现在以下 4 个方面：

（1）面向自然动作的感知技术，如对人的手势和手指触摸的二维感知，以及深度摄像头对人体动作的三维感知；

（2）基于语音识别的对话交互，通过智能软件助手与机器进行语音沟通；

（3）面向穿戴的新型终端，通过智能穿戴测量人的心跳、记录人的运动情况，感受虚拟现实；

（4）脑机接口技术，它可以直接从人的大脑提取特定的人脑神经信号，来控制计算机或者机器人等外部设备，该技术才刚刚起步。

人机交互的发展是实现人机共融的必经之路。

例如，Kinect 导入了即时动态捕捉、影像辨识、麦克风输入、语音辨识、社群互动等功能，它的发布正式将人机交互的方式从二维图形交互延伸到三维手势交互，让游戏摆脱了键盘、鼠标和手柄的约束，玩家可以用动作和语音在游戏中开车、与其他玩家互动、通过互联网与 Xbox 玩家分享图片和信息。百度 AI 平台中的手势识别能识别如图 18-1 所示的多种常见手势，可应用于智能家电、家用机器人、可穿戴、儿童教具等硬件设备；Siri 软件是苹果牌手机、平板和智能音箱等产品的语音助手，利用如图 18-2 所示技术，可以执行读短信、介绍餐厅、询问天气、语音设置闹钟等命令，也能自我学习，主观回答"生命的意义是什么""能给我的生活提点建议吗"等问题；宝马 X5 iDrive 7.0 构建了触控、旋钮、视觉、语音、手势为一体的"五维人机交互"，可以用 7 种手势控制电话接听、音量增减、视角切换等自定义功能，其智能化程度高，用户体验效果好。智能穿戴测量人的心电图、手机的指纹解锁、虚拟现实等一系列的人机交互方式也都应用于生活中。

18.1.4 人机共融在智能制造中的应用

1. 人机共融在工业生产中的应用

图 18-3 的 ABB YuMi 机器人与人协同作业使风险处于可接受的安全水平，它适用于小

图 18-1　百度 AI 平台中的手势识别

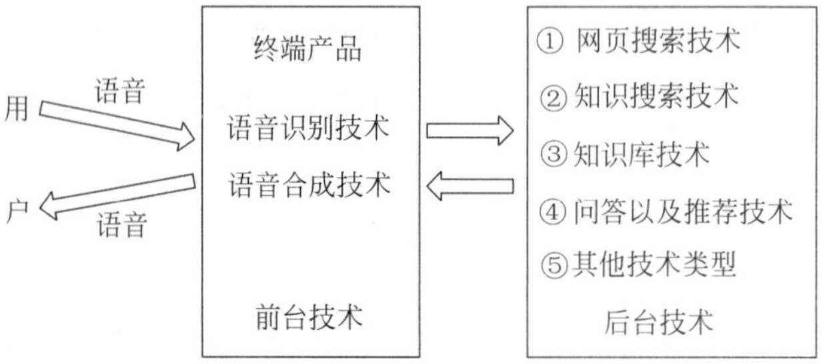

图 18-2　Siri 的语音助手功能

配件装配，比如对手机和平板的操作，甚至穿针引线。图 18-4 为 YuMi 机器人和人一起生产插座。图 18-5 的 FANUC CRX-10iA 机器人具有高安全性、高可靠性、便捷实用的特点，可以对小型部件的搬运、装配等应用需求为用户提供精准、灵活、安全的人机协作解决方案。图 18-6 的 KUKA LBR ii 机器人拥有 7 个自由度，适用于涂抹、喷漆、粘接、安装、卸码垛、包装、搬运等。图 18-7 为该机器人与工人协同作业。图 18-8 的 Boston Dynamic Handle 是一款先进的搬运轮式机器人，有着精准的视觉感知能力、高效的深度学习能力以及强大的灵敏度与平衡性，可以进行物流搬运，是一款真正意义融入生活的工业机器人。

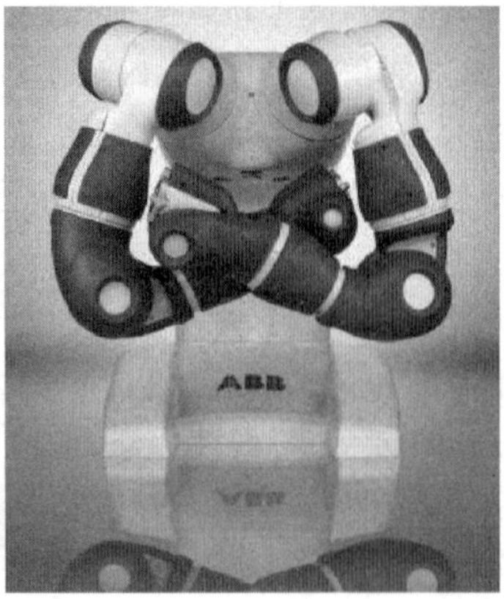

图 18-3　ABB YuMi 机器人

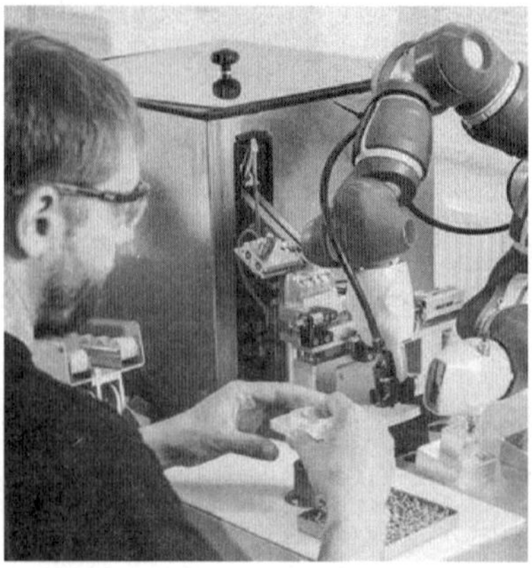

图 18-4　YuMi 机器人生产插座

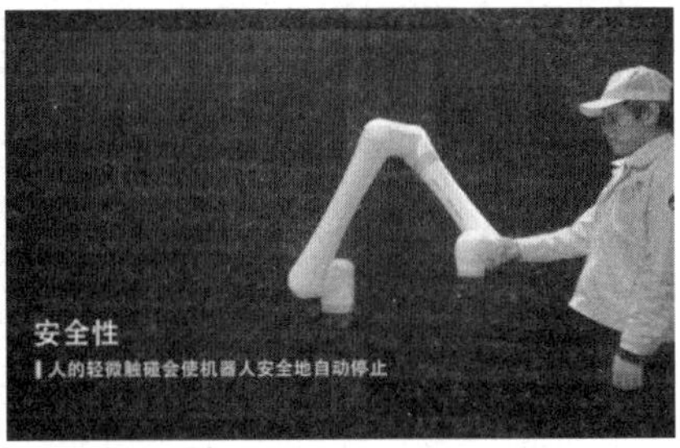

图 18-5　FANUC CRX-10iA 机器人

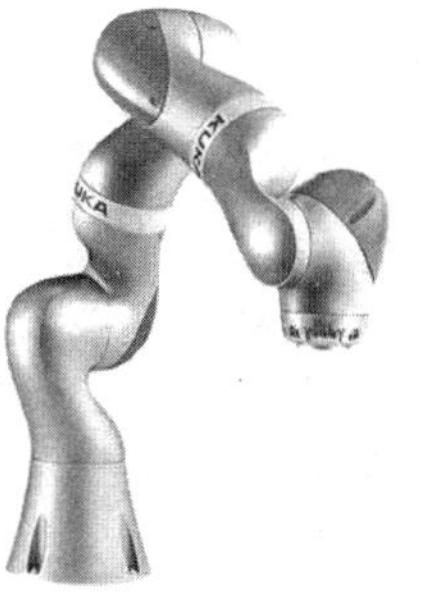

图 18-6　KUKA LBR ii 机器人

图 18-7　LBR ii 机器人协同作业

图 18-8　Boston Dynamic Handle 机器人

2. 人机共融在航天航空中的应用

图 18-9 为俄罗斯推出的 F-850 太空机器人，它用坚固的材料打造，可防止太空振动。飞船飞行时，该机器人坐在指挥官的位置，掌握并报道飞船的运行情况和动力情况，还可以完成步行、掌握方向盘、开门和使用灭火器等动作。图 18-10 为美国推出的 Robonaut 2 太空机器人，该机器人对宇航员有着自动感知系统，具有一双灵活的双手和惊人的臂力[8]。图 18-11 为德国计划用于月球的 iStuct Demonstrator 猿猴机器人，该机器人能站立、会爬行，行走和攀爬方式与猿猴相似，并且可以在极端温度和真空环境下进行探索。图 18-12 为 Lemur 太空机器人，能够协助宇航员在太空中检修和建设较大的建筑物。

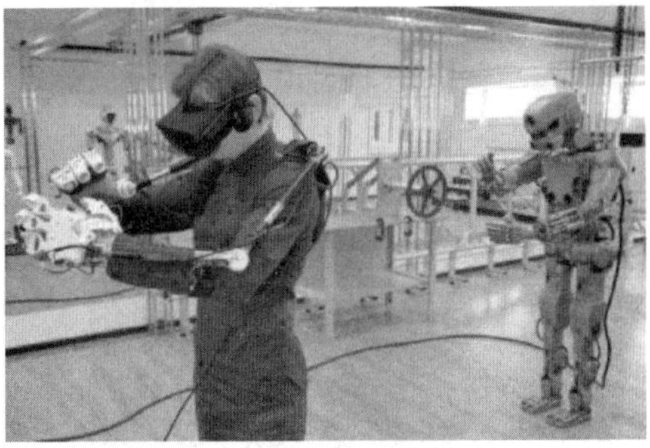

图 18-9　F-850 太空机器人

图 18-10　Robonaut 2 太空机器人

图 18-11　iStuct Demonstrator 猿猴机器人

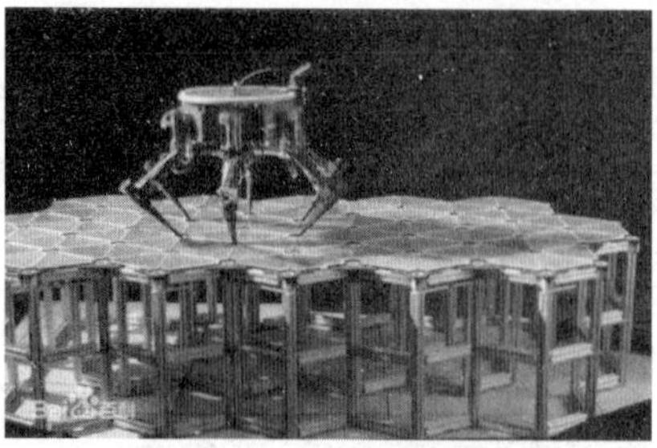

图 18-12　Lemur 太空机器人

3. 人机共融在医疗健康中的应用

图 18-13 为达·芬奇 Xi 机器人，其设计理念是通过使用微创的方法，实施复杂的外科手术，它是目前最先进的微创外科技术平台，由外科医生控制台、旁床机械臂系统和成像系统组成。机器人将病人的状态通过成像系统展现给医生，医生操控机器人来给病人做手术，形成了机器人与医生和病人间的交互。图 18-14 为 SL-HCR1 物品配送机器人，它具有自主行走、自主避障、防跌落、自主语音提示、自主充电等功能，特别是在新型冠状病毒暴发期间，能够给感染患者进行配送和语音交互。图 18-15 为并联机器人，它能够利用智能视觉系统，对杂乱无章的药品进行识别、定位、动态跟随和抓取，然后将来料分拣至规则的料盒中。图 18-16 为 Guardian XO 外骨骼机器人，该机器人拥有 24 个自由度，具有承重大、功率低、续航能力强的优点，能很好地协助人行走和搬运。

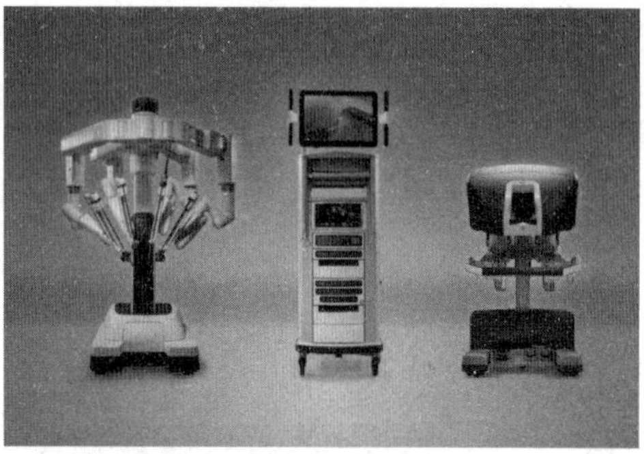

图 18-13　达·芬奇 Xi 机器人

图 18-14　SL-HCR1 物品配送机器人

图 18-15　并联机器人

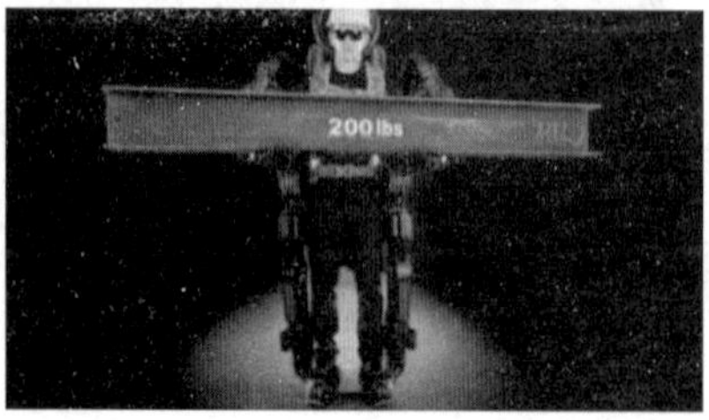

图 18-16　Guardian XO 外骨骼机器人

人机共融能够激发中小企业的创造力与活力，生产出个性化和智能化的产品；能够提升大型企业的生产效率，保证产品的产量和质量；能够积极推动智能制造，加快我国实现工业4.0的步伐。

18.1.5 人机共融的发展趋势

当前，人机共融面对三大挑战：

(1) 智能感知。机器人需要通过自带的传感器获取外部信息，并对数据进行存储、分析、推理、判断，任何一个环节出问题，机器人都无法作出正确的决策。

(2) 安全交互。由于出现机器人故障、人操作失误和其他设备故障在所难免，并且人和机器人在同一个自然空间内频繁接触。为了保护人的安全，对机器人设计、控制和传感等技术提出了较高的要求[9]。

(3) 数据处理。大多数人机共融数据都可放到互联网上共享，但由于应用场景、机器人本体、人机交互方式存在差异，如何处理好这些数据将是一个难题。

未来，人机共融会朝着以下3个方向发展：

(1) 人机共融日常化。首先，穿戴式设备会更加集成化、便携化以及智能化，人人都可以将小机器人随身携带，进行语音、动作以及视觉上的互动；其次，随着科技的发展，各种传感器和相关硬件生产成本会降低，从而降低智能机器人的生产成本，智能机器人则更容易走进日常生活；最后，社会对智能机器人的市场需求会促进生产、教育、医疗和娱乐的发展。

(2) 人机共融自然化。首先，人会淡化与机器人交互的目的感，与其交互是一种本能反应，类似于和朋友聊天、与好伙伴搭档工作；其次，人不需要使用编程语言、遥控、手柄和触摸屏幕等方式与机器人交互，也不需要看机器人手册，直接用肢体动作和语音即可将信息输入给机器人；最后，机器人对人的感知不断更新迭代，对人的认知也会不断加深，与人交互更自然。

(3) 人机共融无障碍化。目前谈到的人机共融都包含机器人对人先学习后了解的过程，未来，脑机接口技术成熟后，机器可以不用学习，直接获取人的大脑信号，达到高度人机融合，实现真正意义的无障碍化。

节点及关联

人机关系：人机将由协作转向共融。

关键支撑技术：传感器，人工智能，人机交互。

发展方向：日常化，自然化，无障碍化。

问题：

(1) 还有哪些技术会应用在人机共融中？

(2) 人机共融会如何带动制造业的发展？

(3) 如何保证人机共融的安全？

18.2 云机器人

18.2.1 云机器人的概念与发展

传统工业机器人在面对复杂生产环境时该如何解决以下需求？

（1）大量数据存储与处理；

（2）高计算能力；

（3）强学习能力。

传统机器人借助机载电脑，具备一定的计算和数据存储能力，达到计算智能层级。能根据编写的程序完成特定任务，借助于人类发出的命令，完成精确指令和任务，在没有对应程序支持的情况下，机器人通常无法对外界突发扰动作出合理反应。传统机器人在执行即时定位和地图构建、物品抓取、定位导航等复杂任务时，大量数据的获取和处理会给机器人本身带来巨大的储存和计算压力，即使能够完成任务，实时性也并不理想[10]。

云机器人借助于5G网络、云计算与人工智能技术，达到了感知智能层级。其基本特征是由云上的"大脑"进行控制。位于云端数据中心具有强大存储能力和运算能力的"大脑"，利用人工智能算法和其他先进的软件技术，通过5G通信网络来控制本地机器人，使云机器人能全面感知环境、相互学习、共享知识，不仅能够降低成本，还会帮助机器人提高自学能力、适应能力，推动其更快更大规模普及。云机器人的这些能力提高了其对复杂环境的适应性，云机器人也必将成为机器人未来的发展趋势。与传统机器人相比，云机器人将带来技术、社会、工业各个层面发生颠覆性的变化，包括新的价值链、新的技术、新的体系结构、新的体验和新的商业模式等。

云机器人是机器人借助云计算而发展起来的一种新兴技术，整体处于初级发展阶段，但很多国家和地区已对云机器人开展相关研究并取得了一定成果。

在国外，2010年，美国卡耐基梅隆大学的James Kuffner教授首次将机器人与云计算相结合[12]，提出了"云机器人"的概念。当时云机器人作为机器人学术领域的新概念，其意义在于利用互联网与云计算，采集大量云机器人运行数据，进行存储与分析，使云机器人能够快速学习与分享知识，提高智能化水平。同年，新加坡的ASORO实验室研究了在Hadoop平台中运行Fast Slam算法的框架Davichi[13]，结合机器人操作系统（ROS）作为机器人生态系统的消息传递框架，将平台作为机器人的"大脑"，利用云计算为服务机器人提供可扩展性和并行性，可视为云机器人服务平台的雏形。2011—2014年，欧洲开展了RoboEarth项目，RoboEarth已经发展成为一个基于云的数据库，各种机器人可以在其中分享信息、相互学习[14]。2013年，美国加州伯克利大学将机器人与云端谷歌目标识别引擎结合，完成机器人抓取任务[15]。2014年，美国康奈尔大学研制出了一款"机器人大脑"RoboBrain，使机器人能够学习解决从未遇到的问题。RoboBrain是机器人的"云大脑"，大量机器人通过高速无线网络技术链接这个"大脑"。RoboBrain可以向面临未知情况"迷茫"的机器人提供可以识别的命令和建议[16]。2015年，Zeynep Dogmus将云计算与医疗机器人相结合[17]，研制了一种模块化的云康复机器人系统。2018年，亚马逊向公众提供了一个ROS云机器人开发平台——AWS Robo Maker，能够协助用户轻松完成开发、测试和部署机器人应用程序的工作。

在国内，2012年，南开大学开始研究云计算与机器人系统的结合，历时多年研制出以家庭服务机器人“小南”为硬件平台的云架构家庭服务机器人系统[18]，中国云机器人的发展也在逐步加快进程。2017年，中国企业达闼科技发布全球智能机器人云平台，并与中国移动、软银、华为无线应用场景实验室共同发布了《GTI 5G和云机器人白皮书》，分析了5G网络带给云机器人的巨大价值与商业机会。研究发展云机器人也得到了国家层面的支持，《“智能机器人”重点专项2017年度项目申报指南》中就明确提出要构建云机器人服务平台。在2020年5G网络建设全面铺开的大背景下，未来云机器人在中国将会得到飞跃式发展。

18.2.2 云机器人的特点与功能

随着面对的任务与环境日益复杂化，机器人不仅仅局限于机械执行预置程序的自动化装置，用户希望机器人能具备一定的自主能力。这往往意味着机器人需要运行更为复杂的算法，保存更为庞大的数据，以及接踵而至更高的能耗、更大的体积和昂贵的价格。如何在各种客观限制条件下提高机器人的自主行为能力，解决资源受限与能力提升之间的矛盾，是机器人研究者和实践者当前所面临的重要挑战之一[19]。云机器人依靠云端计算机集群的强大运算和存储能力，能够给机器人提供具有感知智能的“大脑”。将机器人与云计算相结合，可以增强单个机器人的能力，执行复杂功能任务和服务，同时，使得分布在世界各地、具有不同能力的机器人通过开展合作、共享信息资源，完成更大、更复杂的任务。这将广泛扩展机器人的应用领域，加速和简化机器人系统的开发过程，有效降低机器人的制造和使用成本。这对于家庭机器人、工业机器人和医疗机器人的大规模应用，具有极其深远的意义。比如，在云端可以建立机器人的“大脑”，包含增强学习、深度学习、视觉识别和语音识别、移动机器人未知环境导航(如街道点云数据3D重构、SLAM、路线导航)、大规模多机器人协作、复杂任务规划等功能。

云机器人在云端管理与多机器人协作，自主运行能力，数据共享与分析方面有极大优势。

1. 云端管理与多机器人协作

在工厂或仓库中使用大量工业机器人时，需要机器人具有多种拓展功能。为保障整个现场各设备的协同运行，需要利用统一的软件平台进行管理，需要与各种自动化设备通信，例如传送带、行吊、机床和扫描仪等。

采用本地方式管理机器人和自动化设备可能需要更多的服务器，而云端技术能够提供更强大的处理能力而不需要在本地部署成本高昂的服务器。在云端面对海量机器人，都能实现数据的处理和调度管理。在工厂生产线上，机器人将与许多自动化设备进行协同工作，那么信息交互和共享将变得极为重要。不同的机器人与云端软件进行通信，云端“大脑”对环境信息进行分析，能更好地将任务分配给正确类型的机器人，系统实时掌握每一个机器人的工作状态，指定距离最近的机器人去执行任务。管理者不需要到现场进行监控，通过云端就可以在远方进行操作和管理，提升了工作效率。

2. 自主运行的能力

传统的机器人都是由管理者进行示教后，根据程序完成指定的任务。但传统机器人在面对具有高数据密度的场景，如语音视觉识别、环境感知与运动规划时，由于搭载的处理器性能较低，无法有效应对复杂任务。因此，在工作过程中可能会遇到障碍而停机，甚至发生事故，破坏生产计划。

结合云端计算能力，机器人将可以在拥有智能和自主性的同时有效降低机器人功耗与硬件要求，使云机器人更轻、更小、更便宜。一个很好的例子就是机器人的导航能力，移动机器人在仓库、物流中心和工厂生产线之间运输货物时，可以避开人员、叉车和其他设备。通过安装在机器人上的激光雷达，可以对周围环境进行扫描，并将大量数据推送到云端进行处理和构建地图，规划线路，然后向下传输给本地机器人进行导航。同时这些地图和信息可以传输给其他机器人，实现多机器人之间的协作，提高货物的搬运效率。

3. 数据共享和分析

大数据分析是云计算赋予机器人的额外能力，机器人在执行任务过程中会收集大量的运行数据，包括环境信息、机器的状态和生产需求等，这些数据经过整理和分析，可以得出最佳的决策方案。

机器人每天可能产生几十 GB 的数据，这些数据需要在云端进行存储和管理，机器人产生的数据存放在云端将非常有价值。因为，通过历史数据的分析，系统可以预先判断下一步会发生什么，并作出相应的响应处理。

从存储到分析，再到任务的下发，对于机器人整个过程的控制有着巨大的意义。此外，云端可以实现人工智能的服务，包括语音指令，可以进一步拉近人与机器的距离，实现更加便利的控制。

云端的数据服务可以连接到每一个机器人和自动化设备，数据共享令机器之间更有默契。系统可以掌握机器设备的状态，给每个机器人下达不同的任务指令，让机器之间互相协作，高效地完成生产任务。

总的来说，云端技术将让机器人效率更高、性能更好，人与机器之间的交互会更轻松。

18.2.3 云机器人的关键技术

云机器人不同于传统的机器人，其通过网络连接到云端的控制核心，获取人工智能、大数据和超高计算能力的支持，从而降低机器人本身的成本和功耗。与传统机器人相比，具有感知与互联能力的 5G 通信技术、能进行庞大记忆与计算的云计算技术，以及能够自主控制、识别、学习的人工智能技术是云机器人的关键技术。

1. 5G 通信技术

云机器人的架构来源于人类多层级控制结构，人类大脑发出指令，通过脊髓传导至肢体肌肉，驱动骨骼进行运动，平均信息延迟在 100ms 以上。5G 通信技术作为下一代移动通信技术(如图 18-17 所示)，具有灵活、可移动、高带宽、低时延和高可靠的特点。其峰值速度将超过 10GB/s，端对端的延迟将低于 1ms，并允许每平方千米超过 100 万台机器人终端设备进行网络连接和处理要求。

eMBB(增强移动宽带)、mMTC(大规模物联网业务)和 URLLC(超可靠且超低的时延

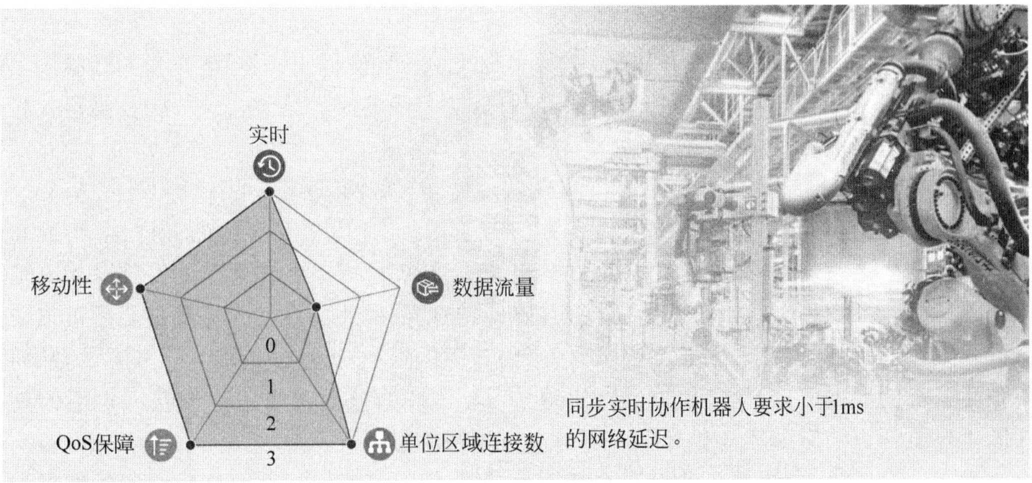

图 18-17 5G应用场景——机器人控制[20]

业务)是5G网络的三大主要应用场景。以上三大应用场景使5G通信网络成为云机器人理想的数据通道,是云机器人实用化的关键。5G网络强大的网络性能能够从容应对机器人对带宽和时延的挑战,而5G网络切片和MEC能够为机器人应用提供端到端定制化的支持。

未来5G网络将成为一个无所不在的虚拟化基础设施,可以通过云端的超强处理和监控能力,将大量的云机器人整合在一起,从而深度渗透进工业、商业、家庭的每个角落,全方位改变社会的面貌。5G技术将不断为机器人赋能,使其具备真正的认知和行动能力。

2. 云计算技术

云计算[21]是一种计算模型,可以随时随地的按需访问共享的、可配置的计算资源池(如网络、服务器、存储、应用程序和服务),只需最少的管理工作就可以快速配置和分发。云计算将硬件资源虚拟化、动态地扩展,并在Internet上作为服务提供,它还允许提供者为用户提供几乎无限资源的访问。它汇集了所有技术(Web服务、虚拟化、面向服务的架构、网格计算等)和用于提供IT功能(软件、平台、硬件)的可扩展、弹性的业务模型作为服务请求。云计算为高性能算法的部署提供了物质基础。

2007年,谷歌在其内部网络数据规模十分强大的基础上,提出了一整套基于分布式、并行集群方式的云计算架构。随着网络的快速发展,使得所有主要的行业参与者都积极提供云解决方案,特别是Amazon EC2、Microsoft Azure、谷歌应用程序和IBM blue cloud。国内的浪潮、阿里、腾讯和华为等企业也开始提供相应的云计算服务。云计算为用户提供3种级别的效劳:

(1) IaaS。IaaS(基础设施即服务)是以虚拟机的形式为客户提供硬件资源,客户自己维护应用程序、数据库和服务器软件,而供应商维护云虚拟化、硬件服务器、存储和网络。

(2) PaaS。PaaS(平台即服务)把开发环境作为一种服务提供给用户,用户在平台上开发自己的应用程序并开源给其他用户。

(3) SaaS。SaaS(软件即服务)是用户可以远程地接入网络,即可使用服务提供商在云上部署的服务,包括B/S或C/S两种架构。

3. 人工智能技术

基于云计算的超强运算能力和5G的强大通信能力，使得人工智能技术在机器人上的应用成为可能。机器学习，尤其是深度学习，可以更广泛地应用于各个领域，云机器人将比传统机器人更有能力、更加智能。

通过5G通信网络和云计算平台可实现多台机器人联网，逐步应用蚁群算法（ACO）、免疫算法（IA）等多种智能算法，使机器人不断进行学习，以适应生产环境的多样性，组成高度和谐的复杂生产系统，一体化生产解决方案将成为可能。人工智能的算法和数据在人工介入下，将得到不断自我增强和优化，实现人机协同的增益模式。机器人本身甚至还可以通过自我学习，成为活跃的移动大数据收集器，用以储存信息，并将数据上传到服务器端，从而不断强化云端的数据库，方便其他机器人使用学习。人工智能技术还可以使得云机器人具备在陌生环境下识别周围环境和事物并实现自主运行的能力。

目前计算机视觉、图像识别等技术已相对成熟，随着深度学习算法和物联网的发展和应用，云端智能技术将在所有智能机器人的应用领域不断提升。

18.2.4 云机器人在智能制造中的应用

如图18-18所示，云机器人作为智能工厂中的感知与执行层，直接关系智能制造的高效、高品质、低能耗和安全性。云机器人在智能制造中有如下应用：

(1) 通过敏捷物联网网管与周边各种自动化设备以及其他机器人互联协同；

(2) 通过IoT平台以及多种传感器完成数据收集，上传云端平台；

(3) 在后台云计算的支持下，适应复杂环境，支持复杂行为，完成作业任务的敏捷切换与管控；

(4) 借助云平台的大数据分析功能，实现智能维护与故障预诊断功能，同时具备进化功能。

图18-18 云机器人在汽车工厂的应用

目前云机器人已经开始逐步应用于智能工厂，尤其是汽车制造领域。如宝马公司基于微软的Azure云计算服务研发的物联网平台，目前连接了3000多台机器、云机器人和自动传输系统。云机器人通过云计算平台与各类设备深度协同，提高工厂生产效率与品质。世界最大的汽车制造商大众汽车（Volkswagen）也表示，它将利用亚马逊网络服务（AWS）的计算机和IoT技术采集与分析大量云机器人数据，来高效管理其制造工厂中的各类机器人，甚至优化整个产品供应链。

18.2.5 云机器人的发展趋势

通过关键技术的不断迭代，提升云机器人的智能化、信息化水平，使云机器人接近认知智能层级。不断增强机器人的拟人化和交互沟通能力，学会推理决策，最终实现人机共融。扩大应用范围是未来重要的发展趋势。总体来看，在第四次工业革命浪潮的推动下，人机共融将成为新一代机器人的发力点，也是世界机器人领域研发创新的主要方向。

一方面，云机器人必须具备内部进化能力，而单一的计算平台是不可能实现的，其需要机器人在云端的计算平台之间交互。云机器人上传采集的环境信息，由云端"大脑"进行存储和分析，借助新一代移动通信网络和云计算技术，实现机器人间的相互学习与知识共享。另一方面，云机器人还要具备外部进化的交互。在智能制造中，需要机器助人、工厂要人、智能学人。人同时操控多个机器人协同工作，可以提高效率、增加灵活性。人与机器人协调互动，不仅能提高机器人的工作效率和质量，还能增强机器人的自学习功能提升认知能力，逐步实现人机共融。云机器人的大规模应用，最终会实现人与机器人的关系从"主仆关系"到"伙伴关系"的转换。

节点及关联

传统机器人的痛点：成本高，性能低，智能弱。

关键支撑技术：5G，云计算，人工智能。

应用领域：多机器人协同，云管理，自主运行，数据共享与分析。

问题：

(1) 智能制造中云机器人与传统机器人相比有哪些优势？

(2) 人工智能技术的大发展可以给云机器人带来什么？

(3) 云机器人的最终发展形态如何？

18.3 数字工程师

18.3.1 数字工程师的概念和发展

传统制造系统包含人和物理系统两大部分，完全通过人对物理系统（即机器）的操作和控制来完成各种工作或任务。传统制造系统中，信息感知、分析决策、操作控制以及认知学习等多方面的任务都依赖于人的能力，对人自身的技能要求较高。从而造成系统的工作效率低下，限制了系统完成复杂工作任务的能力[22]。

与传统制造系统相比，第一代和第二代智能制造系统发生了本质的变化，其将信息系统作为连接人和物理系统的桥梁。信息系统主要处理制造系统中产生的各种信息，不仅代替人完成大部分的感知、分析、决策任务，将人从部分脑力劳动中解放出来，而且代替人直接操作控制物理系统,将人从体力劳动中解放出来[23]。

新一代智能制造系统进一步完善了信息系统的功能,使信息系统具备了认知和学习的能力,形成新一代"人-信息系统-物理系统"。信息系统能够代替人完成部分的认知和学习等脑力劳动,促使人和信息系统的关系发生了根本性的变化。未来的智能制造系统将会逐步摆脱对人的依赖,其信息系统具有更强的知识获取和知识发现的能力,能够代替人管理整个或者部分制造领域中的知识。我们将这种具有高度自主决策能力的智能化系统称为数字工程师。

【定义】 数字工程师:具有知识获取、知识管理、知识分析能力的智能系统,能够处理某些专业领域工程师的工作,并能与人类工程师沟通交流,提供专业咨询等服务。

数字工程师能在新一代智能制造的信息系统中发挥自身独特优势,具有强大的感知、计算分析与推理能力,同时具有学习提升、自主决策、产生知识的能力。

数字工程师是人机协作时代的一个典型产物,是能够自我学习成长的具有灵敏情感反应的人类工作伙伴。

数字工程师是大数据时代的新型智能系统,其内涵随着人工智能技术的进步不断丰富。智能制造的快速发展离不开对领域知识的获取和利用。数字工程师为制造系统的新一代智能化发展提供重要的知识支撑,将会在智能制造领域发挥重要作用。

18.3.2 数字工程师的特点和作用

数字工程师是具有较高知识操作能力的智能系统,属于新一代人工智能时代的产物。其应用于智能制造中,能增强企业对市场的反应速度,提高企业的生产效率。智能制造领域的数字工程师应具有以下 3 个方面的特点和作用。

1. 知识获取

数字工程师能够从外部获取专业知识,扩充自己的知识库。例如,传统的数字化设计过程需要工程人员利用计算机辅助设计(CAD)、计算机辅助工程(CAE)、计算机辅助工艺规划(CAPP)、计算机辅助制造(CAM)等工程软件完成产品的设计[24]。数字工程师可以将制造、检测、装配、工艺、管理、成本核算等专家经验数字化,并扩充到自己的知识库,为人类工程师提供技术咨询、知识管理等服务。另外,数字工程师还能利用网络技术和信息技术,将不同平台、不同区域的知识集成,利用大数据、云平台实现知识同步或异步共享,为人类工程师的设计、创新等提供全面的知识体系支撑,提升团队的创造力与企业的竞争力。

2. 知识管理

制造系统每时每刻都会产生大量的数据和知识经验,这些知识可能是无序的、重复的、模糊的。数字工程师利用人工智能的原理、方法和技术,设计、构造和维护自身的知识库系统,能够过滤、筛选各种重复的信息,得到最能反映事物本质及自然规律的知识,并以人类工程师可认知、计算机可理解的方式描述事物之间的规律,重新组织相关数据以实现无序知识有序化、隐性知识显性化、泛化知识本体化,使自身知识库向着表达清晰化、数据组织有序化、内容存储本体化的方向发展。数字工程师强大的知识管理能力为自身的知识存储和知识更新提供了有利条件,也为人类工程师使用相关知识提供了方便。

3. 知识分析

海量的制造数据背后蕴涵着广泛的制造规律，这些规律往往能反映问题的本质。数字工程师不仅能够获取数据、管理数据，更重要的是能从原始数据中提炼出有效的、新颖的、潜在的有用知识，挖掘数据背后隐藏的规律和关联关系。其主要内容包括知识的分类和聚类、知识的关联规则分析、知识的顺序发现、知识的辨别以及时间序列分析等。数字工程师对数据的分析过程体现了自身的智能化程度，决定了它不仅能够为人类提供简单的查询、存储等服务，更重要的是能和人类工程师深入交流、提供决策咨询，甚至在某些专业领域完全可以取代人类工程师完成工作。

数字工程师在智能制造中的作用，取决于对知识的挖掘利用程度。

18.3.3　数字工程师的关键技术

数字工程师能够快速获得有关制造的海量数据，高效组织管理数据的重构和更新，深入分析数据之间的内在联系以及潜在规律，是一个众多先进技术的超级组合。其涉及大数据、物联网、云计算等一系列促进信息化走向智能化的新一代人工智能技术。

数字工程师的技术支撑：大数据、物联网、云计算、人工智能……

1. 大数据分析技术

大数据分析技术主要指能够处理多样化海量规模数据的技术，利用云平台等超强计算资源挖掘数据的内在联系。企业的每个运行时刻都在产生数据，包括财务、资产、人事、供应商信息等经营性数据，产品研发、生产制造、售后服务等生产性数据，设备诊断系统、车间监控系统、资源消耗等生产环境数据[25]。对这些数据的有效利用是提高企业智能化的重要前提，大数据分析技术已在制造业中得到有效利用。

北京汽车股份有限公司株洲分公司二工厂构建了自身的企业云平台[26]，以终端数据为输入，以中央数据库为数据存储中心，并以IT技术为处理单元。该平台设计到车身精度大数据系统、焊接参数监控系统、涂装智能管理系统、设备运行管理系统以及过程质量监控系统等多个关于大数据分析的系统，为整个企业实现智能制造提供了重要保障。

三一重工收集了20万台设备的工况数据、位置数据以及业务系统数据，建立了设备远程控制、设备故障预测以及库存与供应链管理系统。自主研发了大数据储存与分析平台，可将来自数万台用户设备的运行数据实时传到后台完成分析和优化，能够实现对设备的远程监测和控制。在保证成本较低的情况下，完成海量设备数据的连接和分析，实现对用户设备的全生命周期闭环反馈[27]。

广东中设智控科技股份有限公司通过融合生产及设备管理技术、数据智能采集等技术构建了工业大数据分析平台。通过分析各个企业的生产信息、设备运行及维护等工业数据，能为各个企业提供定制化的产品服务。并且注重对全产业链、全生命周期等综合性数据的进一步挖掘，以便能为客户提供以产品为核心的个性化生产服务[28]。

数字工程师正常工作时，离不开数据的收集处理，大数据分析技术在其中扮演重要角色。对如此庞大且非结构化的工业数据做深度分析，是一件非常有挑战性的工作。机器学习技术是处理大数据的最好方法，能够从海量的数据中深入挖掘数据之间的内在联系，探索数据之间的隐藏模式。以深度学习为代表的新一代机器学习技术，已在处理图像、视频、工业数据等方面表现出强大优势。不断发展的强化学习、迁移学习、集成学习等技术也在大数据分析中扮演重要角色。

2. 物联网技术

物联网是一个基于互联网、传统电信网的信息承载体，它将各种信息传感设备与互联网结合起来而形成一个巨大的互联互通的网络。在制造领域，利用移动通信、智能分析等技术，物联网将具有感知、监控能力的各类传感器融入到工业生产过程的各个环节，大幅提高制造效率，改善产品质量，降低产品成本和资源消耗，为新一代智能制造提供了坚实基础[29]。

焊接车间通常属于离散型制造车间，面临产品批次多、数量少，设备不成线等多种问题，是智能制造过程中面临的主要困难。工业物联网是实现焊接车间信息智能化的重要技术，主要涉及生产调度、产品质量等管理信息，工艺准备、人员设备调度等生产调度信息。柏杨[30]建立了基于工业物联网的焊接车间管理系统。通过感知层实现对人员、产品等信息的收集，通过网络传输层完成信息的传递，并通过智能控制单元实时控制和计算车间数据。

信息化和工业化是航天制造领域未来建设的重要内容。尹德发等[31]针对航天制造领域现存问题提出了建设企业物联网系统的解决方案。通过物联网的使用，提高生产计划进度和生产资源的透明化，实时查看完工进度、资源使用情况以及生产预警信息等。建立车间生产模型、工艺模型以及设备监控模型等，实现生产调度可视化、生产过程可视化以及设备状态可视化。

用户的需求正变得多样性以及高品质，用户的个性化需求迫使全球工业面临新的转型。海尔较早提出了自己的网络化战略，建立了以用户为中心的互联工厂。不但能够准确识别用户的需求，而且能高效使用现有生产资源。其互联工厂实现了由传统大规模制造到大规模定制的转变，实现了高精度前提下的高效率生产。互联工厂实际上是一个贯穿整个企业流程的生态系统，构建了企业与用户交互的网络虚拟空间，实现了与用户的零距离交流，增强了用户的个人体验[32]。

工业物联网具有实时性、自动化、安全性和信息互通互联性等特点。数字工程师必须依赖网络技术和信息处理技术，构建广泛的工业互联互通，从多维度捕获制造系统数据，为知识管理和知识分析提供信息来源，为人类工程师提供更加丰富的咨询服务和更加深入的专业交流，为在某些领域完成人类员工工作提供坚实的知识支撑。

18.3.4 数字工程师在智能制造中的应用

数字工程师是新一代的智能系统，是智能制造发展的有力助推器，它拥有超精准的记忆能力和超强的信息处理能力，能够高效率、低失误率地处理海量数据和复杂问题。在企业应用中，数字工程师的一切决策建议和沟通交流均基于数据知识，不存在任何偏见，而且具有更宽广的视野、更深厚的知识储备。

然而，并不是所有的企业都能引入数字工程师。只有智能自动化程度较高的企业，才有条件考虑雇佣"数字工程师"这种智能系统。对于制造业来讲，制造企业需要进入新一代智能制造阶段，完成自身的数字化、网络化和智能化进程，这是制造行业引入数字工程师的前提条件。

数字工程师应用前提：企业的数字化、网络化、智能化……

虽然数字工程师在制造领域的应用还面临着很多困难，但是已有企业迈出了第一步。半导体巨头英飞凌科技在德国“工业 4.0”的实践中，使用协作机器人代替传统工业机器人，通过多样的人机界面，实现了人和机器的顺畅沟通，极大提高了员工的工作效率。生产工艺的智能控制缩短了产品的生产周期，优化算法的使用提高了公司的生产效率。当前，英飞凌已经具有了 80%的自动化程度，而且高度的自动化也降低了对能源的消耗。

值得注意的是，在一些数据完善、规则清晰的其他企业已经开始使用这种智能系统了，它们称之为“数字员工”[33]。目前比较有代表性的已经上班的数字员工是 Sarah、IBM 沃森、Cora。

Sarah 是梅赛德奔驰公司的一个销售代表。她会为客户计算性价比，挑选最满足客户需求的选装套件；她还可以根据客户的财务状况，帮助客户确定是买车还是租车，并量身定制租赁方案。IBM 沃森提供的肿瘤诊断准确率已经超过最好的医生。沃森能够根据患者情况查找相关文献，筛选信息，只需要大概 15min 时间就能提出一份针对患者的深度分析报告，而同样内容的报告人类需要大约两个月时间。Cora 是苏格兰皇家银行的一位数字银行家。她能准确识别出客户的脸，叫得出客户的名字，并且知道客户的个性和喜好以及上次的谈话内容。

18.3.5 数字工程师的发展趋势

调查发现，汽车、银行、保险、零售、物流等行业的高管对数字工程师这种高级的智能系统认可度较高，他们能够看到新型智能系统在效率、创新和洞察方面带来的积极价值。随着新一代智能制造的快速发展，普通的人类员工已经不能满足制造业的要求。可以想象，在不久的将来，新型智能系统的代表——数字工程师也会在制造行业中扮演重要角色。

(1) 数字工程师可以提高制造业对知识的利用能力。数字工程师的应用，将使制造系统具备认知和学习的能力，具备生成知识和运用知识的能力，从根本上加快工业知识产生的速度，提高利用知识的效率，将人从体力和脑力劳动中极大地解放出来，为人提供更广阔的创新空间。

(2) 数字工程师可以促进制造业生产方式的改变。在数字工程师的帮助下，智能制造产品具有高度智能化、宜人化的特点，生产制造过程呈现高质、柔性、高效、绿色等特征，产业模式向服务型制造业与生产型服务业转变，形成协同优化和高度集成的新型制造大系统。制造业创新力得到全面释放，价值链发生革命性变化，极大提升制造业的市场竞争力。

节点及关联

人机协作： 混合增强智能，人机深度融合。

知识工程： 知识发现，知识再创造。

新一代智能制造： 智能制造云，工业智联网。

问题：

(1) 制造企业智能化达到何种程度才能开始应用数字工程师？

(2) 哪些制造企业可以率先应用数字工程师？

(3) 数字工程师的应用是否可以分阶段完成？比如数字工程师 1.0、数字工程师 2.0……

18.4 商业智能

企业在多年的信息化建设中,利用企业资源计划(ERP)、客户关系管理(CRM)和供应链管理(SCM)等独立的系统积累了庞杂的内部数据。由于部门间业务的区别,数据之间容易产生孤岛,难以共享。另外,企业的数据不再仅限于内部事务性数据,也逐步融入了供应链上下游数据以及外部竞争数据。而智能分析并充分利用这些数据,将其转化为有价值的信息,对企业实现智能化转型起着关键作用。

传统企业信息系统在实际应用中面临以下难题:数据孤岛、数据的多源性和数据的智能分析。

由此,具有自动高效的数据整合、分析和展示功能的商业智能系统应运而生。商业智能系统可以运行于整个企业之中,不再受部门限制,整合企业内部数据资源的同时,能够融入供应链上下游与外部竞争市场的数据,采样人工智能技术等技术对数据进行智能分析。商业智能可以将历史与最新数据进行综合分析和信息展现,为企业管理者制定决策提供强有力的保障,助力企业实现智能化建设。

18.4.1 商业智能的概念与发展

商业智能(BI),又称商业智慧或商务智能,利用现代的数据仓库技术、联机分析处理技术、人工智能技术和数据可视化展示技术进行数据分析和呈现,完成从数据到信息的转化,其目标是为决策提供支持[34]。

商业智能的核心是完成数据到信息的转化,为决策提供支撑。

这里的数据指的是记录、识别和描述事物的符号,具有客观性、具体性、未加工性和粗糙性。当数据量较少时,可以通过简单的报表进行整理和决策。但是,随着数据量的快速扩张,决策者难以在有限的时间内从大量的数据中提炼出的关键信息。信息强调与所解决问题的相关性,是对数据进行收集、整理和分析后的产物,而数据不一定都能用于解决问题。

从技术的角度,商业智能的执行过程是:企业决策人员以企业数据库为基础,通过利用联机分析处理和人工智能技术以及决策相关的专业知识,从数据中提取有价值的信息,然后根据信息作出决策。从应用的角度,商业智能可以协助用户对商业数据进行处理和分析,如客户分类、潜在用户发掘、演化趋势预测等,并依此帮助管理者作出决策。从数据的角度,商业智能将内部事务性数据、供应链上下游数据以及外部竞争数据通过抽取、转换和加载后转移到数据库中,然后通过聚集、切片、分类和人工智能技术等,将数据库中的数据转化为有价值的信息,为决策提供支撑。

商业智能随着数据分析与智能化技术的发展也在不断革新。在商业智能的初期阶段,企业根据自身业务特点上线类似于ERP的商业智能应用系统。在此阶段,商业智能软件处理的业务较为单一,市场主要被SAP、Oracle、IBM等老牌巨头占领,其中用户群体主要集中于大型企业,且相对封闭。随着信息化基础建设的不断完善和可视化技术产品的出现,商业智能进入了可视化阶段。在此阶段,国内外商业智能软件行业快速发展,可视化的商业智能产品大量涌入市场,企业中初期的商业智能软件逐步下线。随后,人工智能技术的发展为商业智能进入智能化决策阶段提供了强有力的支持,其中商业智能整合企业外部数据的能力和对非结构化数据的处理能力有较大的提高。如今,云服务技术的快速发展,使得云端部署商业智能系统的方式成为现实,也因此吸引了更多中小企业用户应用商业智能[35,36]。

随着企业信息化建设水平的提高,企业的IT部门正逐渐走出幕后,承担更多责任。同时,IT部门的不断崛起也促使商业智能的价值得到了更多的展现。在企业中,商业智能从传统的业务监测阶段进入到业务洞察阶段,为企业提供重大、相关的业绩改善信息。在企业内部,随着入门级商业智能软件工具的推广应用,商业智能的应用层面从高层向下扩散,越来越多的业务管理层和业务执行层等中间层开始使用商业智能。因此,商业智能的未来发展潜力巨大!

自2012年以来,中国商业智能软件行业保持着快速发展的态势。在2018年,商业智能软件行业的市场规模同比增长25.8%。这一增长率约是中国软件业增速的2倍和中国GDP增速的4倍。根据互联网数据中心(IDC)发布的《2019年上半年中国商业智能软件市场跟踪报告》显示,2019年上半年中国商业智能软件市场规模为2.1亿美元,同比增长24.6%。IDC预测,中国商业智能软件市场规模到2023年将达到16.5亿美元,未来5年整体市场年复合增长率为32%。从整体来看,中国商业智能软件行业的市场规模依然很小,但在未来中国商业智能软件行业的发展潜力巨大。

18.4.2 商业智能的功能和特点

商业智能为企业管理人员提供了新的信息获取渠道,这使他们能够以更直观的方式去了解和掌握数据,进而帮助他们更迅速地作出有效决策。例如,商业智能平台统计的收益信息有利于企业分析营收增长的原因,帮助企业进一步发掘新的销售机会,增加收益率;商业智能通过分析生产数据和销售数据,提高企业对库存的控制能力和生产率;商业智能通过提高企业的业务响应速度,帮助企业快速应对市场变化。下面对商业智能的功能进行具体介绍。

1. 数据整合

在企业中,各个部门因业务的不同,积累的业务数据会有所差异,这导致企业系统内部产生数据孤岛,无法对数据充分利用。在此情况下,企业可以通过商业智能将不同部门的数据进行整合并统一管理。数据整合是商业智能实现的基础,主要用来将数据提取、转化并存储到信息仓库中。中间需要将不同来源的数据进行结构转化,使其统一,并消除重复数据。整合的数据一般从日常工作中获取,因此自动高效的数据整合程序有助于商业智能系统的运行。在数据整合功能上,相比操作信息系统,商业智能具有不同的目标。商业智能数据整合的目标是为长期决策提供信息支撑,而操作信息系统是为了处理日常业务。构建完善的数据整合功能是商业智能支撑决策的基础。

2. 数据分析

对于整合的数据要进行组织和管理,并根据相关性进行存放,再根据各种分析需求建立相应的数学模型,进行数据提取和分析,最后将分析结果清晰地展示给决策者。另外,通过对业务分布和发展的数据进行挖掘,可以为企业战略和企业发展等提供重要信息,保障企业的经营效益并帮助企业拓展市场。

3. 辅助决策

企业管理者从数据中发掘商业知识并应对市场变化迅速做出决策的能力是企业保持竞争优势的关键条件。企业的数据不再仅仅来源于内部业务，已经扩展到供应链的上下游以及外部的竞争市场。

商业智能通过对企业内外部数据进行搜集、整理和汇总分析，能够为企业提供全面的分析报告，如产品质量评估、销售效果评估、客户满意度评估和市场趋势预测等，使企业管理者掌握行业现状和动态，提高管理者的决策效率和准确率，从而帮助管理者为企业制定有效的生产管理方案和销售策略。

4. 协助管理

随着企业对商业智能功能需求的提高，商业智能逐渐从技术驱动转化为业务驱动。同时，商业智能的结构体系不断与企业管理理念和管理方法相融合，帮助企业提高业务管理能力。商业智能也可以预估和跟踪管理营销人员对产品的期望，提高企业的绩效管理能力以及综合竞争能力。

5. 客户智能

商业智能利用企业的客户数据，优化企业的客户关系，加深企业市场营销人员对业务的理解，帮助员工正确认识影响市场的各种因素。客户智能与客户、服务、销售和市场数据相关，其支撑范围包括定价、促销、客户服务资源分配等。

6. 运作智能

商业智能可以利用企业的财务、运营、生产和人力资源等数据，帮助企业进行制定预算、投资、成本控制、库存控制和人事变动等。

随着市场竞争环境的不断加剧，企业在了解商业智能后，对商业智能的需求不断提高。商业智能要迅速适应市场变化，实时支持决策。同时要能够与企业已有的系统或未来建设的系统无缝集成，减少额外的投资。这些需求促进商业智能不断发展，使商业智能具备以下特点：

(1) 敏捷性。针对企业的业务变化，如业务战略的更新，商业智能需要及时为方案制定和管理决策提供相应的信息。

(2) 可扩展性。企业在自身发展过程中，可能会增加新的部门或者子公司，商业智能系统要能够随之进行线性扩展。

(3) 可靠性。对于应用商业智能的企业，整个商业智能系统是企业运作的核心，商业智能系统需实现全天候运作。

(4) 开放性。在企业增加新的应用程序、门户网站和安全系统时，商业智能系统要能够开发接口，与之集成。

(5) 可管理性。IT 人员要能够对商业智能系统进行高效管理，使系统保持有效的运行。

18.4.3 商业智能的关键技术

商业智能集成了数据仓库、联机分析处理和人工智能等技术，将企业的各种数据及时转化成企业决策者所需的信息，并将其进行可视化展示。商业智能的关键是从庞杂的内外部数据中清理出有用的数据，然后经过抽取、转换和加载，将数据存储到企业的数据仓库中，基于此，采用查询、联机分析处理、人工智能等工具对数据库中的数据进行处理和挖掘；最后将得到的信息以可视化的方式展现给决策者，为决策过程提供支撑。商业智能的系统结构如图18-19所示。

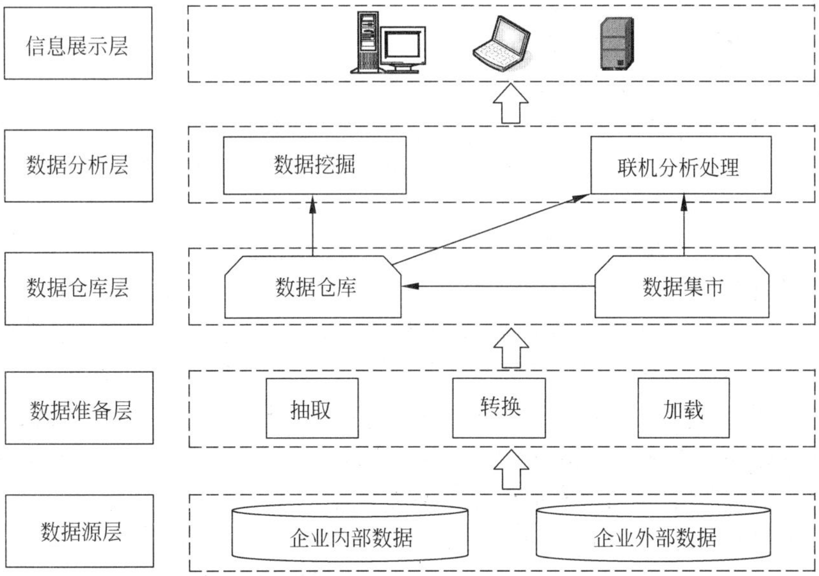

图18-19 商业智能的系统结构

(1) 数据源层。商业智能的源数据存储在数据源层。这一层对来自各个渠道的原始数据，不经过任何处理地进行保存，直接展现数据的原始情况。

(2) 数据准备层。商业智能的原始数据在数据准备层进行清洗和加工。通过抽取、转换和加载工具对无效和问题数据进行处理，确保非结构数据在未来的使用中具有统一的格式。

(3) 数据仓库层。供商业智能进行分析挖掘的数据存储在数据仓库层。这些数据是经过抽取、转换和加载后的有效数据，是商业智能分析的基础。企业可以在数据仓库中查看格式规范的同构数据。

(4) 数据分析层。商业智能的核心技术体现在数据分析层。在这一层，商业智能利用联机分析技术和人工智能技术将数据仓库中的数据进行分析和挖掘，提炼出有效的信息。

(5) 信息展示层。商业智能通过可视化工具如电脑系统界面、网站或者手机App等将数据分析的结果清晰直观地展现给企业决策者，为方案制定提供信息基础，为方案选择提供决策依据。信息展示层是商业智能体现实用性的关键。

构建商业智能系统所需的关键技术分为三大类：数据集成、数据分析和信息展示。

1. 数据集成

数据集成是对源数据进行提取、整合、清洗和转换，并将其加载到数据仓库进行运营的过程。对于数据集成，可以细分为数据获取和数据仓库两个领域。数据获取方法即是对源数据的抽取、转换和加载,也称 ETL[37]。数据抽取分为全量抽取和增量抽取。全量抽取不考虑源数据是否已被抽取过,类似于数据迁移和复制。增量抽取只需抽取源数据新增或被修改过的数据。相比全量抽取,增量抽取在 ETL 中应用更为广泛。在增量抽取中,准确高效地捕获变化的数据是技术关键。抽取过程需要准确地将业务系统中变化的数据进行周期性的捕获,同时不能给现有业务系统的运行造成较大负荷。

增量抽取中常用的捕获方法有触发器、时间戳、全表比对和日志对比。触发器当源数据表发生插入、修改和删除等变化时会被触动,然后将变化的数据存入到一个临时表中。抽取过程只需对临时表进行抽取,抽取过程性能较高,但是由于需要在业务表中建立触发器,会对业务系统有所影响。时间戳方法在源数据表上增加时间戳字段,通过比较系统时间和时间戳字段来识别变化的数据,识别过程效率较高。但是有些数据库不支持时间戳字段自动更新,需要手工更新时间戳字段。另外,该方法无法捕获时间戳以前数据的删除操作,因此,捕获数据的准确性会受到限制。典型的全表比对方法通过 MD5 校验码识别变化的数据。首先为源数据表建立一个结构类似的 MD5 临时表,来记录用源数据表中主键和字段的所有数据计算出的 MD5 校验码。数据抽取过程可以通过对比 MD5 校验码,识别数据的新增、删除和修改等操作。该方法对业务系统的侵入性较小,但是 MD5 的方式是全表对比,性能较差。另外,日志对比方法是通过对数据库自身日志进行分析来识别数据的变化,如 Oracle 的改变数据捕获技术。该技术可以利用日志在源数据表进行插入、更新和删除等操作的同时提取数据,然后将变化的数据存入到变化表中用于捕获。

从数据源中抽取的数据不一定完全满足目的库的要求,例如数据格式的不一致、数据输入错误以及数据不完整等,因此有必要对抽取出的数据进行加工转换。转换过程可以在 ETL 引擎中进行,也可以在抽取过程中利用数据库的自身功能来实现。在 ETL 引擎中,常用的数据转换组件有数据清洗、数据替换、数据合并、数据拆分等。ETL 过程的最后一步一般是将转换和加工后的数据加载到目的库中。加载数据的合适方法根据数据量决定。当目的库是关系数据库时,通常有两种装载方式:直接 SQL 语句进行装载和批量装载。ETL 是一个极为复杂的过程,在软件市场上有较多开源的 ETL 工具和商品化的 ETL 工具,可以帮助企业在构建商业智能系统时实现适合自身数据特点的数据获取功能。

存入数据仓库中的数据一般是不可修改的,这些数据反映企业较长时间内的历史数据内容。即从数据的进入到删除的整个生命周期中,数据仓库的数据是不变的。数据仓库的数据一般保存 5～10 年。随着时间不断变化,会有新的数据不断进入,旧的数据不断被删除。根据粒度,数据仓库可以分为企业级数据仓库、数据集市和数据运营店。根据类型,数据仓库可以分为企业数据仓库、挖掘型数据仓库和探索型数据仓库。

2. 数据分析

数据分析是对数据库中的数据进行描述性分析和预测性分析,从而发现其中有价值的信息。描述性分析使用统计工具、联机分析技术等对数据仓库或者数据集市中的数据进行聚合和钻取,来实现数据的多维描述。常用到的描述性统计指标有平均值、标准差、中位数、百位数、同比和环比等。统计方法有主成分分析、因子分析和方差分析等。预测性分析使用人工智能相关技术,如机器学习、深度学习、计算机视觉、知识工程、群体智能等,从数据仓库中大量的、有噪声的、模糊的数据之间发掘出新颖的、有预测性的信息。在数据分析过程中,首先要深入业务,理解数据分析的背景和前提,并明确分析目的,避免分析的盲目性。也可以把分析目的分解为若干个不同的分析要点，针对各个要点制订相应的分析计划。商业智能利用人工智能相关技术有助于为决策者提供隐含在数据中事先不为人知但又有潜在应用价值的信息。

3. 信息展示

数据分析的结果需要用信息展示技术呈现给决策者。报表查询是最早的商业智能信息展示技术，使用者可以利用这些工具查看一些简单的报告。可视化技术是用视觉上更有吸引力的方式去显示信息，以便人们能够更快更准确地理解数据。尤其是对数据挖掘的结果进行展示时，需要各种形象化的图、曲线等来进行可视化展示。常用的数据图包括饼图、柱状图、条形图、折线图、散点图等。也可以对图形进一步美化加工，形成金字塔图、漏斗图等。可视化工具一般要具有清晰、简洁和可定制的界面。同时，可视化的信息能够嵌入到其他应用程序中，这有助于使用者进行跨平台信息共享。另外，数据可视化工具要具有较强的人机交互性，支持使用者进行参数设定等。在企业应用中，直观和完善的可视化技术已经成为不可或缺的工具。

商业智能为决策提供了数据集成、数据分析和信息展示的全套方案。

18.4.4　商业智能在智能制造中的应用

企业管理者通过决策来对设施资源进行分配和利用，进而有效地实现经营活动目的。企业向智能制造发展的过程中，管理者的决策方式从经验决策到科学决策再向智能决策演化。在智能制造中，智能决策的能力是决定企业智能制造水平的关键。商业智能可以通过提供系统高效的决策信息，全方位辅助企业管理者优化决策，提升企业智能决策水平，提高企业经营管理能力，进而推动企业智能制造的建设和发展。

爱玛电动车与SAP合作构建公司的商业智能系统，其中包含企业经营分析、销售预测与需求管理、供应链管理和生产管理四大功能。商业智能系统可以帮助爱玛实现安全可靠的自助式分析，在云端轻松获取准确的业务洞察，运用自然语言揭示关键因素影响因素，模拟假设场景，从而帮助公司管理者实现更快更稳健的决策，助力爱玛为客户提供更好的服务，让公司获得源源不断的发展动力。西门子通过与埃森哲合作来运营公司的商业智能部门。该部门负责开发西门子的商业智能基础架构，打造新型敏捷的工作方式，基于人工智能开发全新的数据分析服务，利用机器人流程自动化创建业务解决方案和服务，助力西门子加快数字化转型。安利股份上线商业智能系统后，通过对系统的分析、预警、预测功能，提高了集团的管理和决策水平。另外，商业智能可以帮助企业揭示业务流程中存在的缺陷，使企业在市场竞争中处于更有利的地位，如丰田汽车通过商业智能系统分析公司内部数据和外部竞争数据，发现了公司对运货商双倍付费的问题。

商业智能在智能制造中具有以下应用特点：

（1）商业智能从智能制造中获得庞大的数据支撑。数字化的智能制造过程，通过将种类繁多的工业传感器布置于生产与流通的各个部分，产生大量工业数据。工业传感器是获得多维工业数据的感官。除了设备状态数据以外，还可以收集工作环境（如温度、湿度）、原材料的良率、辅料的使用情况等相关数据。所以，商业智能系统可以从产线运行、检测、运输、仓储等过程中获得源源不断的数据流。这些数据可以成为商业智能数据分析的基础。

另外，供应链各个环节之间也会产生大量数据。商业智能系统可以在智能制造中充分利用被打通的供应链数据流。大量的数据也可以进一步优化商业智能中的数据分析算法，如机器学习提高趋势预测的准确度，使商业智能发挥更高的数据分析能力，为决策者提供更加准确的信息。

(2) 商业智能在智能制造中具有快速的响应能力。在网络化的智能制造系统中，工业互联网将传感器采集到的工业数据低延迟、低丢包率地传输至云端，实现低延迟工业级信息传输功能。商业智能可以与云端数据相连接，对云端上传的数据进行实时分析[38]。所以，商业智能在智能制造中，可以通过工业互联网实现数据产生后的快速分析利用，敏捷地为决策者提供信息支撑。

(3) 商业智能在智能制造中可以为管理者提供多样化的决策信息。智能制造能够打通设备、数据采集、企业信息系统、云平台、供应链等不同层的信息壁垒，实现从车间到决策层的纵向互联。在智能制造中，商业智能可以利用不同层次的信息为不同角色的管理者提供相应的决策信息。在车间层次，商业智能利用设备的监测数据，可以对设备状态进行趋势预测，帮助车间管理者对设备进行维护，如根据刀具的磨损数据，预测刀具的状态变化趋势，来确定何时准备备用刀具和更换刀具。对于中层管理者，商业智能可以汇总并分析各个车间的生产数据，如产能、次品率等，帮助管理者对新的制造任务进行合理分配。另外，商业智能通过分析市场数据，帮助高层管理者制订新的战略计划。随着人工智能技术的快速发展，如机器学习、深度学习、知识工程等，商业智能为决策者提供的信息不再单一。商业智能可以利用更具智能化的数据分析能力帮助决策者获得更加全面、直观、深入的信息。

18.4.5 商业智能的发展趋势

伴随大数据和人工智能技术的快速发展和商业化应用，商业智能将不断加强与这些技术的融合，更加智能地提供决策支持信息，提高企业的智能决策水平。融合新技术、加深对业务场景的理解、提高自身的落地效果是商业智能的重要发展方向。

商业智能未来仍要不断提高业务场景的理解能力、大数据的处理效率以及数据解读的智能化水平。

由于现实世界不断有新模式和新业务场景出现，商业智能需要在技术人员和业务人员的辅助下，补充相关领域知识，建立相应的分析模型。在商业智能的企业内部实践中，对具体业务问题的理解很大程度上影响了数据分析技术所提供信息的有效性。所以，加深对业务的理解程度是推进商业智能技术落地的关键。

数字化和信息化推动社会快速发展，各个行业都积累了海量的数据资源。在这些数据中，大部分是格式和标准不一的非结构化数据，如何有效利用这些数据资源为企业决策提供更高价值的信息成为了商业智能技术发展的关键点。通过融合更加高效的大数据相关技术，商业智能可以提高数据准备层的数据处理效率和数据分析层的数据解读能力。

人工智能技术与应用不断突破，如卷积神经网络、长短期记忆网络、图神经网络等机器学习和深度学习算法已经与自然语言处理、计算机视觉等技术相结合，提升了技术整体的应用效果；知识工程为大数据赋予语义和知识，使数据产生智慧，实现数据到知识再到智能应用的转化，可以为用户提供问题答案、为决策提供支持、改善客户体验等；群体智能通过融入分散的、去中心化的、自组织的集体智能行为，使解决问题和做决策的能力超越大多数单独个体，如进化算法、集群机器人等；5G网络设施的发展将加速人工智能技术的落地，带动制造业的全面智能升级，让智能无处不在。商业智能与不断强大的人工智能技术相融合，在趋势预测、规律性分析等功能上将具有更加智能的表现。

节点及关联

商业智能的功能：数据整合，数据分析，辅助决策等；
商业智能的关键技术；
商业智能的应用特点；
商业智能的发展方向。

问题：

(1) 商业智能与传统信息系统相比具有哪些优势？
(2) 商业智能的系统结构是怎样的？
(3) 商业智能为决策提供信息支撑的方案是什么？
(4) 人工智能技术为商业智能带来的发展机遇是什么？

延伸阅读：

Scheps S. Business intelligence for dummies[M]. John Wiley & Sons, 2011.
曾鸣. 智能商业[M]. 北京：中信出版集团，2018.

参考文献

[1] COLGATE J E, WANNASUPHOPRASIT W, PESHKIN M. Cobots: Robots for collaboration with human operators[J]. Proceedings of the ASME Dynamic Systems and Control Division, 1996, DSC. 58: 433-440.
[2] 於志文，郭斌. 人机共融智能[J]. 中国计算机学会通讯，2017，13(12)：64-67.
[3] LICKLIDER J C R. Man-computer symbiosis[J]. Ire Transactions on Human Factors in Electronics, 1960, HFE-1(1): 4-11.
[4] 丁汉. 共融机器人的基础理论和关键技术[J]. 机器人产业，2016(6)：12-17.
[5] 郑泽宇，梁博文，顾思宇. TensorFlow：实战Google深度学习框架[M]. 2版. 北京：电子工业出版社，2018：13-14.
[6] LI Y. Reinforcement learning applications[J]. arXiv, 2019.
[7] 麻省理工科技评论. 科技之巅. 3《麻省理工科技评论》100项全球突破性技术深度剖析[M]. 北京：人民邮电出版社，2019.
[8] DIFTLER M A, MEHLING J S, ABDALLAH M E, et al. Robonaut 2-the first humanoid robot in space[C]//2011 IEEE International Conference on Robotics and Automation. IEEE, 2011: 2178-2183.
[9] 何玉庆，赵忆文，韩建达，等. 与人共融——机器人技术发展的新趋势[J]. 机器人产业，2015(5)：74-80.
[10] 田国会，许亚雄. 云机器人：概念，架构与关键技术研究综述[J]. 山东大学学报（工学版），2014，44(6)：47-54.

[11] 华为无线应用场景实验室. 5G和云化机器人白皮书[R/OL]. (2017-06-30)[2020-03-05]. https://www-file.huawei.com/-/media/corporate/pdf/x-lab/cloud-robotics-white-paper-final-0628.pdf? la=zh.

[12] KUFFNER J. Cloud-enabled humanoid robots[C]//Humanoid Robots (Humanoids), 2010 10th IEEE-RAS International Conference on, Nashville TN, United States, 2010-12.

[13] ARUMUGAM R, ENTI V R, BINGBING L, et al. DAvinCi: A cloud computing framework for service robots[C]//2010 IEEE International Conference on Robotics and Automation. IEEE, 2010: 3084-3089.

[14] WAIBEL M, BEETZ M, CIVERA J, et al. Roboearth[J]. IEEE Robotics & Automation Magazine, 2011, 18(2): 69-82.

[15] KEHOE B, MATSUKAWA A, CANDIDO S, et al. Cloud-based robot grasping with the Google object recognition engine[C]//2013 IEEE International Conference on Robotics and Automation. IEEE, 2013: 4263-4270.

[16] SAXENA A, JAIN A, SENER O, et al. Robobrain: Large-scale knowledge engine for robots[J]. Computer Science, 2015.

[17] DOGMUS Z, PAPANTONIOU A, KILINC M, et al. Rehabilitation robotics ontology on the cloud[C]//2013 IEEE 13th International Conference on Rehabilitation Robotics (ICORR). IEEE, 2013: 1-6.

[18] 刘景泰，张森，孙月. 面向智能家居/智慧生活的服务机器人技术与系统[J]. 集成技术，2016(3): 38-46.

[19] 谭杰夫. 云机器人同步定位与地图构建技术研究[D]. 长沙：国防科学技术大学，2015.

[20] 5G时代十大应用场景白皮书[R/OL]. (2017-12-22)[2020-05-04]. https://www.huawei.com/cn/industry-insights/outlook/mobile-broadband/insights-reports/5g-unlocks-a-world-of-opportunities.

[21] 罗军舟，金嘉晖，宋爱波，等. 云计算：体系架构与关键技术[J]. 通信学报，2011，32(7): 1-21.

[22] 张映锋，张党，任杉. 智能制造及其关键技术研究现状与趋势综述[J]. 机械科学与技术，2019，38(03): 329-338.

[23] 周济，李培根，周艳红，等. 走向新一代智能制造[J]. Engineering，2018，4(01): 28-47.

[24] WU, D, TERPENNY J, SCHAEFER D. Digital design and manufacturing on the cloud: A review of software and services—RETRACTED. Artificial Intelligence for Engineering Design[J]. Analysis and Manufacturing, 2017, 31(1): 104-118.

[25] 郑树泉，覃海焕，王倩. 工业大数据技术与架构[J]. 大数据，2017，3(04): 67-80.

[26] 杨一昕，袁兆才，皮智波，等. 智能透明汽车工厂的构建与实施[J]. 中国机械工程，2018，29(23): 2867-2874.

[27] 张礼立. 从大数据、工业物联网、工业大数据应用谈三一重工[EB/OL]. (2019-08-01)[2020-02-24]. http://bigdata.idcquan.com/dsjyy/168008.shtml.

[28] 刘祎，王玮，苏芳. 工业大数据背景下企业实现数字化转型的案例研究[J]. 管理学刊，2020，33(01): 60-69.

[29] TAO F, CHENG J, QI Q. IIHub: An industrial internet-of-things hub toward smart manufacturing based on cyber-physical system[J]. IEEE Transactions on Industrial Informatics, 2018, 14(5): 2271-2280.

[30] 柏杨. 基于工业物联网架构的焊接车间智能制造系统研究[J]. 中国高新科技，2020(02): 24-26.

[31] 尹德发，周杨，师玉玲，等. 物联网技术在航天企业数字化制造领域的应用研究[J]. 数字技术与应用，2018，36(06): 45-47+49.

[32] 刘玉平，孙新涛，牟堂峰，等. 引领物联网时代的先进制造模式——海尔互联工厂模式[J]. 中国仪器仪表，2020(01): 25-30.

[33] 孙泠. 数字员工来袭[J]. IT经理世界,2018(19): 47-48.

[34] 马俊,周建波. 国外商业智能创新研究进展与展望[J]. 哈尔滨商业大学学报,2018(6): 72-79.

[35] 杨德彬,曾桢,李春. 我国中小企业商业智能应用研究[J]. 中国管理信息化,2019,22(13): 71-75.

[36] DARCONTE C. Business intelligence applied in small size for profit companies [J]. Procedia Computer Science, 2018, 131: 45-57.

[37] DAYAL U, CASTELLANOS M, SIMITSIS A, et al. Data integration flows for business intelligence [C]. Proceedings of the 12th International Conference on Extending Database Technology: Advances in Database Technology,2009: 1-11.

[38] 齐莹莹. 云商业智能与企业财务分析的探讨[J]. 经济研究导刊,2019(21): 97-98.

英文缩略词表

3C(computer communication consumer) 计算机通信 消费

3D(3-dimensional) 三维

4G(4th generation mobile communication technology) 第四代移动通信技术

5G (5th generation mobile communication technology) 第五代移动通信技术

A

AC(automatic control) 自动控制

ACO(ant colony optimization) 蚁群算法

Adas(advanced driving assistunce system) 高级驾驶辅助系统

AI(artificial intelligence) 人工智能

AGV(automated guided vehicle) 自动导引小车

ANN(artificial neural network) 人工神经网络

API(application programming interface) 应用程序编程接口

App(application) 应用程序

APS(advanced planning and scheduling) 先进计划排程

AR(augmented reality) 增强现实

ARIMA (auto-regressive integrated moving average) 自回归积分滑动平均

ARMA(auto-regressive moving average) 自回归滑动平均

ASIC(application specific integrated circuit) 专用集成电路

AT(analysis technique) 分析技术

AWS(Amazon Web Services) 亚马逊网络服务

AVM(adaptive vehicle make) 自适应运载器制造

B

BI(business intelligence) 商业智能

BLE(bluetooth low energy) 低功耗蓝牙

BOM(bill of material) 物料清单

BP(error back propagation training) 误差反向传播算法

BPR (business process reengineering/business process re-engineering/business process redesign) 企业流程重组

B/S(browser/server) 浏览器/服务器模式

B&B(bound & branch) 分支定界法

B2C(business-to-consumer) 商对客

C

CAD(computer aided design) 计算机辅助设计

CAE(computer aided engineering) 计算机辅助工程

CAM(computer aided manufacturing) 计算机辅助制造

CAN(controller area network) 控制器局域网络

CAPP(computer aided process planning) 计算机辅助工艺规划

CAQ(computer aided quality) 计算机辅助产品质量

CAT(computer aided test) 计算机辅助测试

CDC(Centers for Disease Control and Prevention) 美国疾控中心

CDMA(code division multiple access) 码分多址

CDN(content delivery network) 内容分发网络

CDO(collateralized debt obligation) 首席开发官

CDO(chief data officer) 首席数据官
CE(concurrent engineering) 并行工程
CEO(chief executive officer) 首席执行官
CFD(computational fluid dynamics) 计算流体动力学
CFO(chief financial officer) 首席财务官
CIMS(computer integrated manufacturing system) 计算机集成制造系统
CIO(chief information officer) 首席信息官
CMD(China locomotive remote monitoring and diagnosis system) 中国机车远程监视与诊断系统
CMS(condition monitoring system) 状态监控系统
CNC(computer numerical control) 计算机数控
CNN(convolutional neural networks) 卷积神经网络
COM(component object model) 元件对象
CPS(cyber-physical systems) 信息-物理系统
CPU(central processing unit) 中央处理器
CRM(customer relationship management) 客户关系管理
CSCW(computer supported cooperative work) 计算机支持协同工作
CUDA(compute unified device architecture) 计算设备架构
CV(computer vision) 计算机视觉
C/S(client-server) 客户机-服务器
C2C(customer(consumer) to customer(consumer)) 个人与个人之间的电子商务
C2M(customer-to-manufacturer) 用户直连制造

D

DAE(differential algebra equation) 微分代数方程
DARPA(Defense Advanced Research Projects Agency) 美国国防高级研究计划局
DBSCAN(density-based spatial clustering of applications with noise) 有噪声应用的基于密度的空间聚类算法
DCS(distributed control system) 分布式控制系统
DD(direct driver) 直驱
DDOM(data-driven operating model) 数据驱动运营模式
DE(differential evolution) 差分进化算法
DFA(design for assemble) 面向装配的设计
DFFT(data free flow with trust) 基于信任的数据自由流通
DFMA(design for manufacture and assemble) 面向制造与装配的设计
DFM(design for manufacturing) 面向制造的设计
DFX(design for X) 面向所有后续环节的设计
DH(Denavit-Hartenberg parameters) DH参数
DIANA(divisive analysis) 基于分裂的层次聚类算法
DIY(do it yourself) 自己动手制作
DMU(digital mock-up) 数字样机
DNC(distributed numerical control) 分布式数控
DP(digital prototype) 数字样机
DPS(digital picking system) 数字化拣货系统
DSC(dynamic stability control) 动态稳定控制系统
D/A(digit to analog) 数字量转换为模拟量

E

EAM(enterprise asset management) 企业资产管理系统
EB(ExaByte) 艾字节(计算机存储容量单位)
ECU(electronic control unit) 电子控制单元
EDA(electronic design automation) 电子设计自动化
EI(enterprise intelligence) 企业智能
eMBB(enhanced mobile broadband) 增强移动宽带
EMS(electronic manufacturing service) 电子制造服务
EMS(energy management system) 能源管理系统
EMS(engine management system) 发动机管理系统
EP(evolution programming) 进化规划
EPM(enterprise performance management) 企业绩效管理
ERP(enterprise resource planning) 企业资源计划
ES(evolution strategies) 进化策略
ESP(electronic stability program) 电子稳定控制系统

ETL(extract-transform-load) 抽取-转换-加载
EW2C(express wire coil cladding) 快速金属线圈熔覆

F

FCS(future combat systems) 未来作战系统
FCFS(first come first served) 先来先服务
FPGA(field programmable gate array) 现场可编程门阵列

G

GA(genetic algorithm) 遗传算法
GAMS(general algebraic modeling system) 通用数学建模系统
GAO(General Accounting Office) 审计署
GFT(Google Flu Trends) 谷歌流感趋势
GP(genetic programming) 遗传规划
GPGPU(general-purpose computing on graphics processing units) 通用图形处理器
GPS(global positioning system) 全球定位系统
GPU(graphics processing unit) 图形处理器

H

HCD(human-centered design) 人本设计
HCPS(human-cyber-physical system) 人-信息-物理系统
HLA(high level architecture) 高级体系结构
HMI(human machine interface) 人机界面
HPC(high performance computing) 高性能计算
HSE(health safety environment) 全员全过程的健康安全环境
HTML(hyper text markup language) 超文本标记语言
HTTP(hyper text transfer protocol) 超文本传输协议

I

IA(immune algorithm) 免疫算法
IaaS(infrastructure-as-a-service) 基础设施即服务
IC(integrated circuit) 集成电路
IC(intelligent control) 智能控制
ICME(integrated computational material engineering) 集成计算材料工程
ICT(information and communications technology) 信息与通信技术
IDA(Institute of Defense Analyze) 国家防御分析研究所
IDC(Internet Data Center) 互联网数据中心
IEC(International Electrotechnical Commission) 国际电工委员会
IEEE(Institute of Electrical and Electronics Engineers) 电气和电子工程师协会
IETM(Interactive Electronic Technical Manual) 交互式电子技术手册
IIC(Industrial Internet Consortium) 工业互联网联盟
ILI(influenza-like illness) 流感样疾病
IM(intelligent manufacturing) 智能制造
IMS(intelligent manufacturing system) 智能制造系统
IMS(intelligent maintenance system) 智能维护系统
iMT(intelligent machine tool) 智能机床
INC(intelligent numerical control) 智能数控系统
IoE(internet of everything) 万物联网
IoT(internet of things) 物联网
IP(intellectual property) 知识产权包
ISO(International Organization for Standardization) 国际标准化组织
ISV(independent software vendors) 独立软件开发商
IT(information technology) 信息技术
IT(information theory) 信息论
ITU(International Telecommunication Union) 国际电信联盟

J

JIT(just in time) 准时化生产
JSF(joint strike fighter) 美国联合攻击战斗机

K

KBS(knowledge-based system) 基于知识的系统
KPI(kernel programming interface) 内核编程接口

L

LCOE(levelized cost of electricity) 平均化能源

成本
LDS(laser direct structuring) 激光直接成形
LIDAR(light detection and ranging) 激光探测与测距系统
LNRO(largest number of remaining operations) 最大剩余操作数
LOT(longest operation time) 最长操作时间
LORPT (longest operation remaining processing time) 最长操作剩余加工时间
LP(lean production) 精益生产
LPT(longest processing Time) 最长加工时间
LPWAN(low-power wide-area network) 低功耗广域网
LRPT(longest remaining processing time) 最长剩余加工时间
LS(local search) 局部搜索
LTE(long term evolution) 长期演进

M

MA(moving average) 移动平均
MB(MegaByte) 兆字节(计算机存储容量单位)
MBD(model based definition) 基于模型的定义
MBD(multi-body dynamics) 多体动力学
MBSE(model-based systems engineering) 基于模型的系统工程
MC(mass customization) 大规模定制
MCU(micro control unit) 微控制单元
MDM(mobile device management) 移动设备管理
MDO(multidisciplinary design optimization) 多学科优化设计
MDP(Markov Decision Processes) 马尔可夫决策过程
MEC(multi-access edge computing) 多接入边缘计算
MEMS(micro-electro-mechanical system) 微电子机械系统
MES(manufacturing execution system) 制造执行系统
MFC(Microsoft foundation classes) 微软基础级
MIS(management information system) 管理信息系统
MIT(Massachusetts Institute of Technology) 麻省理工学院
MMI(man-machine interface) 人机接口
mMTC(massive machine type of communication) 大规模物联网业务
MOCVD(metal-organic chemical vapor deposition) 金属有机化合物化学气相沉淀
MQTT(message queuing telemetry transport) 消息队列遥测传输
MR(mixed reality) 混合现实
MRO(maintenance repair operations) 维护 维修 运行
MRP Ⅱ (manufacturing resource planning) 制造资源计划
M2M(machine to machine) 机器与机器的对话

N

NASA (National Aeronautics and Space Administration) 美国国家航空航天局
NGIMS(next generation intelligent manufacturing system) 下一代智能制造系统
NLP(natural language processing) 自然语言处理
NLU(natural language understanding) 自然语言理解
NP(non-deterministic polynomial) 非确定性多项式
NPU(neural-network processing unit) 网络处理器
NSF(National Science Foundation) 美国国家科学基金会

O

OEM(original equipment manufacture) 原始设备制造商
OLE(object linking and embedding) 面向对象的连接与镶嵌
OpenCL(open computing language) 开放运算语言
OR(operations research) 运筹学
OT(operational technology) 运营技术
OTA(over-the-air technology) 空中下载技术

P

PAD(Portable Android Device) 平板电脑
PaaS(platform-as-a-service) 平台即服务

PB(PetaByte) 拍字节(计算机存储容量单位)
PBS(painted body store) 汽车涂装工艺车间和总装工艺车间之间的缓冲区
PCA(principal component analysis) 主成分分析
PDA(personal digital assistant) 个人数字助手
PDM(product data management) 产品数据管理
PDR(priority dispatch rules) 优先分配规则
PGC(professional-generated content) 专家生产内容
PHM(prognostics and health management) 预测与健康管理
PID(proportional integral derivative) 比例积分微分
PLC(programmable logic controller) 可编程逻辑控制器
PLM(product lifecycle management) 产品生命周期管理
PPE(personal protective equipment) 个人防护装备
PSO(particle swarm optimization) 粒子群优化算法
PSS(product-service-system) 产品服务系统
PUMA(programmable universal manipulator for assembly) 可编程通用装配机械手

R

RBDO(reliability-based design optimization) 可靠性优化设计
RBF(radial basis function) 径向基函数
RFID(radio frequency identification) 射频识别技术
RGV(rail guided vehicle) 有轨制导车辆
RIA(Robotic Industries Association) 机器人工业协会(美国)
ROS(robot operating system) 机器人操作系统
RTU(remote terminal unit) 远程终端控制系统

S

SA(simulate anneal) 模拟退火算法
SaaS(software-as-a-service) 软件即服务
SBP(shifting bottleneck procedure) 瓶颈移动方法
SCADA(supervisory control and data acquisition) 数据采集与监视控制系统
SCARA(selective compliance assembly robot arm) 平面双关节型机器人
SCM(supply chain management) 供应链管理
SCP(supply chain planning) 供应链计划
SDK(software development kit) 软件开发工具包
SDN(software-defined network) 软件定义的网络
SDX(software-defined everything) 软件定义一切
SLAM(simultaneous localigation and mapping) 即时定位与地图构建
SLOC(source lines of code) 软件代码行数
SLS(selective laser sintering) 选择性激光烧结成形法
SM(smart manufacturing) 智能制造
SMLC(Smart Manufacturing Leadership Coalition) 智能制造领导力联盟
SNRO(smallest number of remaining operations) 最小剩余操作数
SOT(shortest operation time) 最短操作时间
SPT(shortest processing time) 最短加工时间
SQL(structured query language) 结构化查询语言
SRM(supplier relationship management) 供应商关系管理
SRPT(shortest remaining processing time) 最短剩余加工时间
STEM(science technology engineering mathematics) 科学技术工程数学
SVM(support vector machine) 支持向量机
S&OP(sales and operations planning) 销售和运营计划

T

TB(TeraByte) 太字节(计算机存储容量单位)
TCU(transmision control unit) 自动变速箱控制单元
TMS(transportation management system) 运输管理系统
TRT(energy recovery turbine) 能量回收透平装置
TS(tabu search) 禁忌搜索算法
TSAB(taboo search algorithm with back jump tracking) 回溯禁忌搜索算法
TSP(traveling salesman problem) 旅行商问题

U

UGC(user-generated content) 用户生产内容

UHT(ultra-high temperature instantaneous sterilization) 超高温瞬时灭菌

UI(user interface) 用户界面

URLLC(ultra reliable and low latency communication) 超可靠且超低的时延业务

V

VBA(visual basic for applications) Visual Basic 宏语言

VDC(vehicle dynamic control) 车辆行驶动力学调整系统

VE (virtual environment) 虚拟环境

VIN(vehicle identification number) 车辆识别号码或车架号码

VP(virtual prototype) 虚拟样机

VR(virtual reality) 虚拟现实

VSA(vehicle stability assist control) 车辆稳定性辅助控制系统

VSC(vehicle stability control) 车辆稳定控制系统

W

WCICA(the world congress on intelligent control and automation) 全球智能控制与自动化大会

WMS(warehouse management system) 仓库管理系统

X

XML(extensible markup language) 可扩展标记语言

XR(extended reality) 扩展现实